L'individu écologique

Collection *Monde en cours*

www.editionsdelaube.com

ISBN 978-2-8159-5943-8

Jean Viard

L'individu écologique

Naissance d'une civilisation

éditions de l'aube

Du même auteur

La campagne inventée, avec Michel Marié, Actes Sud, 1977
La dérive des territoires, Actes Sud, 1981
Penser les vacances, Actes Sud, 1984
Le tiers espace. Essai sur la nature, Méridiens-Klincksieck, 1990*
La société d'archipel, l'Aube, 1994
Marseille, une ville impossible, Payot, 1995
Au bonheur des campagnes, avec Bertrand Hervieu, l'Aube, 1996*
La France qui change : pourquoi les travailleurs votent FN, Seuil, 1997*
Court traité sur les vacances, les voyages et l'hospitalité des lieux, l'Aube, 2000
L'archipel paysan, la fin de la république agricole, avec Bertrand Hervieu, l'Aube, 2001*
Le sacre du temps libre, la société des trente-cinq heures, l'Aube, 2002
Le nouvel âge du politique, l'Aube, 2004*
Éloge de la mobilité. Essai sur le capital temps libre et la valeur travail, l'Aube, 2006*
Le Président a promis, dir., Seuil, 2007
Fragments d'identité française, l'Aube, 2009
Nouveau portrait de la France, l'Aube, 2012*
La France dans le monde qui vient, l'Aube, 2013*
Marseille, le réveil violent d'une ville impossible, l'Aube, 2014
Toulon, ville discrète, l'Aube, 2014
Remettre le poireau à l'endroit ?, avec Jean Blaise, l'Aube, 2015*
Le triomphe d'une utopie, l'Aube, 2015*
Le moment est venu de penser à l'avenir, l'Aube, 2016*
Quand la Méditerranée nous submerge, l'Aube, 2017*
Chronique française, de Mitterrand à Macron, l'Aube, 2018
Une société si vivante, l'Aube, 2018*
L'implosion démocratique, l'Aube, 2019*
Un nouvel âge jeune ? (avec la Fondation Jean-Jaurès), l'Aube, 2019
Le sacre de la terre, avec Michel Marié et Bertrand Hervieu, l'Aube, 2020
La page blanche, l'Aube, 2020
La révolution qu'on attendait est arrivée, l'Aube, 2021*
L'an zéro du tourisme, avec David Medioni, l'Aube, 2022*
Une émeute est le langage de ceux qui ne sont pas entendus, l'Aube, 2024
La société du compromis, avec Laurent Berger, 2024

* Également disponible aux éditions de l'Aube en format poche ou semi-poche

À Louis Théron et Albert Viard,
mes grands-pères combattants de Verdun.

À mes treize petits-enfants.

« Nous vivons avec quelques arpents du passé, les gais mensonges du présent et la cascade furieuse de l'avenir. »

René Char

« Si l'homme tient à sa survie en tant qu'espèce, il lui faut apprendre à s'émanciper des grands paradigmes qui le guident depuis les Lumières. »

Bruno Latour

« Ce qui frappe le plus dans le monde où nous vivons, c'est d'abord, et en général, que la plupart des hommes (sauf les croyants de toute espèce) sont privés d'avenir. Or il n'y a pas de vie valable sans projection sur l'avenir, sans promesse de mûrissement et de progrès. »

Albert Camus

Introduction

Devant les immenses bouleversements climatiques, culturels, scientifiques et technologiques auxquels nous sommes confrontés, il est temps de se mettre à concevoir le présent à partir du futur plutôt qu'avec les catégories du passé. Ne refaisons pas l'erreur du XXe siècle, qui s'est tout entier pensé dans des théories du XIXe siècle. Pensons à partir de l'avenir. Cessons de pleurer l'épuisement de la révolution industrielle, l'usure des cadres sociaux de notre enfance – grandes idéologies, classes sociales, participation électorale, domination de l'Occident, patriarcat, mariage, société fordiste, emploi à vie…

La Grande Pandémie, en 2019, et l'accélération du réchauffement climatique ont ouvert la voie à une prise de pouvoir visible, et définitive, de la nature sur *notre* histoire. Prise de pouvoir de la nature sur *notre* histoire ! Des sociétés peu à peu dépossédées de projets communs par la montée d'un individualisme libérateur retrouvent là un nouveau commun lié à leur propre survie. Le bouleversement du climat, l'épuisement de nombreux écosystèmes, la révolution féminine, la construction d'un Sud global, les révolutions industrielles de l'intelligence artificielle et de l'industrie du vivant entraînent et déstabilisent le monde. Tout le monde. L'Humanité, formée aujourd'hui de milliards d'individus très autonomes, est alors à nouveau rassemblée, mais par un combat commun existentiel face à une nature « endiablée ». Au moment où les sociétés commencent à exploser sous les coups de boutoir de populismes numériques terrifiants, je propose dans ce livre que ce combat commun nécessaire va être notre chance et qu'il ouvrira des perspectives immenses.

Tragique et passionnante aventure où la possibilité de la disparition rapproche une Humanité angoissée, en quête alors de changements technologiques, sociétaux, culturels, politiques…, d'innovations et de nouvelles croyances, d'appartenances protectrices aussi, locales et nationales, voire continentales et planétaires. Appartenances par genre et couleur de peau, coiffure, langue. Numériques et physiques, bien sûr. Replis identitaires souvent – religieux, politiques, localistes, mémoriels, genrés –, mais face à un nouveau commun né du combat planétaire expérimenté durant la crise du Covid-19, escarmouche d'avant-garde.

Le petit pangolin du marché chinois de Wuhan se présente comme la réplique, un siècle plus tard dans l'aventure humaine, de l'archiduc autrichien François Joseph assassiné à Sarajevo en 1914. Depuis, une nouvelle guerre mondiale est engagée, cette fois-ci vraiment planétaire, entre l'Humanité et une nature bousculée. Elle sera au moins aussi terrible que les deux précédentes guerres mondiales, celle des Empires, puis celle des idéologies. Sauf que c'est une guerre où l'Humanité est rassemblée, en surplomb, pourrait-on dire, des conflits multiples d'un monde multipolaire et de nos conflits privés. Une guerre où il ne faut pas dire « on ne peut plus rien faire » ni « on ne fait rien », mais où il faut combattre à toutes les échelles de nos vies, des plus intimes aux plus universelles.

Ce livre est en cours depuis plus de quarante ans. Page après page, il s'est construit, prolongé, a pris forme et force. Aujourd'hui, je crois qu'il est achevé et c'est pourquoi je le livre à votre lecture. L'envie de le publier s'est affirmée après la Grande Pandémie qui a bousculé l'humanité en 2020. Brutalement, nous avons été saisis d'une peur si puissante qu'au lieu de partir chacun dans une direction différente, nous nous sommes lancés dans un combat planétaire pour modifier nos comportements, briser nos mobilités, enfermer nos désirs, transformer nos systèmes éducatifs, notre travail, nos divertissements… La science a été remise au centre de nos espoirs par la recherche d'un vaccin et la découverte de l'ARN messager, ouvrant à un nouveau cycle scientifique et technologique qui va, par la suite, trop souvent apparaître comme la solution à une guerre climatique espérée sans souffrances ni radical changement de mode de vie. Mais qui remet cependant la science et la technique au cœur du savoir-faire de l'humanité. Rappelons que si on estime que le vaccin a sauvé plus de vingt millions de vies, les effets de nos changements de comportements auraient, eux, sauvé entre deux cents millions et trois cents millions de vies. Cela ne répond pas à la question de la part de la guerre climatique qui devra être culturelle et celle qui devra être technologique, mais c'est en tout cas une donnée apte à faire réfléchir.

Là s'ouvre un nouveau champ d'affrontement politique stimulant. Après des mondes où les religions canalisaient les colères multiples vers l'au-delà, puis un monde où cette canalisation fut le rôle des forces révolutionnaires de l'ici-bas, le temps du triomphe des individualités trouve là une possibilité de rassemblement. Aujourd'hui, partout dans le monde, comme l'analyse magistralement Giuliano da Empoli[1], les acteurs populistes/numériques cherchent avec succès à exciter les colères individuelles ou collectives présentes dans toute société pour les lancer à l'assaut des élites et des « étranges étrangers » et porter au pouvoir des acteurs tournés vers le repli sur le passé et les frontières. Alors même que nous n'avons plus de temps, car la nature est bouleversée et bouleversante. L'urgence est à la contre-attaque, par la proposition d'un futur désirable, commun, où des individus triomphants deviendront des combattants volontaires pour la Terre de leurs enfants. L'ordre du jour n'est pas de critiquer la vacuité des propositions populistes et leurs visions défensives d'un monde qui se cacherait à lui-même l'effondrement climatique, mais de proposer un autre chemin, celui d'une nouvelle Résistance, enthousiasmante et désirable, grâce à un art du compromis, de la recherche, de la création, de l'innovation et du travail face à une nature, donc, endiablée. Un combat gigantesque a commencé et va s'intensifier tout au long du XXIe siècle. Chacun a le choix entre Vichy et Londres.

À nouveau, il faut construire un récit politique qui se déploiera peu à peu en reliant des individus autonomes, et libres, rassemblés par la Grande Guerre climatique qui nous a tous happés à la sortie de la crise du covid en 2020. Certes, avant 2019, nous savions que l'humanité avait bousculé la nature et qu'il faudrait, un jour ou l'autre, changer nos habitudes et nos usages. Depuis plus d'un demi-siècle, des lanceurs d'alerte sonnaient la charge de plus en plus fort. Mais l'urgence n'était pas totalement là. Pas pour tous. C'est alors que la Grande Pandémie joua un rôle essentiel de catalyseur. Brutalement, en quelques mois, nous prîmes tous, sur toute la terre, conscience qu'un danger mondial de destruction de l'humanité était possible. Et ce non seulement à cause du risque nucléaire ou d'un affrontement militaire direct des empires, mais à cause d'un petit animal d'un marché de pauvres au fin fond de la Chine qui fit vaciller notre puissante civilisation techno-capitaliste. Après des guérillas qui avaient vaincu le puissant impérialisme américain, puis le puissant empire totalitaire

1. Giuliano da Empoli, *Les ingénieurs du chaos*, Paris, Gallimard, « Folio », 2023 [2019].

soviétique, c'était encore une fois *un tout-petit* qui faisait vaciller le monde des puissants. Décidément, les puissants sont souvent bien fragiles.

Le propos de ce livre est d'explorer ce que j'appelle le « nouvel âge du politique[1] », qui, pour moi, a commencé un soir à Berlin, en 1989, quand, pacifiquement, poussé par le désir de millions d'hommes et de femmes, le mur de Berlin s'est disloqué. Sur le moment, nous y vîmes une immense quête de liberté et de courage qui venait de renverser un communisme totalitaire vacillant. Aujourd'hui, près d'un demi-siècle plus tard, nous saisissons mieux que, derrière cette étonnante poussée pacifique, s'effondra en fait bien plus que le communisme ; sans doute, même si nous ne le concevions pas encore entièrement, est-ce le système politique de lecture et d'action du monde qui nous portait depuis la Révolution française et la révolution industrielle qui fut bousculé. 1989 comme clôture de 1789, donc. Relire ici Václav Havel est fort utile. Effondrement d'un système politique qui nous amena, depuis, à vivre au jour le jour, sans mythe politique ni horizon – ce qui engendre un vide d'espérance, de noirs désirs de repli sur soi, la quête de « nous » archaïques et de grandes peurs collectives… et le sentiment de triomphe d'une pensée ultralibérale en position momentanée d'unicité. Ce jusqu'à la Grande Pandémie qui nous réunifia dans le tragique et lança dans chacun de nos cerveaux la guerre climatique qui va réorganiser le monde.

Pour avancer, il faut dire d'abord qu'il apparaît, plus clairement aujourd'hui que lors des journées chaleureuses de 1989, que, derrière la fin de l'opposition entre monde communiste et monde capitaliste – dit libre –, se jouait en fait le recul du pouvoir des classes et des nations à organiser les hommes – le masculin surtout –, leurs représentations et leurs actions politiques. Recul donc d'une opposition conceptuelle, politique, sociale et planétaire, biséculaire, au cœur de la pensée et de l'action des sociétés, une opposition qui remplaçait depuis 1789 le vieux couple ordres-communautés des sociétés féodalo-religieuses. Une opposition dont la tension conflictuelle et créatrice permit à l'homme d'amplifier de manière inouïe son pouvoir technique et la réunification de son espèce – mais une opposition dont l'humanité n'avait plus besoin et dont les hommes ne supportaient plus les contraintes et les violences.

---

1. Jean Viard, *Le nouvel âge du politique*, La Tour-d'Aigues, l'Aube, 2004, rééd. 2016.

Alors, on en détruisit le symbole tragique, une nuit à Berlin, rejouant une autre destruction, celle de la Bastille deux siècles plus tôt, à Paris. Chaque fois, il fut question de marquer dans la pierre une étape de la quête éternelle de liberté, comme jadis à Jérusalem quand Simon devint Pierre ; en arrière-plan, sans que cela fût toujours explicite, il fut question de nouvelles manières de maîtriser le réel et de s'organiser pour y parvenir ; car détruire les vieux cadres est un rituel de passage, œuvre de mort, certes, mais aussi de libération pour ouvrir à leur dépassement.

Les destructions de 1989 entraînèrent dans leur chute le mythe révolutionnaire qui avait servi de sésame pour l'ouverture de cette période et pour son développement, en France d'abord, puis en Europe et dans le monde. Mythe révolutionnaire, père du mythe du progrès, levier politique des sociétés de classes et de nations, adversaire résolu des sociétés féodalo-religieuses et de leurs visions politiques descendant de l'au-delà et espérant dans le retour du passé ; l'espérance inouïe de la prise de la Bastille, puis de la prise du palais d'Hiver et de la Longue Marche se figeant ainsi pour l'éternité dans la posture sans art des statues de Staline et de Mao. Fin probable du temps des révolutions politiques tournées vers l'avenir. Mais les tragédies nées de cette période sont à la hauteur de ses immenses réussites scientifiques, techniques, artistiques et géostratégiques : des vies plus longues et plus riches pour une communauté humaine plus nombreuse, réunifiée par des droits symboliques égaux et un territoire commun relié en continu – mais qui chauffe. La persistance – et la visibilité – de terribles inégalités et de la crise écologique ne doit pas cacher le chemin parcouru en deux siècles : plus même, le fait de mettre la dénonciation de la misère, de la crise climatique et des souffrances au cœur du champ politique est un progrès considérable du sentiment d'humanité.

L'hypothèse de ce livre est qu'un nouveau système politique de lecture du monde est en émergence, où réussite de l'individu et solidarité de l'humanité se confrontent et se complètent de façon inconnue dans l'histoire humaine, car une si forte liberté individuelle et une telle réunification de l'humanité ne se sont jamais produites, ni *a fortiori* ne se sont côtoyées. Cette nouvelle trame des tensions du champ social et politique, au sens où l'on tend une toile pour la peindre, ne se pourra expliciter, et organiser, que lorsque ces termes seront mieux appréhendés, définis, débattus, et que, par là même, notre société sera restructurée dans son organisation concrète, son imaginaire et son espérance. Tant que ce système de lecture et de mise en récit de notre aventure collective ne sera pas élaboré et négocié, nous vivrons avec le sentiment que nous ne savons plus où nous allons, ni même si nous y allons. Et les populismes occupent alors la scène médiatique et politique. En cet automne 2024, on peut d'ailleurs commencer à s'interroger sur le recul de cette vague populiste quand on analyse les évolutions politiques en Inde, en Turquie, en Pologne, en Grande-Bretagne… et même en France, où le refus d'une victoire de l'extrême droite fut massif, et l'effondrement du populisme démocratique d'Emmanuel Macron, net. Cet effondrement peut se penser en lien avec une évolution des offres politiques peu à peu clivées et régénérées par les engagements dans la bataille du climat.

La Grande Pandémie joue là un rôle essentiel de rupture historique, ouvrant un nouveau compte du temps, celui où l'humanité comprend qu'elle a perdu la main sur sa propre histoire et qu'elle doit se lancer dans une éprouvante bataille, non de conquête, mais d'autodéfense contre une nature qu'elle a elle-même déchaînée. Immense combat culturel et moral, scientifique et technologique où il sera nécessaire de protéger les plus faibles d'un destin sans protection.

Pour avancer dans cette perspective, il faut accepter que, sans doute, un jour, on dira qu'a commencé à Berlin le temps du monde *un* : celui de l'humanité réunifiée face à un destin commun dorénavant insécable pour chaque individu pris isolément et en danger climatique extrême. Une période qui va être marquée, et pour longtemps, par les luttes entre un double principe d'unité – la Terre comme écosystème contre l'humanité réunifiée, en butte alors à la défense de ses diversités, celles des cultures, des croyances et des mémoires, celles de chaque individu. En 1989, nous ne le savions pas encore. Nous commençons à peine à le percevoir aujourd'hui. Car Lucy, notre petite ancêtre éthiopienne de trois millions d'années, est bien loin, et ses enfants n'ont pas encore tous réalisé qu'ils ne forment qu'une vaste famille recomposée, enfermée, peut-être définitivement, sur une planète bornée et fragile. Pourtant, c'est bien ce bouleversement radical qui fonde. C'est bien lui qui nous paraît avoir signé la fin des grands systèmes politiques des sociétés dites industrielles et c'est bien à cause de lui qu'il nous faut chercher un nouvel horizon désirable pour l'humanité réunifiée, mais en danger.

Ce nouvel horizon se dégage peu à peu au fur et à mesure que celui du monde d'hier s'estompe et que nous prenons conscience que nous avons brusquement traversé, pour ainsi dire, le miroir de l'Alice de Lewis Carroll, et que nous nous retrouvons de l'autre côté. Mais nous avons du mal à percevoir que le sentiment de vide qui nous habite souvent est lié au fait que nous avons atteint l'essentiel des objectifs que nos anciens s'étaient fixés depuis la Renaissance. Comme, à la Renaissance, les objectifs fixés lors de l'effondrement de l'Empire romain esclavagiste avaient, pour l'essentiel, été atteints, grâce à l'œuvre gigantesque des monothéismes. Les cinquante dernières années ont, de ce point de vue, marqué la marche ultime et accélérée de cette longue course, celle qui nous a portés brutalement au-delà de l'horizon – transhumants, alors, de notre propre réalité, réussite extrême que nous empêchent souvent de voir les souffrances et les violences multiples du monde.

Aujourd'hui, forts d'une première mise à distance de près de quarante ans depuis l'effondrement du communisme européen, nous pouvons déjà mieux voir que sa chute marque une rupture radicale par rapport à nos grilles de lecture du politique. Nous pouvons affirmer que la chute du communisme ne fut le fruit ni d'une lutte de classes, ni d'une guerre des nations, ni même, à proprement parler, d'une révolution. Certes, le rejet des nomenklaturas et la pression de l'OTAN y contribuèrent d'évidence. Mais à Berlin, comme précédemment à Moscou, à Prague, quelles classes, quelles nations ont fait tomber le totalitarisme ? Les survivants de Budapest, les Polonais de Gdansk, les dissidents de la Charte 77, les amis de Soljenitsyne, l'impérialisme américain, les disciples de Jean-Paul II, les victimes du goulag… ? Chacun y contribua, mais, plus que tout, c'est l'utopie communiste elle-même qui s'autodétruisit face à l'horreur de ses enfantements. L'horreur totalitaire écrasa ses propres créateurs, du fait de son impuissance non seulement à créer du bonheur, mais tout simplement à fabriquer de bonnes voitures, de grandes œuvres d'art, des ordinateurs rapides, à protéger la nature ou à embellir les villes et la vie. L'absence de libertés, de tensions dynamiques et la violence politique moniste avaient peu à peu stérilisé jusqu'à la plus petite capacité créatrice. L'organisation sociale des sociétés culturelles et cognitives qui émergeaient n'était pas assimilable par le communisme, et le « sens » politique de Gorbatchev est de l'avoir accepté. Et ce avant même la civilisation numérique où nous sommes entrés depuis et la révolution de l'intelligence artificielle.

Si la défaite de 1989 fut donc d'abord celle du communisme, elle a entraîné dans sa chute aussi bien les pays dits non-alignés que les mouvements sociaux-démocrates les plus divers. C'est pourquoi il faut répéter que la chute du communisme européen marque aussi la fin du modèle social-démocrate que nous avons connu et qui pourtant fut l'un de ses adversaires constants, tout autant qu'il marque l'effondrement des droites, qui trouvaient leurs repères dans un anticommunisme virulent apte à rassembler autour d'anciennes valeurs religieuses ceux qui possédaient biens, terres, argent ou statuts.

Il est temps de construire un camp du futur qui devra être le fer de lance de la pensée et de l'action postrévolutionnaire, écologique, humaniste, gestionnaire et planétaire, ce dans la conscience aiguë que nous n'avons plus de temps. C'est cela, la nouvelle donne du politique : le temps nous est compté par la nature, et nos petits jeux idéologiques et politiques sont obsolètes et nous rendent impuissants. L'effondrement, depuis 1989, du projet humaniste et de justice sociale a laissé le champ libre aux idéologies de l'identité issues généralement des droites, voire des extrêmes droites, voire des extrêmes gauches. Plus largement, la défaite du communisme en 1989 porta un coup mortel au modèle keynésien de développement : en supprimant le risque révolutionnaire, elle fit disparaître un des facteurs du consensus keynésien, qui était la peur patronale des travailleurs coalisés par le rêve révolutionnaire ! Pour l'instant, ni le risque climatique, ni la vague islamiste, ni la révolte des Suds en pleine explosion démographique ne s'y sont substitués, quoi qu'aient pu tenter un certain nombre de militants ou de démiurges. Nous sommes pour ainsi dire revenus à la période des attentats anarchistes de la Russie d'avant 1917 – seules les idéologies ont changé.

Alors, nous devons apprendre à voir et à accepter que, pour le moment, nous ne disposons plus, dans nos sociétés, de catégories de pensée aptes à coaliser des masses d'hommes pour agir politiquement sur le réel et libérer l'énergie d'entreprendre – comme révolutions, classes et nations le permirent pendant deux siècles. Il y a, et il y aura, des révoltes portées par le travail de sape des « ingénieurs du chaos » qui peuvent être destructrices, mais plus de projet politique révolutionnaire, car c'est la nature qui fait dorénavant office de force révolutionnaire, autoalimentée par le cycle infernal que nous avons déchaîné. Il est important de savoir dire cet état de choses pour que nous ne croyions pas que la boussole du monde est définitivement désaimantée, pour que nous ne tentions pas de mauvais *remakes* des tragédies dont nous sortons à peine. L'humanité va devoir réinventer un rapport avec le monde qui l'entoure. Ou disparaître. Cependant, le projet d'une décroissance suffisante pour qu'une humanité à dix milliards d'individus retrouve un état d'équilibre avec la nature présente sur notre seule planète comme quand nous étions moins de deux milliards est absurde, même si certaines formes de décroissance peuvent participer à générer une nouvelle situation viable. Il n'y a pas de retour au passé possible, mais la réutilisation de structures culturelles anciennes où la survie de l'homme était liée au respect de son environnement va se multiplier.

Dans ce contexte, les plus faibles et les héritiers égarés du rêve de révolution se sentent délaissés et violentés, aussi bien concrètement que symboliquement. Alors les peuples redeviennent des foules, foules d'individus autonomisés agissant en tous sens, et les populismes se répandent sur la planète. Dès lors, dans chaque société, suivant son histoire, son état d'organisation et de développement, les plus démunis cherchent à canaliser leurs colères avec des processus de réassurance. L'absence de diplôme multiplie par deux ou trois la tentation du vote populiste, en particulier dans l'immense périurbain construit depuis un demi-siècle à côté des cités où nous faisions citoyenneté et où, comme l'analyse bien Nonna Mayer, « le niveau d'étude est la variable explicative la plus forte » depuis 1986[1]. De tous côtés, on a recours à des sociétés fermées et à des régimes masculins autoritaires. Repolitisation du fait religieux ou national, rappel de la vieille culture révolutionnaire des classes et des nations rassemblent une partie croissante de ceux qui ne se sentent pas intégrés à une guerre climatique et féministe qui leur sera, à court terme, défavorable. En France, par exemple, enfants d'immigrants plus ou moins récents, salariés de petites entreprises instables, individus isolés, couples fragiles et une part des individus peu diplômés se tournent vers les populismes, de droite comme de gauche, et les fondamentalismes religieux. Le phénomène n'est bien sûr pas typiquement français : Autrichiens, Flamands, Algériens, Suisses, Serbes, Italiens, Tunisiens, États-uniens, Indiens, Pakistanais, Argentins, Algériens… sont saisis par des mouvements parallèles – chacun dans sa culture nationale propre.

La créativité, la vitesse et l'attractivité de sociétés composées d'individus libres, cultivés et mobiles, en face-à-face direct et constant avec le monde en effondrement climatique, ont pour le moment conservé l'essentiel des formes des pouvoirs politiques et sociaux que nous connaissions, quoi qu'en prédisent les adeptes de la guerre des civilisations, et ce sans préjuger de ce

1. Public Sénat, tweet du 22 mai 2024, 7 h 32 p.m., *x.com*.

qui peut arriver à long terme si nous ne savons pas inventer un projet culturel – « qui est la noblesse de l'homme », comme disait André Malraux[1] –, et une politique pour l'individu écologique planétaire. Mais cette dynamique des individus s'est réalisée depuis 1989 sans projet collectif, plutôt par autodéfense d'un bonheur privé ou par peur des bouleversements du climat, et sous la contrainte supportée, plus que désirée, d'une réussite économique individuelle et entrepreneuriale portée par le triomphe d'un ultralibéralisme sans adversaires. Cette dynamique a accentué les écarts entre riches et pauvres, entre Nord et Sud, surtout là où, face à cette vitalité, les hommes et les sociétés se referment autour d'un passé mythique qui permet toutes les dérives autoritaires et l'irresponsabilité de dirigeants qui s'engluent dans un univers de désespoir et de corruption. Mais la pandémie de 2019 est venue casser cette voie unique de l'ultralibéralisme mondialisé. Si les écarts de richesse ont continué à se creuser, les acteurs de la mondialisation se réorganisent pour ne plus se laisser piéger par des voies du commerce fragiles en cas de pandémie et de guerre : productions locales, nationales ou européennes ne sont plus des gros mots, les entreprises réfléchissent en avantages de voisinage – on parle alors d'économie forestière[2] –, les pays non occidentaux se regroupent pour peser dans la guerre climatique, le modèle démocratique n'est plus partout l'urgence première. Que de changements !

Pour se ressaisir du réel, pour entraîner les hommes et les sociétés dans la bataille climatique et la prise de risque, le politique doit se reconstruire comme système de pensée, de représentation et de confiance en correspondance avec les temps nouveaux que nous vivons. Il ne suffit pas d'ajouter une tranche d'écologie et de soin de l'individu au spectre politique ancien, même si c'est un pas important. Il faut trouver à satisfaire notre besoin de formes politiques nouvelles, porté par la compréhension de l'unification de notre destin planétaire et de la valeur dorénavant irremplaçable des diversités. Ici, les effets structurants des pensées politiques sur les quêtes de sens sont déterminants. Comme l'écrivait Bence Szabolsci[3], dorénavant nous devons accepter que nous n'aurons plus de figure emblématique incarnant les temps

1. Discours prononcé le 11 octobre 1963 lors d'un voyage officiel du ministre des Affaires culturelles au Québec.
2. Daniel Perron, Gilles Van Peteghem, *Penser forêt*, La Tour-d'Aigues, l'Aube, 2023.
3. Bence Szabolcsi, *Les cigognes d'Aquilée*, La Tour-d'Aigues, l'Aube, 1993.

nouveaux, car nous sommes passés du temps de la conquête entraînée par un leader au temps de l'habiter d'un territoire connu, borné et partagé – et qui chauffe. Les formes politiques de ce temps-là du monde vont devoir être mises en relation avec les formes que nous avons données à nos villes, à nos campagnes et à notre nature dans les limites de la totalité maternante de la Terre mère. Car chaque temps du monde produit sa propre idée du beau et de l'harmonieux, qui se retrouve dans chacune des œuvres de l'homme, le politique comme le savoir ou l'architecture. L'amour aussi, bien sûr. Nous y reviendrons au travers de notre analyse de ce que nous appelons « les sociétés d'archipel[1] ».

En attendant, nous pouvons dire que le champ du politique a vécu, de 1789 à 1989, une séquence ouverte et fermée par de véritables rites expiatoires (l'exécution des dictateurs roumains, le coup d'État à Moscou, la révolution de Velours, la chute du mur de Berlin renvoyant ici, dans l'imaginaire collectif, à la prise de la Bastille, à la fuite à Varennes ou à la mort du roi, et plus encore à celle de la reine). Cette fin de deux siècles d'actions et de déraisons emportant donc avec elle l'espérance révolutionnaire, il nous faut en faire le deuil, tout en cherchant un nouveau mode de transformation des sociétés. Les angoisses liées à ce temps de deuil ont multiplié, depuis, les profondes crises identitaires que nous connaissons, les replis frileux sur des stocks culturels figés, voire la réémergence d'espérances noires que l'on croyait éradiquées.

Ce livre est tendu par la recherche d'une sortie de ce temps du deuil, sortie qui ne se fera pas sans travail de mémoire et sans désir que le futur advienne et que s'y dessine une figure de l'horizon apte à nous mobiliser. Pour cela, il convient de mettre le passé et l'avenir en récit, comme nous le rappelle Paul Ricœur quand il écrit que « les collectivités vivantes ont une histoire qui peut être racontée[2] ». Pour redevenir une collectivité vivante, nous devons donc nous mettre à l'écriture du récit du grand passage que nous vivons et qui nous égare, la difficulté étant que ce récit doit nous faire désirer le futur – et donc les enfantements – plutôt que de nous faire fuir l'avenir en s'enfermant dans un passé mythique ou une hypertrophie du présent.

1. Jean Viard, *La société d'archipel*, La Tour-d'Aigues, l'Aube, 1994.
2. Paul Ricœur, « Cultures, du deuil à la traduction », *Le Monde*, 24 mai 2004.

Dans le temps du deuil et de la renaissance où nous sommes, qui peut donc être dit comme une rupture dans le récit, nous ne voyons pas que notre société vit beaucoup mieux qu'elle ne le ressent – tous les chiffres le prouvent –, mais dans une profonde tristesse et sans espérance individuelle et collective forte, faute de mise en perspective, en sens et en mots de la guerre climatique comme opportunité et temps d'innovations culturelles, scientifiques et technologiques. De ce fait, elle est envahie par des craintes de chute, de mort et de perte d'identité. Tout se passe comme si le monde, libéré du communisme et orphelin du mythe révolutionnaire, était déprimé, car sans horizon, avec le sentiment diffus d'une unité nouvelle peu gouvernable par le politique, submergée par des tensions peu maîtrisables liées au terrorisme et à des effondrements écologiques difficilement mesurables et contrôlables.

Notre projet est de participer à une contre-attaque en regardant notre monde à partir d'un avenir réenchanté par le combat grandiose et tragique que va être la Grande Guerre climatique. Car, comme nous le dit encore Bence Szabolsci, notre époque ne peut se comparer qu'à l'avènement du christianisme lors de la chute de l'Empire romain et à la Renaissance, époques vécues par les contemporains comme des tragédies et par les générations suivantes comme des ruptures créatrices. Ce processus a toutes les chances d'être le destin de notre époque. Telle est du moins ma conviction profonde.

Cette situation crée un brouillard qui masque l'horizon. Chacun sent que la révolution industrielle du XIXe siècle qui a porté « nos temps modernes », boosté nos savoirs scientifiques, interconnecté nos cultures et nos arts, augmenté notre espérance de vie de plus de 50 %, unifié numériquement la terre, cette immense révolution industrielle, donc, a fait faire un pas de géant aux humains en cherchant à dominer la nature et la matière, mais aussi les peuples les plus fragiles et les femmes. Le triomphe du masculin acteur et producteur, militaire et savant, idéologue, a ouvert un nouveau compte du temps en dépassant la capacité de la planète à supporter cette intense activité. Mais cette prise de conscience, qui fut celle de la fin du XXe siècle et qu'illustrent les travaux du GIEC[1], ouvre aussi à une nouvelle épopée. Celle d'une humanité unifiée, liée, interconnectée, ce qui accélère à la fois les angoisses et les solutions. La Grande Pandémie de 2019 a montré la capacité nouvelle de cette *Humanité Une* au combat partagé, rassemblé.

---

1. Groupe d'experts intergouvernemental sur l'évolution du climat.

Ce livre est le descendant d'un texte écrit en 1981, *La Dérive des territoires*[1], qui fut une ouverture sur la manière de mon travail : un apprentissage lent à partir de mes propres expériences. Cet ancrage dans le vécu et l'expérimentation, l'engagement dans le faire, est ce qui nourrit ma pensée et mon regard sur le monde. Je pourrais dire que je suis « un travailleur manuel des idées », si cela n'était pas prétentieux. Ce texte forme une sorte de prologue méthodologique à ce livre, ce qu'explique très bien Edgar Morin dans sa préface.

Dix ans plus tard, en 1993, une tribune d'une page dans *Libération* – au titre sans appel « L'adieu au progrès » – posait les bases d'une réflexion sur la sortie des sociétés de classes et l'autonomie croissante des individus dans un monde affrontant l'impératif écologique. Ce que j'appelai *La Société d'archipel*[2], concept utilisé aussi par l'économiste Pierre Veltz[3] et repris bien plus tard par l'analyste politique Jérôme Fourquet, mais avec un usage différent. Je cherchais, avec cette figure de l'archipel, à cerner l'évolution de nos territoires individuels ; lui en a fait une figure d'une société fissurée et éclatée. Je tentais de plonger dans la complexité d'une société postclasses, de vie longue et de travail court ; lui y a mis la lecture d'un ordre social difficile à maîtriser. J'y voyais une liberté montante et une imprévisibilité créatrice ; Jérôme Fourquet est porté par l'angoisse qui mène à une décivilisation, pour reprendre un terme qu'il a utilisé en 2023, l'empruntant au sociologue Norbert Elias, qui, lui, l'utilisait dans les années 1930 pour penser l'arrivée du nazisme en Allemagne. Cela dit, ces deux usages de la même figure illustrent le dépassement de l'efficacité de la lecture en termes de classes sociales. Ils ouvrent à une pensée d'un nouveau récit politique pour engager cette foule d'individus libres dans la Grande Guerre climatique. Je poursuivis ce travail en analysant les conséquences de l'effondrement du communisme dans *Le Nouvel Âge du politique*[4], puis les effets de rapprochement de l'humanité du fait de la Grande Pandémie de 2019 dans *La Page blanche*[5]. Le temps est venu, avec l'entrée en guerre climatique, de conclure ce cheminement.

1. Jean Viard, *La dérive des territoires*, Arles, Actes Sud, 1981.
2. Jean Viard, *La société d'archipel*, La Tour-d'Aigues, l'Aube, 1994.
3. Pierre Veltz, *Mondialisation, villes et territoires; l'économie d'achipel*, Paris, PUF, 1996.
4. Jean Viard, *Le nouvel âge du politique*, 2004, *op. cit.*
5. Jean Viard, *La page blanche*, La Tour-d'Aigues, l'Aube, 2020.

Un siècle après Verdun, un nouveau combat mondial est donc lancé, dont nous ne sommes pas sûrs de sortir vivants. Mes deux grands-pères, qui étaient artilleurs à Verdun, ont fait de cette bataille un moment fort de ma propre vie, car c'est là qu'ils décidèrent de se rendre visite une fois l'an après-guerre – après que l'un eut sauvé l'autre –, et c'est ainsi que mes parents se rencontrèrent. Mon père prolongea l'aventure en étant engagé volontaire en 1939, toujours dans l'artillerie. Mon frère et moi cassâmes cette lignée d'artilleurs, lui en choisissant la coopération en Égypte, moi la réforme. Nous crûmes à l'Europe de la paix… et plus, même : à un monde civilisé sans guerre. Les guerres de ce début de XXIe siècle, y compris en Europe, rappellent tragiquement l'impossibilité de cette utopie. Comme est impossible un monde sans délinquance ni conflits de couple. Les progrès de la civilisation si chers à Norbert Elias peuvent être de ramener à des niveaux supportables ces tensions, pas de les anéantir. Nous l'avions oublié après l'effet de souffle de la bombe nucléaire lancée sur Hiroshima. La grande guerre entre l'humanité et la nature qui a commencé à secouer le monde nous rappelle malheureusement la folie de cette utopie-là. Acceptons-le et engageons le combat. L'urgence est là.

L'ensemble, mélangé, brassé, construit et reconstruit, aboutit enfin au présent ouvrage, qui n'aurait pas été possible sans les conseils précieux et constants de Roger Dosse, Hugues Nancy et Sonja Boué, puis Manon Viard et Sophie Verdet. Et sans la présence constante de Marion Hennebert. Que chacun en soit remercié pour ce qui lui revient. Peu de textes sont donc totalement inédits, mais c'est leur concentration et leur assemblage, qui donnent, je crois, force à l'ensemble. Je travaille depuis un demi-siècle en chroniqueur analyseur de notre société, promeneur et passeur aussi, mais ici et là, j'ai posé les bases d'une lecture plus théorique des changements à l'œuvre. C'est ce que ce livre rassemble.

Ainsi, il n'est pas de circonstance, c'est le moins que l'on puisse dire. Certes, cette durée de maturation ne donne pas de valeur particulière à mon travail. Mais le dire d'emblée est une façon de prendre de la distance avec les événements politiques ou électoraux qui ont marqué les derniers mois ou les dernières années. Ces événements m'intéressent, mais uniquement en ce qu'ils sont des conséquences de ce que je voudrais penser : le télescopage des sociétés de l'individu avec l'effondrement du mythe révolutionnaire sur une planète dorénavant toute petite et qui chauffe. Autrement dit, l'ouverture d'un temps que nous appellerons Grande Guerre climatique et qui va fonder une nouvelle civilisation.

Livre premier

Le triomphe de l'individu

Texte premier

La spirale de l'observateur observant
ou
La dérive des territoires

« Écrire des trucs n'est rien, le difficile c'est de les vivre. »

ALBERTINE SARRAZIN

Avant-propos à l'édition 2024

Le texte qui suit, écrit il y a un demi-siècle, est à la base de ma démarche. Proposé dans un mémoire de DEA à l'École des hautes études, il fut édité par les éditions Actes Sud en 1981, dans une version légèrement différente, avec une préface de mon directeur Edgar Morin, sous le titre *La Dérive des territoires*.

Je le republie aujourd'hui pour une double raison. D'abord permettre au lecteur de saisir la cohérence longue d'une démarche. Ensuite, ce texte travaillé après la publication de *La Campagne inventée*[1], livre écrit avec Michel Marié[2], est, comme lui, le fruit d'une inscription post-68 d'un retour à la campagne. Je suis nourri d'une vie rurale, un peu paysanne, de la microferme vosgienne de mes arrière-grands-parents paternels à mon enfance dans les collines de Marseille, jusqu'à ma période néorurale post-68 qui m'amena dans la région et la ferme où je vis aujourd'hui. Si j'aime profondément les villes, en particulier Marseille, je regarde le monde du haut de ma colline. La Sainte-Victoire est au sud, le pilon du Roi au sud-ouest, le Luberon au nord. Le village de Grambois me surveille à l'est, côté soleil levant. Cette fidélité à un lieu que j'ai choisi après l'avoir découvert durant les vacances de mon enfance, les liens lentement construits avec les habitants de ce territoire, associés à une intense expérience du voyage dans les livres et dans le monde, forment le substrat de mon travail. C'est un lieu où j'ai élevé mes enfants et enterré mes proches. Et je n'écris que dans le bureau que je me suis bâti sous le toit de ma ferme, après avoir ouvert une fenêtre au

1. Michel Marié et Jean Viard, *La campagne inventée*, Le Paradou, Actes Sud, 1977. Repris dans Jean Viard, *Le sacre de la terre*, avec Michel Marié et Bertrand Hervieu, La Tour-d'Aigues, l'Aube, 2020.
2. Fils de paysan, Varois d'adoption, sociologue.

nord, côté Luberon, une au sud, côté Sainte-Victoire et Marseille, et une à l'ouest, côté soleil couchant. Je suis, d'une certaine manière, le porte-parole de ce grenier.

Ce texte est la source première, la racine de mon inscription dans le temps de ma génération, et dans l'espace. Il est aussi le socle de mon travail, car chacun pense à partir de sa propre vie, de ses découvertes, de ses drames et de ses joies. Bien sûr, c'est un texte de jeunesse, avec des affirmations, notamment historiques, qu'aujourd'hui je nuancerais. Il a cependant été relu et « modernisé ». Mais dans ce métier si difficile que j'exerce, tenter de comprendre la société que j'habite avec le maximum de vérité, la tentative permanente de dire d'où je parle avec le maximum de transparence m'a toujours paru un impératif nécessaire, y compris pour accepter ma propre histoire. La préface qui suit est celle qu'Edgar Morin proposa à ce texte en 1981. Libre à celui qui veut surtout comprendre mon analyse de la société actuelle sans suivre le cheminement de ma démarche de passer directement page XXX.

Préface

Comme l'a dit le scientifique Heinz von Foerster, « une description (de l'univers) implique celui qui le décrit (observe). Ce dont nous avons besoin est une description de celui qui décrit, en d'autres termes, nous avons besoin d'une théorie de l'observateur. » L'observateur/descripteur, lui, a donc besoin d'une autodescription ou auto-observation, et cette description/observation a besoin de faire appel à une investigation comportant réflexion. C'est dire que l'introspection, condamnée comme rétrograde par la psychologie pseudoscientifique qui régna pendant près d'un siècle, devient nécessaire au progrès de la connaissance de soi-même, connaissance elle-même devenant indispensable à toute étude sur les phénomènes extérieurs à soi-même.

De plus, le sociologue doit affronter un paradoxe spécifique : la société qu'il décrit, tout en étant extérieure à lui-même, lui est intérieure, et lui-même, bien qu'il s'efforce de s'en extérioriser, constitue un élément interne de cette société. La société nous est intérieure, non seulement en tant que surmoi éthique, mais aussi en tant que partie intégrante et active de notre fonctionnement mental (langage, notions, idées, normes, idéologies issues de notre propre culture). Nous sommes intérieurs à la société, parce que nous sommes un événement/élément éphémère dans un corps social qui s'autoreproduit sans cesse.

Il est donc nécessaire, par méthode *(bien que cette évidence ait été systématiquement occultée) que le sociologue doive se positionner et se réfléchir.*

Et le lecteur comprendra que, bien que nous venions d'horizons autres, je me sente tout à fait concerné et tout à fait heureux de préfacer ce texte de Jean Viard. Celui-ci est exactement un effort d'auto-interrogation inséparable de l'interrogation sur l'inscription hic et nunc *de l'interrogateur.*

Se situer, se re-connaître, se refonder, autant de faces de la démarche spirale qui est celle du texte de Jean Viard et que traduit mal, à mes yeux, le mot « dérive ». La spirale tourbillonnaire a pour œil l'auteur lui-même et elle enveloppe la Provence, lieu d'inscription, mais non d'enracinement, et, en même temps, la relation ville/campagne, la notion de territoire et, à son plus grand diamètre, la planète Terre…

Viard interroge son « être-là », et évidemment le mot si fort de Dasein *vient à l'esprit en le lisant. Le* Das *du* Dasein *fut pour ainsi dire sous-développé dans la philosophie existentielle. Nous avons, depuis, une autre notion pour définir ce* là *où nous sommes, qui nous entoure : c'est l'*écologie. *Ce mot, il faut le concevoir dans son sens riche et complexe : non tant un « habitat » extérieur à nous, mais un tout vivant, enveloppant, dont nous faisons partie et qui fait partie de nous. On doit distinguer, voire opposer* autos *(l'autonomie de l'être) et* oikos *(l'habitat/écologie), mais on ne saurait penser l'un sans l'autre et, de même que toute description de l'*oikos, *de notre environnement extérieur, implique l'*autos *(qui le décrit), de même toute tentative d'autodescription implique* oikos *– je veux dire par là que l'auto-interrogation comporte nécessairement l'autoécologisation : chacun doit se concevoir lui-même, non pas isolément, mais dans sa relation avec* oikos : *la connaissance de soi est* autoécologique.

Jean Viard était un urbain jusqu'en 1976 ; il quitte la ville, s'installe sur le Luberon, cesse d'être urbain, mais ne devient pas pour autant rural. Il a pu rêver d'enracinement, mais il a découvert qu'un tel enracinement n'était pas possible. Il ne se reconnaît pas comme nomade, bien qu'il se sache non enraciné. Et pourtant, il s'est inscrit désormais, non seulement dans son site fermier, mais dans la Provence. C'est sur la nature de cette inscription qu'il réfléchit, ce qui l'amène à réfléchir sur le problème plus général et objectif que révèle son problème singulier et subjectif : l'inadéquation des termes usités pour concevoir l'espace. Il découvre et met l'accent sur ce problème clé d'écologie sociale : l'obsolescence des termes apparemment clairs et évidents de ville, campagne, territoire… Les investigations de Jean Viard dans l'histoire, voire notre préhistoire, sont, à mon avis, encore lacunaires et insuffisantes, mais l'important est qu'il tire de ce voyage semi-imaginaire une reconnaissance, une acceptation, mieux, une revendication du site où il se reconnaît désormais : « J'essaie d'être fermement des deux côtés des limites en mouvement : de la ville et de la campagne, de l'homme et de la femme, de l'individu et de la société, du clair et de l'obscur. »

L'intérêt de l'entreprise de Jean Viard n'est pas seulement d'être méthodologiquement exemplaire, tout en demeurant singulière (et parce que demeurant singulière). Il est aussi de conduire à des problèmes de fond. Viard découvrant l'insuffisance des outils conceptuels dont nous disposons, arrive à cette idée capitale : « Nous n'avons plus de systèmes de pensée aptes à penser le monde que crée la mutation scientifique et technique. » Ce à quoi j'ajouterai : et nous ne disposons pas de pensée scientifique et technique capable de penser la science et la technique.

Jean Viard conçoit également ce problème que trop peu encore se posent : on ne peut sortir de l'oppression en inversant la relation maître-esclave, ce qui ne fait qu'entretenir le cycle infernal maître –> esclave, on ne peut en sortir qu'en permettant la déviance qu'apporte celui qui n'est ni maître ni esclave, mais estranger, bâtard... Le progrès n'apparaît jamais, dans l'évolution de la vie comme dans l'histoire humaine, par une poussée frontale, une permutation des termes, mais toujours par l'apparition d'une déviance qui, devenant tendance, transforme les règles du jeu.

Enfin, Jean Viard découvre le problème de la simplification. En s'autoanalysant, il comprend que pour se rendre un objet perceptible, il doit introduire simplification et froideur, mais lorsqu'il veut affiner, alors l'objet perd sa stabilité et sa netteté de contour.

Le problème de la simplification, celui de la relation observateur/observé ou sujet/objet, tous les problèmes qui surgissent dans la méditation de Jean Viard sont les problèmes de la complexité. La prise de conscience de ces problèmes est le préliminaire indispensable pour une connaissance non mutilée, donc non mutilante dans tout ce qui relève de la science de l'homme et de la société. Je souhaiterais que tout chercheur, sous forme de thèse de doctorat, de travail personnel ou sous toute autre forme, consacre son travail préliminaire non pas à un « objet » de recherche, mais à la recherche auto-éco-logique de lui-même.

Edgar Morin, 1981

Introduction

Quand mon deuxième fils est né, j'aurais aimé qu'il soit déclaré à l'état civil du village où nous résidions. Ce ne fut pas possible ; il ne pouvait être « enregistré » que dans la ville où il était venu au monde. Comme il n'y a pas de maternité dans le village, il n'y a juridiquement plus de naissances là ! Le registre d'état civil local ne porte (presque) plus que des naissances transcrites là « pour mémoire », sans valeur juridique.

Étant venu de la ville pour vivre à la campagne, j'aurais aimé l'image de mon fils natif d'ici. Je n'acceptais pas bien la double localisation, urbaine et rurale, à laquelle la loi l'obligeait. Pourtant, en quelque sorte, cette écriture administrative prenait acte de l'ouverture de la frontière entre ville et campagne. Son refus de s'adapter au nouveau mode d'habiter de l'espace signalait que la notion même de frontière était peut-être caduque. Ce soubassement de notre système d'appréhension de l'espace ne s'était-il pas effrité, transformé sans que nous nous en rendions compte ?

Certes, nos gestes quotidiens innovent souvent là où la pensée n'a rien prévu, et nous devons vivre en décalage entre nos idées des choses et les choses elles-mêmes. Mais notre habitude de territoires bien clos, la ville, la campagne, la famille, le privé, le public..., ne nous occultait-elle pas que ces repaires n'étaient plus adaptés au présent du monde ? Ces lieux de vie nous paraissent évidents, ils sont enfouis dans la trame de notre culture. Nous savons qu'ils n'ont pas toujours existé et que leurs contenus peuvent se transformer, mais la force de toutes les vies qui s'y déroulent masque la longue élaboration qui nous permet d'y être à l'aise, de les accepter comme des réalités incontournables.

Or cette élaboration rencontre aujourd'hui une limite, elle atteint un moment historique où les principes de l'appréhension des choses les plus simples ne sont plus en correspondance avec les modes de vie que ce même moment historique nous propose. L'histoire nous a amenés à être en porte-à-faux avec nous-mêmes, à nous penser d'une manière autre que nous sommes déjà. Dans cette béance fondamentale, l'identité individuelle se perd. Il devient difficile de se bâtir une idée de ce que nous sommes alors que nous vivons éclatés entre des espaces de savoir et de vie où l'unité de l'être n'existe plus. Pourtant, est tenace, chez moi et chez beaucoup, la volonté de se trouver, et de trouver un monde qui puisse autoriser une nouvelle unification. Ce monde-là ne peut qu'exister.

1.
Vers où diriger son regard ?

Celui qui se poste à un coin de rue et photographie les passants risque de prendre deux claques et de perdre son négatif. Un jour de manifestation, on pensera qu'il travaille pour la police, ou pour les fichiers du patronat.

Je me souviens encore de l'agressivité que nous avions vis-à-vis des photographes dans les manifestations de 1968 et des quelques années suivantes. Qu'est-ce qui légitime de « piquer » ainsi des représentations d'un mouvement de vie collective ? de le mettre en forme pour Dieu sait quel usage ?

Certes, l'accumulation sous toutes ses formes est l'idée fixe que diffusent jour après jour au corps social ceux qui le dominent. Dans ce contexte, il peut apparaître légitime à certains de se poster derrière un boîtier photographique ou un téléphone portable, comme il semble légitime aux chercheurs officiels de dessiner sans fin sur leurs tablettes les contours d'une vie sociale qu'ils observent avec des lunettes spécialisées. Mais que nous donne la mise en fiche de chaque parcelle du corps social ?

Un jour, un de mes amis étrangers me félicitait de mon entrée aux C.R.S.[1] – il voulait dire C.N.R.S. ; ce lapsus m'a fait rapprocher ces deux sigles, qui auraient fort bien pu s'intervertir, car les Compagnies républicaines ne sont pas moins nationales que le Centre de la recherche. L'agression de ce lapsus qui, sous d'autres formes, est courante hors des institutions scientifiques, me pose une question : celle du photographe qui prend deux claques. Et je les lui donne volontiers. Or puis-je à la fois être des deux côtés de l'outil, photographier et donner les claques ?

1. Compagnie républicaine de sécurité et Centre national de la recherche scientifique.

D'aucuns disent que cette démarche accumulative de connaissances serait la démarche bourgeoise ; qu'elle ne viserait qu'à confirmer, conforter la domination de cette classe. D'aucuns disent que pourrait se légitimer un projet d'accumulation au service d'une autre classe, au service des exploités ; l'analyse scientifique de la société peut même être utilisée comme légitimité de la révolution, le dogme du vrai scientifique s'opposant alors au dogme du vrai transcendantal.

Cette analyse ne me dit plus rien du tout : j'ai perdu la foi. Je ne crois plus qu'existe, cachée, mais potentielle, une voie alternative à l'ordre d'accumulation. On peut accumuler du travailleur plutôt que du capital : le mécanisme culturel demeure. Lénine l'a fort bien montré avec l'armée des travailleurs organisée en parti, sur la base des structures de la grande entreprise. Du militant au militaire, rien ne change, sauf le costume. Et le militant au pouvoir devient tout naturellement militaire. C'est inévitable, et inévité.

Cette perspective a été fermée par la pratique, grâce aux pays qui ont fait leur révolution, nous apportant ainsi une preuve théorique incontournable – ce dont nous ne leur serons jamais assez reconnaissants. Mais s'il n'y a plus d'autre option inscrite dans l'organisation culturelle qui nous anime, où peut-il y en avoir ?

Depuis quelques décennies, des travaux de déconstruction se multiplient ; déconstruction de l'intérieur par des actions et des réflexions diverses, déconstruction de l'extérieur par le heurt nouveau de grandes cultures, par l'audience de l'hindouisme, des Indiens, des cultures africaines, musulmanes…

Ces mouvements sont liés aux possibilités nouvelles que nous offre l'affaiblissement relatif de l'Occident : doucement s'est ouverte une perspective où le duel des deux formes de système occidental n'apparaît plus porter de réponse satisfaisante. Et mon militantisme contre l'agression américaine au Viêt-nam a épuisé mes facultés de culpabilité d'Occidental vivant dans et par la force conquérante de « son » monde, mes capacités de croyance en des modes alternatifs nées du heurt frontal avec ses valeurs.

Les déconstructions par la pensée ont accompagné des déconstructions par la pratique : nous avons la chance que la crise profonde de l'organisation en place nous laisse ouvertes des perspectives infinies, mais non connues. L'avenir est déjà en germe dans le non-dit, le non-pensé, le non-vu.

Nous nous retrouvons à une époque proche des jacqueries : les révoltes paysannes d'Ancien Régime n'ont pas porté le monde nouveau, elles y ont concouru, mais l'alternative serf/seigneur n'avait pas, dans son renversement, de perspective collective. Le mouvement ouvrier est un peu au monde moderne ce que furent les jacqueries au monde « ancien ».

Donc, je ne cherche pas à accumuler de l'information tous azimuts, comme un bien en soi. Il m'importe davantage de réfléchir sur ce qui en organise la collecte ; et de remettre en cause la démarche d'accumulation théorique, comme j'essaie de remettre en cause, dans ma vie de tous les jours, l'accumulation d'objets, la privatisation de la marchandise et des êtres qui nous amène, comme l'écrit l'anthropologue Ernest Borneman[1], à dire « ma femme » et « mon ami », comme « ma voiture » et « ma maison », sans même songer au sens de ce que l'on dit.

Dire que l'information n'a de sens que par rapport au système qui la décrypte, c'est dire qu'il importe d'éclairer ce système pour que cesse *l'informationnite* croissante des chercheurs, car personne n'a de « droit de collecte » *a priori*, même si son statut est protégé par la force publique. Il n'y a de collecte sensée que si on cherche le sens de ce que l'on fait, et alors ce n'est plus l'autre qui devient le sujet de la quête, mais *le rapport à l'autre à travers soi-même.*

Je peux laisser un photographe me photographier si je sais que, dans sa quête à lui, ce cliché a un sens qui ne me contraint pas. Mais s'il fait un fichier que je désapprouve ou s'il ne me demande rien, je ne peux que refuser. Il n'est pas question que je partage obligatoirement le projet qui est le sien, mais il s'agit que son projet ne soit pas au service d'intérêts que je sens contraires à ma vie.

Lundi 22 octobre 1979

Ce texte est un montage de mots dont je sens l'utilité pour ajuster la vie quotidienne aux représentations que j'en ai : ajustement qui me rend le monde parlant, qui adapte ce que je suis, là où je le suis.

Il est donc ma vérité le jour où je l'écris, celle de ce 22 octobre 1979. L'écrire me transforme, et modifie mon rapport aux autres. L'invention de sens ouvre mon troisième œil au monde dans le moment même où j'ouvre le monde de ma vision ; et mon seul critère de vérité est que l'énonciation de mon regard transforme et facilite ma vie ; l'intérêt de publier est d'offrir des possibilités de réflexion et de mouvement à des gens qui, d'une façon ou d'une autre, partagent le monde que je connais et où je cherche une place. Et la publication satisfait mon narcissisme, comme dirait Henri

1. Ernest Borneman, *Le patriarcat*, Paris, PUF, 1979.

Laborit.

L'enjeu, dans une société en mouvement, est de sans cesse produire du sens susceptible de permettre que nous habitions avec bonheur les formes du présent, que nous trouvions les chemins de notre action quotidienne. Réintroduire le passé dans le présent vise alors à mieux cerner ce qui est ouvert aujourd'hui de singulier. Cela nous permet de séparer le contournable de l'incontournable, et stimule notre imagination présente.

Je ne peux plus croire au rôle unique ou déterminant de quoi que ce soit, et en particulier au rôle moteur unique de la quête du profit. En revanche, je crois qu'à une certaine manière de penser le monde correspond une certaine manière de le dominer et d'en profiter, comme à une certaine manière de le dominer correspond une certaine manière de le penser. Nous sommes face à une boucle de sens qui se transforme de manière itérative. L'idée de « base déterminante », ou de moteur de l'histoire, appauvrit considérablement notre champ de pensée. L'économie, en particulier, participe largement de notre culture, mais rien ne justifie sa place quasi divinisée. Plus j'ai avancé dans mes études d'économie, plus j'ai eu le sentiment que les théories économiques jouaient le même rôle par rapport aux choses que la médecine académique du XVIIIe siècle : ce que l'on avance est d'autant plus prétendument scientifique qu'on doute de cette scientificité[1].

Mais, si ces discours portent, c'est que *nous aimerions bien* que puissent être dominées les forces matérielles que l'humanité a façonnées et déchaînées. Ce désir, si fort, nous porte à nous aveugler nous-mêmes.

Car il est difficile d'accepter que *nous n'ayons plus de système de pensée* apte à penser le monde que la mutation scientifique et technique crée. Et pourtant, le monde est devenu insensé, la pensée a été comme glacée, figée, alors que la science progressait à pas de géant. *Tout se passe comme si la puissance de l'innovation scientifique nous avait occulté la possibilité d'autres réflexions.*

Notre système occidental de pensée, si efficace pour aller sur la Lune ou trouver de l'antimatière, s'est trouvé bloqué dans sa capacité d'engendrer des pensées, des systèmes de pensée, des structures de pensée. Aussi je cite volontiers Edgar Morin quand il écrit :

> Nous nous servons de notre structure de pensée pour penser. Il nous faudra aussi nous servir de notre pensée pour repenser notre structure de pensée. Notre pensée doit revenir à sa source en une boule interrogative et critique, sinon la structure morte continuera à secréter des pensées pétrifiantes[2].

---

1. D'où les facultés de *sciences* économiques.
2. Edgar Morin, *La méthode*, t. 1 : *La nature de la nature*, Paris, Seuil, 1977.

L'inadaptation croissante de la connaissance face aux questions de tous les jours me laisse complètement démuni, me désarme dans le quotidien. Nos visions du monde ne me donnent plus de repères pour circuler et m'assujettissent à un univers qui semble m'échapper.

L'urgence est de participer à l'engendrement d'un autre espace conceptuel et au règlement de compte de l'ancien, devenu inapte. Et s'il n'y a pas là de perspective, il n'y a plus d'espérance.

Le seul but que peut avoir aujourd'hui la pratique que j'ai du social, c'est de débusquer les trous noirs derrière les évidences bien assises, de télescoper ce qu'ont écartelé les « disciplines », pour rencontrer les liaisons et les mouvements de vie. Le parachèvement des modèles inexplicatifs en place dans les diverses écoles ne m'intéresse pas. *Je me cherche une unité d'homme* et, pour ce faire, c'est dans le rapport entre le monde et moi que s'élabore mon propos : nous sommes tous deux insécables et partiaux, limités par mes limites, empêtrés dans ce que je suis. Je suis le territoire de mes recherches, car s'inscrit en moi la pratique au monde que je vis. Et je cherche à rendre compte de cette interaction, de mon sujet délimité là-dedans. Je ne connais pas d'autre réalité sociale.

Avec les gens qui ont les mêmes questions, je me sens dans un rapport d'apprentissage et d'écoute. Mais c'est chose rare chez les « professionnels de la connaissance ». Par contre, souvent, des individus qui n'ont guère eu accès aux principes pétrifiés du savoir sont plus sensibles au monde que les spécialistes ; mais ils s'autorisent rarement à se penser savants, tant ils sont acculturés au prestige des gens dits « cultivés ».

Pourtant, c'est chez eux que parfois je sens des ouvertures que l'absence d'« autorisation » empêche de poursuivre. Il n'y dans ce mouvement rien de surprenant, car le rôle social des savants de l'Université a été complètement modifié avec le recul de l'Église face à la bourgeoisie. L'Université aura la charge de « diriger et de gouverner les esprits », disait Guizot à la Chambre des Pairs en 1844. « On doit attendre ce grand service de l'Université, qui ne manquera pas de s'en charger[1]. » Certes non ; ce fut aussi le début de la fin des universités cosmopolites issues du Moyen Âge, qui n'avaient pas à être les faiseuses de pensée collective, car l'Église s'en chargeait.

1. Max Stirner, *L'unique et sa propriété*, Lausanne, L'Âge d'homme, 1977.

Les remparts démantelés

Les remparts ont disparu autour des villes, autour des châteaux, et nous avons appris à l'école les causes politiques de ces démantèlements. Mais quelles ont été, quelles sont encore les conséquences de cet effacement ? La question peut sembler saugrenue aujourd'hui, des siècles après ce démontage, mais mon travail depuis des années m'a appris que l'espace porte, bien longtemps après leur effacement, les marques des usages et des constructions qui y furent. Les remparts avaient des charges symboliques si complexes que la trace ne s'en est pas effacée d'un coup. Ils ont tellement servi de soubassement à nos valeurs, nos marchands, nos populaires et nos bourgeois, que leur effacement ne s'est pas fait sans laisser notre culture insécurisée. D'autant que les remparts avaient, à l'origine, une fonction plus symbolique que militaire. Ils séparaient le connu de l'inconnu, l'habité de l'ailleurs. Au fil du temps, ils se sont complexifiés. De l'enceinte de branchages, plus limitative que contraignante, aux architectures de Vauban ou de Maginot, la logique des remparts a peu à peu envahi l'espace. La nation a articulé les villes les unes avec les autres, comme des avant-postes chargés de tenir les campagnes et les frontières. Parfois, les nations ont paru se « rempartiser », pensons ici à la ligne Maginot, au rideau de fer et à tous les murs qui se construisent de par le monde, fondant de nouvelles unités spatiales et détournant les flux d'une humanité mobile.

Aujourd'hui, l'intégration mondiale s'articule avec des transformations profondes du rapport des villes avec les campagnes. L'ancienne enceinte locale en perd son sens en profondeur, dans les deux dimensions de son fondement. Aussi, réfléchir sur cette trame spatiale, c'est réfléchir à un élément créateur de notre organisation culturelle et de ses mouvements. Les limites de la ville sont si effacées que nos désirs la quittent de toutes parts. Même le désir des ruraux d'y venir est en question, malgré des siècles de tradition. Mais au début des années 1970, dans un mouvement post-68, sans militantisme, quitter la ville était une manière de retirement, un retour à soi, une sorte de libération, quoique effectuée avec un certain regret – la campagne comme monastère pour l'urbain. La ville, d'ailleurs, m'a plutôt quitté, car elle a pris une direction à laquelle je n'avais pas été préparé, disposé. Nous refusions la ville, comme dit André Micoud[1], car elle symbolisait une culture politique, un projet économique dans lequel nous ne nous retrouvions pas.

---

1. André Micoud, *Les nouvelles formes du refus de la ville*, Périgueux, Copédit, 1976.

Quand, si souvent, je suis en quête de moi-même et de mon rapport au monde, je me trouve face à un désir d'espace clos que je n'arrive plus à rencontrer. Communauté sans substance charnelle, localisation sans adresse fixe. Ni le rempart matérialisé du sédentaire, ni le rempart comportemental du nomade ne sont désormais des limites aptes à me bâtir des repaires. Aussi, partant du rôle des remparts de pierre, j'ai cherché la structure de pensée dans laquelle ils s'intégraient. J'ai cherché leur commun dénominateur dans notre culture et dans les mouvements qui l'agitent. Je suis alors retourné vers la ville pour tenter de comprendre pourquoi elle avait ce monopole, et quel type de force cela a donné à notre culture. Travailler les limites puisqu'elles nous travaillent. Là seulement se trouve la possibilité de saisir les enjeux des carrefours d'investissements qui se développent aux marges, de tenir un discours qui soit autre chose qu'une mise en norme nouvelle.

Pour ce faire, il m'a fallu accepter de porter dans mon corps charnel la trace des contraires, des antagonismes et des limites dont il est ici question. Je ne peux parler du rempart et de la limite que si, au fond de moi, j'accepte de travailler mes propres remparts, de jouer avec mes propres limites. Car le monde qui m'habite est à l'image de mon habiter du monde, il a été façonné par mon usage de notre société et de ses règles. Travailler sur les remparts réels et symboliques de la ville me travaille en dedans ; mes limites internes bougent en résonance avec les limites sociales. Cela ne veut pas dire que je sois hésitant partout. J'essaye d'être fermement des deux côtés des limites en mouvement : de la ville et de la campagne, de l'homme et de la femme, de l'individu et de la société, du clair et de l'obscur…

Notre corps est un miroir unique de la société. Il est à la fois ce qu'il y a de plus universel, ce qui nous fonde comme membre de l'espèce humaine, et ce qu'il y a de plus singulier, car montage inimitable d'une place sociale et d'une hérédité physiologique. Aussi ne peut-il être abstrait du regard que nous portons sur la société ; il est dans le champ de notre regard comme ce champ est en nous. Dans cette perspective, sa propre histoire – la nôtre, qui est celle que nous connaissons le mieux – est encore la plus percutante à raconter pour saisir le monde et son mouvement.

Loin de m'oublier dans mes recherches pour tenter un point de vue « objectif », je cherche à m'apprendre à moi-même en apprenant le monde, en faisant tomber le rempart qui devrait me protéger, mais qui m'emprisonne. Je ne perçois plus le partage entre le collectif et moi comme autre chose que la mise en scène d'une limite qui vise à faire croire à la réalité intangible de l'organisation collective. Car si je m'efface, je fixe par l'absence un des deux termes du dialogue : l'autre en reste pétrifié.

Ce texte fait dialoguer mon organisation interne avec l'organisation sociale : il traite, de deux points de vue différents, de l'organisation unique qui nous structure tous les deux. Ce livre est la trace de cette démarche et je l'écris autant comme sujet que comme objet de son propos. C'est pourquoi son organisation ne peut pas être le parcours linéaire d'un champ clos que le titre serait sensé cerner. Il est parcours déambulatoire des comptes que je règle avec des territoires de terres, de mots, de chairs.

Enfin, il y deux manières de démanteler un rempart. Celle de l'assaillant qui le prend d'assaut avant de l'abattre, et celle du pouvoir central qui se débarrasse d'une limite devenue inutile à son expansion. Sans doute un moment, avant de se mettre à démolir, les ouvriers des deux, ont, d'en haut, la même perspective, mais peut-on dire qu'ils voient vraiment la même chose ? Je ne le crois pas. La démarche intellectuelle vit le même problème. Il y a une manière de penser qui, du cœur, du su, de la pensée légitime, s'approche pas à pas de l'insondable, et il y a celle qui, de l'in-sondé, voudrait communiquer avec le su.

En ce moment, ces deux perspectives se cherchent. Des gens sont dans l'in-sondé, mais ne sont plus satisfaits d'y être, sortes de « sorcières » qui ne veulent plus de la seule nuit ; et beaucoup de ceux qui sont dans la connaissance dominante n'arrivent plus à y accrocher une vie qui se tienne. Les premiers, je les entends, mais je ne les comprends pas vraiment ; les seconds, je les comprends, mais je n'arrive plus à les entendre. Cependant, j'en connais les codes et parfois je joue à être eux. Car j'ai, par instant, besoin de me visualiser dans le rôle du personnage social auquel j'étais destiné. Si ce que j'écris est pour vous audible, vous pouvez sans doute saisir ce que je cherche : un espace où je puisse à la fois comprendre et entendre, réunifier ce qui est séparé.

2.
Cheminement

J'ai quitté la ville en janvier 1976, parce que c'était un des rêves de ma génération, parce que j'avais perdu mon premier enfant, parce que j'avais été licencié, parce que mon loyer devenait trop cher, parce que… En fait, j'ai été amené à convertir de l'énergie (négative) en départ vers la campagne, alors que j'aurais pu l'utiliser pour me déplacer dans la ville – ou aller travailler en usine, ce qui était aussi un rêve de ma génération[1]. Notre culture *autorise* aujourd'hui ces choses-là.

Puis, ce rêve où se mélangent les vacances avec le feu de bois, le jardinage et l'autoconsommation avec le travail salarié, la vie en communauté… Ce rêve devenant une pratique quotidienne est redevenu un rêve que j'ai recasé dans un coin de mon cerveau. Je suis devenu un rural dont la vie est imprégnée du rythme des saisons et que bousculent les allées et venues vacancières.

J'ai appris quelque chose de cette histoire, j'en apprends chaque jour quelque chose; c'est de là que je parle, de cette expérience du monde; ce fut pour moi la découverte de l'existence du non-urbain, d'un lieu où la ville paraît lointaine et où on peut très bien vivre en ne l'utilisant que comme un « lieu instrumental ».

Je suis venu ici, parce qu'un certain nombre d'objectifs et de valeurs me quittaient. Le façonnage dont j'avais été l'objet par ma famille, l'école et « l'histoire », m'avaient mis sur une autre route que celle des acteurs culturels dominants. Mon initiation au monde n'était pas la leur, et puisqu'ils envahissaient la scène collective avec la conviction qu'ils se partageaient toutes les vérités, il fallait trouver un lieu qui fût un peu distant. Si je n'ai

1. Cf. Robert Linhart, *L'établi*, Paris, Minuit, 1978.

jamais douté qu'au « fond de la forêt il y a l'État[1] », je crois de plus en plus qu'« au fond de la forêt », pour qui n'en est point issu, la densité des injonctions quotidiennes de l'État est autre qu'au cœur de la ville. Face à « la structure de silence qu'est la campagne… parler, c'est prendre une initiative personnelle, alors que la puissance de la nature requiert de tout temps un silence obligé[2] ». Je vis la campagne, comme l'écrit le sociologue Placide Rambaud. Aussi j'y sens ma parole dépaysée, et souvent « arrachée » « des "problèmes" dont l'urgence nous accroche à l'actualité[3] ».

J'ai appris cela maintenant. Et ceux qui prêchent que partout est semblable pour n'avoir jamais à se déplacer, sauf en « touristes », ceux-là, je les sens du côté de l'éternel recommencement sans espoir, du côté de l'ordre, de la mort culturelle. Là est pour moi la nouvelle frontière dont parle le sociologe Georges Friedmann, entre ceux qui essayent leur vie pour façonner les théories dont nous avons besoin pour vivre, et ceux qui essayent des théories pour protéger la fixité de leurs vies et se protègent en s'entourant de sondages qui sont autant de photographies déformées du passé. Je suis dans un espace social innovateur, qui n'a strictement rien à voir avec un mouvement de retour.

Il y a maintenant une possibilité de vivre dans l'*extra-muros* sans retourner à l'état de « vilain », ou sans croire y retourner. *Il s'est passé quelque chose entre ville et campagne qui sort du mouvement alternatif que la ville a conçu pour la société entière afin de fonder son hégémonie.*

Dans un premier moment, j'ai tenté de comprendre ce processus en pensant en termes de *superposition d'espaces sociaux sur un même espace physique :* la culture paysanne, après avoir subi pendant des siècles la domination de la culture urbaine, se trouverait aujourd'hui non seulement dominée (car elle n'a pas l'espace de produire ses systèmes explicites de valeurs), mais aussi envahie sur son terrain par les urbains eux-mêmes. Alors qu'antérieurement, sous le règne de la bourgeoisie, les sociétés rurales étaient maîtresses chez elles tant qu'elles obtempéraient aux « incitations » des villes. Ce serait ajouter aux rapports anciens de domination un rapport nouveau de consommation ludique et paysagère des campagnes.

1. Danièle Hervieu-Légier et Bertrand Hervieu, sous-titre de leur ouvrage *Le retour à la nature*, Paris, Seuil, 1979.
2. Placide Rambaud, *Société rurale et urbanisation*, Paris, Seuil, 1974, p. 42.
3. Edgar Morin, *La méthode*, t. 1, 1977, *op. cit.*, p. 9.

Mais cette analyse tend à considérer comme relativement constants dans leurs spécificités l'urbain, le rural et l'État. Elle continue à se situer dans la logique du rempart hérité des temps les plus antiques.

Déjà, à la fin de *La Campagne inventée*[1], je sentais poindre trois interrogations.

Au sein de la ville était aussi tenue cachée et enfermée une lutte permanente avec la « nature », dont la femme avait la charge. Nourriture, enfantement, éducation… La société lui imposait de tenir son ménage, son budget, son mari, et d'élever les enfants. Ainsi, *le rempart ne délimitait pas clairement une culture dominée par la nature et une culture qui prétendait se dominer elle-même sous le nom de culture.* La paysannerie et les femmes avaient, dans nos sociétés, bien des points communs ; surtout, elles concouraient toutes deux à soutenir et à permettre la domination des hommes de la ville sur l'Histoire. C'est-à-dire qu'elles leur permettaient d'appeler Histoire de la société ce qui en fait était leur histoire à eux. Il y avait là une première brèche. Et depuis la révolution industrielle chaque homme était tenu à un destin héroïque, comme dit le neuropsychiatre Boris Cyrulnik.

Ensuite, m'interrogeait le lieu de l'unité entre ville et campagne dans notre culture. *Quelle était donc la représentation qui unifiait ces deux espaces sociaux* et en quoi les mouvements actuels d'individus ou de désir de l'un vers l'autre la modifiaient-ils ? Là, je me heurtais de plein fouet à la notion de *corps social ou mystique.* Était-ce une image ou un concept clé ? L'évolution du corps mystique du Christ comme lieu de l'indivision des chrétiens en un « corps social » de plus en plus cartographique modifiait-elle ce principe d'unité ? La société actuelle était-elle encore dans cet espace de représentation corporelle ?

Enfin, de multiples facteurs avaient concouru à la disparition des remparts de la cité et à leur remplacement par une vaste « zone » désorganisée. Cette modification de l'espace s'accompagnait d'une perte de plus en plus accentuée de la spécificité de chaque ville et, corrélativement, d'une hiérarchisation forcenée des villes entre elles. Car une ville se compare toujours à une autre, là où le village est en communication directe avec son territoire immuable et le cosmos qui le recouvre. Dans ce mouvement en profondeur d'une limite si essentielle aux fondements de l'organisation de notre culture se profile une culture où la ville est décentrée. Cela est vrai aussi bien dans l'organisation des structures industrielles que dans les systèmes de valeurs. *Les hommes de la ville semblaient avoir eux-mêmes démoli l'organisation spatiale*

1. Michel Marié et Jean Viard, *La campagne inventée*, 1977, *op. cit.*

qui concrétisait et permettait leur domination : les paysans acquièrent le statut de « mâle » avec la révolution industrielle et la conscription généralisée. La combativité des hommes, de tous les hommes, est alors valorisée, héroïsée, combativité du travailleur, du soldat et du chef de famille. L'ouvrier dira alors « ma bourgeoise » pour signifier qu'en la prenant pour épouse il lui évite le travail salarié, l'exploitation. Mais l'enferme dans le devoir conjugal et l'organisation du foyer. Ce mouvement ne pouvait laisser intacts ni l'urbain, ni le rural. Mon analyse devait être profondément complexifiée.

Ces trois points me sont apparus de plus en plus essentiels à traiter au fur et à mesure que je me « ruralisais ». Je sentis bien alors que le discours antérieur était largement un discours de culpabilité de l'envahisseur. Il visait à me déculpabiliser de ce statut que je me donnais. Ce discours ne m'aidait pas à m'ouvrir un espace de vie. J'avais essayé d'ouvrir, par ma plume, la société rurale pour pouvoir y entrer, mais le temps m'y avait fait accéder d'une autre manière que celle que j'avais prévue. Je suis devenu rural le jour où je me suis autorisé à l'être, où j'ai pu arrêter de me jouer le personnage du rural que je m'étais forgé sans habiter la campagne.

Cette place acquise, il me fallait instaurer un espace social où je puisse évoluer. Cela passait par le règlement de comptes avec la symbolique des remparts qui *ne me rejettent plus dans l'*extra-muros. Car il n'y a plus d'*extra-muros*.

Pour mener à bien cette réflexion, il m'a semblé, en 1977, qu'il serait intéressant de réfléchir au rôle de ce qu'il est convenu d'appeler les villes moyennes ; car elles ont une fonction de sas entre les sociétés rurales et la société urbaine, elles sont en position intermédiaire pour les formes de sociabilité entre le village et la métropole. Première étape de l'exode rural, elles préparent, grâce aux collèges, les jeunes ruraux aux valeurs urbaines. En outre, elles sont de plus en plus pensées par l'administration comme des « lieux de vie équilibrée » et comme des sites adéquats à des concentrations d'équipement touristique susceptibles de favoriser un usage ludique de la campagne en y réduisant, autant que faire se peut, les appropriations privées, inesthétiques, déstructurantes, de « l'espace naturel ».

La situation du Luberon Sud où je vis est typique de ces deux mouvements : cinq villes entourent le massif, devenu parc régional. En plus de leurs fonctions traditionnelles, elles sont des villes touristiques, des lieux de vie permanente pour des travailleurs du complexe urbain, et des lieux de retraite. Schématiquement, donc, se croisent dans ces villes deux formes nouvelles d'appropriation de l'espace qui ont en commun d'être des conséquences exogènes des transformations sociales locales.

Dans le même temps, ces villes sont le lieu urbain des « pays » dont elles *condensent* l'organisation : la structure de chacune de ces villes porte en elle la structure du pays auquel elle réfère, ce qui les met dans une double situation de *porte-drapeau* et de *cœur.*

Mon projet est parti du constat de cette situation qui fait jouer à un même lieu un double rôle, déjà campagne pour les habitants des métropoles, déjà ville pour les ruraux. Je disais, pour faire image : *la ville des uns est ici la campagne des autres* (sans encore me demander, d'ailleurs, ce qu'étaient ces villes pour leurs habitants).

Mais, comme l'écrivait, en 1969, Placide Rambaud :

> La ville et le village représentent deux types de rapports entre une société et son espace, deux manières de maîtriser celui-ci techniquement et de l'organiser économiquement. Ce sont deux formes spatiales des groupes avec des relations obligatoires entre elles[1].

Comment donc pouvaient s'articuler, en un même lieu, deux formes spatiales différentes ? Lire ici, aussi, l'excellent *Village roumain*, du philosophe Lucian Blaga[2].

D'autant que mon propre travail m'avait amené, en 1976, à écrire :

> Nous sommes donc en face de deux véritables cultures dont les règles d'organisation sont radicalement différentes. La culture paysanne est bâtie autour de la relation incertaine qui lie l'homme à la nature. [...] Hors de cette culture et à côté d'elle, s'est constituée une culture urbaine et industrielle [...] avec des points de repère pour pouvoir vivre ses incertitudes qui sont ici essentiellement sociales : le progrès, les guerres, les crises. Ces points de repère, à la différence du monde paysan sont des écrans montés autour des mystères de la nature[3].

Comment donc, *dans une société où les discours sont entièrement constitués du côté de la ville*, appréhender un carrefour d'influences ? Comment le dire, dans des termes qui respectent ces deux formes de notre culture ?

Dans le système cartésien de la pensée dont la société urbano-industrielle occidentale s'est dotée, on ne peut, au mieux, que dire l'extériorité de l'autre, reconnaître l'existence de l'indicible. C'est déjà faire une grande violence à notre système de pensée qui se veut apte à tout concevoir.

Mais il n'y a pas là de perspectives pour penser et agir autrement. Le mouvement toujours plus large d'effacement et de négation de l'autre

1. Placide Rambaud, *Société rurale et urbanisation*, Paris, Seuil, p. 17.
2. Lucian Blaga, *Éloge du village roumain*, La Tour-d'Aigues, l'Aube, 1990.
3. Michel Marié et Jean Viard, *La campagne inventée*, 1977, *op. cit.*

se poursuit imperturbablement. Car notre système de pensée impose un système d'action qui est sa suite logique, son bras séculier. Même avec la meilleure volonté du monde, on ne peut, avec ce système de pensée, bâtir un autre rapport au monde. Au mieux, on se réfugie dans le non-faire et dans l'angoisse. Les gens qui travaillent dans l'administration sont souvent face à ce « choix » difficile en matière d'aménagement du territoire. Une partie d'entre eux se rend bien compte que les interventions, mêmes protectionnistes, sont aussi mortelles que les autres : il n'y a que la manière qui change et ce n'est certes déjà pas rien. Mais le fond est immuable.

D'une certaine manière, avec *La Campagne inventée*, nous sommes allés au bout de ce sens-là. Nous ne pouvions que formellement dire l'incommunicable en écrivant un *autre* chapitre qui sortait de la lignée des numéros[1]. Si la volonté de rupture y était, le résultat est faible. Qui s'est arrêté pour y méditer ? Le sens de cette rupture-là, signalée, ne prendra effet que dans des années si nos travaux se développent par là. Car ne nous faisons pas d'illusion, « il est sans espoir de réfuter, seule, une nouvelle fondation peut évincer l'ancienne[2] ».

Mais une nouvelle fondation ne peut qu'être un *processus de fondation*, car tout, dans notre culture, est façonné par l'ancienne : nos manières de penser comme d'être pensés, notre espace, notre corps, et les déplacements se doivent de jouer entre tous ces termes. C'est un mouvement long, tant, au tréfonds de nous-mêmes, sont inscrites toutes ces forces. Cependant, c'est sur cette route que je suis ; non par choix volontaire, mais parce que c'est la seule chose que je me sens pouvoir faire. J'ai été trop façonné par les mouvements de mutation de notre organisation culturelle pour être capable de faire autre chose.

Maintenant, les limites les plus stables bougent, entre l'urbain et le rural, entre le masculin et le féminin, le dit et le non-dit, le clair et l'obscur. Il devient vital d'en chercher les interactions, de réunir ce qui « doit être » séparé.

En plaçant mon travail à ce point de carrefour, je tire à moi une infinité de fils dont je ne connais pas les pelotes. Mais en sachant que, dans les mouvements d'aujourd'hui, il y a une dimension que nous ne pouvons abstraire, nous-mêmes dans un territoire, corps vivant sur un sol vivant.

---

1. Est-ce d'ailleurs un hasard si cette structure nous avait été suggérée par une femme, Annie Meunier, qui nous avait accompagnés un moment dans le façonnage de ce texte ?
2. Edgar Morin, *La Méthode*, t. 1, 1977, *op. cit.*

La dynamique du doute

Il y a des gens qui savent. Quels que soient les mouvements de leur vie, les tribulations de leurs vérités, ils seront toujours porteurs d'un savoir qui définit la bonne place à tenir. Des gens comme ça, j'en ai rencontré beaucoup : j'ai même souvent été rangé dans ce groupe sans frontières fixes par « ceux qui ne sont jamais à la bonne place ». Et c'est vrai que j'ai en moi la volonté de savoir, de me placer en un lieu qui me permette d'être bien assis, confortablement sur mes deux fesses. Dans ces cas-là, la qualité du siège n'est pas le problème : le savoir est une manière d'être au monde, pas un statut social précisé. Peu à peu, j'ai appris que ce savoir-là ne m'initie pas à ce qui me semble essentiel, que jamais je ne pourrais m'y stabiliser. Sans doute ai-je en moi un peu de non-savoir, un peu de ce qui fait que sans cesse je suis « sorti » de ceux qui savent et que je me retrouve dehors. Je ne suis pas à la limite, je suis des deux côtés, toujours. J'ai, au fond, mené une vie d'observateur participant.

Aussi m'ont beaucoup aidé les réflexions sur le doute que développait mon ami le peintre Théo Gerber[1], peintre surréaliste. Il disait à peu près ceci : il faut se positionner pour participer à la société qui est faite par les gens qui ont des positions, mais en même temps, il faut sans cesse douter des positions prises, savoir qu'une autre serait aussi défendable, qu'elle le sera peut-être demain. Chacun de ses tableaux était porté par cette pensée. Il dessinait une forme première, superbe, puis la détruisait soigneusement jusqu'à ce qu'elle soit méconnaissable. Là, pour lui l'œuvre était achevé. Je dois reconnaître que je lui ai acheté deux tableaux juste avant la disparition totale de la forme première, car c'était ce moment-là qui me fascinait dans son œuvre… et qu'il a accepté cet « inachevé » qui pour moi faisait sens.

Maintenant, je pars du doute, de l'appréhension permanente du futur éphémère de ma position. Cela me libère en deux directions. D'abord, je ne crains plus de me positionner. Ensuite, j'inclus dans ma position la possibilité de sa mutation et donc j'appréhende autrement ses conséquences. Pouvant me déplacer dans le sens, la violence de ma conviction s'affaiblit, les moyens que je peux utiliser pour convaincre ne sont plus du même ordre. Je me dois en permanence de « monter » la cause de ma position ponctuelle avec l'instantané de mon histoire.

Chercher ma cohérence momentanée sans fard, car je risque de me retrouver face à moi bientôt ; émerge de ce mouvement la force du Moi

1. Peintre suisse vivant en Provence.

qui se cherche, qui se bâtit une vie au jour le jour. Être au centre de son être devient alors la préoccupation essentielle, le point d'appui du rapport aux autres et au monde.

L'émergence de ce *Moi* que la Bible décrit comme « le péché originel » a ouvert l'ère « de la pensée sous forme de catégorie humaine[1] ». Sans doute est-ce aujourd'hui en assumant jusqu'au bout cette rupture que peut s'ouvrir une perspective qui marque le dépassement du péché originel et l'ouverture d'un monde nouveau.

Je suis *un*, nous sommes tous *un*. Je crois même que nous sommes de plus en plus *un* : extraits du corps en expansion du Christ-roi, extraits de nos territoires ancestraux, extraits de notre généalogie, nous sommes de plus en plus uniques.

Je ne cherche qu'une seule chose : vivre le fait que je suis *un*, pouvoir le penser, pouvoir regarder le monde, et moi dans le monde, du lieu de cette quête. D'une certaine manière, l'individualisme où nous projette cette société et que nous vivons souvent comme une valeur négative doit être assumé jusqu'à son grand fond créatif. Car, du monde dont nous venons, bâti sur des solidarités religieuses, politiques, ethniques, familiales, spatiales, l'individu n'est pas grand-chose hors des réseaux de son existence sociale. Mais ce monde-là n'est plus, et n'est pas encore un autre monde qui saurait réunir ces individus libres jusqu'à l'excès grâce au grand combat climatique et écologique qui est l'avenir de l'humanité. Le monde est alors transition et incertitude. Aussi, nous sommes momentanément un montage de parties dont on ne perçoit plus les liaisons : nous sommes éclatés entre nos racines et notre futur, travailleurs parcellaires d'un tout indistinct, consommateurs façonnés par la publicité et les marques comme dit l'essayiste Raphaël Llorca[2]. Nos rêves sont appropriés par les psys, notre travail par les patrons, nos revenus par l'État, nos déséquilibres par les médecins, notre volonté d'altérité par les militants, nos angoisses par les médicaments et les séries télévisées, voire par notre ami portable…

Dans ce découpage se perd notre sentiment d'unité, notre sentiment d'identité. Et l'identité collective ne peut pallier cette perte individuelle, car nous ne sommes plus inscrits dans des collectifs forts et positionnés. Les marchands d'identités anciennes ou virtuelles occupent alors le champ politique. On ne peut plus aujourd'hui se réunifier que si on vend son âme, si on devient

1. Ernest Borneman, *Le patriarcat*, 1979, *op. cit.*, p. 31.
2. Raphaël LLorca, *Le roman national des marques*, La Tour-d'Aigues, l'Aube, 2023.

monovalent : drogué ou alcoolique, ou travailleur, ou militant, ou féministe, ou femelle, ou mâle... L'unité n'est plus possible sans se caricaturer soi-même, sans choisir l'enfermement volontaire dans un archétype social. C'est là où le numérique vient exacerber et fédérer les colères intimes, sociales ou collectives dans de grandes vagues populistes : les individus les moins libres de leur vie, de leur travail, de leurs choix, souvent par manque d'études, vont être ceux qui se précipitent le plus franchement vers ces grands partis populistes. Nous avons besoin d'air individuel et collectif, on nous noie sous des normes et un centralisme écrasant. Nous avons besoin de retrouver la créativité post-68, on nous propose le retour d'une autorité archaïque avec un chef omniscient.

Cette unité-là n'est pas l'unité de « l'un » qui s'affirme, mais l'un qui se vend à un plagiat de lui-même : mimétisme insupportable entre la galerie des personnages sociaux du passé et celle des individus de chair. Ce rapport mimétique est sorti du rituel qui l'exorcisait en le jouant dans des cultes[1], et a envahi la scène quotidienne. Cette « sortie du temple » religieux ou politique ne fait qu'accompagner la disparition de son rôle spatial : le temple n'est plus le lieu de passage d'un groupe localisé qui rayonne autour de lui, car il n'y a plus de groupe localisé, il n'y a que des individus qui font groupe par moment, ou jamais.

Se penser en diaspora, ou du lapin et du lièvre

Nous nous déplaçons de plus en plus, allons de ville en ville, de ville en village, de campagne en ville, de pays en pays. Ces mouvements, chaque fois singuliers, et qui pourtant nous portent tous, ne se déroulent pas sur une trame spatiale facilement compréhensible. L'espace lui-même se déplace ; l'espace comme articulation de territoire bouge.

Le lapin rayonne autour de son terrier. Il vit dans un territoire compact où il trouve tout ce qu'il lui faut pour vivre. Le lièvre parcourt sans fin la même boucle qui le mène d'un point d'eau à une luzerne, de la montagne à la plaine, d'est en ouest. Il gîte dans un taillis de ce parcours.

L'homme est lièvre et lapin. Mais longtemps ce ne furent pas les mêmes groupes d'hommes qui vécurent de ces deux manières. Des lapins devenaient lièvres, chassés par leurs congénères, ou poussés par une nécessité de conquête. Mais toujours le territoire du lapin survivait sous les mouvements du lièvre, il renaissait de ses antres et de l'oubli.

1. René Girard, *Des choses cachées depuis la fondation du monde*, Paris, Grasset, 1978.

Avec la révolution industrielle, il s'est passé quelque chose d'inattendu : le lièvre et le lapin se sont accouplés de multiples manières. Les deux espèces sont rarement restées pures. Les croisements sont foison et ne sont pas tous faciles à vivre ; penser à ceux qui ont l'arrière-train du lièvre et l'avant-train du lapin. Drôle d'animal sauteur qui s'écrase le nez à l'atterrissage.

Les territoires des deux espèces se mélangent. D'aucuns ont un petit territoire compact et une boucle en terres incultes, d'autres un petit territoire inculte avec une boucle plus substantielle, certains sont sur une boucle avec une famille au terrier, d'autres essayent d'apprendre à creuser, mais il faut que leurs pattes s'y fassent.

Du terrier au territoire, ce qui reste cependant est la commune origine : terre. Celle-là est incontournable et, dans les mouvements épars de ces mutants, la terre est redécouverte, avec sa forme, ses forces, ses faiblesses – ses points de vue et de contrôle, ses lieux d'ombre, son épaisseur, son dessous, son dedans.

Alors, on peut se demander maintenant : qui est d'un territoire ? Ceux qui y sont nés, ceux qui y vivent ou ceux qui en sont les descendants ? Cette descente-là étant de plus en plus semblable à celle du saumon : elle est l'aller d'un retour qui se fera quand la fin sera proche, voire à chaque période de vacances. L'installé nouveau, lui, s'est heurté au coin du mur qui coupe le mistral, à la forme de la place avec ses cagnards, aux sinuosités du chemin, aux sourires gentils qui s'arrêtent à mi-palais. S'il a envie, il peut comprendre. C'est-à-dire s'il a envie de comprendre, s'il veut être un étranger du dedans. Parce qu'il y a des étrangers du dehors, ceux qui n'ont rien compris au coin du mur qui dépasse, ceux qui sans fin vont se cogner la tête aux portes basses, car jamais ils n'acceptent de se courber sur le seuil pour mieux se redresser après.

Le territoire est tout cela et encore bien autre chose : c'est un espace inventé en un lieu pour vivre, avec un climat, des voisinages. Et la forme des collines qui le modèlent.

Aujourd'hui, des gens portent des territoires en eux et en sont loin, mais ne coupent pas le cordon. D'autres, chaque jour, apprennent, en sachant pourtant qu'ils seront inexorablement étrangers, qu'on n'est plus dans un monde où on peut prévoir que la deuxième génération et les suivantes seront encore là. Ils seront peut-être de la diaspora avant d'être d'ici. Les migrations bien souvent se reproduisent de génération en génération, car, au fond, on n'a plus de chez-soi, sinon la route.

Tout le monde cherche la même chose pourtant. Des repères. Des repères d'identité, des points où appuyer l'énergie pour vivre, pour assumer la similitude infinie des objets-marchandises. Des repaires aussi. Ce « petit rien » qui permet de donner une personnalité aux choses banales.

On ne sait plus où sont les territoires. Sur des sols autant que dans des têtes ? Souvent, les gens de la diaspora, ou les nouveaux installés, donnent force au territoire de terre dont l'identité avait été vouée aux silences coupables. Car ceux qui n'ont pas pu partir – aujourd'hui, on dit plutôt : pas voulu, alors que la distinction est bien difficile – avaient souvent fait partir leurs enfants et leurs désirs, presque comme font maintenant ceux d'ailleurs. Tout s'enchevêtre, et si quelqu'un prétend y voir clair, avoir une grille de lecture simple, demandez-lui donc son histoire. Vous y trouverez souvent une complexité occultée. Aujourd'hui, nous sommes tous des installés en diaspora, même ceux qui ont cru rester au *païs*, car le *païs* lui-même se déplace, s'ouvre et dérive.

3.
La parole du sol

Il y a des pays qui élèvent l'âme, des lieux où s'installent les monastères, et les ermites. Il y a des coins de vallée qui produisent et enferment les tarés, il y a les mauvaises terres où passe l'immigrant avant de s'intégrer au pays. Et les meilleures qu'affectionnent les colonisateurs. Il y a des pays ronds, des pays plats, des pays pointus, il y a des pays sans limites, juste le ciel et la terre, pays de navigateurs godillant à la charrue, et des pays cassés où l'œil, d'un champ à l'autre, change de spectacle ; il y a des villages dont les maisons en rond cachent la montagne et d'autres où la montagne domine la grande place. Il y a des pays qui ont des « arrière-pays », des montagnes énormes où se réfugient tous les damnés, les sangliers et les mythes, mais d'autres sont sans refuge, ouverts à tout passant. Il y a des pays à colporteurs où la vie toujours est et sédentaire et nomade, des pays à vaches où l'herbe est plus épaisse, des pays à moutons où l'herbe est rase, des pays de vignerons, des pays de maraîchers…

Moi, deux, trois fois l'an, il me faut monter sur le plateau, là-haut, au pied des Alpes, derrière Banon et Redortiers, là où la terre est si sérieuse. Je monte respirer juste un coup et je redescends. Jean Giono venait là aussi, dans les années trente, au Contadour. Le sens est, là-haut, net, précis. Je vais à Sivergues aussi, un tout petit village isolé en plein cœur du Luberon, sur le piémont nord, sur le plateau des Claparèdes – n'y allez pas, il est bien d'être seul, mais si vous y allez, arrêtez-vous au petit cimetière, on doit y être bien, la vue est superbe ; il est aussi émouvant qu'une grande cathédrale. Ici, en bas, quand on a les Alpes dans le dos, c'est le luxe, « les délices de Capoue ». Là-haut, c'est trop pur pour vivre, mais c'est là qu'est le sens vivant. Et toujours il en a été ainsi. Toujours, la Provence d'en bas (à ne pas confondre avec la Provence maritime) a vécu de la force de la vie d'en haut. Pensons Basses-Alpes, aujourd'hui masquées par : Alpes-de Haute-Provence. La parole du sol est par là, dans ces rencontres de formes. Dans la manière dont les collines rencontrent les vallées, les plateaux, les cuestas, le sec, l'humide. L'homme se modèle sur les formes de l'espace et bâtit dans leurs rencontres. Il s'invente dans le miroir de la terre.

Le cardinal Alain Daniélou[1] disait que les monothéismes sont religions de nomades du désert, de gens qui parcourent l'espace sans l'habiter, qui emportent tout avec eux, même leur Dieu. Le polythéisme est religion de bâtisseurs d'espaces, religion des rencontres partout singulières des éléments, des soixante-quatre manières d'articuler le ciel et la terre du Yi King[2]. D'autres auteurs[3] montrent bien aussi la place de l'espace dans la construction de la pensée. Chez les Égyptiens, par exemple, avec le fleuve coupant en angle droit la course du soleil qui va d'un désert à l'autre par-dessus le lit si riche du fleuve ; de là toute une culture.

Aujourd'hui, n'est-il pas dérisoire de voir des gens parler de l'espace sans sortir des cubes bétonnés où est enfermée la connaissance ? Il ne suffit pas de dire que l'espace existe comme dimension de la vie. Il faut vivre l'espace pour qu'il nourrisse le dedans de la tête. Si vous vous nourrissez de salles rectangulaires, vous aurez une pensée plus rectangulaire. Ce n'est pas plus mal, mais il faut le savoir. Si vous ne voulez plus de pensée rectangulaire, il faut vivre ailleurs… On ne peut pas tout faire entrer en soi, il faut choisir et assumer ensuite ce choix.

Vivre l'espace comme dimension formatrice de la connaissance, c'est accepter que l'espace soit, dans son organisation, autant support du propos qu'objet ; je ne cherche pas à comprendre seulement des mouvements sur un espace, mais aussi un espace dans des mouvements.

Dire que l'espace est une dimension formatrice des sens que nous vivons, c'est aussi dire autre chose. En effet, l'architecture nous a habitués à l'idée d'une correspondance entre forme construite et type d'organisation sociale. La forme des villes, des rues, des maisons, des monuments, répond à un certain type d'usages et en particulier d'usage symbolique de l'espace. Certes, aujourd'hui, on a tendance à faire comme si ce langage symbolique était essentiellement le fruit des sociétés anciennes. À une abbaye ou à un temple

---

1. Alain Daniélou, *Shiva et Dionysos*, Paris, Fayard, 1979.
2. *Le Yi King ou le livre des transformations*, B. Wilhem et E. Perrot (trad.), Paris, Librairie de Médicis, 1977.
3. Michel Gitton, « La cosmologie égyptienne », *in* François Chatelet (dir.), *Histoire des idéologies*, Paris, Hachette, 1978, t. 1.

romain, on reconnaît volontiers des règles symboliques d'organisation qu'on reconnaît beaucoup moins volontiers à l'architecture présente. Car spécifier la symbolique que la construction exprime est une manière de montrer ce qui domine nos sociétés, et l'histoire nous a appris que toute forme de domination est éphémère. Pensons la Défense, à Paris, comme monument totémique du XXe siècle. Le plus grand espace au monde construit sur dalle. Urgent de le classer comme patrimoine. Nombre d'architectes aujourd'hui font des « chefs-d'œuvre » avant de faire des lieux d'usage. Il devrait être interdit d'y entrer. C'est la force des pyramides d'Égypte. Pensons au Mucem de Marseille, au musée Guggenheim de Bilbao, à la Grande Arche. Il faut dater la vie du monde par du beau intemporel. Bâtir pour mille ans. Puissance émouvante des petites églises romanes de village. Si belle Charente ! Certains chercheurs pensent aujourd'hui que les sociétés très anciennes, moins patriarcales, avaient une préférence marquée pour le rond, en architecture, l'organisation matristique des sociétés semblant aller de pair avec un espace symbolique arrondi, à l'image de celle qui unifiait le clan : la mère. L'architecture rectiligne serait une marque des sociétés patriarcales de pasteurs :

> Partout où nous trouvons des habitations ovales ou des habitations en forme de ruche avec absides, les femmes possédaient très certainement encore quelques droits. Là où le mégaron domine, c'est l'homme qui règne en maître[1].

Piste intéressante à méditer, mais difficile à prouver.

Ainsi, la force du principe rectiligne d'aménagement peut correspondre à la prise de pouvoir masculin, à une projection de son pouvoir sexiste, ces constructions étant ce qui marque leur domination, le lieu où ils se développent et se perpétuent. L'espace construit initie par ses formes à des valeurs souvent dites évidentes. Il les inculque aux générations montantes.

Cette projection du corporel dans l'organisation de l'espace pose le problème de la capacité de l'espace à s'y adapter. En effet, dans un lieu entièrement bâti, la symbolique unique règne sans partage, et depuis plusieurs millénaires, les villes sont sans cesse en train d'effacer les dernières courbes, de redresser les voies et les maisons. Le travail d'Haussmann fut là exemplaire. Mais hors des villes, le problème est autre. Les maisons carrées sont en vis-à-vis de choses inintégrables dans cette symbolique-là : collines, montagnes, méandres… Les champs ont une vitesse d'adaptation aux injonctions formelles infiniment plus lente que celle des maisons.

1. Ernest Borneman, *Le patriarcat*, 1979, *op. cit.*, p. 195.

La vie ne peut s'y dérouler de la même manière, car l'œil apprend d'autres principes formels que ceux de la culture de pouvoir. Sans le savoir, sans doute, mais quand même ; et ce que la mémoire du petit enfant aura enregistré marquera sa conduite devant d'autres courbures.

Les paysages expriment par leurs formes des choses sans rapport avec le bâti. Si l'humain a cherché des correspondances entre les formes de son corps, l'idée de ces formes et les maisons de pierre, pourquoi la forme des collines n'aurait-elle pas un rôle dans la mentalité de ceux qui les regardent ? Pourquoi n'y aurait-il pas d'influence inverse, non maîtrisable par l'homme, entre son environnement et son organisation corporelle externe et interne ?

Si on conçoit cela, on peut concevoir que des pays se prêtent davantage que d'autres à certaines formes culturelles, que d'une vallée à une autre la forme des collines puisse marquer son empreinte. Il faut traquer les lieux de ceux qui parlent, il faut savoir les lieux qui ont nourri leurs pensées ; au même titre que les questions aujourd'hui rituelles sur l'organisation de leur famille, leur position sociale ou leurs études. La forme de l'espace participe au « modèlement » de la pensée et, pour saisir ce qu'une pensée peut avoir d'universel, il faut pouvoir la localiser. Il y a là un mimétisme à ne pas oublier.

Je sais pour moi que cela est important. Je sais qu'entre les Ballons d'Alsace, les arrondis des Vosges de mon père et les courbes du Luberon, quelque chose a passé. Je sais qu'entre le pays d'ici appris dès l'enfance, de tous les jours sans école, et le pays de là-bas, appris dans l'histoire paternelle, il y a une rencontre qui me permet maintenant de commencer à me sentir d'ici. Surtout, je sais que cette rencontre m'a bâti, pour vouloir un territoire de référence, et m'a poussé à en donner un à mes enfants. À y enterrer mon premier fils, puis sa mère. Enfin mes parents. Cette volonté de référence transparaît dans mon désir d'écrire, de chercher un sens qui puisse être le support de ma vie.

Mais référence ne signifie pas fixation. Plus je me sens d'ici, plus je me sens libre de circuler, moins je suis astreint à y résider. Car si je suis d'ici, je peux aller ailleurs, je serai toujours de quelque part. Tandis qu'avant, n'étant de nulle part – de là-bas pour ceux d'ici et d'ici pour ceux de là-bas –, je ne pouvais plus bouger, j'y perdais mon identité.

Je « fais de la théorie » à la manière dont j'approche le territoire : je me localise dans un contenu et je dérive ; et ensuite, l'histoire recommence. Ainsi, par couches sédimentaires successives se bâtit un territoire intellectuel où je me sens chez moi ; c'est ma réinterprétation vivante d'autres montages de sens. Sans fin, ce territoire s'étend et s'approfondit, car chaque lecture m'en ouvre une perspective que les autres masquent.

Je ne cherche pas à établir d'indiscutables liaisons entre l'espace géographique où je vis, mon espace intérieur, l'espace de la pensée… Mon propos est de m'inscrire dans un *processus* de construction à partir d'une mise en question de ces divers « espaces » que je sens comme des liens solides. Mon intérêt tout particulier pour l'espace provençal, outre que c'est là où je vis, vient de ce que, dans notre société, ce « pays » est périphérique à l'espace socialement dominant. Ce n'est pas là que vivent ni travaillent les gens qui dirigent la société actuelle. Ce retirement de régions entières signale une organisation sociétale beaucoup plus complexe que ce qui est généralement admis. L'autonomie vécue est souvent beaucoup plus forte que celle mise en discours, car ce sont justement ceux qui dominent toute la société qui élaborent les discours.

L'objet premier, un rêve pour quoi faire ?

Quand je relis un texte que j'ai écrit précédemment sur un village, ou un thème, je suis stupéfait des simplifications et des froideurs que j'ai introduites pour me rendre cet « objet » perceptible. Ainsi, plus je cherche à affiner ma pensée, plus je suis amené à entrer dans une complexité supérieure. Ce faisant, cet « objet », perdant sa stabilité, son unicité et sa force simple, s'inscrit dans un champ théorique de plus en plus large, difficile à cerner. À mesure que je m'approche du singulier, je me retrouve en pleine complexité.

Ce mouvement, en apparence contradictoire, est en butte aux nécessités de la lutte des idées et du besoin que les autres ont de me transformer moi-même en « objet » simple, facilement appréhendable. La manière de regarder la société n'est en effet pas différente de celle dont on se regarde les uns les autres.

Que cherche-t-on dans ces simplifications successives ? Pourquoi s'invente-t-on ainsi sans cesse des « objets » intellectuels bien cernables, bien délimités ? Notre culture nous fait souvent rêver à la rencontre de choses fondamentales, premières, distinguables de l'environnement. Elle nous inculque l'idée de l'existence de l'*objet* théorique premier, stable et non fongible.

En particulier, la lecture monographique des sociétés villageoises permet que se développe là un élément premier, qui serait le village, à partir duquel aurait été bâtie la pyramide sociale dans l'espace et dans le temps. Le village, pseudo-île de l'océan de la société, a été inventé de multiples manières dans des textes théoriques ou romanesques[1].

1. Voir, entre autres, Rose-Marie Lagrave, *Le village romanesque*, Le Paradou, Actes Sud, 1980.

Le village n'est pas un ermitage, sauf pour celui qui, le voyant d'ailleurs, rêve ou craint le retirement que serait pour sa vie à lui l'engagement dans la société villageoise. La campagne n'est pas un désert, même celle où on ne voit personne. Et, d'ailleurs, le désert lui-même n'est pas vide. Mais il faut apprendre à lire les marques des travaux et des usages pour s'en rendre compte. Ce n'est que depuis que j'habite avec un agriculteur[1] que j'ai appris à lire les champs. En l'écoutant et en l'aidant de temps en temps.

Je ne sais pas s'il existe des déserts absolus; sans doute, partout, pour l'autochtone, la terre est expressive, pleine de signes et de sens. L'idée de désert permet surtout le montage théorique d'un objet local qui soit isolé, abstractisable de son environnement. (Postuler la « désertification rurale » rend disponible à l'extérieur un lieu où la société locale est en crise.) C'est le territoire de l'autre qui est désertique, jamais le sien propre.

La campagne est souvent, pour l'individu habitué à la densité des signes urbains, un lieu vide, comme la ville peut être vide pour un rural. Certes, cette deuxième idée peut paraître incongrue tant la densité urbaine est vécue et intériorisée, même par les ruraux, comme le symbole de notre densité collective. Pourtant, le fait est – je crois. D'autant que plus la campagne devient un lieu qui accède au droit d'émettre des modèles innovateurs de modes de vie, plus la ville apparaît aux urbains eux-mêmes se vider de sens. « La ville rend libre », disait le grand historien Gorges Duby. Ce message arraché aux tréfonds de l'histoire est-il encore tout à fait vrai ? N'est-ce pas souvent, aujourd'hui, la campagne qui rend libre, la nature charnelle ?

Revenons à notre propos. Le rêve de l'objet clairement distinguable de son contexte invente l'ermitage et le désert. Il ne se trouve pas uniquement dans les regards sur les sociétés rurales. Il est présent dans tous les types de nos connaissances. La médecine occidentale n'agit pas autrement. Sans cesse, elle soumet nos corps à des traitements ponctuels, locaux. Mais quand on se fait traiter par des médecins d'autres obédiences, chinoise en particulier, on est surpris du regard global qu'ils portent sur notre corps. Cette approche morcelée des campagnes ou des corps m'a toujours fait penser au rapport que la ville, ceinte de ses remparts, entretient avec son voisinage. Je vois entre les deux des correspondances multiples, et, sans doute, la pensée systématisée s'étant en Occident toujours élaborée dans les villes ou, à défaut, dans les monastères, qui ont le même rapport à l'espace, il n'est pas surprenant que la manière quotidienne d'habiter le monde transparaisse

1. Que Daniel Galland soit ici remercié pour ce qu'il m'a permis de comprendre.

dans la manière de le penser. Le dispositif « scénique » du quotidien marquant inévitablement le dispositif scénique de la pensée.

Jusqu'à une époque récente, les villes ont vécu enfermées dans leurs murs avec la crainte permanente de ce qui se passait *extra-muros*. L'intérieur était le bon lieu, l'extérieur, le mauvais. Il n'y a guère qu'au XVIe siècle que fut un moment valorisé le non-urbain, quand l'avènement de la « libre entreprise » se heurta aux corporations urbaines. Mais dès que les corporations reculèrent, la campagne reperdit sa valorisation momentanée. La révolution industrielle ne modifia pas ce processus malgré son invention de l'usine[1]. Les « vallées industrielles » n'eurent jamais de charges de sens positives autres que fonctionnelles, productives. Elles participaient plutôt d'un renforcement du rôle social des villes par l'extension périurbaine qu'elles permettaient. La révolution industrielle acheva un processus d'hégémonie de la ville qui n'avait sans doute jamais été poussé aussi loin.

Aujourd'hui, les valeurs urbaines n'arrivent plus à être produites avec une même force. Notre civilisation de la mobilité virtuelle et réelle impose des transformations des rapports à l'espace dans les villes et hors des villes qui portent des coups sensibles à l'hégémonie urbaine. La perte de force de la valeur relative des villes par rapport aux autres lieux permet que nous nous interrogions sur le système intellectuel qui les servait et qui guidait nos regards sur le monde. Mais cette ouverture des espaces clos est insécurisante, car elle nous fait perdre les limites spatiales et intellectuelles auxquelles nous étions habitués, qui nous sécurisaient dans le moment où elles nous emprisonnaient. Cette ouverture, interrogeant notre vision de monde, bouleverse notre idée de la durée, car s'il n'y a plus de lieux clos bien délimités, il n'y a plus non plus de fondateurs de ces clôtures : or nos grands repères dans la durée sont souvent des bâtisseurs mythiques. L'importance de la pose de la « première pierre » dans nombre de constructions nous rappelle sans cesse l'importance de cette datation par les bâtisseurs, dont la mémoire n'est souvent portée que par les pierres qu'ils ont laissées. Pensons à François Mitterrand et à la Grande Arche de la Défense ou à la Pyramide du Louvre.

L'ouverture de l'espace ouvre donc le compte du temps et remet en cause nos certitudes d'origine. Elle ouvre les barrières posées pour séparer

---

1. Cf. Jean-Paul de Gaudemar, *La mobilisation générale*, Paris, Champ urbain, 1979.

la nature de la culture. Elle nous autorise à penser des règles culturelles chez certaines espèces animales, voire même des règles naturelles dans nos comportements. L'ouverture de ces barrières qui isolaient l'homme de son environnement a des conséquences extrêmes, car elle bouleverse en profondeur les idées que les humains s'étaient fabriquées du monde et d'eux : l'habiter des règles de la nature en est modifié. L'importance que nous attachons à tout ce qui a trait à la preuve de l'origine bouge et nous interpelle. Si l'origine est processus plus que fondement, articulations plus que découpages, alors des institutions aussi enracinées que la famille peuvent être mutantes. Car la famille est avant tout, dans sa constitution, le façonnage d'un territoire sans ambiguïté sur l'origine. Freud, dans *Totem et tabou*[1], rapporte l'histoire d'une tribu australienne qui n'attachait pas d'importance à la filiation paternelle. Les ethnologues la pensèrent « tout naturellement » plus primitive que les autres, ne s'étant « pas encore rendu compte » du lien entre les rapports sexuels et l'enfantement. Freud fait l'hypothèse inverse en analysant l'évolution de leurs rites totémiques. Je ne sais bien sûr pas qui a raison, mais ce qui m'a frappé, c'est que Freud puisse concevoir l'inintérêt pour l'origine comme un stade ultérieur de développement alors que tous les ethnologues suivaient la piste inverse. (Et que dire de la PMA majoritairement demandée par des femmes vivant seules ?) Le seul fait de formuler cette hypothèse est d'une grande importance, car elle signe une ouverture intellectuelle. Peut-être l'obsession de l'origine peut-elle nous quitter, peut-être n'est-ce qu'un moment de l'histoire de l'humanité, peut-être que « l'honneur des maris » n'aura plus, un jour, à être protégé par les contraceptifs de leurs épouses ! Rappelons que jusqu'à l'orée du XXe siècle, en France, les rares procès pour viol n'avaient lieu que quand la dame était mariée pour déterminer le préjudice… du mari !

Mais, en attendant, comment vivre si la terre n'est pas le centre du monde, si entre les bêtes et moi, il n'y a plus de rupture bien claire ? Car je veux être et pouvoir me penser, et vous aussi.

L'enjeu de ces « objets premiers », fondateurs et sans histoire, est par là. Dans ces désirs d'identité, de singularité. Du moins dans notre culture qui est ainsi bâtie. Mais la science nous a réduits à n'être que peu de chose, un élément d'une révolution, d'une histoire de l'évolution même. Plus rien de stable, alors. Certes, longtemps je n'ai été que poussière, et poussière je

1. Sigmund Freud, *Totem et tabou*, Paris, Payot, 1970 [1913].

redeviendrai… Pourriture puis poussière. Mais quand même, la science, c'est l'homme qui la construit. Alors je ne suis plus tout à fait rien puisque je suis un homme. Et ça repart.

Je veux une identité, un nom. J'ai eu un territoire, puis un nom, maintenant il me faut autre chose, un espace local. On y revient. On a eu des noms patronymiques pour partir en croisade. Laissant territoires et femmes, « nous » n'avons emporté que le nom, du lieu pour le noble, du métier pour le rustre. Moi, je suis complètement rustre, Viard, d'origine germanique, *wid* + *hard*, bois-dur, nom de pays de forêts, Savoie et Vosges. Puis, petit à petit, plus de territoire, juste un nom qui ne signifie plus rien. Et tout le monde en a, comme un numéro de Sécurité sociale. Alors, plus rien, plus de sens, plus d'identité.

Oui, un espace pour m'identifier. Pas pour me rattacher à la glèbe, me refondre avec la terre. Non, mais pour me localiser de manière moderne, cultivée, vingtiémiste ! Alors arrivent la parole, le discours. Le sens est nécessairement caché, la force des éléments ne nous laisse vivre que si le sens nous est *révélé*. La présence de l'invisible est essentielle, et de tout temps, en tout lieu. Face à l'incommensurable force de la Nature, la science de l'homme est peu de chose, et puis la Nature ne fait guère de Progrès. Elle n'a de sens que celui de la reproduction et de l'adaptation dans le cycle éternel des saisons. Même maintenant que la terre est presque toute construite de main d'homme, champs, routes, villes, maisons, digues…, l'homme n'est pas le maître. L'homme reste le serviteur de l'Invisible qui fut longtemps appelé Dieu, ou dieux. Maintenant, il nous faut, pour vivre, réintroduire l'Invisible dans le rationnel, l'ingouvernable dans le gouvernable. Et le gouvernable est bousculé par cette intrusion. Il n'a plus de base inamovible, de passé qui préparait le présent. Pensons à Yvan Kremniov[1] et à tous les innovateurs russes de 1917. Pensons aux innovateurs de modes de vie, d'espace… et à leur futur souvent tragique. Le peuple en guerre reste une armée. Ne croyez surtout pas que je m'éloigne. La fusion entre goulag et communistes, aujourd'hui partout établie, bouleverse toutes nos espérances d'explications ponctuelles.

C'est avec les mêmes concepts, les mêmes notions, la même idée de la connaissance et de l'homme que s'inventa l'exploitation de l'homme par l'homme, l'automobile, la ville, la science, le corps, l'ordre… Une période

1. Yvan Kremniov, *Voyage de mon frère Alexis au pays de l'utopie paysanne*, nouvelle édition, La Tour-d'Aigues, l'Aube, 2023 [Moscou, 1932].

de culture localisée aux espaces que nous tentons d'isoler (économique, politique, artistique, privé, public…). Aujourd'hui, c'est peut-être bien cette notion même d'isolation, cette image de cellule à l'autonomie relative qui est en mouvement. Cette structure éclatée de notre pensée filtre nos regards sur tout ce que nous rencontrons.

Nous appréhendons tous les espaces à travers les idées que nous avons avant de les voir ; idées reçues de l'histoire, de nos familles… Au minimum, un lieu que nous ignorions est vu en référence aux lieux que nous connaissons. Il n'y a pas d'espace que nous puissions saisir sans la valeur d'usage que nous y attachons, valeur d'usage qui peut être symbolique ou matérielle, consciente ou inconsciente…

Les déplacements que nous effectuons confrontent en nous des espaces différents, dynamisent notre lecture spatiale, relativisent ce que nous vivons. Souvent même, c'est par le déplacement qu'apparaît le sens de l'espace quotidien. Car les tâches de chaque jour tendent à intégrer dans le non-dit l'organisation locale, qui est perçue comme une donnée. Aussi l'étranger a-t-il pour rôle, du fait même de son étrangeté, de dire le non-dit, de s'étonner de l'évidence et, par là, d'en signaler les aspects construits. Signaler que l'évidence acquise est en fait construction, cela ouvre des possibilités de mouvement insoupçonnées. Le rôle du voyage est semblable, car la rencontre de différences permet d'appréhender la spécificité des faits culturels, apprend qu'il y a quelque chose à apprendre.

Le problème de notre époque est largement d'apprendre à apprendre des choses que l'on ne savait pas qu'il fallait apprendre. Le problème d'aujourd'hui est d'apprendre des choses que la volonté de stabilité de notre culture avait inscrites dans l'évidence. Des choses que les forces sociales dominantes ne pouvaient voir, sauf à voir leur propre relativité, ce qui n'est pas le « rôle » social des dominants. Quand une rupture s'opère dans l'histoire, quand une formation sociale se déstructure, il y a des choses qui passent du visible à l'invisible, d'autres de l'invisible au visible.

Comment se dépêtrer de tout cela ?

Si la légitimité de la démarche de connaissance dominante est caduque, car liée à une histoire culturelle caduque, mutante, il faut essayer d'en sortir. Nous n'avons plus de guides ; peut-être n'en avons-nous plus besoin, peut-être sont-ils seulement absents. Toujours est-il qu'en pareille situation, il faut se débrouiller tout seul, se faire confiance, et suivre le fil de son inspiration en faisant attention où on met les pieds. Se centrer sur soi et sur son rapport au monde. *S'autonomiser.*

Pour moi, suivre « mon fil », c'est d'abord me repérer par rapport à ce que j'ai choisi de voir tous les matins. Aussi, j'essaye de me construire une idée et un imaginaire de ce qui m'environne ; j'essaye de donner sens à mon « entour », de comprendre comment les gens ont habité l'espace, et comment l'espace nous habite, m'habite. À vrai dire, je ne pourrais pas dire toujours clairement pourquoi j'ai ce besoin de donner du sens au territoire où je vis dans le cadre de mes textes. Mais je sais que cette démarche est essentielle dans ma vie ; j'ai un compte à régler avec le sol, avec l'histoire du sol. Je n'ai jamais pu me faire tout à fait à ne pas vivre dans le pays de ma famille, même si je n'envie pas les réseaux sociaux épais où sont pris les enfants des villages. J'enracine mon texte dans une analyse du sol provençal, comme j'y enracine ma théorie et ma vie.

4.
De la Provence, ou la singularité de mon espace quotidien

Dessin de la limite, le Janus provençal

La Provence est un pays entre la mer Méditerranée et le massif alpin. Ces deux termes l'organisent du dedans, la partagent, la complètent. Le Haut est le refuge des hommes dans les temps de conquête, des moutons l'été, des chasseurs l'hiver, des protestants en période de guerre religieuse. Lieu des rencontres amoureuses aussi, au moment des estives. C'est un pays immense, la montagne du centre de l'Europe, l'arc alpin où s'appuient les grandes cultures. Jean-Paul Ferrier[1] en parle si bien qu'il m'a fait comprendre le rôle de ce réservoir immense d'eau, d'hommes et de savoir-faire. Là se pérennise un habiter de l'espace, se transmet une culture, qui, par vagues successives, revitalise le bas pays. Monde de la neige, il fut aussi celui d'un artisanat d'hiver préindustriel où se développa une culture du travail soigné qui s'est perpétuée jusqu'à nos jours dans les vallées alpines et le Jura de chaque côté des frontières. Souvent, l'été, ces montagnards descendaient faire les récoltes dans les plaines ou se déplaçaient comme colporteurs. Les montagnes, lieux de sécurité, étant plus peuplées que les plaines, devaient exporter des bras en saison ou produire sur place en hiver.

Face à ce refuge laborieux, une autre immensité, la Méditerranée. Par là se transmet depuis les temps les plus anciens, avec des ralentis mais sans rupture, une culture circulante, marchande, maritime, religieuse.

La Provence est l'articulation entre les villes côtières qui tirent leur force de la mer et le pays qui commence aux premières collines appuyant leurs

1. Toulonnais et géographe.

forces sur la montagne. La Provence est le voisinage de ces deux pays : deux principes différents bord à bord, avec chacun ses arrières, qui, jusqu'au début de ce siècle, sont vécus comme des immensités. Michel Marié montre, pour le Var, que cet axe, qu'il appelle nord/sud, montagne/mer, est l'axe d'une tradition, celle des gavots et des résidents secondaires provençaux. Mais ce chemin est traversé par un autre, celui des conquêtes, des possédants, des États. Par là est venue la conquête romaine, par là sont passés les barbares. Les grandes peurs post-Révolution française aussi. C'est l'axe Nice/Marseille/Avignon, celui des capitales actuelles du pouvoir d'État, celui du train et des autoroutes.

La Provence est une suite de carrefours au sens singulier, car chaque carrefour crée une situation unique du fait de sa position « axiale » et de la singularité du lieu.

La Provence est donc un principe double, de mer et de montagne. Mais le territoire n'y est pas également partagé. Les villes côtières sont des calanques côtières, c'est-à-dire que, comme Marseille, leur territoire va de la grève aux crêtes des premières collines. Là sont bâties leurs histoires, qui sont maritimes : histoires d'enclaves en terre ferme. Marseille n'a pas hésité à se rapprocher du comte de Toulouse pour échapper au comte de Provence, Marseille n'est pas la capitale historique de la Provence. La capitale, c'est Aix.

Aix est le siège du Parlement, de l'archevêché. C'est une « belle » ville dynastique, aristocratique, et son architecture, encore aujourd'hui, témoigne de son rayonnement jusqu'au début du XIXe. Aix est une ville de la terre, de la rente terrienne, ce qui veut dire qu'elle est plus en prise que sa voisine avec le cycle des saisons, plus loin qu'elle des conquêtes. Les autres villes intérieures de Provence sont des sortes d'Aix en plus petit. Villes de gestion matérielle et spirituelle du monde rural, villes de la possession, des notaires et des juristes.

Aix est une ville, un lieu où s'accumule le temps, où il s'éternise dans la pierre. Marseille est un comptoir dont Blaise Cendrars dit justement qu'il ne garde pas de trace de son passé, juste le mythe de sa fondation. Car Marseille se refonde sans arrêt, elle vit en surface des mouvements de marchandises qui la traversent, la nourrissent. Marseille est restée grecque dans les mémoires, grecque aussi dans son port muséifié, mais sans autre histoire dans sa pierre. Ce n'est que récemment que la ville peu à peu se transforme en chef-d'œuvre urbain avec Le Corbusier, la Corniche, le Mucem… Aix est une ville romaine, ville de cadastre, de terriens, où on peut suivre le fil du temps au fil des rues.

Deux principes d'ordre différent dans ces deux villes, deux conquêtes réinvesties à travers les âges, suivant deux systèmes distincts. Marseille a dominé et géré la côte et la mer, Aix, l'intérieur. Et la Provence est la réunion de ces deux principes. Mais la Provence, bien sûr, n'est pas uniquement du côté des systèmes dominants, elle est aussi permanence populaire, permanence spatiale. Mais permanence silencieuse, non écrite. Permanence qui s'appuie sur la montagne, sur les formes des vallées, sur les villages perchés.

L'écrivain Henri Vincenot[1] parle pour sa Bourgogne de la présence celte, gauloise. Il la rêve ou la rencontre, je ne sais pas. Jean-Paul Ferrier parle des Ligures, il les traque dans les symboles et les habitudes d'habiter l'espace ; les conquérants conquièrent les plaines, les lieux ouverts, les terres profondes, ils vont d'est en ouest, mais que faire des terres mauvaises, des vallées fermées, des villages de piton ? Henri Vincenot parle de l'occupation romaine comme de l'allemande : un coup d'œil de temps en temps aux villages, c'est tout.

Mon oreille est favorable à ces analyses, car je veux croire qu'il y a autre chose que les permanences explicites des systèmes de conquête, parce que je veux croire que les « principes tendres » peuvent se maintenir sous le passage des « principes durs ». Mais je n'en sais pas plus.

Pourtant, quand Jean-Paul Ferrier dit qu'« il y a des lieux qui permettent des permanences, d'autres qui ne les permettent pas », je l'entends bien. Je sais aussi que les cultures naissent dans un espace, et l'espace qui ne change pas n'a pas de raison de produire des cultures sans rapport. Les permanences culturelles sont-elles des transmissions explicites de culture populaire, ou un investissement sans fin de lieux semblables qui produisent de ce fait à peu près la même chose ? Je ne sais pas ; les deux, sans doute.

Quand je coupe un amandier centenaire mort de mort naturelle, je pense que l'histoire ne va pas si vite qu'on le dit. Vingt, trente générations d'amandiers depuis les Ligures. Ce n'est pas énorme. Pourquoi chacun des vingt ou trente hommes qui ont sans doute planté des amandiers sur cette colline n'aurait-il pas planté, comme il avait arraché (la difficulté est de ne pas laisser de racines), respectant ce qu'il avait trouvé, du moins pour l'essentiel ? Il y a là un autre temps que celui de l'histoire politique et sociale. Mais, depuis un siècle, il était peu probable qu'un paysan replante un amandier. Un résident secondaire pouvait le faire, car il « cultive » comme cultivaient les Romains quand l'armée était absente : il « maintient

1. Henri Vincenot, *Terres de mémoire; ma Bourgogne, le toit du monde occidental*, Paris, Jean-Pierre Delarge, 1979.

en état » ; un paysan savait, lui, que l'amande importée était moins chère que l'amande provençale. Mais cela a cessé d'être vrai aujourd'hui, le réchauffement climatique change les cultures, notre art de vivre dans un monde plus chaud fait refluer le vin au profit de la bière – sauf le rosé. Le temps de l'olivier perdu après le grand gel de 1956 revient, et l'amandier avec lui. Cette opportunité nouvelle va se glisser dans le terrain ancien, y trouver des alliés, des ennemis, des indifférents.

Ce pays n'arrête pas de se transformer. Certes, l'éveil capitaliste de l'Occident se produit partout en même temps en Europe, en Méditerranée comme ailleurs. Les villes côtières y participent d'elles-mêmes, poussées par le grand mouvement des curiosités, des échanges, des découvertes, de l'or nouveau, du luxe… Mais ce mouvement unanime des grandes villes va très vite devenir conflit d'influence entre des régions européennes, et la Méditerranée va y perdre sa place de leader, se faire battre par les nouveaux venus, plus mordants, plus entreprenants, plus adaptables. Les bateaux de haute mer des hanséatiques et des Anglais[1] vont pénétrer en Méditerranée et s'avérer plus adaptés aux temps nouveaux, du fait de leur petite taille et de leur vitesse. Les gros bateaux de Méditerranée sont caducs. Or la Méditerranée a une histoire de bateaux et de ports. Quand les bateaux deviennent étrangers, la bourgeoisie locale s'affaiblit. Et puis tout va trop vite pour cette bourgeoisie qui a toujours été marchande et qui a donc de solides traditions qui ont fait *leurs preuves*, mais qui ne les font plus, car l'histoire a changé de vitesse. Les grandes familles ne sont pas prêtes à se fondre dans des sociétés anonymes. Le lien, ici, est trop fort entre la terre, la famille et la raison sociale.

Les trois termes sont indissolubles, car nous sommes dans une société aristocratique. Cela mettait Colbert hors de lui, car il ne comprenait rien à ces bourgeois attachés à leurs « méchantes bastides » qui ne savaient pas séparer la possession familiale de l'accumulation primitive.

De l'aristocratie terrienne de l'intérieur à l'aristocratie bourgeoise de la côte, il y a autant de similitudes que de différences. Mais aucune des deux ne va pouvoir rester de plain-pied dans la société nouvelle qui naît. Elles vont finalement se retrouver toutes deux soumises, perdant encore aujourd'hui leurs dernières possessions. Le complexe de Fos-sur-Mer n'a-t-il pas achevé ce processus ? L'ancien haut-fonctionnaire Jérôme Monod ne voulait-il pas apprendre le travail à cette société du Sud ? L'économie du

1. Cf. Fernand Braudel, *La Méditerranée*, Paris, Arts et Métiers graphiques, 1978.

Nord va alors descendre, ici, à Sophia Antipolis, à Montpellier, à Cadarache (Iter), liée bien souvent à l'économie militaire – même si, heureusement, suivant un vieux chemin historique, la famille Saadé partie du Levant est venue stimuler Marseille.

Je comprends la Provence par son « incapacité » à se dé-localiser, à s'abstraire des réseaux de sociabilité qui l'ont constituée, animée : impossibilité de sortir du cadre familial, de sortir des réseaux de clients ; impossibilité de distinguer le capital du revenu… Les « affaires » sont en fusion avec la société locale, elles ne peuvent « s'économiser ». Jamais, par exemple, l'exploitation des travailleurs n'a eu, au XIXe siècle, des formes aussi impitoyables que celles que Blanqui décrit à Lyon ou dans le Nord. La misère ouvrière ne peut pas être absolument semblable en Provence, car l'ouvrier est aussi client et ce deuxième statut atténue les rigueurs du premier.

Ces formes de sociabilité ne sont pas présentes qu'en Provence, elles se retrouvent, avec quelques variantes, tout autour de la Méditerranée. Nous sommes plus dans un pays à mafia, généralement pacifique, que dans un pays d'exploitation désincarnée des « corps machines ». Cette organisation de la domination est moins adaptée au monde de la marchandise, de l'usine, de la ville ouvrière. Elle n'est pas plus sympathique que celle qui a pris naissance aux confins des plats pays et de la mer du Nord, elle est autre et elle a ses raisons.

Ces particularités locales ont résisté longtemps à la domination planétaire du système productiviste urbano-industriel « importé du Nord ». Elles se sont en partie adaptées, en partie cachées. Elles témoignent dans le présent d'une altérité qui montre que la société est beaucoup plus divergente que ce qui est souvent dit. Les systèmes de domination successifs marquent profondément les sociétés locales, mais ils ne peuvent les effacer tout à fait. Car jamais ne s'effacent les conditions qui ont donné naissance à ces cultures momentanément périphériques.

Donc ce pays est un, mais sa dynamique interne est d'avoir deux forces qui se mesurent, s'affrontent, se combattent. Et deux forces avec d'immenses arrières, ce qui veut dire que n'est pas en jeu seulement la banale opposition côte/arrière-pays qui existe au bord de toute mer. Est en jeu une rencontre singulière de « l'escalier alpin » et de la Méditerranée, en un lieu où passe une route de conquérants et d'États.

Longtemps, j'ai pris la Provence pour l'intérieur, et je disais : Marseille, la côte, ce n'est pas la Provence. C'était simple, mais faux. Car si cette limite existe, si l'Étoile, avec le Pilon du Roi, coupe bien en deux cette Provence que je connais, c'est une limite intérieure dont aucun des termes n'a de sens sans l'autre. Cette limite-là est le lieu de passage des produits agricoles que traditionnellement l'intérieur descend à Marseille. S'il y a des huileries, des savonneries, à Marseille, c'est d'abord parce qu'il y a eu des oliviers en Provence. Plus tard, avec l'ouverture du marché méditerranéen de l'olive et de l'arachide, les usines ont pu rester sans les oliviers : Marseille a eu un rôle de porte provençale sur le marché que draine la Méditerranée.

Enfin, la différence entre Marseille et Aix est importante pour les aristocrates, les pouvoirs… Les gavots sans travail, c'était à Marseille qu'ils descendaient en saison de sous-activité au village, et qu'éventuellement ils restaient s'ils avaient trouvé un emploi, ou une femme sans mari, comme après les pestes. Le peuple est toujours allé jusqu'à la grève depuis les montagnes. Et cela est ancien. C'est dire qu'à travers les deux systèmes, jumeaux et concurrents, passaient des mouvements autres, transversaux.

La Provence est, jusqu'aux XIXe siècle, un grand pays rural, appuyé sur sa montagne et dans lequel Marseille joue un jeu complexe d'intériorité et d'extériorité. Les rapports de Marseille avec l'intérieur sont loin d'être toujours amicaux, il y a des guerres, des alliances contraires. Marseille, qui favorise le pouvoir central avant 1789, mais aussi au XIXe siècle, va jouir de prérogatives uniques. En particulier, au XIXe siècle, sa politique d'importation d'olives et d'arachides va directement ruiner la paysannerie provençale[1], accentuant l'exode rural, donnant des bras aux villes côtières, qui prennent de l'ampleur à cette époque. D'abord Toulon, qui est une des villes de Provence qui se développe le plus au XIXe siècle.

La population va alors descendre vers la côte, vidant l'intérieur, et par ricochet les montagnes. Le développement de la côte va peu à peu casser le rapport Marseille/intérieur. Chaque grande ville côtière va se constituer un arrière-pays, dont elle sera la porte-parole. Ce mouvement, qui a, pour une part, nourri le sentiment départemental (le sentiment d'appartenance à un département), va peu à peu vouer au silence l'intérieur. Marseille, Toulon et Nice deviennent au XIXe siècle les porte-parole des conflits internes qui agitent le pays. L'opposition Marseille/Aix devient une sorte de folklore. Marseille/Nice également.

L'État, en descendant les préfectures sur la côte (d'Aix à Marseille, de Draguignan à Toulon, mais aussi de Carpentras à Avignon), va épouser et accentuer ce phénomène. Cette conquête de la côte va se renforcer avec la grande descente des touristes, l'invention de la Côte d'Azur fin XIXe siècle.

---

1. Cf. Jules Gistucci, « La désarticulation provençale à l'aube du capitalisme, 1800-1850 », *Peuples méditerranéens*, n° 6, 1979.

La Provence, aujourd'hui, reste essentiellement unifiée par ses montagnes. Celles-ci, bien que largement vidées, sont le lieu secret de la Provence inamovible. Et chaque été, une grande partie des Provençaux monte s'y ressourcer. Là est captée l'eau qui fait vivre les villes côtières.

Depuis quelques dizaines d'années, le Var se bâtit une histoire et une identité spécifique entre Nice et Marseille. Nombre d'intellectuels la travaillent, la façonnent, et dans ce mouvement se constituent des territoires parallèles qui vont de la mer à l'arrière-pays, découpant l'espace en bandes. Avant, il n'y avait que Marseille et le haut pays qui commençait aux premières collines, à la Viste et à la montée d'Aubagne, du côté où Marcel Pagnol avait son « château de ma mère ». Dans le haut pays, il y a Giono qui, lui, parlait de Marseille comme je la sens.

Les images de romanciers ne captent pas tout, bien sûr, mais elles signalent quand même beaucoup. D'autant que nombre de gens s'y reconnaissent, revivent, voire vivent, à travers ces œuvres. Et les héros de roman qui se déplacent dans l'espace sont de la théorie vivante. Logique vraie aussi, plus récemment, avec le cinéma et les séries télévisées.

Le Vaucluse

Le Vaucluse a une place particulière dont il faut un instant parler. Il joue, dans le puzzle spatial, un rôle similaire à celui de Marseille. De là, je regarde. Le Vaucluse est limité par la Durance au sud, le Rhône à l'ouest. C'est un département qui a eu du mal à naître, car ses limites ne sont pas évidentes du tout, pas complètement intégrées aux mouvements des populations. Quand la Révolution invente les départements, pas de Vaucluse. Les pays du Luberon sont dans les Bouches-du-Rhône, le nord du département dans la Drôme, et le Comtat Venaissin est encore au pape. C'était la vieille logique, celle qui, depuis des siècles, organisait cet espace.

Les papes avaient conservé Avignon, car c'est un carrefour très privilégié. Là se rencontrent deux manières de vivre qui se prolongent jusqu'en Espagne par le Languedoc et jusqu'en Italie par la Provence. Le Rhône a toujours séparé les albigeois des carbonari. Ce lieu de jonction est, par la vallée du fleuve, en contact facile avec l'Europe du Nord et Paris.

Ce lieu stratégique a, en plus, de bonnes terres d'alluvions. Tout le prédisposait donc à un rôle historique singulier, et la longue présence papale lui a donné des avantages multiples grâce aux richesses que drainaient les dignitaires de l'Église et aux tolérances particulières qui lui étaient accordées. En particulier, ce fut un refuge permanent pour les Juifs. Les jeux d'argent y étaient autorisés, « le trafic des femmes » intense en passant par Lacoste, village du libertin Marquis, et la construction de qualité y a toujours bien marché. Il suffit de se promener pour s'en rendre compte.

Quand le rattachement à la France est proclamé, le Vaucluse est dessiné autour du Comtat. Non sans problèmes, comme en témoignent les limites, avec une enclave dans la Drôme ; la coupure entre Apt et Céreste qui sera si mal vécue à Céreste, car ce bourg se retrouve, du jour au lendemain, dépendre de Digne, là-haut dans les Alpes. Et Pertuis, aujourd'hui encore, au sud, revendique de passer dans les Bouches-du-Rhône, de ne pas être à l'écart des mouvements de vie qui animent la Provence côtière et arrière-côtière. Enfin, le lieu où siège le représentant du pouvoir central est déplacé de Carpentras à Avignon. Là encore, la ville de l'intérieur cède la place à celle qui est plus directement en prise avec les flux de marchandises.

Pourtant, le département existe, les flux économiques qui s'y créent peu à peu déplacent les mouvements de la vie. Les mouvements d'est en ouest, vers Avignon, remplacent ceux vers le sud, vers Aix et Marseille. Là aussi, un nouvel usage de l'espace se met en place, qui est transversal aux usages traditionnels, mais d'une manière différente de ce qui se produit dans le Var, puisque c'est vers le Rhône qu'est tiré le département et non vers la mer. Par le Rhône arrivent les trains de touristes qui vont rentabiliser la voie par où remontent sur Paris les légumes des maraîchers, les vins des vignerons, les fruits. Là sont les grands marchés agricoles, Cavaillon, Châteaurenard. Le branchement de la société locale sur les flux marchands a modelé une nouvelle organisation, dans, sur l'ancienne. Les heurts qui en découlent créent des vides et des trop-pleins. De nouveaux équilibres se mettent en place pour que, sans fin, revienne un état d'équilibre vivable.

La ville provençale

La ville tend aujourd'hui à devenir un principe unique dans ses règles et son aspect, mais cette unicité grandissante ne doit pas cacher les particularités locales qui continuent à la marquer, en Provence et, plus généralement, sur le pourtour de la Méditerranée. La ville a eu, de tout temps, une place et un rôle différent de ce qu'ils sont dans l'Europe du Nord.

Les villes provençales sont nombreuses, fortement intégrées à leurs campagnes, lieux traditionnels de résidence de la noblesse, des propriétaires, des bourgeois, des Juifs. Ce sont des villes-étapes sur les routes d'Espagne en Italie, de France en Italie, d'Occitanie en Italie.

Dans l'organisation provençale, « la division ville-campagne n'a jamais eu beaucoup de sens, tous les villages étant des villes, toutes les campagnes des jardins[1] ». Ailleurs, j'ai lu qu'en provençal, il n'y a guère de mot pour le village : d'abord, parce qu'on désigne les lieux par leur nom propre, et ensuite, parce que tout lieu bâti de quelque importance est une ville, tout ce qui l'environne est campagne, sauf les « sylves », les forêts, et « il semble important de retenir que la forêt, c'est dehors et le bois dedans[2] ».

Même Marseille fut, jusqu'à ce siècle, une ville jardin, et je me souviens encore des maraîchers qui travaillaient là où s'élèvent maintenant les grands immeubles modernes de la Pointe Rouge.

En chaque terroir, la rencontre des possibilités morphologiques et de la symbolique de cette morphologie, des voies de passage, des traditions des peuples successifs, crée une façon de vivre et de mourir, une vision du monde qui a des dimensions singulières. Jusqu'au milieu de ce siècle, ce pays est considéré comme rude, la vie y est difficile, car les contrastes sont brutaux, les sécheresses radicales, les épidémies dramatiques ; en même temps, pour qui sait organiser la rencontre du soleil et de l'eau, de l'ombre et de la lumière, de la plaine et de la montagne, pour celui-là, les possibilités sont grandes.

Ces caractéristiques méditerranéennes expliquent beaucoup de l'histoire des peuples qui y ont séjourné, de la multiplicité des micro-organisations qui y ont fleuri et s'y sont desséchées. C'est un pays de terroirs[3], car la fragilité des équilibres à instaurer pour que la vie soit possible nécessite un espace articulé par un seul pouvoir.

Cela est vrai pour les villes méditerranéennes qui ont fait l'histoire de cette région, comme pour les *villae* romaines ou les bastides. Ce pays est, par nature, fédératif; il tient son unité des petites organisations juxtaposées à l'infini suivant la forme des collines. *Est collectif ici ce type de gestion privative juxtaposée.*

Prenons un exemple *a contrario* : les villes maritimes et les bois d'œuvre pour les flottes. Fernand Braudel[4] suggère que le déclin cyclique des ports

1. Cf. Christian Tamisier, *Provençal et paysagiste*, ronéotypé, 1979.

2. *Ibid.*

3. D'où, souvent, la réalité humaine des cantons.

4. Fernand Braudel, *La Méditerranée et le monde méditerranéen à l'époque de Philippe II*, Paris, Armand Colin, 1966 [1949].

est lié à l'épuisement des bois sur leurs territoires. Là, la gestion équilibrée s'efface devant le désir de conquête de ces villes : cherchez aujourd'hui les traces des forêts sur les collines arides du bord de mer ; la nature n'a pas pardonné, il ne reste rien que quelques pins juste capables de brûler. Certes, comme l'écrit l'historien Gaston Roupnel[1], pour « la France » (comme il dit), la forêt coupée ne repousse pas pareil, car la forêt est un milieu constitué par des milliers d'années de concurrence et de congruence d'espèces ; mais « là-haut », il repousse des arbres, ici plus rien. Comprendre l'organisation provençale passe par la reconnaissance de ses particularités, par la recherche dans le présent de ses données héritées.

Certes, cette organisation s'estompe. Marseille a saturé son terroir de bâtiments, d'autres pays sont saturés de vignes ou de maraîchage. Sans cesse se développent des processus de centralité au détriment de l'organisation fédérative antérieure. Ce pays ne se prête guère à une analyse qui chercherait à le saisir « bout par bout ». Tout y est articulation, interférence de territoires en principe voisins, confusion de ce qui devrait être séparé pour une claire exposition. Ces « confusions » sont son particularisme, mais le mot, dans la langue française, ne peut se défaire d'un sens légèrement péjoratif. Or, ici, il faut voir les choses autrement pour comprendre la vie locale. Il ne faut pas chercher à distinguer la ville de la campagne, ou les familles du politique et de l'économie. Souvent, les gens du Nord qui viennent habiter en Provence trouvent que la vie culturelle est anémiée, médiocre. Mais n'est-ce pas plutôt que l'autonomie de la vie culturelle par rapport au monde du travail, par rapport aux familles, n'est pas de même nature que ce qu'ils connaissent ? Alors, bien sûr, la vie culturelle ne peut qu'être médiocre, car elle ne s'appuie pas sur la vie locale. Même chose pour les affaires ou la vie politique. Il est d'ailleurs curieux qu'en période de remplacement du personnel notabiliaire, tous les vingt, trente ans, les notables montants, pour faire « moderne », tiennent des discours antinotabiliaires, avant de reproduire le système avec les préoccupations nouvelles qu'ils ont apportées : comme si tenir le discours des pratiques sociales non provençales permettait de se placer, montrait qu'on allait enfin sortir cette région de son « arriération »...

Ce qui me frappe, c'est le rapport entre l'imbrication ville-campagne et les interférences à tous les niveaux de l'organisation culturelle. Je le prends comme un élément de preuve de mes analyses sur le parallélisme des pratiques d'occupation des territoires et des systèmes de pensée. Cela fonde

1. Gaston Roupnel, *Histoire de la campagne française*, Paris, Plon, 1977 [1932].

ma volonté de passer par la compréhension des usages du sol pour proposer une analyse des visions du monde.

Ce n'est pas par hasard que le développement de mouvements localistes, régionalistes ou nationalistes accompagne la crise des valeurs dominantes que nous traversons. Ces valeurs perdent leur pouvoir de fascination, et les porteurs de valeurs dépréciées depuis plus de cent cinquante ans relèvent la tête. Mais personne ne peut sortir des valeurs pour le futur uniquement de son passé ; par contre, l'expression polycentrée que permet cette période ouvre l'espace des possibles. Là est l'intérêt de se plonger dans les particularités qui nous environnent chacun et de les sortir du silence, ou des sens péjoratifs où la période dite moderne les engloutit.

Ce pays, je le sens comme cela. Plus je le parcours, plus je lis ce qu'on écrit sur lui, plus j'écoute ce qu'on dit de lui, plus je le sens dans ces mouvements-là. Seulement, qu'est-ce qui nous permet d'habiter l'espace, qu'est-ce qui nous intègre dans ces jeux de force, qu'est-ce qui nous trace un sentier où nous pouvons tenter un équilibre singulier de notre vie ? Quels sont finalement les intermédiaires culturels entre chacun et l'espace, les maillons du contact de l'un et de la Provence ? (J'écris la Provence, car c'est de là que je parle, mais le problème est plus global et se pose dans toutes les régions.) Les sentiments d'appartenance sont organisés par des représentations qui ont des histoires et des singularités. C'est cela que maintenant je veux traquer pour pouvoir ensuite tenter de comprendre quelque chose aux mouvements sociaux qui animent l'espace. Car les trajets que nous effectuons sont à la fois voyage dans l'espace et voyage dans le sens puisque les voyages éclairent le sens évident des espaces.

5.
Du totem à la géographie : le corps spatial

Nous avons tous, de l'espace, fait un double apprentissage. D'abord du ventre de notre mère à son sein, puis à son visage, puis à elle, puis à l'autre, aux autres, à la chambre, à la maison… et ainsi, peu à peu s'est ouvert à nous un espace justement appelé maternel, car il rayonne autour du corps de la mère[1], il est le corps de la mère spatialisé ; peu à peu, il s'est élargi par la famille, l'école…

Mais cet espace n'est pas le seul. L'école nous a introduits dans l'espace géographique, nous a appris un certain type de lecture de l'espace. Celui-là est bien différent du précédent, car il procède d'une certaine idée de la société.

Aujourd'hui, ces deux types d'espaces sont en question, ces deux histoires spatiales qui nous traversent se télescopent, car notre vie est de plus en plus faite de déplacements, les nôtres, mais aussi ceux des objets, des images, des symboles… Comprendre les déplacements qui nous animent passe par le démontage de notre idée de l'espace et par l'analyse de ce qui a fait éclater ces systèmes de repérage.

La révolution de 1789 a profondément changé l'idée que nous avons de l'espace. Une des premières tâches des politiques de l'époque fut de faire distribuer des *cartes* de France partout, et dès 1793, Danton avançait l'idée que la France avait des « frontières naturelles ».

La carte comme miroir « vrai » du territoire ouvre un moment de l'histoire qui va se dérouler « entre » le territoire vécu et le territoire dessiné. La carte, schématisation à la fois abstraite et indiscutable, va mettre longtemps pour se répandre, car elle marque un profond tournant de la

---

1. Sur le rôle de la mère, lire le livre de Christiane Olivier : *Les enfants de Jocaste*, Paris, Denoël-Gonthier, 1980.

perception de l'espace. L'école jouera là un grand rôle : la carte de France que nous avons tous connue, sur carton fort, accrochée au fond de la classe, va nous inculquer un sens des directions tout à fait singulier : « on descend dans le Midi » comme « on monte à Paris ». J'ai même rencontré des habitants d'un village de piémont nord de massif qui devaient retourner la carte de leur village pour la comprendre : la montagne n'était pas supportable en bas.

Sans fin, depuis, nous nous échinons à gravir ce carton glissant, à compenser notre basse place par je ne sais quelle faconde, quel mouvement. Il est bien difficile de vivre au rez-de-chaussée d'une tour, d'ordinaire on y met les voitures ou les impotents. Il est frappant que, dans plusieurs pays industriels d'Europe, le bas de la carte se soit peu à peu vidé des « forces vives de la Nation ».

Cette expression, si banale malgré le peu d'espace laissé aux forces non vives, nous introduit à une deuxième idée. La carte de France distribuée aux provinces a la charge de renvoyer une image d'elle-même à la Nation. Se cimente là un sentiment de l'unité chargé d'effacer un autre sentiment d'unité que l'on voudrait oublier : l'unité par le monarque. « Le territoire n'est plus le corps en expansion du roi, mais le corps de la Nation. Et France ne désigne plus le roi, mais la nation elle-même[1]. » Aussi est-il juste de parler d'« iconogéographie ».

En fait, l'espace maternel, comme l'espace collectif, est la projection d'un corps dont l'unité par tous compréhensible permet de donner un sentiment d'unité sociale. Entre notre corps et l'espace dansent des corps intermédiaires qui ont une histoire propre, qui sont des corps symboliques unifiants, symbolisés suivant les époques par des individus réifiés, par des statuts, par des dessins. Ces symboles corporels du spatial nous renvoient en image une certaine idée de notre propre corps, comme dans un jeu de glaces où on ne sait plus où est le reflet et où est l'original. Quand la glace se brise, nous cherchons, effarés, à réunifier les morceaux. Notre volonté de vie nous fait lutter contre une peur frankensteinienne.

Émergence du sentiment d'humanité

Les médias, les touristes, les guerres mondiales et les Jeux olympiques nous démontrent incontestablement que, sur l'ensemble de la planète, nous

1. Michel Korinman et Maurice Ronai, « Les idéologies du territoire », *in* François Chatelet (dir.), *Histoire des idéologies*, 1978, *op. cit.*, vol. 3, p. 229-257.

appartenons à une seule et même espèce. Il n'en a pas toujours été ainsi. Longtemps, les groupes humains ont surtout dû ressentir l'opposition entre l'intérieur de leur territoire et son extérieur sans que nous soyons absolument sûrs qu'ils distinguaient toujours clairement l'espèce humaine des autres espèces. Dans un certain nombre de travaux anthropologiques, les auteurs se représentent les tribus anciennes se pensant chacune comme le centre du monde et protégeant dans un même mouvement tout ce qui était dans leur mouvance.

Frazer écrit :

> Le système totémique, profondément démocratique, consiste en une fraternité imaginaire dont les membres, un groupe de personnes, d'une part, un groupe de végétaux et d'animaux de l'autre, sont sur un pied de totale égalité[1].

Julius Lippert ajoute même :

> Chaque tribu considère la tribu voisine comme un troupeau d'animaux sauvages dont elle se nourrissait à l'occasion[2].

Jacques Attali, dans *L'Ordre cannibale*[3], reprend plutôt des analyses où ces attaques d'autres tribus ne sont pas une négation de leurs caractéristiques humaines, mais le projet de « manger » leurs forces. Il les rapproche du cannibalisme à l'égard des morts de la tribu, qui est distribution des qualités du défunt aux survivants.

Toujours est-il que ces diverses pratiques partent d'un repérage dans l'espace où la fusion entre un groupe et un territoire est grande. L'enjeu est de ne pas perdre la force de cet ensemble, et, si possible, d'en capter de nouvelles, par exemple en mangeant les voisins. Là s'organise un début de sociabilité qui protège l'équilibre du territoire collectif par la prohibition du cannibalisme interne (sur les vivants), et la mise en place d'interdits sexuels assurant une coexistence pacifique entre des individus de sexe différent, et entre les hommes.

Le cannibalisme n'est, pour ces « gens-là », pas l'acte de manger de l'humain comme nous l'entendons, mais comme ils l'entendent, eux : manger des gens dépendant du même totem.

---

1. James G. Frazer, *Totemism and exogamy*, 4 vol., London, MacMillan & Co., 1910, ici vol. IV, p. 5-6 (cité dans Evelyn Reed, *Féminisme et anthropologie*, Paris, Denoël-Gonthier, 1979).

2. Julius Lippert, *The evolution of culture*, London, G. Allen & Unwin, 1931 (cité dans Evelyn Reed, *Féminisme et anthropologie*, 1979, *op. cit.*).

3. Jacques Attali, *L'ordre cannibale*, Paris, Grasset, 1979.

Peu à peu s'ajoute, et se substitue, à ce premier repérage qui est une première règle de vie collective, une organisation de plus en plus complexe où chacun, ayant pris conscience de sa corporalité, va se situer par rapport à son origine connue : la mère. Distinct de l'animal et du végétal, l'humain s'inscrit alors dans un système de clan matristique et le totémisme « dégénère » : « les animaux ou les plantes, le soleil ou la lune, la mer ou les fleuves seront alors adorés » tandis que « ce phénomène ne se rencontre jamais dans les civilisations inférieures où le totémisme a conservé sa forme originelle[1] ».

Le totem permet une localisation de chacun dans un ensemble de règles collectives. Il va, bien sûr, largement évoluer et dans sa forme et dans ses règles, et même dans son rôle collectif. Pourtant, tout ne disparaît pas des coutumes anciennes. Par couches sédimentaires successives va muer peu à peu le système de repérage sans que jamais disparaissent complètement les pratiques anciennes. Evelyn Reed nous rappelle par exemple que le verre de vin qu'on boit en l'honneur de quelqu'un serait le lointain descendant du sang de l'adversaire partagé entre membres du même totem. L'Église change le sang en vin, remodelant une vieille tradition. La renversant même, car on s'inclut dans un groupe par le partage du sang de celui qui le « couvre » de son corps, le Christ, alors que les « primitifs » s'unifiaient en buvant le sang d'un exclu du groupe.

Le renversement du sentiment d'unité est un trait marquant de cette histoire. Les tribus primitives se sont « fédérées » au fur et à mesure des mutations climatiques et technologiques. Ce type de fédération, bien plus tard, donnera par exemple à La Mecque un temple où repose le dieu de chaque tribu. Dans ce polythéisme fédératif de peuples distincts est placé, en un lieu d'échange régulièrement fréquenté, le symbole d'unité des autres. Un jour viendra où, par un renversement historique dans les cultures méditerranéennes, les marchands seront chassés des temples : le consensus d'échange par le voisinage des « idoles » sera brisé, et émergera le Dieu unique qui propose une unité en lui-même : il est le lieu de l'unité. Cette révolution de palais fait passer à un niveau plus large le territoire collectif. Elle donne, en principe, l'univers comme seule limite au groupe qui se reconnaît dans ce dieu unique. Ainsi naissent les guerres de religion, car les dieux ne sont plus des émanations de territoires singuliers : Il est premier et tout découle de Lui ; Son territoire est expansionniste et se fonde là le trajet missionnaire qui va unifier le globe.

1. James G. Frazer, *Totemism and exogamy*, 1910, *op. cit.*

Le sentiment d'humanité qui découlait d'un territoire régi par des tabous va dès lors descendre du non-territoire terrien absolu, le ciel, pour innerver le territoire de ceux que Dieu a faits hommes. Mais ce renversement théorique, qui permet aux humains de penser les questions nouvelles qu'ils se posent et aux forces de la praxis de pouvoir se développer suivant les moyens nouveaux dont elles disposent, n'affecte pas d'un coup tous les aspects de la représentation. Loin de là. Va alors se jouer un rapport entre les deux organisations d'intermédiaires culturels avec l'espace. Conflit par le rejet dans le non-dit de pratiques millénaires, osmose souvent apparente par le simple changement de nomination des vieux rites en rites nouveaux, innovation, enfin, par le développement de nouveaux systèmes de repérage.

La lecture de l'ouvrage *Les Mots, la mort, les sorts*[1] est à ce sujet fort instructive. Jeanne Favret Saada y montre les enjeux des pratiques de sorcellerie dans le bocage actuel. L'essentiel des enjeux qu'elle perçoit est la circulation de forces entre ceux qui ont un trop-plein de force, qu'ils n'arrivent pas à investir sur leur territoire propre, et les autres ; surtout ceux qui, pour des raisons diverses, sont disponibles à un affaiblissement, à une perte de force. Désir secret de partir, trouble de la personne…

Ce texte éclaire des fonctionnements dans la société d'aujourd'hui. Or l'auteur montre bien que ces pratiques ont essentiellement pour but de permettre, dans un groupe un peu clos, une régulation des forces de chacun, un équilibrage collectif. Depuis, je vois dans de nombreux groupes que je connais ces enjeux d'équilibrage des forces, mais sans qu'existent de pratiques rituelles pour que les plus faibles puissent se protéger de l'empiétement des plus forts, si ce n'est en prenant leurs faiblesses à leur propre charge pour en médicaliser les symptômes. Les rapports dans les groupes primitifs fermés devaient être soumis au même type de contrainte, exacerbée par le petit nombre de gens. Aussi, les pratiques préchrétiennes de sociabilité, surtout celles qui ont préexisté à l'invention des dieux, nous signalent des problèmes permanents de situation des humains les uns par rapport aux autres, mais enfermés dans un territoire collectif différent du nôtre. Cela nous montre que le champ d'action disponible pour chacun est le résultat de la rencontre d'un territoire social avec un certain nombre d'invariants individuels qui, plus ou moins, se trouvent dans toutes les sociétés. Comprendre comment chaque groupe vit passe alors par l'analyse des types de rapports qu'il entretient avec le territoire historiquement

1. Jeanne Favret-Saada, *Les mots, la mort, les sorts*, Paris, Gallimard, 1977.

dominant à son époque. Comme le territoire dominant du moment ne prend pas en compte l'ensemble des territoires vécus, il faut sentir d'autres systèmes de repérage si l'on veut analyser l'ensemble des comportements dans un groupe, percevoir l'ensemble de ses propres comportements. L'histoire de l'humanité nous initie à différents « complexes de vie » qui s'articulent souvent dans le présent, quoi qu'en pensent les porte-parole de l'ordre dominant qui se prennent toujours pour les représentants du seul ordre présent. Or ils ne sont que les représentants de l'ordre qui domine momentanément. Pour avoir conscience de nous-mêmes, par nous-mêmes, il faut en sortir. Sinon, nous essayons sans cesse d'être conformes aux seules valeurs dominantes du moment, qui ne correspondent que rarement aux territoires que nous parcourons.

L'unité dans le corps mystique

Le développement de l'audience de Jésus de Nazareth se fait à un moment où les habitants de l'Empire romain commençaient à se sentir un « seul peuple »[1]. En cela, ce fils unique du Dieu unique est dans la tradition des dieux localisés produits, en un lieu, par une population qui veut se bâtir un miroir collectif de son unité. Pourtant, il est renversement absolu, il est transcendantal, alors que ses précurseurs étaient des dieux immanents : dieux qui sortaient des forces de la terre et de la nature.

Dans ce renversement se passe quelque chose qui nous concerne encore aujourd'hui : Dieu nous a créés à son image, Dieu n'est plus l'émanation de nos praxis. Il y a là le fondement d'une culture délocalisée, car ce n'est plus en tant qu'acteurs sur un même territoire que nous trouvons notre identité, mais dans une création déterritorialisée où la présence dans un territoire n'est plus qu'un passage. *Le dieu unique nous crée nomades.* Mais alors, comment est fait notre espace d'inscription, comment est le lieu miroir de nous-mêmes où nous pouvons nous repérer ? Saint Paul nous donne la réponse :

> De même que le corps est un et a plusieurs membres, et que tous les membres du corps, malgré leur nombre, ne forment qu'un seul corps, ainsi en est-il du Christ. Tous, en effet, [...] nous avons été baptisés dans un seul Esprit, pour former un seul corps. (I, Cor. XII, 12).

1. Origène, *Contra Celsum*, II. 30, *in* François Chatelet (dir.), *Histoire des idéologies*, 1978, *op. cit.*, t. 1, p. 234.

Cette émergence d'une corporalité unifiante qui se pense comme substitutive au territoire ouvre une période culturelle profondément nouvelle. Elle crée une unité supérieure aux unités politiques, aux unités sociales. Par là, elle introduit une fluidité dans les rapports de classes et d'unités politico-militaires. Aussi n'est-il pas surprenant que la décadence de l'Empire romain corresponde à la montée de cette représentation. C'est dans l'éclatement même de ce système de domination sociale et de contrôle territorial que se tient la possibilité conquérante d'un principe unifiant pouvant résister à tous les cataclysmes sociopolitiques. Le ballet entre l'Empire romain et l'Église de Rome est d'ailleurs marqué par l'histoire du faux testament de Constantin qui aurait transmis à l'Église les insignes de l'Empire. Faux, certes, mais révélateur d'un certain type de lien.

La corporalité qui nous unit depuis deux mille ans a laissé des marques profondes dans notre lecture du social et de nos corps. Elle nous a introduits à un repérage dans l'espace à partir de relations homothétiques entre les parties du corps et des lieux : le cœur de la ville, son ventre, ses artères, les poumons de Fos, la Botte italienne…, la société a été découpée en corps constitués, en corporations. Cela ne laisse pas notre propre corps libre de se mouvoir, car il est chargé des usages symboliques de la société. Le jeu de miroir qui se joue là est en effet réversible. L'usage unifiant du schéma corporel dans le social et le spatial introduit à l'idée d'une unité bâtie, déconstruit l'idée d'une unité naturelle. D'une certaine manière, le rôle unifiant du corps mystique désorganise l'harmonie naturelle de nos corps singuliers, il rend possible une lecture éclatée de nous-mêmes. L'unité corporelle sort de l'évidence vécue pour devenir une praxis sociale construite.

Ainsi, Jésus de Nazareth, pris comme repère sur une ligne historique complexe et longue, marque un tournant essentiel de l'idée du corporel. Du corps humain non distingué entièrement de l'animal ou du végétal des sociétés totémiques au corps de la chrétienté, il y a un lent déplacement qui modifie profondément la manière dont les humains ont pu vivre leur corps.

Le corps social

Le corps mystique du Christ mort – corps crucifié et ressuscité, qui doit naître à nouveau – donna une unité du spirituel au temporel tout à fait spécifique à l'Occident. Cette unité, que rien ne peut entamer car elle n'est pas de ce monde, se modifie peu à peu à partir de la Renaissance. Dans l'ordre des images, cette re-naissance-là, sociale, renvoie à l'autre attendue, celle du Christ qui doit revenir. Tout se passe comme si, d'avoir organisé son monde dans l'enveloppe charnelle du fils de Dieu, c'était par la grâce de cette « concrétisation » sociale que la réponse à l'attente de la chrétienté devait se terminer. *Le Christ fait société renaît comme société.*

Aussi,

> la théorie moderne de l'État naît [...] sans doute à cause de la force d'une comparaison : Hobbes y pense la société comme un corps politique. La métaphore pourtant n'était pas nouvelle : l'Occident l'avait connue dès le début du christianisme [...] l'assemblée des Chrétiens, corps mystique du Christ, comprend tous ceux qui, plus tard, seront membres du corps politique[1].

Ainsi passe la continuité de l'image unifiante du corps entre l'Occident chrétien et l'Occident étatique. Traquer le mythe de la Renaissance à la lettre permet de comprendre comment le corps unique du Christ va peu à peu se dissoudre dans l'organisation sociale, par diffusion de cet homme redevenu quelconque dans les masses productives.

Il y a là un déplacement de l'éternité. *À l'éternité du royaume des dieux se substitue l'éternité circulante de la marchandise.* Ce ne sont plus les humains qui circulent, anonymes, sur la route du ciel, mais les marchandises qui deviennent anonymes. L'humain, lui, prend de la valeur, à devenir le point fixe sur la route, le gîte d'étape du pèlerinage des objets. Les droits de l'homme ne sont pas loin, qui sacralisent nos corps de chair, désacralisant les enceintes qui les protégeaient, jusqu'aux « enceintes universitaires » et au chœur des cathédrales.

La lutte de l'Église et des marchands, qui va durer plusieurs siècles, règle des comptes avec le corps mystique, et ses sens. Le rôle fantastique de 1789, en France et dans le monde, vient essentiellement du règlement radical de cette question. Car 1789 n'est ni la première révolution, ni l'instauration du pouvoir des bourgeois largement entamé et encore à renégocier, c'est la décapitation de l'ordre chrétien, son extraction définitive de l'ordre des choses.

> La Révolution est un imaginaire collectif du pouvoir [...] Auguste Cochin permet de comprendre comment la légitimité démocratique s'est substituée à l'ancienne légitimité de droit divin, comment elle a envahi l'espace abandonné par celle-ci, espace immense et à proprement parler infini, puisqu'il contenait tout l'ordre social et politique dans son principe[2].

1. Pierre-François Moreau, *in* François Chatelet (dir.), *Histoire des idéologies*, 1978, *op. cit.*, t. 2, p. 164.
2. François Furet, *Penser la Révolution française*, Paris, Gallimard, 1978, p. 108.

Ce qui s'institutionnalise à partir de 1789, c'est une unité basée sur la nation, sur un territoire précis, des cartes. Ce n'est plus le corps mystique dont les frontières terrestres floues sont celles des païens, ce n'est plus dans le corps du monarque dont l'image harmonieuse dissimule les brèches des frontières de la France, ce n'est plus dans un corps d'homme socialisé que l'unité va se faire : c'est dans un territoire corporalisé que le *corps législatif* va symboliser. Ce n'est pas par hasard si l'expression « corps législatif », inventée en 1791, disparaît à la Restauration, de 1814 à 1852, pour être alors reprise par Napoléon III et durer depuis. Comme ce n'est pas un hasard si les révolutionnaires de 1789 ont fait distribuer des cartes de France dans le pays, ni si Maurice Agulhon[1] peut citer des cas de paysans qui, au XIXe siècle, prenaient Marianne pour la reine de la République ; ils étaient toujours dans la continuité corporelle entre leur corps travailleur, qui est leur outil à maîtriser et à penser l'espace[2], et le corps dominant, royal et divin. Ils n'avaient pas encore fait leur la rupture allégorique. La Marianne fut une transition française (les Anglo-Saxons ayant des reines, le problème est forcément différent) entre une corporalité sacrée et un territoire sacré. D'autant que ce corps féminin rappelle d'autres relais, symboliques eux aussi : France, fille aînée de l'Église, et Jeanne d'Arc.

Dans cette perspective générale, le corps social est une image relais, et en même temps abâtardie, de l'unité. Notre société rejette tout ce qui semble lié aux corporations, aux revendications corporatistes ; elle n'en finit pas d'extraire des allégories le corps si symboliquement décapité ; elle n'arrive pas non plus à supprimer sa guillotine, pourtant si vivement combattue depuis plus de cent cinquante ans, mais qui est un symbole que beaucoup n'osent pas laisser se rouiller[3].

Pourtant, le lieu de l'unité est déplacé, de plus en plus loin du spirituel, de plus en plus temporel. Plus le morcellement domanial fut fort, plus l'unité unificatrice de l'Église était essentielle. Avec le développement de la monarchie s'était ouverte une période de transition où « le territoire est le prolongement, l'expansion du corps du Prince[4] ».

1. Maurice Agulhon, *Marianne au combat*, Paris, Flammarion, 1979.

2. Voir Françoise Loux, *Le corps dans la société traditionnelle*, Paris, Berger-Levrault, 1979.

3. Victor Hugo, *Écrits sur la peine de mort*, Le Paradou, Actes Sud, 1979.

4. Michel Korinman et Maurice Ronai, « Les idéologies du territoire », 1979, chap. cité, vol. 3, p. 229.

Michel Korinman et Maurice Ronai ajoutent: « [après 1789,] le territoire n'est plus le corps en expansion du roi, mais le corps de la Nation. Et France ne désigne plus le roi… mais la nation elle-même. »

S'ouvre alors l'espace d'une « iconogéographie », basée sur la carte qui prend la place miroir du monarque déchu, jadis occupée par le corps mystique du Christ. Dans ce mouvement, le lieu de l'unité tend de plus en plus à être un phénomène social d'évidence, non médiatisé par le sacré, inscrit au jour le jour dans les mouvements de vie de la société.

L'unité géographique

Vidal de La Blache, père de l'école géographique française, nous a, par relais scolaire interposé, initiés à sa théorie de la *personnalité régionale.* Cette idée de personnalité régionale, qui a eu un tel succès populaire, peut servir, par emboîtements successifs, à cerner le plus petit espace comme le concert des nations. Elle a le double caractère de la corporalité et de la territorialité, et si elle a eu un tel succès, ne peut-on penser que c'est justement parce qu'elle permettait une jonction entre deux systèmes de représentation, deux systèmes d'unité, celui hérité de la chrétienté, et celui de la république laïque ?

Vidal de La Blache a su donner une personnalité à des espaces qui n'avaient pas d'histoire – les Alpes, le Centre… –, qui ne reprenaient pas vraiment les territoires (et les familles qui les incarnaient) d'Ancien Régime et qui, pourtant, par une classification intégrée et articulée, *relocalisaient* chacun à travers une famille de personnalités, fort proches de l'articulation des suzerainetés. Cette invention *de l'espace*, qui va de pair avec le renforcement du rôle capital de Paris, son inscription dans les réseaux de communication routiers ou ferroviaires, réorganise autour d'un centre géographique un espace désorganisé depuis la fin du monarque.

Yves Lacoste signale bien l'apparent non-sens de ces délimitations nouvelles :

> Vidal donne comme contours aux différentes régions dont il impose l'existence, soit une partie d'un des tracés des limites d'anciennes provinces, soit telle limite climatique, soit la ligne que le géologue trace sur sa carte pour séparer les affleurements de terrains fort différents[1].

1. Yves Lacoste, *La géographie, ça sert, d'abord, à faire la guerre*, Paris, Maspéro, 1976, p. 54.

Donc, Vidal invente un espace. Certes. Mais son espace va avoir un succès rapide, largement aidé par l'école : il permet une re-localisation, un repérage sans corps porte-signe et miroir, dans une culture française complètement dominée par cette tradition.

La géographie est fort ancienne, mais « ce n'est qu'au milieu du XIXe siècle qu'elle va trouver ses voies nouvelles... De descriptive, la géographie devient *explicative*[1] ». Il est frappant de constater que, en Amérique, c'est d'abord « les rapports entre la géologie et les formes du relief » qui retiennent l'attention des chercheurs – logique de nouveaux conquérants, pourrait-on dire. En Allemagne, Ratzel va imprégner la pensée allemande de la figure du territoire et de l'idée de leur non-correspondance avec les peuples qui les occupent ; « les peuples passent, le sol demeure[2] », thème d'une nation qui se cherche un territoire ; et la France voit dominer cette géographie régionale, ce montage de personnalités dans le cadre de *frontières naturelles*, concept clé de l'énonciation de l'unité française.

Ainsi, dès 1793, l'enveloppe française retrouve une limite naturalisée, aussi repérable que celle que renvoyait le miroir où se contemplaient le roi et le territoire. « La sociabilité démocratique qui va réunifier le corps social », comme dit François Furet, applique à l'espace l'organisation centralisée de la royauté. L'achèvement du changement d'éternité est là chose faite, mais l'organisation du projet demeure. Ce changement d'éternité – du chemin vers l'éternité du ciel à l'éternité de la marchandise – va vite poser des problèmes dans lesquels nous sommes en plein aujourd'hui. Car l'éternité de la marchandise ne présuppose et ne nécessite aucune permanence du lieu de l'unité où nous nous inscrivons. D'autant que « ce qui est nouveau dans la version laïcisée de l'idéologie révolutionnaire, qui fonde la politique moderne, c'est que l'action *épuise* le monde des valeurs, donc le sens de l'existence[3] ». L'action, le faire, vont devenir le seul espace d'investissement, d'où une accélération absolument fantastique de l'histoire des choses. Une course de vitesse permanente contre le non-sens qui fait voler en éclats les limites unifiantes ou distinctives un moment élaborées.

1. Pierre Deffontaines, Mariel Jean-Brunhes Delamarre et André Journaux (dir.), *Géographie générale*, Paris, Gallimard, 1966, « Pléiade », p. 5.
2. François Chatelet (dir.), *Histoire des idéologies*, 1978, *op. cit.*, p. 251.
3. François Furet, *Penser la Révolution française*, 1978, p. 77, *op. cit.*

Mappemonde et mondialité

J'ai vu la Terre à la télévision, j'ai vu, comme tout le monde, des photos de la Terre prises de la Lune et de l'espace. Et presque chaque jour, à un bout du monde ou à un autre, quelqu'un croit voir une soucoupe volante ou un Martien. Je ne sais pas si c'est vrai ou si c'est un fantasme collectif, mais ce que je sais, c'est que l'inconnu n'est plus aujourd'hui un Terrien. Des sociétés totémiques aux Martiens, quelques milliers d'années, mais quelle mutation de perspective !

Nos mappemondes ne sont plus amenées à se transformer, sauf dérive des continents ou séismes. Cela marque une date. Une date essentielle. Nous sommes devenus des Terriens placés dans la perspective de l'infini de l'univers, « nous » avons marché sur la Lune, nos problèmes deviennent ceux du globe.

La disparition de cette limite matérielle, à laquelle l'humanité n'avait jamais pu penser, désagrège l'extérieur, qui n'est plus dans la continuité de la matière que nous avons foulée ; elle désagrège la limite entre le dedans et le dehors qui n'est plus matérialisable sur une carte, qui nous touche dès le sommet des immeubles et des montagnes ; elle désagrège l'intérieur qui n'existait qu'en relation avec l'extérieur. L'extérieur est quelque chose que nous ne savons pas concevoir, et maintenant c'est l'infini qui joue ce rôle-là. Alors, il n'y a plus d'arrière et de ligne de front, nous sommes tous au contact du front de l'inconnu.

Cette mondialité est le résultat d'une victoire, victoire d'une culture marchande de la circulation généralisée. Les valeurs occidentales ont pu s'épandre sur toute la planète grâce à la force conquérante de ses modèles, grâce à l'adéquation de leurs structures avec l'ossature du corps physique des hommes. (Avec aussi une domination militaire due à une avance technologique considérable.) Cette correspondance dynamique corps physique/corps mystique/corps social a ouvert tous les continents et toutes les sociétés au grand jeu du marché. Dans une perception du monde organisée à partir d'un moteur central, la révolution industrielle a joué à merveille le rôle que la pensée lui accordait.

Mais la société marchande a, par le succès de son entreprise, atteint les limites de son universalité, atteint, ou presque atteint, les limites de son espace de conquête possible. Or la dimension messianique et conquérante est une de ses plus fortes sources d'énergie. Au moment où continue la conquête de la planète à la marge, pour nous, qui sommes au centre d'éclosion de ce système culturel, les lampes sont déjà éteintes. La décadence est largement entamée, nous n'arrivons plus à nous mobiliser pleinement pour un autre futur. Il n'y a plus de consensus conquérant. Fondamentalement, l'histoire n'a plus de sens, c'est-à-dire que ce qui fondait l'organisation culturelle s'étiole, la capacité unifiante du corporel se dilue sous l'évidence de la forme sphérique, sous l'effet de la perte de perspective. Nous ne pourrons sortir de ce creux où naît le populisme que quand la Grande Guerre climatique sera largement engagée, et engagée dans chaque nation, chaque région, chaque ville, chaque métier et chaque âge, chacun de nos cerveaux. Car ce rassemblement combatif doit être total, ou il sera inutile. Le temps est à l'action climatique et à l'action politique, les savoirs tragiques des savants et des militants ne pouvant se passer de la conviction des peuples. Ni du peuple-monde.

Sans fin, l'engagement de l'autre est sujet de dénigrement. Celui du capitalisme brade « les intérêts nationaux », celui du monde ouvrier « prenait ses décisions à Moscou », celui de la jeunesse a des relents d'herbe et de sous-produits culturels, celui des touristes est voyeurisme… Je grossis les traits, mais il est sûr que tout ce qui tente de prendre acte de cette globalisation des enjeux est vivement agressé, car remettant en cause notre conception du sens. Notre système de pensée reste organisé sur une dialectique de l'intérieur et de l'extérieur qui ne trouve plus sa prise face à l'unité planétaire déjà en place que nous renvoient quotidiennement en miroir les médias. L'Union européenne ne pense même pas à populariser sa carte pour nous fournir un dedans sécurisant – ses frontières, il est vrai, ne sont pas stables. Mais après la fin de l'agression russe contre l'Ukraine, une fois la frontière stabilisée, il serait utile de dessiner ce corps de l'Union en y associant tous les États en cours d'intégration pour caler notre « nous » et donner des limites à un corps politique émergent qui, sans territoire représenté, se sent envahi par un étranger sans frontières. Danton nous manque ! Le peuple d'Europe ne peut faire société sans représentation de son territoire partagé.

Cet effacement des frontières renforce notre sentiment de vide, car nous ne pouvons vivre sans médiateur entre nous et les choses, nous et la matière, nous et les autres. Aussi, si nous acceptons que l'organisation des perceptions soit la projection des contraintes quotidiennes dans la pensée, c'est de là qu'il faut partir pour tenter de nouvelles « mises au monde » : comme les Égyptiens qui élaborèrent une vision du monde à partir de leurs oasis entourées de désert où le fleuve donne « le rythme du temps » et un « sentiment privilégié des directions de l'espace »[1], comme

1. Michel Gitton, « La cosmologie égyptienne », 1978, chapitre cité.

les grandes religions monothéistes qui sont aussi filles du désert et du sable, comme le culte de la production et de la circulation qui sont une systématisation de pratiques nées aux confins des plaines et des mers du nord de l'Europe.

Alors, *chercher les lignes de force du monde aujourd'hui, c'est à la fois chercher à voir ce qui nous entoure et à voir ce qui nous sert à voir ce qui nous entoure.* Car la structure de notre pensée n'est déjà plus ni dans ce qui unifiait ni dans ce qui séparait « avant », et elle n'est pas non plus adéquate à l'univers de maintenant. Notre structure de pensée est dans l'entre-deux, comme nous. Cet entre-deux, il faut d'abord se convaincre de son existence, s'autoriser à le regarder et à l'apprendre. Là s'ouvre une perspective où les pratiques collectives, qui semblent repasser en un point historique déjà usagé à d'autres époques, prennent un sens nouveau, sont le signe d'une quête différente.

L'agriculture biologique, par exemple, nécessite un rapport à la terre et aux végétaux qui intègre les transformations de nos connaissances. Elle est une écoute consciente de processus biologiques dont n'avaient pas forcément idée les anciens. D'ailleurs, les agriculteurs des décennies passées se sont jetés à corps perdu dans l'utilisation de la chimie en agriculture, car il y avait là une solution efficace pour lutter contre les aléas climatiques et les maladies. Le fumier naturel, l'absence de labour, le désherbage manuel ne sont pas, comme il y a cinquante ans, une nécessité sans autre choix concevable, ils sont des refus de méthodes culturales qui ne respectent pas l'équilibre vivant du sol et de la plante. La pioche peut être un outil de défricheur du futur – surtout si elle est mue par une pile électrique –, bien qu'elle soit un symbole du passé.

Nous ne sommes pas dans une période de marche arrière historique. Ce sont les gens qui ne veulent ou ne peuvent pas se déplacer qui parlent de retour à la nature. De décroissance. Les enjeux de ces mouvements sont profondément innovateurs, même si s'engouffrent dans ces préoccupations nouvelles des gens qui n'arrivent pas à sortir du passé. Peut-être ont-ils à charge de transmettre un héritage que le monde productiviste a failli perdre ? Les gardiens des traditions peuvent inséminer le futur autant que les adeptes du présent. Des gestes, des pratiques, des idées peuvent sortir des musées comme des laboratoires pour être réutilisés dans un sens qui n'est plus tout à fait celui de leurs inventeurs. Les savoir-vivre et savoir-faire des peuples des pays chauds vont être utiles à l'humanité entière.

L'universalité nouvelle qui éclot ne fonde pas une seule culture, une seule culture, une seule nation. Les différences culturelles n'ont sans doute jamais été aussi reconnues qu'aujourd'hui, car la confrontation à des objets identiques fait ressortir le singulier, accuse les distinctions entre plaines et montagnes, nord et sud, est et ouest : personne ne peut plus prétendre que les différences se fondent dans l'archaïsme ou la bêtise. Elles découlent visiblement de ce qui organise la vie en chaque lieu singulier. Maintenant que le semblable est inscrit dans les objets, les particularismes liés à la forme des collines trouvent un nouvel espace vital.

Ce faisant, le modèle circulatoire est contraint d'accepter de plus en plus en son sein des points qui ne vivent pas uniquement de la force du mouvement éternel de la marchandise. Des points qui sont d'une autre nature que la règle universelle, des points qui ne circulent pas dans ses codes, des points inintégrables qui portent atteinte à la capacité totalisatrice du modèle.

La société marchande a, par le succès de son entreprise, atteint les limites de son universalité, limite de la planète et limite interne. De n'avoir plus rien de neuf à conquérir, la force de cette culture s'étiole. L'affaiblissement de ce qui unissait rompt la ligne historique de ce qui, en dedans, « progressait ». Les frontières internes s'ouvrent des quêtes décentrées de chacun.

Et nos corps, là-dedans ?

Allongé sur un divan trois fois par semaine pendant deux ans avec, derrière la tête, une femme éternellement silencieuse (ah ! Lacan !), j'ai rencontré un espace pur, bulle méditative où j'ai découvert que j'existais. Moi. Le jour où j'ai eu le sentiment que la vie de cette femme et la mienne se côtoyaient de trop près, dans un événement privé et triste, cette bulle a disparu : j'ai vécu cela comme heureux, heureux que la dissolution du charme soit un événement hasardeux de la praxis quotidienne.

Je ne partais pas avec la bulle, la bulle se dissolvait. Sur ce divan, j'avais senti se concentrer dans ma tête tout l'être que je découvrais ; cette découverte de moi par le verbe m'avait ainsi préparé, si par mégarde je passais un jour sous une guillotine, à ce que le Tout tombe dans le panier et le Rien dans le néant. Mon corps est devenu un outil du verbe, il n'a plus eu de sens propre, plus de mémoire propre, de volonté propre.

Ainsi, le point nodal de notre société, c'est le cou. Dessous, un espace quasi géographique régi par le cœur, mon petit Paris à moi, et au-dessus, l'Idée, Lui laïcisé. Le dessous s'entretient à l'aide de techniques d'éducation physique, le dessus, de gymnastique cérébrale. Et les maîtres du bas n'ont pas la considération de ceux du haut.

Pourtant, aujourd'hui, face aux mappemondes et aux pertes de repères territoriaux, l'investigation de notre unité corporelle est chose essentielle et révolutionnaire. Si nous ne pouvons plus avoir conscience de nous-mêmes par le jeu du miroir social corporalisé, notre conscience ne peut venir que d'une renaissance de nos connaissances et de nos pratiques.

Nous ne pouvons plus qu'exister à partir de nous-mêmes, à partir du travail sur l'organisation interne qui nous régit. Le sens est dedans, il n'est plus transcendant ni immanent à un territoire, il est immanent à nous-mêmes. Mais ce sens-là, su, doit être appris. Car ce que nous savons nous l'a désappris. La quête de discours sur l'organisation quotidienne, qui déjà nous agit avant que nous ne puissions la concevoir, cette quête ne peut se faire que si nous acceptons de travailler sur l'organisation interne qui nous régit.

En cela, la création de sens est processus. Car ce texte qui règle un compte avec la coupure tête/corps peut m'ouvrir à une praxis de l'unité que je dois travailler pour m'initier à des sens nouveaux. Le recevoir m'apprend que je dois apprendre.

6.
D'homme à homme

L'homme a créé des dieux à son image, il a pensé le monde dans son image, et aujourd'hui son image lui échappe. Tel pourrait être l'argument de ce texte. Le corps mystique qui a unifié l'Occident n'unifie plus grand-chose et les corps unifiants plus temporels qui lui ont succédé ne nous permettent plus de penser la Terre dans l'univers, ni les humains sur cette Terre. Comment se retrouver dans ces ouvertures, sur quoi s'appuyer pour réinventer le monde, pour concevoir un lieu de vérité qui ne soit plus ni transcendantal ni immanent, mais contingent au quotidien de cette aventure ?

Pour concevoir l'ouverture que la « terrialité » nous impose, il est indispensable de se demander d'abord quelle était la nature des corps unifiants qui nous organisaient. Quel consensus d'évidence ont-ils créé qui a disparu sans que nous nous en rendions compte ?

L'homme Christ

Le Christ est un Homme. Pourtant, il peut en lui incarner le tout de l'espèce. Comment fut possible cette fusion de l'humain dans un seul Homme ?

Le Christ a un corps d'Homme[1], mais ce corps n'est pas viril, dominateur. C'est un corps qui n'a pas connu la sexualité, qui est souffrant et offert ; le coup de lance dans le torse lui a même dessiné un sexe féminin

1. En visitant le musée de l'Académie, à Venise, j'ai été frappé, dans la salle des « Vierges à l'Enfant » par la présence des organes sexuels de l'enfant, presque toujours visibles au premier plan.

allégorique; il a accouché de notre pardon dans la douleur. Le Christ, ainsi, n'est pas chargé des valeurs mâles qui ont fait la force de l'Homme occidental.

Les représentants de Dieu et du Christ sur terre jouent sur la même gamme d'ambiguïté : ce sont des hommes vêtus comme des femmes. Après leurs longues robes, ils se sont parfois mis au pantalon, mais bien longtemps après les femmes. Ils n'ont pas accès aux femmes, à l'amour, au plaisir sous toutes ses formes. Ce sont des êtres incomplets.

La naissance même du Christ est totalement asexuée puisque Joseph n'a pas « connu » Marie. Devant les tribunaux ecclésiastiques du Moyen Âge, ce couple sacré n'aurait pas pu accomplir, comme le voulait la loi, l'acte sexuel dans le « congrès public[1] ». Marie aurait facilement obtenu le divorce, et Joseph est bien injustement le patron des cocus.

Ces remarques ne visent pas à faire de l'anticléricalisme facile. Elles montrent que le symbole de l'unité chrétienne n'est pas conforme aux valeurs quotidiennes des chrétiens. Elles montrent que c'est en retranchant une part de ses attributs masculins que le Christ a pu être placé au centre des rapports sociaux.

Notre plaisir d'aimer se portait sur une famille simple et moyenne, en rien dominatrice, en rien marquée des signes du pouvoir. Ce message d'amour quotidien fut propulsé comme message unificateur de l'univers postesclavagiste par des gens fabriqués pour la domination sociale. Le Romain saint Paul, puis l'empereur de Rome. Le lieu de l'unité est donc un homme asexué dans la douleur, mis en scène par les forces de la domination temporelle. Pierre fut l'admirable transition entre la force du temporel – « sur toi je bâtirai mon Église » – et nos petites lâchetés quotidiennes – il renia trois fois le Christ.

Tous les personnages de cette action ont cependant un point commun essentiel : ils se déplacent dans l'espace public. L'absence de sexualité ne leur donne aucun espace privé, aucun lieu où le corps secret donne la force des jours qui se suivent, aucun intérieur, aucun enfantement. Mais cette absence d'espace privé est créative d'un espace public, aux formes privées : l'église. La maison du Seigneur est le lieu privé de la communauté chrétienne, le lieu privé qui contient l'ensemble des membres du corps mystique, qui est une allégorie de l'univers.

Ce lieu est, par excellence, le lieu des femmes. Les hommes y ont accès de la manière dont ils ont souvent accès à l'intérieur de leur maison :

1. Pierre Darmon, *Le tribunal de l'impuissance*, Paris, Seuil, 1979.

sans déranger l'ordre féminin qui le régit. Les pays du Sud marquaient fortement ces différences d'espaces. Aux hommes, la place devant l'église pendant les enterrements, aux hommes la terrasse du café, le banc sous le platane ; aux femmes, tous les intérieurs. Dans les pays nordiques se retrouvent ces différences d'accès aux espaces, mais adaptées au climat, aux traditions et au protestantisme. Les territoires des femmes y sont moins délimités, car les hommes ne sont interdits nulle part. Les femmes y sont partout, en second rang. Et une importante culture picturale permet à l'extérieur d'être présent à l'intérieur des bâtiments quand le temps est mauvais. Dans les pays du Sud, les femmes sont dans les lieux cachés, au premier rang, et une intense culture du jardin ou du patio fait entrer la nature vivante dans la maison. Deux formes du patriarcat dont aucune ne fait vraiment plus de place aux femmes. Mais dans les pays du Sud, l'organisation patriarcale est visible, évidente, alors beaucoup la pensent plus contraignante. Je penserais plutôt le contraire, le partage des territoires entre hommes et femmes ouvrant un espace de négociation incontournable, quotidien.

Partout bouge maintenant le partage sexué des territoires. Nous vivons le triomphe de l'individu qui est de genre indifférencié. La fin du rôle unifiant du corps du Christ est un moment important dans ces mouvements. Les pratiques quotidiennes peuvent être pensées autrement, de ne plus être inscrites dans ce cadre. Les transformations de nos possibilités de repérage dans l'espace et dans le temps ouvrent un moment où aucune partie ne peut plus être mise en place comme tout. Il faudra que la langue s'y fasse, que nous nous mettions à dire les humains, là où nous disions les hommes. Les règles d'accord de la grammaire qui, toujours, privilégient le masculin, seront peu à peu revues. Moi, cela ne me transformera pas beaucoup, car je n'ai jamais pu me plier à l'orthographe[1].

Un homme au centre

Ce que nous imaginons sur les sociétés anciennes ne nous permet pas d'affirmer que, de tout temps, un homme fut au centre du système des valeurs. Nombre de chercheurs pensent qu'avant l'organisation que nous appelons patriarcale, il en fut une autre, qu'ils appellent matristique.

Cette hypothèse est inséparable des mutations actuelles du rapport homme/femme. Elle s'enracine dans une remise en cause de la nécessité de

1. Heureusement que Sonja Boué, qui tape mes textes, la connaît mieux que moi !

la place prépondérante des hommes dans l'organisation collective contemporaine. Quel meilleur argument pour lutter contre une domination que d'en montrer/d'en inventer les origines ?

Il n'y a pas ici, plus qu'ailleurs, de vérité historique établie. Il n'y a que des théories qui aident à vivre ceux qui les énoncent. Et ce qui m'a frappé, c'est l'évolution des hypothèses des anthropologues. Longtemps, ils ont considéré comme évidente et éternelle la domination masculine. Ils ne la démontraient pas tant elle allait de soi. Les éléments objectifs qu'ils trouvaient étaient tout naturellement organisés par cette évidence. Dans des travaux récents, une volonté de casser cela est à l'œuvre. Les éléments dont les chercheurs disposent sont organisés autrement, certains qui n'avaient pas pris de sens en trouvent un. Mon travail ne vise pas à renforcer l'un ou l'autre versant de l'opposition femme/homme que je vois, et que je vis, tous les jours. Il ne s'en faut pas de beaucoup pour que se prépare là le heurt d'une rupture de lien entre les genres. Voire d'un effondrement nataliste.

Bien souvent, les pensées féministes visent à donner aux femmes les droits des hommes. Premier pas certes essentiel. Mais c'est faire comme si les droits que les sociétés ont donnés aux hommes pouvaient devenir des droits pour chacun, alors qu'ils ont été conçus pour gérer un rapport de domination. Comment les valeurs des dominants peuvent-elles devenir, sans transformation radicale, les valeurs collectives ? Les revendications égalitaires devront nécessairement dépasser, à un moment ou à un autre, le stade du droit d'usage égalitaire des règles dominantes pour arriver à une production égalitaire de ces règles. La lutte contre la société patriarcale n'a encore que peu atteint l'organisation symbolique qui la sous-tend. Surtout, comme l'explique le neuropsychiatre Boris Cyrulnik, nous sommes face à une rupture anthropologique majeure où l'homme quitte son costume héroïque de combattant au travail, dans la guerre et à la maison, quand la femme est libérée de l'assujettissement à tenir sa maison, son mari, ses enfants et son budget. Dans une société des individus, l'homme découvre les enfants et travaille moins, gouverne moins, quand la femme progresse par les études (où elle double les hommes) vers le travail et le pouvoir, ces deux injonctions nouvelles bousculant les individus, le couple et la famille.

Sans doute les femmes n'habitent pas le monde tout à fait comme les hommes. Car on habite le monde à travers une projection de soi-même. Le rôle unifiant du corps dans l'appréhension de ce qui n'est pas soi n'a pu devenir une règle collective que parce qu'elle correspondait à l'usage de chacun. Elle collectivisait les pratiques individuelles. Dans ce rôle du corps comme outil de la maîtrise de l'espace, et du temps, il est logique que les différences des corps créent les différences dans la forme et l'usage de l'outil.

Alors, si l'homme a été mis au centre des systèmes de perception, n'est-ce pas surtout parce que son rapport au monde fut, à un moment historique donné, le plus efficace pour le maîtriser et pour protéger la femme mère ? À un certain état de développement de l'humanité, il est fort possible que le rapport masculin à l'extérieur ait mieux répondu aux nécessités collectives du groupe. Après une longue période valorisant la fécondité, la protégeant, l'état de développement des sociétés ne leur a-t-il pas posé des problèmes de conquête qu'elles ne connaissaient pas ? Phénomène accentué par la Révolution française et la révolution industrielle, qui toutes deux renforcèrent la place du masculin dominateur productif, élu, guerrier et père de famille ?

Si le savoir-faire et le savoir-penser masculins furent mis au centre des systèmes collectifs sans que nous connaissions de signe de violence primitive, il me semble qu'on peut faire cette hypothèse. D'autant que c'est la mise en cause de cette même capacité qui fonde largement la fin de l'hégémonie masculine. La pensée masculine perd de sa force hégémonique lors du passage de la conquête du globe à son habiter, facilitant l'immense libération de la créativité féminine.

Nous ne savons plus comment se partageaient le masculin et le féminin dans ces temps très anciens. Trop souvent, on pense par facilité que l'ensemble de leurs spécificités sont des invariants. Nous n'en savons rien. La seule chose dont nous sommes sûrs, c'est du partage de leur rôle dans la reproduction de l'espèce. Au fil du temps, les charges sociales différentes ont marqué les sexes de manière croissante. Le patriarcat n'a pas pu prendre d'un coup la forme que nous lui connaissons. Le masculin et le féminin sont très largement des caractéristiques construites.

Enfin, l'efficacité d'un rapport au monde dépend du monde environnant ; la survie dans les différents lieux de la planète ne nécessite pas les mêmes gestes ni les mêmes astuces. Il y a des pays plus facilement agricoles, d'autres, comme les steppes, plus nécessairement d'élevage. Dans les forêts, la chasse et la cueillette jouent un plus grand rôle… L'évolution des climats a déplacé au fil du temps les lieux de ces diverses activités.

L'organisation patriarcale telle que nous la connaissons est le fruit de multiples brassages sans cesse remodelés par les vivants pour s'adapter aux mutations de leur environnement et de leur savoir-faire. Elle a, peu à peu, effacé toute trace des rites liés à la fécondité, à la mère, car, de plus en plus, elle a mis au centre de la vie collective la reproduction et l'élargissement de la société, délaissant la reproduction de l'espèce. La baisse de fécondité qui caractérise si fortement les pays développés est, de ce point de vue, dans le droit fil de cette substitution d'objectif. Nous sommes arrivés à un moment historique où les valeurs masculines ne dirigent plus seulement les hommes et la société, mais aussi largement les femmes. Mêmes activités sociales, mêmes responsabilités, mêmes vêtements… Ces tendances qui s'amorcent marquent, me semble-t-il, la fin de la capacité du patriarcat à gérer le monde. L'Homme n'est plus appelé à être au centre ; nous devrions redevenir des hommes, sans majuscules. L'enjeu est de savoir si nous saurons nous inspirer de certaines sagesses orientales qui sont capables de concevoir un centre vide, ou si l'homme et la femme, dans une course égalitaire sans fin, vont vouloir être tous deux au centre.

7.
L'héritage patriarcal

La domination de l'homme sur la femme a créé un monde à l'image de cette domination. La structure de notre pensée comme celle du bâti et du fabriqué en sont les effets. Les conflits de classe entre les hommes fonctionnent sur leur commune domination des femmes. Ils ont ainsi pu se dérouler dans une organisation culturelle dont certaines règles sont invariantes. Là encore, nous retrouvons les religions. Les monothéismes ont en effet effacé les derniers reliquats de culte de la femme. Les polythéismes semblent avoir peu à peu inversé leur hiérarchie religieuse :

> La mythologie et les rites de certaines de ces tribus se fondaient encore sur la dualité entre une déesse de la lune et son fils, tandis que d'autres avaient déjà passé le stade de l'inversion de ce culte et pratiquaient celui d'un dieu soleil et de sa fille (le père, dieu du ciel et de la lumière, et sa fille l'aurore)[1].

Trois mille ans plus tard, le dieu du ciel aura un fils, Jésus. Et la lune restera aux sorcières.

Or tel est bien, pour une part, le mouvement qui aménage l'espace. Ce processus de passage de la nuit au jour, d'exclusion progressive de la femme, de ses pratiques, de ses formes, va peu à peu redessiner profondément l'espace, la symbolique de l'espace et ses formes.

Car l'espace matristique semble avoir été profondément régi par des règles qui découlent d'un prolongement du corps de la femme et de la mère. Régi, bien sûr, par les tabous qui portaient sur l'espace maternel, mais aussi par une force du rond, prolongement bâti du ventre qui porte l'enfant, des seins qui le nourrissent.

---

1. Ernest Borneman, *Le patriarcat*, 1979, *op. cit*, p. 169.

La période néolithique, placée sous le signe dominant de la femme, sera par excellence l'époque des récipients : auges de pierre, poteries d'argile, vases, jarres, bols, puisards, greniers, granges, maisons et ces récipients de plus grande taille : les canaux d'irrigation et le village lui-même[1].

L'agriculture même, en tant que conservation d'un bulbe devant se multiplier, est dans le fil de cette organisation. Les westerns nous ont habitués à ces habitats indiens ronds dont le montage et le démontage sont affaire de femmes.

« La manière ancienne de cultiver », dit Ogotemmêli dans *Dieu d'eau*, « est celle qui rappelle le tissage. […] L'ensemble des champs, autour du village, et le village lui-même sont aussi une grande couverture[2]. » Chez les Dogons, le tissage est une parole, une écriture de la création, dont s'occupent les femmes.

Avec l'instauration du patriarcat,

> le principe mâle se manifestait dans un symbolisme abstrait – ligne droite, dessin géométrique des volumes, rectangles des cours et des places, obélisques, tours phalliques – et, en fin de compte, par la création de l'astronomie et des mathématiques, qui allaient peu à peu se dégager des représentations mythiques primordiales. Le fait que la citadelle des chefs et les édifices sacrés ont en général une forme rectangulaire, tandis que le cercle trace les limites des premières cités, a sans doute dans cette perspective une signification précise[3].

Sans partager forcément toutes ces analyses, faute de preuves, acceptons-les comme récit. La société qui naît y apparaît en même temps patriarcale et dominatrice. La domination est un principe unique. Et quand elle apparaît quelque part, elle réorganise toute la société. Avec le patriarcat naissaient l'État et la religion organisée.

Aussi, « le développement du pouvoir royal semble s'accompagner d'un abandon progressif des anciens rites de fertilité, au profit d'un nouveau culte rendu à la puissance physique »[4]. C'est même l'époque où des mythes d'autofécondation masculine se développent. Athéna qui « sort » de Jupiter, ou

> sur une des plus anciennes peintures d'Égypte, […] le dieu Atoum, créant le monde de sa substance par un exercice onanique. L'orgueil du mâle ne pouvait

1. Lewis Mumford, *La cité à travers l'histoire*, Paris, Seuil, 1964, p. 24.
2. Marcel Griaule, *Dieu d'eau*, Paris, Fayard, 1975.
3. Lewis Mumford, *La cité à travers l'histoire*, 1964, *op. cit.*, p. 39.
4. *Ibid.*, p. 54.

signifier plus clairement que, dans ce climat nouveau, toute influence féminine devait être écartée[1].

Enfin,

> la ville citadelle, la ville fortifiée et la ville fortifiée avec une citadelle sont partout – y compris dans les organisations matriarcales de l'Égypte et de la Mésopotamie – le produit d'une évolution vers le patriarcat[2],

car le rempart, quand il devient protection réelle, révèle la présence de la guerre, alors que la guerre n'existait sans doute pas avant le patriarcat. Le rempart a en effet la double fonction de protéger le surplus accumulé face à ceux à qui on l'a extorqué, et ceux qui sont dedans face aux conquérants.

Lewis Mumford pense que

> l'institution de la royauté a constitué l'élément moteur et déterminant du passage d'une économie villageoise autonome à l'organisation fortement hiérarchisée de la cité. [Car] le développement du commerce et de l'industrie, qui nous semble aujourd'hui caractéristique de la croissance urbaine, n'eut pendant des siècles qu'une importance secondaire et n'intervint sans doute qu'au cours d'une période postérieure. Le terme « marchand » n'apparaît pas sur les tablettes mésopotamiennes avant le deuxième millénaire. Il désigne alors « des fonctionnaires du temps qui ont obtenu le privilège de faire du commerce avec l'étranger »[3].

Le village connaissait déjà largement la division des tâches, mais cela ne modifiait pas l'organisation, car il n'y avait pas d'appropriation. Surtout, la représentation du monde dans lequel il baignait ne permettait pas l'introduction d'une hiérarchie.

> Par simple agrandissement, le village n'aurait jamais pu devenir cité : celle-ci n'était-elle pas la représentation symbolique d'un monde nouveau, pas seulement une agglomération humaine, mais la matérialisation d'un cosmos sous l'égide des dieux [...] à l'origine, le mur d'enceinte a un sens religieux [...] pour autant qu'elles aient pu servir à des fins militaires, les premières citadelles furent utilisées par le chef pour tenir en lieu sûr son butin – provisions et parfois femmes enlevées – qu'il entendait protéger contre toute entreprise, mettre hors d'atteinte des attaques de villageois ulcérés[4].

1. *Ibid.*, p. 37.
2. Ernest Borneman, *Le patriarcat*, 1979, *op. cit*, p. 183.
3. Lewis Mumford, *La cité à travers l'histoire*, 1964, *op. cit.*, p. 48.
4. *Ibid.*, p. 49 et 50.

La cité comme principe dominant de la gestion de l'espace est le corollaire inséparable du patriarcat. Tous deux sont organisés dans une même représentation symbolique de l'univers que l'on peut schématiser par l'émergence de la ligne droite et de l'abstraction qu'elle introduit pour penser le monde.

Des cités sumériennes aux villes du XIXe siècle, structurellement peu va changer. Marquées de leurs symboles phalliques de plus en plus énormes, les cités vivent, meurent et ressuscitent au gré des guerres et des crises qui en marquent l'existence.

Mais la cité, parce qu'elle va inventer la bibliothèque, est aussi le lieu où s'exprime la connaissance, surtout sa connaissance. Pendant que les « influences féminines » dessinent les sols et les cultures, pendant que les femmes cuisinent et procréent, les mâles dessinent les sens jusqu'à nous conservés.

Le lent épanouissement du pouvoir mâle dans et par la ville va peu à peu faire accepter à l'ensemble de la société cette hégémonie *publique.* Combien est quotidienne aujourd'hui la séparation entre l'espace public où l'homme décide et porte la charge de la décision et l'espace domestique où la femme a un pouvoir beaucoup plus vaste qu'en « apparence »!

Cette remarque, particulièrement sensible en milieu paysan, l'est aussi dans les milieux populaires qu'analyse le sociologue Richard Hoggart[1] : « Le mari peut bien être le "maître", [la mère] ne se laisse pas marcher sur les pieds ; toute la famille reconnaît la valeur et le mérite d'une bonne mère ».

Il y a une profonde continuité entre l'image que l'on s'est bâtie des sociétés anciennes et les observations du quotidien. Sans doute est-il possible qu'une part de cette continuité vienne d'une projection du connu sur le mal connu. Mais l'architecture qui nous est restée comme certaines représentations peintes montrent qu'il y a autre chose, une continuité réelle.

Dès que l'on essaye de chercher l'origine de l'idée et de la matière de la cité, on se trouve face à un « partage » des rôles et des statuts entre les sexes. Mais ni mâle ni femelle ne sont des tendances premières ; une distinction au départ liée au port de l'enfant, à l'enfantement, à la nomination de l'enfant par rapport à sa mère, seul géniteur connu et su, va peu à peu séparer en chacun les influences mâles des influences femelles. L'aboutissement radical de cette distinction que nos corps ont aujourd'hui si profondément assimilée a dû mettre des millénaires. Il n'y a pas si longtemps encore, les hommes avaient un larynx ouvert à une gamme

1. Richard Hoggart, *La culture du pauvre*, Paris, Minuit, 1973, p. 87.

sonore large. Ils n'étaient pas cantonnés dans le grave… C'est dire donc qu'il n'y a pas de stabilité là non plus, mais la trace de cela est sans doute à jamais perdue, car nous ne saurons pas comment s'articulaient le mâle et la femelle.

La séparation radicale ville/campagne accompagne une distinction grandissante mâle/femelle. Se joue entre tous ces termes un processus de distinction croissante, d'antagonisme de plus en plus ouvert ; le passage des sociétés matristiques aux sociétés patriarcales est un moment de renversement, le premier, comme sans doute ce qui se passe aujourd'hui en est un autre. Mais pour saisir l'épaisseur de ces mutations d'organisation, il faut quitter résolument toute idée de renversement terme à terme, car « *la "loi" imposée aux hommes par les femmes (dans les sociétés matristiques) n'est pas l'exacte réplique, mais inversée, de la domination masculine actuelle*[1] ».

Ainsi, il ne s'agit pas de changer les règles d'un jeu où les cartes seraient constantes, ni l'idée de règles, ni l'idée de cartes. Il s'agit de questionner des distinctions d'évidences pour renouer avec des espaces de mouvement possibles ; de dire que quand on cherche dans l'insondable la ville et l'idée de ville, se télescopent nombre de catégories *a priori* stables et sûres. Bien sûr, je n'ai aucune compétence pour traiter des sociétés anciennes et je ne reprends que par jeu et, pour ouvrir des questionnements, le pensé de certains chercheurs. Mais cela introduit du doute et de l'incertitude, et là est l'essentiel.

Le rempart comme système

Si le rempart avait « à l'origine » une fonction essentiellement symbolique, pourquoi le rempart devenu militaire aurait-il perdu cette fonction ? Clôture de l'espace, le rempart est une limite dont la traversée va devenir problème, et la possession, enjeu.

Où est, d'ailleurs, le rempart ? Autour de la ville, assurément, mais autour du château et rarement du village[2]. Dans ces deux organisations sociales distinctes et antagonistes, le rempart n'a pas le même rôle. La ville enserre tout le monde de la ville dans ses remparts, même si, à l'intérieur de la ville, des citadelles peuvent servir à la fois à dominer la population et l'ennemi. Pensons (par exemple) aux forts Saint-Jean et Saint-Nicolas à Marseille,

1. Evelyn Reed, *Féminisme et anthropologie*, 1979, *op. cit.*

2. Sauf dans des périodes historiques limitées où l'insécurité est trop forte, XIe, XIIIe siècles.

et à leur double rôle sous la Révolution. Le rempart du château fort exclut les manants dont les masures se dressent alentour. Les vilains ne pénètrent dans l'enceinte que lors d'attaques ennemies, de guerre entre seigneurs. Sinon, ils vivent hors des murs, qui sont une protection essentielle contre les jacqueries.

*Ce déplacement du rempart est fondamental, car la classe dangereuse de la ville participe de l'*intra-muros, *alors que « la classe dangereuse » du Moyen Âge est en dehors de l'enceinte.* Aujourd'hui encore, la gauche politique est plus urbaine et la campagne est plus à droite, voire à l'extrême droite. Ce déplacement est à rapprocher d'une autre symbolique, celle de la charge de représentation que porte le corps physique des chefs. Seul dans son donjon, le corps du seigneur porte sur lui la charge de sens du groupe[1], son art est le maintien, sa mort est dramatique pour le groupe, qui perd son héros charismatique, son porte-enseigne. Le corps bourgeois n'a pas de ces charges-là, il n'est que le maître, l'ayant-droit d'un avoir. En cela, il est comme celui du dernier des derniers manants immigrés, *sur la même échelle de sens.* Le bourgeois se reconnaît à l'étoffe, le noble au port. Le rempart unifie des espaces de sens, il ne marque pas des hiérarchies. La richesse du seigneur est accessoire à sa prestance. À l'inverse, ce qui est essentiel dans ce déplacement du rempart du château fort au coffre-fort et à la ville, c'est qu'il exclut toujours les mêmes : les travailleurs de la terre. Tant qu'il y a eu des remparts en société patriarcale, ils se sont donc situés à la même limite de sens, au point de jonction de deux influences divergentes. Dans le trajet de ceux qui venaient à la ville, le franchissement de cette limite fondamentale n'était d'ailleurs pas un acte inconscient. La volonté de se démarquer des paysans, de leurs rythmes, de leurs modes de vie et de leurs cultures, apparaît dans de multiples dimensions des valeurs de la ville médiévale. En particulier dans l'organisation du temps[2].

Le rejet de l'*extra-muros* dans la même obscurité matérielle et symbolique est une constante qui, du paysan vilain, parce que vil, à la campagne archaïque et ennuyeuse, est le fruit d'une même délimitation. La désertification rurale prolonge cette vision dans les temps modernes.

Mais le rapport de domination de l'influence mâle noble et de l'influence mâle bourgeoise sur l'espace non urbain ne va pas être de même nature. La noblesse tirait directement son statut et ses ressources du travail paysan, ou du moins apparaissait comme telle puisque la possession du sol

1. Jürgen Habermas, *L'espace public*, Paris, Payot, 1978.
2. Jacques Le Goff, *Pour un autre Moyen Âge*, Paris, Gallimard, 1978.

était essentielle à son image. Aussi le rapport de domination était-il très direct, et la noblesse avait fait peu à peu passer en agriculture les idées de rentabilité, d'économie d'échelle, de profit capitaliste, en somme, qui, à la fin du XVIIIe, faisaient de l'agriculture un secteur productif moderne. La bourgeoisie, par contre, n'a pas à proprement parler de rapport à la campagne, sauf instrumental et de loisir. Aussi n'est-il pas surprenant que la révolution de 1789, comme l'analyse l'historien Georges Lefebvre[1], marque à la fois la fin de l'agriculture capitaliste et une étape importante de l'essor capitaliste de la ville.

Cet achèvement symbolique du passage d'un rempart à l'autre va concentrer, dans l'espace *intra-muros* ainsi dominant, l'ensemble des valeurs de domination sociale et spatiale. Sans doute le Second Empire marque partout en France le point le plus haut de cette concentration des forces mâles de la ville, dans la ville, pour la ville. Le centre de la ville va être dégagé, ouvert aux parades, aux défilés et aux mouvements des troupes chargées du maintien de cet ordre-là. Le triomphe de la bourgeoisie marchande et industrialo-paternaliste se signe de ce bouleversement profond du tissu urbain. Jamais la distinction du féminin et du masculin ne sera aussi profonde. Jamais, sans doute, les mâles ne seront arrivés à capter aussi totalement l'ensemble des pouvoirs, à promouvoir une société française autant à leur image. Ce mouvement n'est pas un mouvement parisien. C'est une vibration du corps social qui traverse les villes, petites ou grandes. Dans « ma » ville de Pertuis, le projet de percement d'un axe central élaboré dès 1800, repris sous Napoléon, ne sera achevé qu'à la Restauration[2]. C'est dire que ce dégagement du centre-ville n'est pas qu'affaire de métropole. Dès l'origine, le cours va servir aux défilés et aux promenades, où se montrent l'avoir et la différence de l'avoir, spectacle urbain par excellence.

Des cours que le gaz va bientôt éclairer, l'obscurité de la campagne est flagrante. Tels les comptoirs coloniaux, les villes accentuent alors leur distance avec les campagnes, et la lumière qui les fait scintiller remplace un moment les remparts de pierre pour écarter l'irrationnel, l'indomptable, le non maîtrisable. Le rempart « de feu » reprend un moment les droits qu'il a sans doute eus au commencement de l'humanité, pour protéger l'homme de l'insondable et de ses dangers.

1. Georges Lefebvre, *Études sur la révolution française*, Paris, PUF, 1954 (cité par François Furet, *Penser la Révolution française*, 1978, *op. cit.*).
2. J.-L. Guigues, R. Sobrero et J.-M. Marsily, *Pertuis en images*, s.l., s. n., 1978.

La route

Le cours est une sorte de route dans la ville. Une symbolique de la route dans la symbolique du rempart. Déjà la ville antique avait fait entrer dans la ville le symbole de la campagne en introduisant des arbres dans le dedans, quand le dehors était devenu trop lointain.

La route est aussi vitale que la campagne à la reproduction et à la vie de la ville. Ce d'autant plus fortement que les sociétés capitalistes se sont développées. Fernand Braudel a un très beau chapitre dans son histoire de la Méditerranée sous Philippe II[1], qu'il a appelé « Ville et route, route et ville », tant il est vrai que l'un ne va pas sans l'autre. La vie des deux est inséparablement liée. Les villes sont des lieux d'échanges et les routes, aussi rectilignes que possible, sont des projections dans l'espace. Une route coupée, c'est une ville qui disparaît, et une ville rasée, c'est l'herbe qui repousse sur la route. Mais la route, pour être bonne, ne doit jamais laisser, à la nuit, le voyageur hors des murs. Dans un pays d'ancestrale tradition d'échanges comme la Provence méditerranéenne, cette règle n'est jamais transgressée. Impossible de faire trente kilomètres sans ville étape. Impossible de comprendre le réseau urbain sans cette règle, la peur de la nuit *extra-muros*. Les villes, ici, ont repris le rôle historique des monastères comme auberges.

La ville, par les routes maritimes ou terrestres, est depuis toujours élément d'un ensemble urbain, relais d'un échange de choses et de sens. Et par ces sortes de souterrains sous la campagne que sont les routes dites de « grande » communication (et pourquoi pas de longue communication...), l'énergie circule de ville en ville. Quand l'une scintille, l'autre s'assombrit. Le village, lui, se cacherait plutôt de cette route, se reculerait loin de ce flux par où passent les troupes en armes, les voleurs et les errants. Il est naturellement plus du côté du brigand que de l'autorité urbaine. Ce n'est que bien récemment que le village est descendu au carrefour. Mais, même encore maintenant, c'est non loin des grandes routes que les urbains ont leurs résidences secondaires. La route reste territoire de la ville, inscrite dans ses valeurs, gérée par ses codes. La route n'est pas faite pour aller à la campagne, la route va de ville en ville et elle ne communique que presque par hasard avec les chemins de communication ruraux. Mais il fallait attendre l'autoroute pour que la « théorie » devienne réalité observable, pour que la route se « décampanise », pour que, de Paris à Marseille, il n'y ait plus de

1. Fernand Braudel, *La Méditerranée et le monde méditerranéen...*, 1966 [1949], *op. cit.*

campagne, juste des paysages. Signalés par des panneaux style « Les Alpes », « Le Luberon », « Les paysages de Cézanne ».

Les grillages de l'autoroute sont les derniers remparts de la ville contre la campagne, que remplacent à l'occasion, sur les nationales, les créneaux blancs qui marquent de chaque côté la limite à ne pas franchir sous peine d'entrer dans le « décor ». Stop. Souvent, quand je conduis, je me dis que les symboles sont d'une force incroyable pour qu'une simple ligne blanche en milieu de chaussée ne soit presque jamais transgressée par personne ; pour que nous puissions voir paisiblement d'énormes camions nous foncer droit dessus, à une ligne blanche près, sans que nous sautions dans le fossé ! Alors, pensons à la force symbolique des remparts. Énorme. Pensons aussi à la force de la déflagration quand la ligne symbolique se vide de sens.

La campagne ne commence pas à la limite de la ville. La campagne commence au bord de la route. La liaison entre villes n'est qu'un instrument de l'existence de la ville. La route n'existe pas en soi, car personne ne l'habite qui ait accès aux discours et aux pouvoirs. La route n'est que le lieu creux, mais indispensable, qui réunifie deux pleins dont vient toute l'énergie. Cela montre bien que la ville est toujours relative à une autre ville, celle d'une autre époque, celle d'un autre lieu. La ville se mesure et se compare, là où le village assume son unicité en face-à-face direct avec le cosmos et sa propre mémoire.

Le donjon et le logement

Le donjon est le dernier refuge face à l'envahisseur, le lieu des réserves, l'espace de vie du seigneur. À l'époque des châteaux forts, les distinctions famille/charme/travail n'avaient pas la force qu'elles ont acquise depuis, le donjon était à la fois le lieu signe du pouvoir patriarcal et l'espace de reproduction de la lignée. Et les remparts du château fort ne se conçoivent pas sans le donjon, tant les deux jouent ensemble le rapport social qui organise la société. Au plus haut lieu de l'inviolabilité est tenue enfermée la mère, comme au plus loin est tenue la paysannerie. Entre les deux, dans l'espace interstitiel, est l'espace public aux multiples fonctions.

Cette figure va se retrouver dans la ville, mais avec une première séparation de l'individu au pouvoir et du lieu du pouvoir. Processus d'ailleurs long et pas toujours net, car il n'y a pas toujours d'hôtel de ville distinct de la maison du « chef urbain ».

Mais, enfin, la ville multiplie les lieux publics, l'espace public, et multiplie également les maisons dans l'enceinte. Cette organisation est à la fois fort semblable à la précédente et profondément différente. Plus l'espace public se développe, plus les hommes jouent collectivement le pouvoir. Ils multiplient la puissance de la cité par les mouvements de leurs conflits et de leurs concurrences. Les femmes sont de plus en plus isolées, toutes dans « leur maison », chacune dans la sienne, même si elles ont, entre elles, des contacts instrumentaux (eau, courses...), ou mondains. *Le développement de la ville accentue la force collective des mâles et affaiblit l'influence féminine.*

Ce processus va connaître son apogée au début du XIXe siècle, quand, vers 1830, avec l'idée de logement, une nouvelle séparation s'institue entre famille et travail.

> En dix ans, le dispositif s'affine : le logement comme unité résidentielle destinée à la reproduction de la famille nucléaire (à l'exclusion de tout autre usage), se moralise (séparation des espaces à l'intérieur de la maison)[1].

Se met alors en place l'essentiel du dispositif que nous connaissons encore aujourd'hui avec des enceintes successives : au cœur de la maison, la chambre parentale, mystérieuse et inaccessible ; autour, le territoire de l'enfance (qui prend une ampleur exceptionnelle au XIXe siècle) et des réceptions familiales. De Gaulle disait qu'il n'était jamais rentré dans la chambre de ses parents, car là est le lieu du sacrifice par où naissent les enfants.

Or des maisons, le territoire public, territoire social, coule jusqu'aux paliers, s'infiltre au fond des ateliers, enserre et régit les lieux de la gestion collective. La maison privée n'est plus, comme le donjon, le centre de l'enceinte. Elle est excentrée, alvéole de plus en plus fonctionnelle d'un territoire qui lui échappe. On pourrait s'amuser à faire l'histoire du mot « cellule », familiale d'abord, puis chimique... Le mot est trop connoté par la cellule carcérale pour qu'il n'y ait pas de rapport ; au moins dans l'usage que nous en faisons, l'idée qui nous traverse quand nous l'employons.

La forme du système

Le centre de la ville n'est pas le lieu de reproduction de l'espèce. Le centre de la ville est le territoire public du pouvoir des hommes, lieu suprême de la marchandise et de la gestion collective. Le territoire public des hommes est installé autour des lieux que la lutte des classes lui assigne ; les lieux de reproduction de l'espèce sont éclatés, diffus, enfermés dans

1. Isabelle Billiard, *in* Michel Marié, Jean-Louis Parisis et Jean Viard, *Habitants et résidants ; les pays du Luberon*, Paris, Copédith, 1976.

chaque maison. Le centre public est le centre collectif grâce à une violence énorme, constante, largement intériorisée par tous, et souvent par toutes. Notre système de pensée est bâti dans et pour le maintien, et la reproduction, de ce décalage. Et c'est sans doute de s'être organisées ainsi uniquement sur les influences mâles, bien centrées sur elles-mêmes, que nos valeurs ont pu acquérir une telle universalité. Conquérir, plutôt, une telle universalité.

Car cette organisation de l'espace, des figures d'espace, est organisation fondamentale de notre culture. Elle a l'efficace des grandes armées, des grands partis. Elle nous permet de découvrir ou de pressentir une certaine part de l'organisation du cosmos et des choses. Une telle concentration d'énergie mâle, de spécification de cette énergie, d'extraction de toute influence féminine en nous et en notre société, a un certain type d'impact immense. Jusqu'à un certain point, point limite où l'efficace s'émousse de sa réussite même. Une organisation n'est en fait abandonnée que lorsqu'elle n'est plus efficiente pour gérer ce qu'elle a elle-même produit. C'est l'ensemble de ses termes, et de leurs liaisons, qui entre en discordance, d'où se secrète l'organisation nouvelle. C'est bien l'enjeu du présent : l'organisation qui nous a engendrés a commencé sa dissolution sous les effets des remises en cause du féminin et du masculin.

La structure de la pensée

C'est par une rencontre entre une réflexion sur notre structure de pensée et une réflexion sur l'organisation de l'espace que j'en suis arrivé à proposer ce que je propose dans ce texte. Car, vue de la campagne, la ville est comme un territoire « abstrait » du concret où je vis. Un territoire où apparaît et se bat un ordre humain qui tend à effacer, laminer, réduire le désordre toujours renaissant.

Qui plus est, un territoire où naissent sans fin des distinctions nouvelles, des catégories qui visent surtout à permettre de lutter contre l'unité urbaine, sociétale ou de l'espèce, par l'exacerbation de l'aspect spécifique de chaque chose, chaque partie de chose ou d'individu. Cette volonté très cartésienne de la pensée urbaine, je la comprends comme l'équilibre indispensable des non-distinctions symboliques de l'*intra-muros*. Volonté de se territorialiser avec des mots, en mettant sous le boisseau ce qui unifie ces mots. Il est d'ailleurs frappant que la violence des heurts entre les hommes de la ville s'estompe avec le temps, comme si ce « paraître » si vital au quotidien perdait de son rôle dans le devenir historique du pouvoir collectif des mâles.

La valeur de la Résistance ou la place posthume de de Gaulle dans les discours actuels, sont, à ce niveau, significatives.

Cette pensée de la distinction et de la simplification logique des liaisons est profondément en harmonie avec une société du rempart, de la route, et du « reste ». Sortir le connu du clair-obscur pour le maîtriser,

> obéir à un principe d'ordre (excluant le désordre), de clarté (excluant l'obscur), de distinction (excluant les adhérences, participations et communications), de dysfonctions (excluant le sujet, l'antinomie, la complexité), c'est-à-dire à un principe qui lie la science à la simplification logique[1].

Ce qui se lit dans l'organisation de l'espace organise de même la connaissance et la pensée. Ce rapprochement n'est surprenant que si on est encore du côté de l'abstraction du sujet. Sinon, il est compréhensible que celui-ci véhicule dans son être l'organisation des différents espaces qu'il traverse. Ce n'est pas l'espace qui est devenu cartésien, c'est le citoyen Descartes qui a pensé dans le creuset d'une culture spatialisée, et qui a radicalisé dans une époque radicale des tendances déjà fortement marquées. Il est au discours ce qu'Haussmann fut au tissu urbain.

Finalement, l'hégémonie de la masculinité a entraîné notre culture le plus loin possible de tout ce qui n'apparaît pas maîtrisable dans cette appréhension du monde. Si on peut l'appeler culture du rempart et du donjon, c'est qu'elle a renvoyé dehors ou enfermé dedans ce qui lui échappe. Elle a pensé comme elle a bâti, en se masculinisant de plus en plus au fil du temps, et en arrivant même à diffuser nombre de ses modèles aussi bien dans les campagnes que dans la cellule familiale. Car le monopole de la mise en discours produit des effets retour, au point que ne compte souvent plus guère celui qui parle, tant le discours dominant est tenu par n'importe qui, quel que soit son statut personnel. On est dans une culture qui a refusé le droit de chacun à porter sa parole ; les sujets doivent s'effacer devant l'unique vérité transcendantale.

De cela, inutile d'être surpris, car l'espace masculin de discours déshabitue tout le monde à penser son extérieur. Comment s'en étonner puisque Dieu est unique et que, pour avoir un fils, il n'eut besoin que d'un grenier vaginal ? Jamais Jésus n'a reçu de qualités ou de défauts de Marie, Jésus est le fils de son seul Père. Quelle plus belle parabole pour exclure l'influence féminine du tréfonds de notre vie ? Le rempart de l'hymen n'a même pas été rompu.

1. Edgar Morin, *La méthode*, 1977, *op. cit.*

8.
L'ouverture du rond et de la droite

Dans le fond de moi-même, je ne crois guère aux explications uniquement productivistes du passage des sociétés matristiques aux sociétés patriarcales. Car je vois les hommes vivre, je les vois animer des jeux permanents de domination et de concurrence où la femme est réifiée comme sujet abstrait de rapport intermâles. Ce jeu répétitif se déroule inlassablement aux tables de cafés où les hommes sont si souvent coqs les uns contre les autres, sans plus se préoccuper de la poule que d'un miroir. Leur rapport trouvé, la femme disparaît. Les femmes ont su canaliser une part de cette énergie de domination pour en faire une force collective. Mais toujours revient le fond de l'espèce ; comme dans un champ indéfiniment travaillé, par petites caresses et gros labours, reste quelque chose de la première matière, de la première forme que l'humain a rencontrée.

« La société n'est pas une invention humaine[1] » et elle n'a pas effacé tous les comportements de ses formes les plus anciennes. Elle a des points communs avec l'organisation animale où « la domination mâle ne s'exerce jamais qu'à l'encontre d'autres mâles[2] ».

Il n'y a pas de point fondateur à partir duquel les choses se séparent radicalement. Il y a en permanence des réponses à des mouvements qui créent sans cesse de nouveaux problèmes. Il y a canalisation des désordres, captage de leurs forces par l'ordre collectif. Mais l'ordre canalise plus qu'il ne transforme. Il se perpétue grâce au réapprentissage de ses règles, au rappel à l'ordre des déviants et au façonnage des enfants.

1. Edgar Morin, *Le paradigme perdu ; la nature humaine*, Paris, Seuil, 1973, p. 36.
2. Evelyn Reed, *Féminisme et anthropologie*, 1979, *op. cit.*

Il y a dépôt de couches successives de mise en ordre, montagnes sédimentaires plus que succession de périodes. Peut-être les femmes ne commencent-elles que depuis peu à sortir des contenants qu'elles avaient créés et où elles avaient été retenues. Peut-être le patriarcat s'étiole-t-il de n'avoir plus de conquête en vue, d'être allé au bout de son ordre et d'en être dérouté. À chaque nouveau désordre correspondent de nouveaux points de vue d'où ce qui est peut être pensé autrement.

Prise de pouvoir et pouvoir de la prise

Pour comprendre quelque chose à ce qui nous arrive chaque jour, il faut radicalement sortir de l'histoire telle qu'on nous l'a apprise. L'essentiel de l'histoire que nous savons par l'école est l'histoire de l'oubli des origines de l'histoire. Comme tout ce que produit la culture actuellement dominante, ce savoir a l'efficace de l'organisation dominante. Il invente un passé pour fonder le présent. Il dessine un présent où l'alternative collective est permanente du non-dit, du non-su. D'abord, cette histoire a inventé un espace : la France. On apprend l'histoire de France comme si préexistait à l'idée même de France un territoire prédestiné. Or, avant l'existence de la France, il n'y avait pas d'histoire de France. Ensuite, elle a inventé un temps, le siècle : nous les numérotons à la file, bien sagement, de cent ans en cent ans, depuis un point une fois pour toutes fixé à l'an un de notre ère.

> L'art du XIIIe siècle, la philosophie du XVIIIe, le « stupide » XIXe : ces figures au masque arithmétique hantent les pages de nos livres. […] Par malheur, aucune loi de l'histoire n'impose que les années dont le millésime se termine par le chiffre 1 coïncident avec le point critique de l'évolution humaine. […] En un mot, nous nous donnons l'air de distribuer, selon un rigoureux rythme pendulaire, arbitrairement choisi, des réalités auxquelles cette régularité est tout à fait étrangère[1].

La limitation spatio-temporelle est comme un frein à notre compréhension. Elle est du même moule que les remparts, du même moule que la connaissance ponctuelle. Elle enferme dans un contenant historiquement inventé des praxis qui en sortent par tous les interstices…

Ces remparts de science et de conscience occultent ce qui les traverse et qui fait précisément question. Car, dans ces limites battues et rebattues,

1. Marc Bloch, *Apologie pour l'Histoire*, Paris, Armand Colin, 1974 [1939], p. 148.

je sens toujours les questions ouvertes, et les choix qu'elles imposent sont des sortes de litanies enfermées dans l'engrenage d'un chapelet invisible.

Ce moule inventé est monté pour lutter contre l'inconnu, le lointain, l'incompréhensible, le magique. Il isole l'espace divin du diable tentateur, l'église des sorcières, l'Occident du reste, l'ouest de l'est… Le rempart est une projection sociale et spatiale de l'arrondi du ventre de la mère. Ce ventre préfigure le pot et la maison, le groupe et le clan, il préfigure la forme du social, de la culture. Le patriarcat le confondit souvent avec le cosmos parce qu'il avait l'arrondi du ciel.

La ville elle-même, dont les fondations plongent dans la terre qu'a ouverte le soc de la charrue, la ville est un contenant féminin de la mâle domination. La figure des fondateurs, généralement deux jumeaux, efface l'origine du fait sociétal, mais marque la dissociation du même qui s'y effectue, dissociation par la mort de l'un des deux frères. La mort symbolisait la société agricole encore marquée par la présence matristique. Remus, plus berger que Romulus[1]. Il avait guidé la charrue pour le cercle fondateur de l'*intra-muros*, mais jamais il ne crut au sens symbolique du rempart : il sauta par-dessus la trace de la future muraille, et son frère le tua, car il avait défié les dieux.

Maintenant, nous voyons la Terre ronde et nous entreprenons la visite du cosmos. Ces faits-là détruisent les mythes fondateurs de notre culture, car ils apportent une réalité inhumaine comme base de l'humain. L'humain civilisé ne se définit plus contre le sauvage ou le barbare, l'humain se définit contre le néant. « L'être et le néant », donc.

Nous ne sommes plus dans une limite construite, mais sur une boule que nous n'avons pas faite. Le changement de perspective est fondamental. Nous devons concevoir l'infini qui nous fait face, infini de temps et d'espace.

Dans ce bouleversement, notre culture est désarmée dans son organisation, car les repérages qu'elle nous permet avec nos voisins sont de bien peu d'utilité face à l'infini. L'organisation patriarcale, en prenant le pouvoir dans l'espace délimité des organisations matristiques, a introduit un rapport au monde où la « prise » est passée dans le silence et l'invisible, où le contenant féminin a été caché, puisqu'il était le fondement inadmissible pour la volonté dominatrice des mâles. Mais, maintenant, ces deux organisations superposées, et complémentaires, ne peuvent plus, par leur montage et leur voisinage, nous permettre un repérage localisé par le rond et un sens par la droite. Elles émergent de l'oubli pour, dans le dernier instant, redérouler en

1. Georges Dumézil, *Mythe et épopée*, Paris, Gallimard, t. 1, 1968, p. 88.

accéléré le fil de leur vie. Sans doute les constructions humaines meurent-elles comme leurs concepteurs ; la mémoire fait clôture.

Les couches sédimentaires

Toujours revient ce mythe du fondateur, du premier maître, de celui qui, du néant, aurait fait jaillir le sens. Les pensées qui l'avaient nourri, et les contemporains qu'une même praxis quotidienne et intellectuelle préparait à des discours proches, disparaissaient alors. Le Jésus de Nazareth a effacé tous les messies, comme le Marx d'Allemagne tous les penseurs socialistes. Et celui qui triomphe est celui qui croit le plus à ce qu'il sait, qui est mis en orbite par un appareil social, et non celui qui sait le plus.

Mais si, nombreux, nous avons, ou nous avons eu besoin de maître pour porter nos angoisses philosophiques et nos souffrances sociales, c'est que cette image de l'autre qui souffre et fonde pour nous est enracinée dans notre culture. Les disciples sont faits du même mouvement que le maître.

Cette personnalisation du repérage de nous-mêmes dans l'espace et dans le temps, dont j'ai esquissé quelques hypothèses d'analyses, occulte que, du passé, on ne peut faire table rase. Inlassablement, nous portons en nous ce que nos origines y ont mis. Nous sommes tous uniques, car tous héritiers de croisement unique, d'actes d'amours séparés. Sans cet héritage, nous serions semblables d'être façonnés par le même moule à un même moment. L'héritage nous prépare à la différence, qu'il soit génétique ou social.

L'histoire est analyse des changements, est analyse des systèmes successifs de domination collective. L'histoire est déroulement dans le temps des manières dont les hommes des villes ou des châteaux contrôlent ce qui n'a pas d'histoire. Elle est passionnante et je m'y plonge sans cesse, mais elle ne dit que ce qui est sensé, c'est-à-dire mis en sens par ceux qui ont ce projet-là, ce pouvoir-là. Le sociologue Jean Baudrillard disait un jour à la télévision[1] que « les hommes sont profonds, et les femmes, mystérieuses ». Il ne faisait que psalmodier le discours patriarcal. L'insensé où les femmes ont été plongées ne leur a laissé que le mystère comme lieu d'être. Elles ont été construites mystérieuses, arrêtées il y a plusieurs millénaires sur une certaine route du sens dont nous ne savons plus discerner les méandres.

Ce mystère est une production culturelle, un placement dans la non-histoire, hors de la succession des dominations. Il est l'héritage d'une

1. Présentation chez Bernard Pivot, de *De la séduction*, décembre 1979 ou janvier 1980.

organisation non dominatrice, d'une organisation qui se vivait sans doute sans histoire, juste avec une mémoire. L'écriture a fait perdre sa place à la mémoire, elle a accaparé le sens vrai et relégué dans un « je-ne-sais-quoi » la tradition du dire et de l'ouïr.

Notre organisation culturelle est organisation d'organisations différentes. Nous n'arrivons à concevoir que celles qui ont été exposées dans des textes que conservent les bibliothèques des villes. Les autres, nous ne pouvons que les pressentir, les deviner, sans jamais être tout à fait sûrs de ne pas les inventer complètement. Notre système de pensée qui se veut apte à tout concevoir nous laisse démunis : comment penser autrement qu'en référence à lui ce que nous rencontrons en dehors de lui, dans le temps, dans l'espace, dans l'épaisseur sociale ?

Pourtant, il doit bien y avoir moyen de sortir de la quête de *la vérité de l'essence des choses*, pour saisir d'autres dimensions des mouvements ; notre système de pensée veut décortiquer tout ce qu'il rencontre pour atteindre au cœur des manières et des comportements. Il ne nous prépare pas à vivre les mouvements et la transformation.

Cette manière de penser, inapte à concevoir qu'il y a d'autres rapports possibles de connaissance, a sous-tendu la force de l'Occident dans tous les champs ouverts à ses conquêtes. Faute d'objectif, elle s'étiole comme système cohérent et le désordre pénètre dans ses fondements. Le désordre n'est plus seulement cette force d'innovation canalisée pour élargir le champ du su et de l'ordonné, le désordre s'infiltre partout. Il ébranle ce qui est, et déchaîne des forces que nous ne savons contenir.

Vivre les événements

Quand, de ma fenêtre, je vois une fumée s'élever d'un talus un jour d'orage, je ne peux sur l'instant savoir son origine. Coup de canon à grêle, feu de ribes ? Si, au bout d'un moment, j'entends une explosion, je sais que c'est le canon ; si le silence persiste, c'est un feu. Nous enregistrons les bruits après avoir vu l'événement.

Penser est un peu cela. Il faut d'abord vivre les événements dans l'insensé en s'adaptant aux émotions et aux sollicitations qu'ils provoquent. Après seulement, sous l'effet de rencontres répétées, on peut se bâtir une idée qui inscrit l'événement dans une vision du monde. Et les idées neuves sortent des désordres nouveaux.

Mais, dans notre société, les intellectuels sont rarement placés aux lieux de bruits. Ils sont abstraits du monde, vivent entre eux, en parlant une langue de plus en plus arrachée du langage courant. Bien souvent, ils ne perçoivent les bruits que quand ils sont devenus clameur. Alors, leurs pensées n'aident plus guère à vivre, tout en captant une large part des moyens et de l'énergie que notre société consacre à adapter nos visions du monde.

Pour essayer de faire ce métier d'une manière qui me satisfasse, je travaille et j'habite dans l'endroit que j'ai choisi, et mon environnement est ce qui me sollicite intellectuellement. Certes, se plonger dans l'événement, là où l'ordre vagabonde, risque de m'entraîner vers des préoccupations qui pourront, après coup, être analysées comme de peu d'intérêt collectif, voire de pas d'intérêt du tout. Mais c'est le risque de toute spéculation intellectuelle.

L'éclairage que me donne ma vie en Provence sur les relations entre les hommes et les femmes me pousse vers des recherches où des événements *a priori* sans rapport se rencontrent. La complexité et, en même temps, la grande simplicité des terroirs provençaux me fabriquent une manière de regarder où ces deux dimensions peuvent se nouer. Sans doute ma volonté d'enracinement et ma réalité de déraciné m'ont-elles rendu sensible aux rencontres de cultures, à ce qui se joue dans le statut d'étranger. D'autant que je suis aussi ici en conquérant, Français en terre provençale. Cette situation me fait sentir la totale relativité de ce que je suis, et m'a fait découvrir l'existence du fonctionnement caché de certaines pratiques. Je n'ai jamais entendu parler provençal. Or beaucoup de gens le parlent, mais depuis trente ans que je vis en Provence, je ne l'ai jamais entendu. Quand je suis là, on parle français, il suffit de me voir. Parfois seulement, on m'a salué en provençal, mais comme je ne sais pas répondre, cette langue disparaît d'un coup.

J'ai habité et travaillé plusieurs années dans un village. Jamais personne ne m'a parlé de la place des différentes religions. Je pensais que cela ne faisait pas problème. Pourtant, après avoir publié un texte sur ce village, j'ai commencé à avoir quelques échos des problèmes religieux, par des érudits locaux qui me considéraient à la longue un peu comme des leurs, et même par le curé qui un jour a dit : « On a enfin la majorité ! »

Comme cela, j'ai appris qu'il existe autre chose que ce que je vois et j'entends. De là vient que je cherche à monter en parallèle ma vision de l'espace où je vis et les théories moins localisées que je fais. Je tente de donner une partie de mes clés de vie pour ouvrir mon texte à celui qui le lira. Ces clés sont en même temps le sens du texte, car il n'y a pas de séparation possible.

9.
Carrefours des territoires

Tous les sols ne reçoivent pas de la même manière une culture dominante. Certains sont le centre d'une époque, puis ils sont abandonnés ; d'autres seront toujours un peu dedans, un peu dehors. Aujourd'hui, le Sud est en vogue. Pour les vacances, bien entendu, pour certaines activités agricoles, bien sûr, en particulier le vin rosé. Surtout, le Sud se peuple de migrants nationaux venus travailler au pays des vacances ou y prendre leur retraite. Après Nice et la Côte d'Azur à la fin du XXe siècle, c'est Marseille et sa région qui sont en plein développement. Mais, dans le Sud, il y a aussi des pays qui meurent, entre Alpes et basse Provence, dans les coins à « hippies ». Tous les sols ne parlent pas de la même manière à une culture, il y en a qui bavardent, d'autres qui bougonnent, certains qui se taisent. Alors, forcément, quand on fait un bilan, tous les sols n'ont pas eu le même rôle dans la succession des cultures. Ils n'ont pas été marqués de la même manière par les brassages de peuples, de langues, de savoir-faire. Et les vies que les gens s'organisent en chaque lieu portent les marques de tous les passés dans le présent.

Premier carrefour

Quand on essaye de comprendre l'organisation de la vie humaine en un lieu rural, on est obligé de prendre des catégories pensées pour les peuples « d'au-delà du grand fleuve ». Les batailles municipales se comprennent mieux quand on connaît le système notabiliaire, la vie collective est plus perceptible si on utilise la notion de clan, le rapport au temps qui passe est souvent proche du temps sans progrès… Mais cela veut-il dire que nous sommes face à une société archaïque, à mi-chemin du passé et du présent – du présent de la cité ? Point du tout, car cette société rurale ne se comprend pas non plus si on ne connaît pas les techniques les plus modernes, les savoir-faire américain, italien, soviétique, les systèmes de communication et de transports les plus récents, les arcanes de ce que le sociologue Pierre Grémion appelle *Le Pouvoir périphérique*[1], ou les dernières pratiques écologiques en matière de chauffage…

Si on essaye de se plonger dans cette vie collective locale comme l'a fait Annie Meunier à Cucuron[2], on rencontre sans cesse face à soi des plans qui, de là où on regarde, font ombre sur une partie du groupe. Au fur et à mesure que l'on se déplace, et que les gens vous déplacent, on voit ce jeu d'ombre et de lumière s'effilocher et se reconstituer. Les rôles et les statuts individuels et familiaux échappent sans cesse aux catégories que le chercheur tente de manier. Comme face à un prisme aux mille facettes, la vie du groupe villageois rentre soudain dans l'ombre au moment où on croit la tenir en pleine lumière. Si l'on veut démonter ce prisme, on n'a plus face à soi qu'une liste de catégories, de statuts, de rôles qui permettent de tout comprendre, sauf les relations complexes qui organisent l'ensemble : on comprend tout, sauf la vie.

Car le sens est porté de mille manières, dans ce qui se dit, ce qui se voit, se sent, se nomme, dans ce qui est souvenir, mémoire, histoire, silence coupable, silence heureux. Or notre savoir rationnel nous a appris à démonter le réel, à abstraire des unités de plus en plus petites de leur contexte. Il ne nous prépare pas à être le contenant de ce que nous observons. Cela dit, le territoire où vit un groupe a gardé, dans le su ou l'ignoré, les traces de tout ce qui l'a habité. Ces traces nourrissent les manières d'habiter, dirigent ceux qui y vivent. La mémoire de la terre joue avec les mémoires individuelles, les mythes mémorisés, les mémoires du bâti, des légendes, des plantes, des noms.

Peut-être que personne ne sait plus pourquoi là-haut la colline a un nom de saint, personne ne sait comment était la chapelle qui y fut bâtie il y a cinq cents ans, mille ans, personne ne sait qu'avant, il y avait là un lieu de culte étrusque et avant… Mais tout cela a été, car la colline a cette forme singulière et on voit de là quelque chose qu'on ne voit pas d'ailleurs. Quand on dit « Je vais travailler à Saint-Laurent ou à Saint-Jean », un peu de tout cela est porté par la phrase banale.

1. Pierre Grémion, *Le pouvoir périphérique*, Paris, Seuil, 1976.
2. Annie Meunier, *L'espace collectif à Cucuron*, avec la collaboration de J. Veysseyre, ronéotypé, 1979.

C'est un peu comme la fille Terrier qui épouse le fils Lelièvre, le fils Meunier qui épouse la fille Fromenti, le forgeron Porte-Enseigne… Cela « dit », si on écoute. Tous les noms ne « disent » pas, mais beaucoup portent du sens, et si le porteur du nom ne porte pas toujours le sens, le sens souvent le porte un peu. Avec mille autres. Les collines, c'est pareil, et la forme des rues, des maisons, des chemins.

Quand je vois les Ponts et Chaussées redresser un virage, je sens comme une agression épistémologique, la rupture d'un sens à qui personne n'avait pensé, mais qui existait. Cela se voit le jour où il se perd et où la route ancienne peu à peu, se peuple d'herbe et d'arbres. Puis je me mets à aimer la nouvelle courbe, car elle a été pensée pour ma voiture, elle lui va bien. Et quelque chose de nouveau naît.

Quand j'étais enfant, la Durance se franchissait sur de vieux ponts aux tabliers de bois. Le pont se baissait sous le poids de la voiture. À l'entrée, il était écrit : « Défense de trotter ». La Durance était encore une limite en soi, dont le franchissement était aventure, un reliquat d'aventure, du temps où on se noyait dans les gués. Avec le nouveau pont, large et ventru, on ne voit plus la rivière, mais l'œil embrasse dans la perspective du parapet le massif du Luberon qui barre l'horizon. Avant, on franchissait une limite, maintenant on entre dans un pays. C'est tout autre chose.

Prenons les tuiles dites provençales. On m'a dit qu'elles étaient moulées sur la cuisse et, effectivement, elles ont la forme et la longueur de la cuisse. Cuisse de femme, m'a-t-on dit, ce qui semble assez probable, car je vois bien le partage du travail entre celui qui cherche l'argile et porte les tuiles à sécher, et celle qui coupe la plaque d'argile et l'arrondit, plus large sur le haut que sur le bas pour l'emboîtage décalé. Mais je vois aussi que les femmes ont inventé les maisons et les rêves du couvreur qui pose tous ces moules de cuisse féminine. Combien de milliers d'années depuis la première tuile ? Je ne sais pas, beaucoup en tous cas, jusqu'aux tuiles mécaniques qui sont moins prisées que les autres. Il ne passerait rien de ces objets qui n'ont plus d'âge, éternellement repris, récupérés, refaçonnés ? Impossible.

Je ne donne là que des exemples, forcément anecdotiques ; ce qu'ils disent n'est pas d'ordre positiviste, mais du désordre de l'incertain, cela éclaire, questionne, fait jouer ensemble des objets sans rapports logiques. La campagne est davantage que la ville constituée par les organisations successives qui s'y sont déroulées. Surtout, la perpétuelle production de nourriture qui est le travail du paysan frotte sans fin les gens aux cycles de la vie, leur fait réinventer perpétuellement ce que les femmes ont inventé : l'agriculture. L'éleveur, ici de moutons, est resté bien différent du paysan, car c'est une sorte de nomade qui peut s'enrichir, dont le bien, longtemps monnaie pure, est fongible et partageable. Alors que la terre ne se partage pas vraiment. Il y a des limites au morcellement pour que la culture reste possible. L'éleveur est un peu resté le transfuge qu'il a toujours été.

L'agriculture, production de vie, reste liée aux cycles de la nature. On ne l'accélère pas, peu. On sème comme on fait les enfants, et tout le monde, hommes et femmes, suit la gestation, en a ressenti les problèmes, les malheurs et les plaisirs. La mort même y fait moins problème, car elle est restée dans le cycle de la vie.

> Dans aucune autre catégorie sociale, nous ne retrouvons une telle simplicité dépourvue d'anxiété à se représenter, à théâtraliser dans le rêve, le visage des morts : la mémoire et le rêve se confondent ici parce que la nuit établit, semble-t-il, une continuité entre les générations, et l'image même de la mort rurale est moins abstraite que celle des hommes de la ville. Cette mort qui, comme le rêve, s'intègre à la vie coutumière n'est jamais rejetée comme une agression[1].

La Banque des rêves montre par ailleurs que « l'habitant des campagnes ou des bourgs parle aisément de ses rêves, plus volontiers que les autres catégories sociales », il y repense pendant son travail et « il est remarquable que la seule catégorie sociale où nous retrouvions les traces de la mémoire collective française soit, avec celle des ouvriers, celle des ruraux ».

Ces analyses du sociologue Jean Duvignaud et de son équipe montrent la continuité qui est au cœur de la perception paysanne, construite entre vivant et mort, rêve et éveil, présent et passé, nuit et jour. Cette continuité est au cœur de cette praxis, non comme tradition, mais comme articulation dans le social du cycle des plantes et des saisons. Elle est portée dans tout ce qui a formé ces gens, dans le moindre aspect de leur habiter de l'espace.

Cette organisation sociale porte en elle une force de perpétuation qui lui a permis de résister à l'exclusion où elle fut de l'espace public des villes. C'est pour cela que le monument aux morts de 14-18 est si important dans les villages. Il témoigne, plus que la Révolution de 1789,

---

1. Jean Duvignaud, Françoise Duvignaud et Jean-Pierre Corbeau, *La banque des rêves*, Paris, Payot, 1979, p. 65, 31 et 75.

de l'introduction des paysans dans l'univers des guerriers, du rôle fondamental des campagnes dans la « victoire »[1], du fait qu'elles ont sauvé la France de la défaite. Il est le pivot du renversement de l'ordre patriarcal, le signe du moment historique où a commencé l'ébranlement de l'édifice urbano-patriarcal.

On ne peut pas comprendre l'exode féminin des campagnes si on ne perçoit pas qu'après 1918, l'ordre patriarcal est ébranlé, et que c'est là où il était le plus faible que les femmes, les premières, s'en sont sauvées. C'est paradoxal, car on pourrait penser que si l'ordre patriarcal était moins fort, les femmes auraient dû venir. Mais justement, dans une situation dominée, on fuit d'abord là où la domination est la plus faible, pour l'ailleurs toujours mythique. Surtout que si l'espace féminin a plus de place à la campagne, c'est dans l'évidence du quotidien, pas dans le dit, qui est essentiellement une importation urbaine. Un territoire villageois est un carrefour de sols où se sont sédimentées les pratiques successives, sans qu'une transformation radicale en ait effacé les marques. Le territoire rural est de l'espace travaillé superposé où le temps apparaît au travers de cette accumulation spatiale. On n'y vénère pas de monuments antiques, sauf pour les touristes, car les monuments, la terre, sont vivants. L'organisation culturelle est l'articulation complexe des cultures passées et des formes des collines. La campagne n'est pas « profonde » d'être loin de la Ville Lumière, elle est profonde de la présence de tous les morts qui y ont été enterrés et cela « n'est pas une idéologie conservatrice (Comte, Maurras, Barrès) mais l'image calme d'une translation naturelle »[2].

Aujourd'hui, c'est cela qui attire : un lieu où le temps s'apprend à champ ouvert, un lieu qui témoigne de l'altérité possible aux valeurs dominantes. Pour s'en rendre compte, il ne faut pas y chercher de modèle susceptible de remplacer les modèles fatigués de la ville patriarcale. Il suffit de pratiquer la campagne, de s'y engager pour en apprendre quelque chose. Ceux qui ont cru y trouver des modèles de vie tout prêts à enfiler ne sont pas restés longtemps, car ils n'en ont pas trouvé. Il n'y en a pas.

---

1. Georges Duby *et al.*, *Histoire de la France rurale*, 4 vol., ici t. 4 : *Depuis 1914*, Paris, Seuil, 1978.

2. Jean Duvignaud, Françoise Duvignaud et Jean-Pierre Corbeau, *La banque des rêves*, 1979, *op. cit.*, p. 65.

Deuxième carrefour

La relation entre ville et campagne n'a jamais été simple, sauf pour ceux qui en tiraient la force de leur statut : propriétaires ruraux vivant en ville, entrepreneurs urbains se délassant à la campagne. Se situant au-dessus de ce point de désordre permanent, ils en canalisaient la force pour aider au maintien de leur pouvoir.

Le pouvoir de ces gens-là passait généralement par les petites villes rurales qui sont les sièges des tribunaux, des marchés, des hôpitaux, des ordres religieux… Ces villes existent par leur statut intermédiaire entre le village et la cité. Elles interviennent dans l'ensemble des échanges entre ville et campagne. Vues des grandes villes, ce sont souvent de « vrais trous », vues des villages, elles sont « prétentieuses », comme dit Pierre Salerno en parlant de Pertuis[1]. En me déplaçant entre Marseille et le Vaucluse, je les ai vécues de toutes ces manières.

Première rencontre

Quand j'étais enfant, la campagne commençait pour moi en haut de la Viste, qui est la grande montée au nord de la cité phocéenne. De là jusqu'aux villages du Luberon, toujours la même route ; la seule vraie rupture était le pont suspendu de Cadenet, aujourd'hui disparu. Après lui, on entrait dans le territoire des vacances. Pendant des années, je n'ai mis les pieds dans une petite ville que très exceptionnellement, c'étaient pour moi des lieux sans ordre : magasins disposés au hasard, peu de choix, pas de belles devantures comme rue de Rome. Je ne me rappelle en fait qu'un usage absolument instrumental de ces lieux et toujours avec déplaisir.

Deuxième rencontre

Quand je suis allé vivre à la campagne, je me suis plongé avec délices dans tous les archétypes qu'on apporte de la ville avec soi. Feu de bois, bricolage, rencontres un peu forcées avec les locaux, et bien sûr, le marché du vendredi à Pertuis, grand lieu de réunion des villages d'alentour. Marché que je ne manquais jamais, où j'avais « mon » marchand de fromages, « mon » marchand de poissons. Ils me demandaient à tous coups des nouvelles du petit et de ma femme. Je ne leur ai jamais expliqué que je n'avais pas de femme. Comme on habite à plusieurs, le même enfant et la même femme servent à d'autres dans leur rapport au marchand, car un homme,

1. Paysan de La Bastidonne.

une femme et un enfant, est là synonyme de couple marié avec enfant commun. Anecdotique, mais pas tout à fait. Déjà, nous nous sentons face à une mise en scène autour de l'achat de nourriture, face à un rituel de la parole dans un monde ordinairement de silence.

Ce que j'ai compris à ce moment-là, c'est que *la ville tire son sens du marché hebdomadaire.* L'espace urbain de la petite ville provençale porte en creux la marque du marché et *la ville de toile donne sens à la ville de pierre.* Les jours de marché, tout est à *sa place*, les banques, les cafés, les commerces, les grandes surfaces. L'organisation de l'espace intègre le marché comme un moment à part entière. Les autres jours, la succession des places et des cours paraît désorganisée, insensée. Ce phénomène a pris de l'ampleur depuis un siècle, car le désengagement du centre-ville, l'ouverture de places et de cours nouveaux a répondu à l'extension du marché ; c'est un processus encore en cours, le marché est en extension permanente dans les villes de moyenne Provence que je fréquente.

D'autre part, ce phénomène en extension trouvait un écho dans l'idée que je m'étais faite de la campagne avant d'y venir. Mon habitude de la centralité urbaine me disposait à participer à un mouvement de centralité hebdomadaire qui me facilitait l'insertion au niveau du village, car c'était au marché que je rencontrais les gens des villages du coin, et que je « signais » en toute saison mon statut d'habitant. Depuis, j'ai pu constater chez nombre de nouveaux arrivants la même démarche et, disons-le, j'ai instauré vis-à-vis d'eux « ce sas de décompression » si caractéristique de l'arrivée dans le monde rural : pendant au moins un hiver, « on » attend que vous vous soyez suffisamment initié à la vie locale pour ne plus jouer au rural, mais pour commencer à le devenir.

Troisième rencontre

Au bout de quelques années, mon usage de la petite ville est devenu moins régulier et plus divers. Je n'utilise plus le marché comme un lieu de démonstration. Je suis rural, un point c'est tout. Je vais au marché, pour acheter, pour parler, pour rencontrer. De plus, comme j'ai découvert le sens de l'espace, comme tout est à « sa » place, je vais parfois en ville faire des courses, comme « je descendais en ville » à Marseille quand j'avais besoin d'un pantalon. L'espace urbain de ce lieu ne me dépayse plus et je peux l'utiliser comme un espace fonctionnel, car j'en connais les fonctions. Par contre, un marché de paysans du voisinage s'est ouvert le dimanche dans un village proche, créé par l'ancien DRH devenu agriculteur d'une grande entreprise de Marseille, et là cette ambiance locale renouvelée a su recréer une agora locale, un lieu où l'on se parle et se reconnaît. Mais dans un face-à-face direct paysans/habitants qui correspond mieux aux valeurs actuelles.

Quatrième rencontre

Du jour où je me suis mis à « travailler » sur les rôles des villes moyennes, il m'est devenu de plus en plus difficile d'aller au marché ou dans ces villes : je me sentais en statut de voyeur, de preneur d'images clandestin ; marchand de quelque chose qui ne m'appartenait pas. Mon mode de vie ne pouvait pas s'arranger de ce statut, je ne suis pas venu vivre ici pour conforter une démarche de connaissance dont la fréquentation quotidienne ne m'était plus supportable. Cela nécessitait donc que mes questions travaillent ma position, que l'entre-deux où je me trouvais devienne le principe actif de ma réflexion. D'où cette réflexion sur la structure de pensée qui me faisait lire comme contradictoire la vie ici et le financement par l'État. Ne trouvant de légitimité à quitter ni l'un ni l'autre, les concepts devaient être travaillés pour que se déplace la ligne de partage.

Je ne pouvais reprendre la même plume que dans mes précédents textes. Je n'aurais pas su, je ne voulais plus. C'est à cela qu'il fallait réfléchir, et du heurt ainsi monté, proposer une lecture du dynamisme de l'organisation sociale qui englobe « ici et là-bas ».

La petite ville a un rôle d'intermédiaire, comme le curé entre l'ici-bas et l'au-delà, le maire entre la communauté et l'État, le médecin entre la vie et la mort. C'est un lieu relais d'un dispositif global qui articule, sous la houlette urbaine, deux cultures.

Toutes les petites villes provençales n'ont pas la même origine, pas la même histoire, bien que l'invasion romaine ait marqué sa présence dans de nombreuses villes[1]. Ces villes sont, pour l'essentiel, situées en des lieux de rencontre d'eau, de bonnes terres et de voies romaines. Des relais sont installés régulièrement, tous les dix, vingt kilomètres. Très nettement, ce réseau urbain est bâti pour la maîtrise par les Romains de l'espace provençal, espace rural. La Provence du haut Moyen Âge n'est pas fondamentalement différente. Les évêchés se sont mis aux lieu et place des chefs-lieux de *civitas*[2], et commencent à se multiplier les monastères qui vont jouer un grand rôle. Au XIIIe siècle, l'essentiel des villes moyennes d'aujourd'hui

1. André Armengaud et Robert Lafont (dir.), *Histoire d'Occitanie*, Paris, Hachette, 1979, p. 42.

2. Édouard Baratier, Georges Duby et Ernest Hildesheimer (dir.), *Atlas historique de Provence*, Paris, Armand Colin, 1969.

en Provence centrale a déjà un rôle administratif de viguerie, Apt, Aix, Saint-Maximin, Digne, Sisteron, Forcalquier, Cavaillon, Arles, Tarascon, Avignon[1]… Il y a des exceptions notables, mais, dans ces cas-là, la présence juive attestée signale quand même un rôle commerçant[2]. C'est dire qu'aux XIIIe, XIVe siècles, entre les villes politico-religieuses et les villes plus marchandes, l'ossature actuelle est en place. Dans les années 1763-1789, la répartition des foires montre que l'affinage de l'importance relative des bourgs, des villes et des villages est déjà celui d'aujourd'hui ; d'ailleurs, les subdélégations de Provence avant 1789[3] sont à peu de choses près centrées sur ce qui est maintenant chef-lieu de canton.

Donc l'armature urbaine est ancienne, et stable, ce qui est assez logique dans un pays où l'articulation ville/campagne est traditionnelle et où le drainage du surplus agricole vers les grandes villes et les ports date de bien longtemps.

Cependant, sous cette permanence de localisation se cache un profond changement. Car ces villes étaient avant tout des sièges administratifs ou religieux, des lieux de vie des propriétaires, des lieux de mise en marché du surplus. C'étaient des sortes d'enclaves que les paysans ne devaient guère utiliser en dehors des nécessités de contacts avec « l'État » et avec le marché. C'étaient des lieux instrumentaux, comme dit Placide Rambaud. Quand on lit des histoires de villages comme celle de Mérindol[4], on se rend compte qu'aller en ville était un événement coûteux et rare. On n'y allait que pour la gestion des excédents : de biens, de problèmes, de bras. Encore dans les années cinquante, Lawrence Wylie, dans son étude de Roussillon[5], raconte que peu nombreux étaient ceux qui descendaient à Apt ; presque toujours les mêmes, chargés des commissions des autres.

Trente ans après, cette structure spatiale est habituée autrement. Le développement des villes, petites ou moyennes, que j'appellerai dorénavant villes-centres de pays, a été extrêmement important. Développement de la population de ces villes-centres comme lieu de consommation au détriment de leur rôle de mise en marché. Celui-ci est parti vers les

1. *Ibid.*
2. Manosque, Aix, Avignon, Marseille, Arles, et secondairement Pertuis, Saint-Maximin, Salon, Sisteron, Digne, Orange et Carpentras.
3. Édouard Baratier, Georges Duby et Ernest Hildesheimer (dir.), *Atlas historique…*, 1969, *op. cit.*
4. Brice Peyre, *Histoire de Mérindol en Provence*, Nîmes, Laffitte reprints, 1984 [1939].
5. Laurence Wylie, Roussillon, *un village du Vaucluse*, Paris, Gallimard, 1979 [1956].

coopératives, les marchés d'intérêt national. Les grandes villes assurent directement la gestion de l'agriculture, avec de moins en moins de relais ; les sièges sociaux de grosses coopératives sont à Marseille et Avignon, les chambres d'agriculture, les Safer y ont leur siège, les directions départementales de l'agriculture… Dans les villes-centres, il n'y a plus que des permanences de temps à autre, le rôle de relais a été poussé à l'extrême. Les exploitants sont plus à l'écoute de Bruxelles que de la ville-centre voisine pour les questions professionnelles.

En fait, le rôle relais s'est inversé. De lieu de négoce du surplus agricole, ces villes-centres sont devenues des lieux de négoce du surplus urbain. Les commerces sont de moins en moins nombreux dans les villages et se concentrent dans les villes. Peu à peu, ces villes-centres deviennent d'un usage courant pour toute la population.

On assiste à la naissance d'un nouvel habiter de l'espace, sur la trame ancienne, par usage nouveau de lieux anciens, nourriture nouvelle de vieux flux. Il n'y a guère de temps, les « quartiers » assuraient l'unité du territoire communautaire villageois par leur investissement sur le chef-lieu, doublé d'un rôle de sas vis-à-vis de l'extérieur. Leur rôle diminue sous l'effet de la concentration de la population autour du village et des ruptures introduites dans les réseaux de fermes par les concentrations foncières et les résidences secondaires.

Le dispositif scénique de contrôle du territoire communautaire s'affaiblit dans le moment où la ville-centre renforce son pouvoir attractif grâce à la multiplication de ses fonctions consommatoires. Alors, peu à peu, se renforce une sorte de rôle de quartiers que jouent les villages par rapport à la ville-centre de pays. Peu à peu, se fignole un nouvel espace qui submerge l'ancien.

Et le « pays », notion sans réalité juridique, en partie inventée par les géographes du XIXe siècle, le pays tend de plus en plus à devenir un espace de vie, un espace social ressenti. De ce point de vue, le pays est une réalité spatiale neuve que l'État commence à chercher comme cadre administratif et qui peut devenir un espace social d'affrontement, comme les luttes du pays d'Apt pour l'hôpital, ou les fruits confits, le montrent.

Aujourd'hui, certains aménageurs rêvent de faire de la petite ville le point de concentration de nouvelles pratiques de l'espace. Petite ville, milieu encore équilibré, personnalités, lieu de construction d'équipements touristiques et de passage de la métropole à la campagne profonde. Point de rupture sur la trame circulatoire qui habille notre espace, point terminal de l'autoroute, « camp de base » pour les visites de la campagne. De là démarre un autre rythme, adapté et adaptable à un réseau routier plus étroit, déambulatoire. Cette nouvelle fonction sociale de la ville-centre va s'accentuant ; elle redonne à la ville de pays un rôle de limite entre l'urbain et le rural. Seulement, le rapport entre ces deux termes est moins hiérarchisé qu'avant. La ville-centre est devenue une force de centralité populaire qui prend sa force dans l'ensemble de son pays. Elle n'est plus essentiellement le siège des pouvoirs chargés du contrôle rural, elle a été largement appropriée comme espace de vie par les habitants du pays.

Tant que la vie au village se déroulait surtout dans la communauté, le pays était un espace polycentré où chaque centre correspondait à un usage différent de l'espace : le village aux paysans, la petite ville aux propriétaires, aux administratifs, aux négociants, aux religieux... La ville et les villages ne se rencontraient que dans le rapport social qui les mêlait. Maintenant, l'articulation de ces deux organisations est inscrite dans la vie quotidienne de la population. Se cherche là une organisation plus complexe, susceptible de recevoir en son sein plusieurs types de centralités.

Le pays est un espace social naissant où se dégage peu à peu un nouvel habiter de l'espace rural. Le mouvement qui le traverse n'est pas très différent de celui qu'ont connu les villes quand les quartiers ont perdu une partie de leur autonomie au profit d'une centralité urbaine renforcée. Les pays qui se bâtissent en ce moment sont inscrits dans le mouvement historique qui a créé les « métropoles ».

Le polycentrisme de voisinage fait place à un vécu spatial plus complexe, où, à côté des centralités anciennes, trop vite enterrées dans les discours, naissent de nouvelles forces de centralités, en des lieux anciens ou en des lieux nouveaux, généralement liés aussi à l'espace de la consommation de biens et de services.

Ces mutations d'espaces sont rendues possibles par l'affaiblissement de ce qui sous-tendait la domination d'un centre exclusif en un lieu. En particulier, pour les villes,

> nous n'étudions plus un capitalisme marchand qui est centré sur la ville, mais un capitalisme industriel qui est par nature orienté sur l'entreprise et qui est le déstructurateur de la ville comme unité organisatrice de la vie sociale[1].

On pourrait dire à peu près la même chose du village pour ce qui concerne sa déstructuration, même si les causes sont autres.

1. Alain Touraine, in *Politiques urbaines et planification des villes*, actes du colloque de Dieppe (8-10 avril 1974), Paris, Copédith, 1975, p. 1040.

Multitude de carrefours

Ce qui se joue là est un usage nouveau du territoire au sein des relations de domination sociale. C'est l'émergence de l'anonymat territorial comme lieu abstrait de contrôle social. La religion comme espace caché révélé par la croyance s'affaiblit du fait de son contresens croissant face à des territoires de moins en moins fermés, autre chose pénètre dans le caché, y cherche sa place, sa forme. C'est dans le même mouvement historique que se démantèlent les remparts, de pierre et de sens, et les niveaux successifs de représentation territoriale. La fin de la corporalité des représentations unifiantes, religieuses ou sociales est aussi la fin du monopole religieux du caché, la fin du monopole étatique sur l'unification sociale. Je ne dis pas que c'est la fin de la religion et de l'État, je dis seulement que c'est la fin de leur capacité unifiante, la fin de leur pouvoir de révélation. C'est comme ça que je comprends le dernier concile et le développement des sociétés anonymes multinationales : de nouvelles formes territoriales dans un jeu nouveau entre le caché et le visible.

Ce qui est nouveau, ce n'est pas la multiplicité des territoires ni le polycentrisme qui en découle, cela est une permanence profonde ; ce qui est nouveau, c'est que cette organisation territoriale ne soit plus basée sur des rapports de voisinage de territoires clos, mais puisse être usagée par nous pour organiser nos vies suivant des parcours infinis. Ce qui est nouveau, c'est qu'éclatent les discours de centralité qui ramenaient tout aux centres du « territoire » de leurs émergences : Dieu, le capital, l'inconscient, le centre-ville… Peuvent se chercher des discours polyterritoriaux, car des points de contact émergent de la disparition des remparts.

Alors, l'idée que nous avons de nous ne découle plus uniquement des territoires où nous avons été façonnés, où nous vivons. L'idée que nous avons de nous ne peut plus sortir du péché originel, de la transgression de l'interdit qui nous a séparés du territoire premier. Le péché originel perd son sens quand les territoires clos ne sont plus des repaires possibles. Il s'efface de nos préoccupations, car la mondialisation nous ouvre à des repérages différents. La perte de ce repère nous *déprotège* vis-à-vis du monde. Entre notre intérieur et l'extérieur résonnent plus directement les multiples bruits de notre organisme et de l'organisation sociale.

La connaissance que je cherche à élaborer ne peut pas avoir comme objet d'inventer une problématique spatiale d'échange entre des territoires clos, la ville, le village, le pays, la ville-centre de pays, le Nord, le Sud… Tout cela se noue en chacun de manière unique, avec des forces différentes pour chaque terme, mais sans qu'un seul domine tous les autres.

Bien sûr, il y a toujours des gens pour s'enfermer dans des territoires, locaux, professionnels, scientifiques, confessionnels. Des gens qui sont leur métier ou leur village, leur église ou leur parti. C'est le choix qu'ils font de l'enfermement, comme d'autres s'enferment dans la folie pour être dans leur monde. Peut-être sont-ils heureux, je ne sais pas ; je le pense, pour certains. Mais ils ne sont plus nés enfermés comme au temps où l'on n'avait pas le choix ; juste être de son lieu ou nomade, c'est-à-dire un choix de territoire clos, rien d'autre. Nous pouvons tous être d'ici et d'ailleurs[1] si nous trouvons le rapport entre nous et le monde, si nous nous ouvrons au monde quand il s'ouvre à nous.

Même les territoires qui naissent par le jeu d'équilibres des forces collectives actuelles ne sont pas des territoires fermés. Ils sont, dès l'origine, ouverts vers l'intérieur et vers l'extérieur. Comme le pays, qui est moins qu'une fédération de villages, car ils gardent tous leurs spécificités, et plus, car il invente quelque chose qui n'existait pas et qui les intègre. Le pays est dépassé dans le moment même de son émergence car de multiples flux lui échappent : d'hommes, d'objets, de symboles, d'informations...

Chacun vit aujourd'hui dans un espace plus grand que le pays rural ou la cité, par les déplacements concrets de sa vie, par les voyages, par les objets manipulés, par la presse, la télévision... Les pays se constituent autant des pratiques de ceux qui y sont nés, de ceux qui s'y sont installés, que des pratiques de la diaspora, des divers résidents secondaires, des touristes. La légitimité traditionnelle des premiers ne leur suffirait pas à insuffler la vie qui se perpétue et se développe. D'ailleurs, ceux qui mettent le pays en discours (ou le village) sont souvent des exilés revenus, ou de nouveaux arrivants.

C'est à la jonction de leurs déplacements et des praxis nouvelles non encore nommées mais préexistantes que les mots peuvent se façonner et porter. Il n'y a plus de correspondance univoque entre un sol, une société, une culture, un groupe. Il y a articulation nouvelle où les distinctions anciennes ne s'effacent pas, mais ne sont plus forces suffisantes pour souder une unité territoriale, pour fonder des territoires identitaires.

Le sentiment du pays est sans doute plus perceptible à des gens coutumiers de l'espace urbain, tant l'espace urbain est un pays construit, une articulation de villages dans une même territorialité. Et il y a bien des proximités entre la conquête, dans la ville, de son terroir ancien par les immeubles et la conquête, dans les villages, de leurs terroirs collectifs par

1. Comme l'exprime, dans sa vie et dans ses livres, Marie-France O'Leary, écrivain canadien vivant en Vaucluse.

un nouvel habiter. Pour l'habitant, le pays est vécu à travers les organisations professionnelles, le rôle nouveau de la ville-centre. Mais c'est, comme souvent, à l'étranger relatif de nommer ce qui pour chacun est vécu comme d'infiniment petits changements, jour après jour, dans une évolution silencieuse.

Les territoires ne disparaissent pas, ni celui de la religion, ni les nations, ni les classes, ni les sexes… Ce qui disparaît, ce sont les remparts dont nous avions besoin pour les concevoir et pour nous y repérer. L'unité évidente de la Terre ouvre les petits territoires qui la morcelaient. Et quand de nouveaux espaces quotidiens se mettent en place, ils ne peuvent être, à eux seuls, des territoires identitaires possibles.

Le territoire de chacun ne peut plus être qu'un montage de territoire ouvert dont la seule unité découle de l'unité de soi. Le sentiment de soi-même à s'octroyer à soi-même par la connaissance de soi devient le seul ferment identitaire possible. C'est notre culture qui se transforme dans les profondeurs de son organisation, et la connaissance que j'en cherche s'apprend de l'apprentissage de ma propre praxis au monde.

D'une certaine manière, rien ne bouge, d'une autre, rien n'est stable, car c'est l'habiter des permanences qui change plus que les permanences mêmes. Et c'est là que naît le désarroi, quand il n'y a plus de changement collectif où s'identifier entièrement, quand on est seul avec la quête d'un habiter de soi-même. La dérive des territoires est autant une dérive entre eux qu'en eux, en chacun de nous.

Le carrefour du texte

Ce texte circule à travers les territoires sédimentaires que je sens concourir au façonnage de mon idée de moi. C'est ma déambulation territoriale qui lui donne sa direction ; c'est l'idée de serrer au plus près la mutation de mes propres territoires de référence qui en fixe la trame. Et là, alors que ce texte est presque achevé, je sens monter une profonde libération de ces territoires dont je ne me dépêtrais pas, où je me sentais enfermé, dedans comme la Provence, dehors comme la religion. Non que j'aie transféré aux pages ce qui m'habitait, mais d'avoir travaillé ces territoires m'a fait découvrir leurs ouvertures, et ma possibilité d'en jouer, plutôt que d'en être le jouet.

Cette recherche m'a beaucoup appris. J'y ai rencontré des textes, des écritures, des idées qui m'aident à vivre en me montrant l'histoire comme un façonnage d'énergie canalisée par l'ordre social au fur et à mesure du temps humain. Cette organisation est une construction humaine, elle est transformable de l'acte même qui l'a façonnée : la mise en ordre social. Car l'ordre social est un travail collectif, toujours transformable par un nouveau travail ; c'est une pâte molle que le temps fait sécher, mais que la chaleur permet de reprendre sur le métier.

Enfin, m'était restée dans l'oreille cette phrase d'Aragon que chante Jean Ferrat : « La femme est l'avenir de l'homme. » J'entendais cette phrase comme une clôture à ma possibilité d'homme de jouer sur le présent. J'y voyais l'appel d'une alternance historique radicale, d'une dépendance incontournable, pour moi, vis-à-vis des femmes et de leur rôle social. Disons-le, j'étais encore un peu dans cette dialectique fermée que le marxisme nous a apprise : dans une contradiction, la résolution n'est possible que par l'inversion des rapports de domination, et la culpabilité individuelle de l'ancien dominant. Cette dialectique-là ne peut être cause d'angoisse existentielle, car, en tant que mâle, blanc, occidental, il n'y aurait pas d'avenir, juste l'attente du châtiment expiatoire d'une lignée.

Or, peu à peu, j'ai conçu que le présent est la projection de la domination tranchante et rectiligne du patriarcat. Notre pensée logique, basée sur la quête de « l'essence » des choses, est la marque de ce rapport dans notre culture. L'idée de cette rencontre inégale ouvre la perspective d'une rencontre infiniment plus complexe, faite de relation, d'intégration, de territoires ouverts, et finalement d'individus choisissant leur territorialité pour trouver ce qu'ils sont en quittant la nomination totalitaire qui nous dirige encore.

J'aurais bien aimé que ce travail me mène à la rencontre de nouveaux territoires en voie de façonnage. J'aurais aimé que le développement du « pays » comme espace social de plus en plus fort m'ouvre une perspective d'enracinement dans un territoire sécurisant qui soit autre que le village et la grande cité. Mais je n'ai pas rencontré de nouveau rempart possible. Ou, plutôt, j'ai rencontré des territoires nouveaux, en pleine vie, mais qui ne sont pas ceux du rempart enraciné dans la terre. Les nouveaux territoires, comme les anciens, sont soumis à la dissolution de la limite d'évidence. Nous perdons en ce temps nos points de rupture. Celui de la nature humaine dont parle Edgar Morin dans *Le Paradigme perdu*[1], ou d'une autre manière, celui de la philosophie et de la science, celui de l'objectivité et de la subjectivité qu'analysent le physicien Ilya Prigogine et la philosophe Isabelle Stengers dans *La Nouvelle Alliance*[2].

1. Edgar Morin, *Le paradigme perdu...*, 1973, *op. cit.*
2. Ilya Prigogine et Isabelle Stengers, *La nouvelle alliance*, Paris, Gallimard, 1979.

Ces points limites qui nous localisaient dans un dedans, face à un dehors sans rapport, éclatent dans tous les champs de pensée. Nous sommes aujourd'hui à même de concevoir des complexités plus larges, de nous penser autrement que dans un contenant sécurisant dominé par une force conquérante qui, toujours plus, veut réduire l'autre : en l'enfermant dans le non-sens comme la nature automate de la pensée du XVIIe siècle, en le convertissant à nos valeurs, ou en l'exterminant.

Alors, les territoires continuent d'exister, mais en tant que surfaces, non comme limites. Ils se chevauchent et se lient plus qu'ils ne voisinent et se heurtent.

Nous n'avons plus de repaires où nous enfermer. Nous évoluons entre des repères mouvants qui ne nous donnent plus tout notre sens. Nous sommes des montages uniques de repères avec des marques plus ou moins fortes. Nous n'en sommes donc pas façonnés semblables. Seulement, rien ne suffit tout à fait à nous octroyer une identité. Ni un territoire de terre ni un territoire de sens, car tout est partie d'un ensemble en perpétuelle relation. Notre pensée doit embrasser en même temps les mutations des structures des territoires, et les mutations des territoires eux-mêmes. Dans ce double mouvement, il dépend de chacun de se penser une identité au carrefour de son héritage culturel et de son usage du monde. L'identité ne peut plus être octroyée, elle devient complexe, acte individuel de montage de soi-même.

De là, j'ai conçu l'existence d'un enjeu possible à l'écriture. Face aux forces d'enfermement dans l'ordre clos et dialectique, il y a une expression à chercher, comme voie où s'engouffrer et où être intellectuel peut avoir un sens. Sens passant par mon quotidien dans le monde qui nourrit le texte, mon corps unifié qui l'intègre.

De cette ouverture, le texte n'est plus un territoire sacré. Il se doit d'être, et d'être pris comme un message incertain, mouvant, actif; un message qui peut appeler réponse, qui est un territoire ouvert. Le texte n'est pas révélation du caché, table de la loi, mais démarche d'apprentissage de celui qui l'a écrit, et qui ne cherche finalement rien d'autre que d'apprendre à vivre le monde présent.

Texte deux

L'unique et sa société
ou
La société d'archipel

« Archipel, n. m., est la reprise du moyen français *archipellegue* (déb. XVIe siècle), mer parsemée d'îles », déjà nom propre au début du XIVe siècle : l'Archipelague, la mer Égée. C'est un emprunt à l'italien *arcipelago* (1268), probablement du grec *Aigaion* (Égée), *pelagos* (mer). Le mot français est passé, comme l'italien, de l'idée de « mer parsemée d'îles » à « groupe d'îles ». Il a eu par métaphore la valeur d'« ensemble de lieux, de choses » et cela en plusieurs langues. Cf. *Archipel du goulag*, de Soljenitsyne

Le Robert, dictionnaire historique de la langue française.

Avant-propos

Si je vous dis que le mythe révolutionnaire a vécu, que l'on a marché sur la Lune et que nous nous sommes vus sur des photos satellites ; si j'ajoute que nous sommes entrés en société postfordiste, que le travail se réduit et se modifie ; enfin, si je rappelle que nous assistons au triomphe d'un individualisme égalitaire entre les genres et les couleurs, que le climat se réchauffe et que chacun d'entre nous est plus mobile qu'hier, vous risquez de penser que je mélange tout. Si j'ajoute encore que ces diverses pistes modifient nos systèmes d'appartenance, bousculent les cadres du politique et influencent nos possibilités d'organiser notre territoire, dans la pratique comme dans l'imaginaire, vous risquez de ne plus vous y retrouver du tout.

Pourtant, ces diverses dimensions de notre monde s'entrecroisent bel et bien, ce qui nous fait découvrir la séparation de champs hier contigus, la proximité d'éléments hier dissociés. Autrement dit, nous vivons un changement d'ère lié à une remise en question radicale des échelles qui nous étaient familières, télescopant le proche et le lointain, le passé et le futur, l'individu et l'humanité, le local et le mondial, plongeant le présent dans l'abîme, survalorisant le passé, appréhendant le futur. C'est en cela que la *figure de l'archipel* que je vais utiliser pour lire l'individu de ce temps-là du monde me paraît stimulante, comme figure individuelle d'un ordre discontinu, peu familière à un paysan, mais non sans logique ; une figure de marin, transportée par Soljenitsyne au cœur des plaines de Sibérie ; une figure qui ne prétend pas tout ordonner, qui ne prétend être qu'un signal, celui d'une maîtrise possible d'un monde discontinu dans le temps et dans l'espace, insaisissable dans sa totalité. Comme hier, quand la science a dû se scinder en disciplines différentes tant la croissance du savoir avait induit, pour chacun, une croissance encore plus rapide de l'insaisissable, à tel point qu'aujourd'hui la communauté savante tente, difficilement, de réunir ce savoir morcelé qui est en partie devenu un savoir déshumanisé.

Ma conviction est que, pour former à nouveau communauté politique, les hommes devront réunir les diversités anciennes, tout en s'exonérant des hiérarchies et des référents d'hier. Ils doivent se mettre en quête d'un nouvel ordre possible, face à la gerbe des désordres, un ordre souple et circulant, apte à penser l'inconnaissable et le différent en son sein. La figure de l'archipel nous y aide, comme figure maritime à réinjecter dans notre imaginaire territorial pour penser la fin des grandes civilisations de la conquête des terres et l'avènement d'un monde de la Terre unifiée, archipel par excellence – des archipels individuels, donc, plutôt que des ordres, des classes et des nations, maintenant que nous sommes engagés dans l'aventure collective décisive de la communauté terrienne.

Attention, virage. Pierre Veltz dit « bifurcation »[1]. Retenons le mot, qui est en train de s'imposer. Changement de direction, donc, dont on peut faire l'hypothèse que les précédents changements similaires ont été, pour l'Occident, la chute de l'Empire romain puis la Renaissance. Pas moins. Le premier ouvrant le monde euro-méditerranéen à l'influence déterminante du monothéisme – religion du désert nourrie de culture grecque –, le second, le globe à l'influence euro-méditerranéenne. L'enjeu est aujourd'hui, au même niveau de transformation, la mise en partage d'une planète dorénavant bornée, connue et interconnectée. Cependant, à la différence des ruptures précédentes, l'ère qui commence n'est pas celle d'un élargissement spatial du monde, mais celle de la quête de la possibilité, et du plaisir, d'un habiter planétaire partagé, sous la contrainte de la mise en question de la survie devenue hypothétique de notre espèce. La Grande Guerre climatique qui commence ouvre à un autre compte du temps où une nouvelle civilisation humaine doit se construire dans les replis d'une nature endiablée par l'humanité même. Challenge gigantesque où, comme lors des deux dernières bifurcations, nous allons devoir lancer toutes nos forces pour désirer et construire cette époque difficile à anticiper.

À notre insu, donc, nous venons de changer d'échelle et de mobile d'action. Le fantastique travail de « découverte » de la planète s'est achevé au XXe siècle, et la conscience nous en vient seulement progressivement, depuis que nous avons pris conscience de la fin de notre mythe révolutionnaire et de l'effondrement climatique. Ces changements bouleversent les systèmes

1. Pierre Veltz, *Bifurcations ; réinventer la société industrielle par l'écologie*, La Tour-d'Aigues, l'Aube, 2022.

productifs, les logiques de puissance, les systèmes de croyances, les peurs et les espérances : aujourd'hui comme hier, les contemporains vont vivre de tels changements comme une rupture barbare ; leurs descendants, eux, y verront une renaissance. Forts de cette mémoire historique, nous devons découvrir, au niveau du « village global[1] », ce que nos anciens avaient compris au niveau de leurs villages, une permanence des sites, des formes, des traces et des écosystèmes répartie sur la surface du territoire, à partir de laquelle il faut dessiner un imaginaire de l'aventure et de la croyance, retravailler les mythes qui nous réunissent, les projets qui nous entraînent. Nos anciens avaient trouvé la possibilité de s'arracher à ce monde horizontal : ils passèrent des polythéismes liés aux lieux au monothéisme du nomade et de l'errant, puis de la croyance à un au-delà céleste à l'espérance d'un au-delà historique.

Il nous revient pareillement d'apprendre à vivre, avec, en ligne de mire, le bonheur de l'homme pour lui-même, mais en garantissant à ses enfants à naître le droit à un monde vivable. Cette étape de l'aventure humaine individu/avenir est à peine ébauchée. Et loin d'en avoir fini avec le deuil de nos espérances du temps d'hier, nous nous retrouvons sans modèle d'expansion dans l'espace ou dans le temps, sur une totalité physique objective, la Terre, dont nous commençons seulement à construire, avec la notion de mondialisation, une ébauche de représentation humanisée. Ce, au moment où nous prenons conscience peu à peu que nous avons gravement mis en danger l'écosystème duquel nous vivons.

Nous découvrons alors, effarés, que le rapport entre aventure individuelle et aventure collective ne peut plus être le même qu'hier, la première renforçant son autonomie du changement de nature de la seconde. Nous ne savons pas pour autant où nous allons. Nous percevons que cette autonomie nouvelle de l'individu éduqué et mobile est une force extraordinaire, mais nous ressentons en même temps qu'elle est une souffrance pour certains individus, à certains moments et pour certains peuples. Surtout, comment ces individus autonomes et libres peuvent-ils faire couple, et comment, comme jamais, peuvent-ils se rassembler pour faire masse et puissance dans la turbulence où nous entrons ? Hier, les religions ont su nous réunir en forces terribles. Puis les classes ont pris le relais. Et aujourd'hui ? La peur et les colères face à une Terre qui nous échappe ne font pas rassemblement.

1. Marshall McLuhan et Quentin Fiore, *Guerre et paix dans le village planétaire*, Paris, Robert Laffont, 1970.

Notre imaginaire doit s'approprier, avec de nouvelles formes et de nouvelles figures, avec un nouvel horizon de l'espace, du temps et du politique, cette planète solidarisée par l'œuvre de l'homme, et mise en danger par cette œuvre même. Nous sommes définitivement entrés dans le temps du monde *un* à chaque instant, sur les plans monétaire, commercial, scientifique, technique, touristique, écosystémique, militaire… L'évidence s'impose, mais nous n'arrivons pas à la désirer franchement. Alors nous sommes envahis de discours d'angoisse sur la mondialisation des économies et l'effondrement climatique.

Pourtant, la mondialisation est relativement partielle, voire régressive après la Grande Pandémie, car la plupart des productions humaines sont locales, comme l'est la lutte climatique. La mondialisation est d'abord l'habiter commun, conscient et informé, d'un territoire unique placé sous notre coresponsabilité. Elle est la découverte, après la fin sans victime directe de la guerre dite froide, que les nouveaux conflits du monde sont d'abord ceux qui lient, ou opposent, l'Humanité à la Terre comme nature, et la diversité culturelle et écologique au risque de l'uniformité. Terre-humaine contre Terre-nature, Terre diverse contre Terre uniforme, impossible Terre-cité pour l'instant, mais possible dans une vision du politique qui aurait intégré un rapport différent au temps, aux époques et au devenir.

Le XXe siècle, au-delà de la découverte des risques écologiques, y a apporté un sentiment d'égalité symbolique des humains, des genres et des cultures qui ne rend que plus visibles et insoutenables les écarts des niveaux de vie sur la planète, les écarts de durée de vie et l'inabouti d'une espérance partagée de justice individuelle et sociale. Notre impuissance collective croît proportionnellement à nos quantités d'information, ce qui délégitime profondément le politique. Pour pouvoir à nouveau agir et espérer, il nous faut d'abord réapprendre le monde : ce que nous avons connu par découvertes, conquêtes, épopées et défaites, le découvrir comme voisinage, concurrence, diversité et échange. Tant que la planète durera, il n'y aura plus de terme. Seulement des étapes. À moins que l'on ne s'ouvre un jour aux galaxies, ou que l'humanité ne s'autodétruise. Entre-temps, après cinq siècles d'épopée conquérante, réelle et imaginaire que l'on a appelée « occidentalisation du monde », nous voici entrés dans l'habiter du monde, en charge, chacun, d'y inventer une cité écologique commune apte à mobiliser les espérances des peuples. On peut aussi se replier sur soi, sa famille, sa patrie, son continent, mais à terme, et ce rapidement, le global en fusion nous rattrapera.

Dans l'attente, pour le millénaire qui s'ouvre, l'espace est borné, immense et omniprésent, mais insaisissable dans ses détails et ses replis. Réduit à des images conventionnelles simples. « Moscou ». Qu'avez-vous imaginé en lisant ce mot ? La place Rouge, les bulbes dorés ? L'un ou l'autre, sans doute. New York ? Pékin ? Alger ?… Ainsi va ce monde partagé, somme d'effigies médiatisées, nourrissant notre imaginaire de l'idée qu'en a « notre » envoyé spécial. Avec le rôle central du cinéma, des séries télévisées et des voyages dans cette élaboration.

Les lointains y sont infiniment nombreux, quotidiens, construits. Mais cette connaissance-là nous isole de ce qui nous entoure. Là où le paysan connaissait chaque détail de quelques hectares, nous, nous connaissons quelques détails de la planète entière. Si le total en est assez semblable, l'effet sur notre vie en est radicalement différent. Nous y avons gagné de multiples repères, mais nos repaires ont volé en éclats.

Aussi sommes-nous vite perdus dans ce qui nous est le plus proche. Le voisin est presque un inconnu, la route qui nous sort de notre quartier est souvent le seul trajet que nous y effectuons. Combien d'entre nous ont plus déambulé le long des canaux de Venise que dans le quartier où ils travaillent ? Nous n'avons plus un proche, mais plusieurs, celui du soir et celui du matin, celui de la nuit parfois, celui de la journée, celui des fins de semaine et ceux des vacances. Celui du réel et celui du virtuel. Ce qui fait territoire pour la plupart d'entre nous est un ensemble de bribes d'espace unies par des trajets rituels sans arrêt. Mais ces territoires en archipel ne sont pas le lot de tous. Certains se replient sur eux-mêmes, leur maison ou leur micro-territoire, les astreints à résidence ou les néosédentaires de l'exclusion sociale, économique et culturelle. D'autres se murent dans une croyance héritée, religieuse, politique, ethnique, culturelle. Des hommes se ferment – des cultures, des peuples entiers.

Pour le plus grand nombre des habitants du nord de la planète, et pour les plus aisés des habitants du Sud, au niveau individuel comme au niveau collectif, la réalité est comme fractale, en rhizomes[1] et réseaux, réunifiée par un moi omniprésent et une médiatisation mondialisée surabondante. Archipels privés et publics entrecroisés par un flux tendu de messages. Une des différences majeures entre les hommes est, déjà aujourd'hui, dans la forme de cette figure de l'espace, et le sera plus encore demain. Entre ceux qui sont multipolaires et multi-informés, très loin de leurs entours, et ceux qui tentent désespérément de se réenraciner dans l'immédiatement accessible, le déjà-connu – cet hyperlocal qui fait réseau pour les plus

1. Gilles Deleuze et Félix Guattari, *Rhizome*, Paris, Minuit, 1976.

faibles. La notion de capital spatial qu'apporte l'historien Hervé Le Bras[1] est éclairante. Elle complète les idées de capital économique et de capital culturel, saisissant que toutes sortes de mobilités réelles et virtuelles sont entrées dans nos repaires, différemment suivant les humains, les groupes sociaux et les cultures. Mais elle rappelle aussi que l'humain est un être avec des lieux, une mémoire des lieux, une identité par les lieux que la croissance des mobilités n'est pas venue éteindre. À l'inverse même, plus nous sommes mobiles, moins nous sommes astreints à ne plus revoir les lieux que nous avons aimés, car il n'y a plus de migration sans retour – au moins théorique ou virtuelle. Plus nous sommes mobiles, donc, plus s'efface le vieux couple nomade/sédentaire, plus le monde est à reconquérir par des voyageurs réels ou virtuels qui vont aimer garder un port d'attache. Un port d'attache en forme d'archipel, nous allons tenter de le montrer.

1. Hervé Le Bras, *Une autre France*, Paris, Odile Jacob, 2002.

1.
La nécessaire reconquête du monde

Pour bien saisir l'originalité de ces enjeux, qui trop souvent paraissent le simple prolongement de tendances de longues périodes, il faut visualiser cette reconquête du monde qui ne prend plus les voies connues de la prise de possession. Il n'y aura plus de colonies, plus de richesses seulement mesurées en nombre d'hectares, de sujets, de salariés ou en accumulation de plus-values. L'enjeu des frontières s'est affaibli, bien que les pays du Nord tentent désespérément de bloquer les migrations réelles et fantasmatiques du Sud, faute d'une perspective mondialisée de l'avenir. Il y aura des misères radicales – comme en Afrique – et des richesses cumulatives, nourries de vitesse et d'innovation, d'intelligence des stratégies, d'interdits demain prometteurs – comme celui, pour le Japon et l'Allemagne après-guerre, de se réarmer. Ce mouvement de différenciation déplace les défis du politique, masque les rapports de domination, interconnecte richesse et pauvreté par migration, maladie, exclusion, impuissance, créant des enjeux mondiaux dans des espaces sans pouvoirs.

L'essentiel est de penser cette reconquête planétaire, d'en dessiner les figures d'usages, de valeurs et de conflits. Sans figures représentatives, pas de stratégie possible, pas de politique à l'œuvre, mais la jungle du non-sens et la pression du deuil des mondes perdus sans espérance aucune. Cela est vrai tout autant pour penser l'espace que le temps.

Cette reconquête planétaire met en question la logique traditionnelle des vécus, car elle s'accompagne d'une distanciation croissante entre travail et survie qui est une autre marque de cette révolution scientifique et cognitive. Cette relation si longtemps structurante de la vie humaine est en partie caduque, comme s'en inquiétait, au début du siècle dernier, l'économiste J. E. Keynes, qui prévoyait le vide de sens qui en découlerait. Tout se passe comme si l'énergie créatrice de l'homme s'était concentrée sur le gain de temps. La vie s'allonge, le temps de travail nécessaire à la survie décroît, et, au sein de cette nouvelle vacuité, le « pour quoi vivre » s'impose. « Tout temps de vie libéré est un temps qui, potentiellement, nous conduit à nous affronter à des questions sur le sens de la vie et de la mort », écrit par exemple le philosophe Patrick Viveret[1], ce qui traditionnellement était en Occident l'apanage d'une infime minorité. Comme le proclame une publicité d'une entreprise américaine, « Pourquoi vivre, puisque je vous enterre pour deux cents dollars ? ». Aujourd'hui, la part du temps collectif éveillé consacré au travail dans les sociétés développées varie entre 12 et 16 %, de la France aux États-Unis[2]. Cela rapproche d'ailleurs les sociétés du Nord de nombre de sociétés du Sud. Ainsi, comme à l'arrivée des « barbares », comme lors des migrations vers l'Amérique, c'est la globalité de la saisie pratique et imaginaire du monde qui est frappée.

Nous vivons la croissance des multiples risques individuels ou régionaux, les peurs de la fin de « l'équilibre de la terreur », les doutes sur l'utilité de tous, l'exclusion d'une part croissante de l'humanité dans le proche comme dans le lointain, les dépendances nouvelles à l'égard des marchés des biens, des savoirs, des informations, des capitaux, la perte de sens collectif qui a encore bercé le siècle précédent. De toute part, des prophètes se dressent pour dire la fin des valeurs, les fractures du monde, les laissés-pour-compte, la solitude, les continents abandonnés, la dictature des technologies sur l'humanité. Ce qui émerge n'est-il pas en partie caché par ces évidences douloureuses ? S'il est vrai que, comme le disait si bien l'écrivain malien Hampâté Bâ[3], « chaque vieillard qui meurt est une bibliothèque qui brûle », chaque enfant qui naît n'est-il pas une espérance infinie ?

Mais pour lire le demain-déjà-là, pour espérer l'avenir, il faut apprendre à le voir, le dessiner. Il ne suffit pas de pointer les désenchantements du monde, il faut en inventer le réenchantement. Celui du temps de l'humanité réunifiée. Celui de la conquête scientifique et politique de la survie humaine. Celui de la conquête intersidérale.

Il faut lancer le pari d'un futur possible pour qu'il puisse advenir. Ce pari néopascalien n'ouvre pas de certitude, mais dégage le chemin possible du

1. Patrick Viveret, *Reconsidérer la richesse*, La Tour-d'Aigues, l'Aube, 2004.
2. Jean Viard, *Le Sacre du temps libre*, La Tour-d'Aigues, l'Aube, 2002.
3. Amadou Hampâté Bâ, *Amkoullel, l'enfant peul : mémoires*, Le Paradou, Actes Sud, 1991.

sens de vivre, aujourd'hui peut-être encore plus qu'hier, car même la survie écologique de l'humanité n'est pas garantie.

Je ne vais pas vous remonter le moral aussi promptement. Les mots seuls n'en ont pas le pouvoir. Je veux simplement tracer, avec la figure de l'archipel, une esquisse de cet éclatement qui soit une ouverture vers une nouvelle représentation. La société postindustrielle a été maintes fois analysée. La pensée des sociétés cognitives progresse. Edgar Morin[1] nous a livré une stimulante analyse de la société complexe. Il s'agit ici de prolonger cet héritage, d'en secouer les bases, à ma manière, qui est de lier philosophie politique et empreintes des hommes sur le sol, représentation des territoires et conception du monde. J'use, pour ce faire, du modèle d'un ensemble d'archipels individuels, d'échelles, de tailles, de configurations et de connexions diverses. Cette figure nous fait quitter les logiques continues et compactes héritées d'un monde dessiné à pied, puis à cheval, pour nous ouvrir à une humanité qui a contemplé son territoire clos du haut du ciel…

Dans cette phase de l'aventure humaine, le lointain peut être plus proche que le proche, le proche plus lointain que le lointain. Les anciennes paroisses devenues communes, les départements, les États n'organisent plus de même manière qu'hier nos lectures, nos stratégies, nos identités et nos appartenances. Ils demeurent des référents symboliques, comme le territoire de l'enfance est inaliénable. Mais leur continuité même est un masque du monde déjà né, un leurre devant le réel, un frein à nos appropriations.

Écoutons un instant le sociologue Henri Mendras. D'abord, il nous rassure : « Contrairement à une idée répandue, la patrie n'est pas une valeur en baisse, mais bien au contraire, elle gagne du terrain, même chez les jeunes. » Mais il précise aussitôt : « La patrie n'est plus avant tout un territoire, c'est une civilisation, une manière d'être, une identité[2]. » Si les frontières patriotiques ne sont plus d'abord géographiques, mais identitaires, cela signifie que l'on peut vivre sur le même territoire en appartenant à des patries différentes. Cela signifie que l'on est amené à faire société ensemble avec des individus qui relèvent de plusieurs patries, ce qui remet gravement en question le fameux modèle républicain d'intégration et favorise le glissement de conflits extérieurs à nos frontières à l'intérieur du corps politique de la République. On voit bien ici l'émergence d'une certaine recommunautarisation de minorités migrantes, locales ou culturelles. On voit bien aussi pourquoi nous allons devoir séparer les élections patriotiques des élections

---

1. Edgar Morin, *La Méthode*, Seuil, 1977-2002.
2. Henri Mendras, *La France que je vois*, Paris, Autrement, 2002, p. 138-139.

qui visent à organiser les habitants de la cité – ce que nous rechignons tant à faire en France depuis vingt ans, car nous ne voulons pas accepter la fin de notre modèle d'intégration assimilationniste. Pas plus que certains ne veulent accepter une Union européenne dont le fondement ne découle pas de la civilisation chrétienne.

Mais si la patrie cesse d'être d'abord un territoire, c'est aussi que la géographie cesse d'être d'abord un dessin rapporté par un voyageur, un navigateur, un explorateur, ou d'être postulée par un savant. La géographie n'est plus un récit ou un dessin, elle est devenue un fait observable par satellite transmis par le bulletin météorologique. J'appartiens à l'espace que j'ai vu en photo où les seules limites immédiatement lisibles sont entre terre et mer. Première rupture. Je n'y entre plus lentement par un voyage, un port, une route, le parcours de paysages… J'y appartiens d'un seul coup, par imposition. Posé en un lieu que je saisis comme une île. Deuxième rupture. Les positions que je connais sur le globe sont certes contrôlables sur la photo satellite. Mais entre les points, il n'y a (presque) plus rien. Je visite le monde par le petit écran ou en avion comme la ville en métro. Par avènement d'exception, sur le modèle des flashs et des spots publicitaires. Le monde devient discontinu et global, infime proximité et totalité objective dans des articulations qui se cherchent par un dépassement radical des anciens territoires. Là est la base de l'archipel qui entre dans nos têtes et bouleverse l'idée de vivre, donnant une valeur foudroyante à l'événement, une attraction aux lieux souvent sans mémoire, un air vieillot à la construction patiente et ordonnée. La vie cesse d'être un trajet bien ordonné, avec ses étapes rituelles, pour devenir une aventure, une série de moments reliés pour faire séquence, avec des ruptures, des temps forts, un récit.

Le conflit moteur du mouvement se transforme. Son axe central va être lié aux mobilités, dans l'espace comme dans le trajet de vie, et au fait que ces mobilités sont choisies ou subies (migrations, divorces, changements d'emploi, trajectoires résidentielles…). Des fractures et des luttes apparaissent entre les groupes mobiles et immobiles, entre ceux qui entrent en mobilité et ceux qui n'y parviennent pas. Ici et ailleurs. Ceux dont l'imaginaire est fractal, ceux qui luttent pour la défense de son organisation compacte. Ce conflit, même s'il croise les conflits de classe, de genre, de diversité des cultures, ne les recouvre pas. Capital culturel (dont le capital du genre), capital économique et capital spatial se mélangent en cette nouvelle figure, souvent avec une part des cultures religieuses, des désirs de restauration, de tradition ; ceux qui ont « la rage » ne trouvent plus les voies d'une intégration « autour d'un mouvement social ou d'une représentation des rapports sociaux[1] ».

Cette ligne de tension sociale est tributaire des vieilles appartenances ; elle les traverse, les bouscule et en hérite, notamment dans la sphère du politique, où nous devons concevoir « des lignes de clivage mieux adaptées à la dynamique de la société ». Mais déjà, que ce soit au sens figuré de la sociologie ou au sens propre de la géographie, « un nouvel espace légitime est né », comme l'écrit le géographe Jacques Lévy[2]. Ce qui, au niveau politique, apparaît comme une recomposition, que nous lisons encore bien souvent comme une décomposition, n'est que l'arrivée en politique d'une mue profonde de la réalité sociale, de l'être au monde d'une partie du corps social, de l'échelle territoriale à laquelle chacun se représente appartenir.

La figure de l'archipel éclaire ce mouvement de recomposition/décomposition, tant il est vrai que le politique est une topique bâtie sur la figure de l'agora, prolongée par la culture de la cité qui nous fait citoyens, élargie il y a deux siècles à la nation. Mais que devient cette citoyenneté quand les électeurs ne partagent plus la même figure de l'espace ? Que se passe-t-il quand l'électeur vote en son lieu de logement, qui n'est qu'un moment de son territoire ? Quand de nombreux habitants ne votent pas parce qu'ils sont nés dans ce qui n'est plus la France ? Comment repenser l'espace politique autour des conflits de la mobilité du quotidien et des trajets de vie ?

Le modèle identitaire français se trouve ici particulièrement interrogé. Sa force a été d'être une fusion entre un mythe – la nation des droits de l'homme – et un territoire, un État, une mémoire, une langue et un art de vivre. Mais que peut désirer la France de Michelet dans un monde d'archipels où le modèle insulaire corse risque d'être son destin ? Son exceptionnelle créativité, qui nous a formés en communauté si solide, n'induit-elle pas des fissures telles que révoltes, désespérances et sursauts nationalistes ? À moins que nous ne sachions à nouveau incarner un projet universel, mais à une autre échelle, suivant une nouvelle figure : celle de l'archipel peut-être, susceptible d'abstraire nos vieilles frontières pour chercher un lien direct entre le monde et le local, l'individu « archipélisé » et le village global, posant de nouvelles relations entre identité collective et individualité, mondialisation et espérance.

1. Olivier Galland, *Sociologie de la jeunesse*, Paris, Armand Colin, 1991.

2. Jacques Lévy, *Le tournant géographique : penser l'espace pour lire le monde*, Paris, Belin, 1999.

Que dire de cette mue au niveau planétaire ? Ici, le politique est balbutiant – du moins pour notre ancienne représentation du politique liée à la cité et à la démocratie. Nous vivons des arbitrages entre des logiques de puissance, d'autonomie de secteurs entiers, notamment financiers, des migrations réduites mais angoissantes, des équilibres écologiques déstructurés ou des médias hégémoniques. On peut y inclure quelques ouvertures autour de valeurs nouvelles comme le droit d'ingérence ou l'ébauche d'une société civile mondiale – pensons à la Cour pénale internationale. Mais comment faire entrer la Terre en politique comme réalité physique et comme totalité humaine ?

Ces questions restent en suspens : nous devons apprendre à les poser à partir d'une vision du global et du mondial, et non plus à partir d'un territoire politique donné et d'une mémoire partagée. Nous devons en particulier réapprendre la France à partir du global pour induire une relecture de nous-mêmes, du local comme du national – qui sont dorénavant, tous deux, des sous-catégories de la nouvelle échelle où se construisent sens et projets. L'aventure de la France, comme celle de la Belgique ou des États-Unis d'Amérique, n'est évidemment pas terminée : agrégat d'échelons intérieurs plus petits portés par un mythe unifiant, chacune tend à devenir une parcelle de la reconquête du globe. C'est à ce point nodal que le futur doit être pensé pour éclairer le présent. Dans l'affrontement du connu et de l'organisé, avec une logique du retournement qui vient recouvrir le déjà-connu et en apparaître comme le prolongement. L'archipel est la figure de ce retournement, l'état de cette reconquête qui traverse nos gestes les plus humbles, nos désirs les plus divers, nos territoires les plus variés comme nos imaginaires et nos mythes.

2.
La naissance des archipels

La France, c'était grand. Encore pour mes grands-parents. Mes grands-pères quittèrent leurs communes, l'un même son village ancestral, pour la Grande Guerre. Ils ne voyagèrent d'ailleurs pas beaucoup à cette occasion : hommes de l'Est et du Nord, la guerre ne les dépaysa pas. Mon père lui-même, engagé volontaire en 1939, ne connut le sud du territoire national que pendant la débâcle, avec ses compagnons de régiment qui refluaient jusqu'aux Pyrénées à la vitesse de leurs bicyclettes. Après-guerre, il nous fit migrer vers ce pays de soleil. Mon fils aîné, encore adolescent, connaissait déjà New York, Paris, Bruxelles, Londres, Budapest, Sienne et Turin… Deux générations seulement, si peu dans le long temps de l'histoire !

Ce lointain devenu si proche induit une mise à distance de ce qui nous environne, d'autant que rares sont ceux qui travaillent ou « sortent » dans le quartier où ils résident, ou qui y passent leurs vacances. C'est pourquoi les périphéries des villes sont engorgées matin, soir, week-end et jours de grands départs. Les « navetteurs » l'emportent, la birésidentialité s'organise et se démocratise, le télétravail la favorise. En trente ans, le trajet quotidien de chaque Français de plus de six ans est passé de cinq kilomètres à près de cinquante ! Sans compter les milliards de kilomètres quotidiens parcourus par les informations qui nous submergent. L'espace public hérité des temps anciens – la rue, la place, la ville… – n'organise plus nos vies comme hier. Le sens des limites administratives et politiques s'atténue et la citoyenneté en est amoindrie.

En outre, les immigrants gardent des liens avec leur pays d'origine par la radio, les journaux, les séjours de vacances – nombre d'entre eux s'y feront enterrer. Même si leur voyage est sans retour, il n'est plus sans présence de l'antérieur. Ce qui enrichit leur apport à leur pays d'accueil, mais ne simplifie pas toujours les sentiments d'appartenance. À la fin du XIXe siècle, des associations caritatives préconisaient la semaine annuelle de congé pour lutter contre le concubinage en milieu ouvrier : sinon, impossible de trouver le temps d'aller présenter le promis ou la promise à la famille laissée au village !

Aujourd'hui, nous effectuons des trajets « en flux tendus » entre les lieux que nous pratiquons, au fil de la journée, de la semaine, de l'année ou de la vie. Et si je vous demande de dessiner les endroits où vous vous sentez chez vous, que vous aimez parcourir ou utiliser, vous ne dessinerez plus l'espace compact d'un quartier ou d'une commune. Votre dessin sera un archipel, et entre chaque lieu, rien, ou un simple trait, symbolisera plus une durée de trajet qu'une distance. Nous avons à découvrir l'extraordinaire esthétique de cette culture de l'archipel, la beauté du multiple et du divers. Surtout nous, Français, qui rêvons encore d'une forme paysanne de la République[1].

Au sein des familles, enfants, femmes et hommes parcourent chaque jour des espaces différents et se constituent des réseaux invisibles les uns des autres. L'opacité a saisi les ménages. Les mêmes mots ne recouvrent plus tout à fait les mêmes choses : la famille est moins qu'avant un modèle de complémentarité et d'intérêt, les logements sont vides durant le jour, la télévision remplace souvent la bande de copains et la présence des parents. Dès lors, les couples s'affaiblissent, car le moi prime sur le nous. Dix-huit millions de personnes vivent seules en France. La circulation n'est plus seulement « entre des mondes », elle est un acteur essentiel en chacun de nous. Elle écartèle les divers sites de nos trajectoires, différencie les temps, créant entre eux des frontières opaques, tisse des routes que nous parcourons mille fois sans jamais nous arrêter. Qu'il est loin le village de mon grand-père paternel où je me perds dans le cimetière, car un grand nombre de tombes portent *notre* nom.

Cette mise en circulation de l'espace et du temps est un bouleversement de l'horizon de nos anciens. Nous n'avons pas seulement reculé la ligne de mire, nous l'avons comme brisée. Nous ne sommes pas comme les personnages d'Hector Bianciotti qui tentent, dans la plaine argentine, de repousser l'horizon au galop de leurs chevaux et qui, des jours durant, croient voir ce qu'ils viennent de quitter, tant tout est semblable à perte de vue. Nous ne sommes plus non plus comme le guetteur de Dino Buzzati[2]. Notre univers est bribes et morceaux sans continuité…

---

1. Bertrand Hervieu et Jean Viard, *L'archipel paysan, la fin de la république paysanne*, l'Aube, 2001.
2. Dino Buzzati, *Le désert des Tartares*, Paris, Robert Laffont, 1949 [1940].

La ville même, chaque territoire en vérité, en a perdu son harmonie idéalisée. S'y bousculent vieux quartiers et tours de verre, cités pavillonnaires et grands ensembles, monuments et RER, banlieues et villes nouvelles. Ce chaos nous déroute. Car, comme l'écrit l'historien de l'art André Corboz[1], il y a pour nous une évidence viscérale, comme une donnée naturelle : la ville doit être homogène. La révolution industrielle aurait tout gâché, qui a profondément altéré l'image de la ville idéalisée. Il ajoute : « Penser de cette manière, c'est refuser la modernité… ou, si l'on préfère, la mégapole n'est pas plus difficile à lire qu'une toile du cubisme analytique, une aquarelle abstraite de Kandinsky. » Aussi, « il nous faut d'urgence élaborer une notion de "ville" comme lieu du discontinu, de l'hétérogène, du fragment et de la transformation ininterrompue ». J'irai plus loin que Corboz, car, pour moi, c'est l'idée d'urbanité qui doit être vue avec l'œil de Kandinsky, l'idée d'un type de relation entre les hommes qui n'est plus lié au sol physique de la ville, mais qui est le vecteur de la mondialisation de l'humanité, dans lequel, en même temps, nous avons fait de l'authenticité une valeur refuge, de la lenteur parfois une qualité esthétique… Contre-effet, polysémie des formes, créativité du désordre. Il faut se représenter, et accepter, que la mobilité et la circulation ont happé nos vies ; de l'intérieur, dans l'intimité des familles et des êtres comme au cœur des liens sociaux, des identités collectives, du travail, des territoires, du politique, du monde. Là où l'on vendait à la criée *l'Humanité dimanche* comme là où l'on se réunissait à la grand-messe de la paroisse. Là où plus d'un milliard d'hommes vont chaque année visiter un autre pays que le leur. Ils sont génialement fous, ces Terriens !

Ce monde éclaté dans l'espace est devenu discontinu dans le temps, structuré par des événements, de l'imprévisible, avec de nouvelles recherches d'aventure pour des vies qui, en s'allongeant, ont trouvé leurs trajets trop organisés par des étapes rituelles. Temps et espaces discontinus, éléments familiers disjoints, individuation radicale du territoire de chacun, montage d'espaces aimés et appropriés, uniques pour tous, temps denses entre des temps morts, même le cheminement d'une vie est en train de bouger. L'histoire – enfance, études, travail, mariage, retraite, décès – suit de moins en moins son programme. Certes, l'enfance reste au début et la mort à la fin – encore que de plus en plus masquée –, mais le travail, la formation et le couple sont soumis aux changements, aux ruptures, aux attentes, aux reprises… ou non. À la fin de l'adolescence émerge un âge nouveau, la jeunesse, qui « devient un processus de socialisation » avec actuellement « un

1. André Corboz, *L'urbanisme du XX*e *siècle*, Genève, FAS, 1992.

allongement du temps des expérimentations[1] », souvent vécu comme une « galère », sorte de retraite avant le commencement de la « vraie » vie. À la fin de la vie se dessine un quatrième âge, encore peu pensé ; âge en réalité démocratique, où on se concentre sur la famille, le soin, la politique, le local et le voyage. Entre les emplois nous vivons des années sabbatiques – qui n'en ont malheureusement pas le statut – de chômage ou de formation parfois se répétant. Des couples qui se font et se défont, des enfants aux familles multiples. Des familles monoparentales par millions. La mobilité est, là aussi, venue bousculer le déroulement de nos vies, dans leurs soubassements, fourrageant dans nos racines, nos désirs, secouant nos vieux modèles. Mais nous l'acceptons mieux dans nos vies privées, où nous nous sentons acteurs, que dans la vie publique et professionnelle, où nous nous sentons sujets.

Notre regard, nostalgique, se tourne alors souvent vers le passé : nous l'idéalisons, quêtons des identités localisées et traditionnelles, accumulant de vieux objets, faisant de la moindre vieille pierre un monument. Le rétro est à la mode – même les luttes ouvrières entrent dans le patrimoine. La peur du futur est à la mesure de cette dévotion au passé qui est une autre manière de dire notre difficulté à désirer, et à comprendre, ce monde résolument technique et marchand où la circulation s'accélère sans cesse. Certaines quêtes de religieux – souvent à côté des Églises[2] – ont aussi cet objet-là.

La mise en circulation généralisée du monde, de la production de biens et de richesses a donc bousculé nos relations avec les lieux, généralisant l'idée même d'urbanité à l'ensemble du territoire et, plus lentement, à celui du globe. Les lieux sont devenus des formes abstraites, représentées, mises en images. L'invention de la perspective, puis du paysage, a permis, depuis la Renaissance, cette mise en circulation progressive des lieux comme représentation, en complément de la place croissante des bourgeoisies marchandes et au fur et à mesure de notre éloignement d'un lieu unique et particulier.

Le lien qui unissait spatial et social s'est transformé, jusqu'à aujourd'hui où nos vies coulent en plusieurs sites avec lesquels nous n'avons plus la relation fusionnelle qui organisait les sociétés anciennes. Cette transformation a ouvert une crise profonde des appartenances territorialisées, car nos usages se séparent de ce que nous avons appris et des modes de gestion et de représentation dont nous avons hérité.

1. Olivier Galland, *Sociologie de la jeunesse*, 1991, *op. cit.*

2. Voir Danielle Hervieu-Léger, *Sociologies et religion : approches classiques*, Paris, PUF, 2001.

Parallèlement, chaque site voit se dérouler plusieurs types de vie, suivant les moments et les heures, qui peuvent voisiner sans faire société. Alors, comme l'écrit l'historien Richard Sennett :

> dans la ville moderne, les espaces pleins de gens sont soit des espaces exclusivement consacrés à la consommation et qui l'orchestrent, comme les centres commerciaux, soit des espaces exclusivement consacrés aux expériences du tourisme et qui les orchestrent tout aussi minutieusement[1].

Un lieu ne peut paraître densément utilisé que si des usages divers s'y croisent et s'y surajoutent. Résidence des uns, travail des autres, loisirs… L'ethnologue Jean-Didier Urbain[2] écrit qu'une plage, c'est une ville sans les murs. L'image est belle.

Il est illusoire de vouloir reconquérir l'usage ancien des lieux, car nous ne sommes plus ni sédentaires ni nomades. Nous sommes mobiles, enfermés dans un territoire clos. Aussi n'existe-t-il (presque) plus de lieux où se déroule le fait social total d'un groupe social, puisque, au morcellement de nos territoires particuliers, correspond un usage multiple des lieux. L'usage ancien des lieux est devenu obsolète, et même impossible parce que l'espace social est aujourd'hui un agrégat d'archipels légitimes. Alors, il faut cesser de croire, ou de faire croire, à un possible retour vers les modes d'être anciens. Et ce, partout sur la planète, même si cette croyance est plus visible en certains territoires.

Ainsi se dilue et se perd peu à peu, en particulier, la vieille distinction ville-campagne qui donna à vivre pendant des siècles. Le village – nous empruntons à Lucian Blaga[3] – était une communauté spatiale et humaine localisée, en forme de totalité, non expansive et en communion directe avec le cosmos et les représentations qui parsèment les cieux. Le village est unique et sans vocation à s'agrandir – pensons à la rigidité des limites des anciennes paroisses –, perpétuant la vie d'un groupe humain où les savoirs et les statuts sont quasi semblables, en dépit même des différences de richesse. Il pointe encore dans la solidarité paysanne qui échappe à l'analyse des disparités économiques. Le village est seul face au cosmos et à ses anciens, serrés à côté de l'église dans le carré de terre consacré. Son existence est dans son lieu et dans le travail accumulé pour produire son sol et la connaissance de son sol.

1. Richard Sennett, *La ville à vue d'œil*, Paris, Plon, 1992.
2. Jean-Didier Urbain, *L'idiot du voyage*, Paris, Payot, 1991.
3. Lucian Blaga, *Éloge du village roumain*, 1990, *op. cit.*

La ville est comme l'inverse de cette figure. Il n'y a pas de ville en soi. La ville est « par nature » membre d'un réseau, plus grande, plus belle, plus petite, plus ancienne qu'une autre… Ses membres forment un cerveau collectif, dans lequel chacun a une compétence partielle qui lui donne sa force, et son incapacité à produire seul sa propre survie. Elle est le lieu de l'échange, de la transformation, du pouvoir aussi ; la comparaison est dans sa nature même. Elle va investir dans les signes de sa grandeur, penser en termes de développement et de croissance. La ville a une stratégie et un futur, sa croissance démographique est une des marques de sa puissance, alors qu'au village ce pouvait être une source de préoccupation. Elle est signée par une fondation, mais on peut dire que son origine est dans son futur, car elle existe non pour être, mais pour atteindre un but.

Ces deux figures sont enchâssées. L'unité de la Terre est une figure du village, parce qu'unique et face au cosmos, d'où le village planétaire du philosophe McLuhan. Mais sa dynamique est, par « la ville invisible », une reprise du mouvement de l'urbanité porté aux limites de la Terre-village. La Terre ne s'agrandira pas, sauf si nous vivons un jour dans l'espace. En attendant, la Terre doit être pensée avec la topique du village qui, maintenant, contient la ville en son sein. Il ne s'agit pas de jouer longuement avec des figures formelles, mais les reprendre ainsi éclaire le changement radical que nous avons vécu, non seulement en matière d'échelle, mais en matière d'organisation et de représentation. (Et bien souvent, en vérité, ce que nous appelons banlieue devrait s'appeler village, car il n'y a là ni projet d'agrandissement, ni classes sociales en tensions, mais une homogénéité qui nuit à la créativité et à l'expansion.)

Alors, écrit l'historien Lewis Mumford :

> la Cité visible devient l'indispensable centre d'assemblage […] du vaste réseau d'efforts et d'initiatives dépersonnalisés qui s'étend et se prolonge tout alentour […]. Il serait nécessaire de transformer non seulement la structure de la cité elle-même, mais celle de toutes les institutions, tous les organismes et associations qui la composent. […] Si notre interprétation est exacte, tous les matériaux nécessaires à la fondation d'un nouvel ordre urbain se trouvent déjà rassemblés ; mais il existe malheureusement de fortes chances pour que les régimes politiques actuels continuent simplement de les ignorer ou de les gaspiller[1].

Cette cité invisible prolonge l'ordre ancien des villes, généralisant l'urbanité et la culture, accumulant du capital mémorial. Son espace physique est

1. Lewis Mumford, *La cité à travers l'histoire*, 1964, *op. cit.*

comme distendu par l'allongement de nos parcours concrets et imaginaires, par l'effacement des anciennes frontières, et par les processus de rétractation et d'abstraction à l'œuvre. La démocratie, pour survivre, devra chercher la citoyenneté possible dans cette cité-là, par la création d'espaces politiques en des lieux et suivant des dimensions et des phases où s'agrégeront fortement les archipels des habitants. Mais en ayant intégré la discontinuité fondamentale du lien social et son besoin d'événements pour se constituer, et non plus pour se révéler. La démocratie devra reposer la question de la distinction entre habitants et patriotes, et réfléchir à leur double légitimité à participer à la vie publique.

Surtout, la démocratie va devoir entrer dans cet espace complexe, cet être-là multiple, divers, entrecroisé, dans le proche comme pour le global. Le vote ne pourra plus y être délégation rituelle, valable pour tous sujets, pour une durée fixée. Il va entrer en concurrence avec d'autres besoins d'expression, d'avis, de sentiments, de convictions. Le vote permet de choisir des orientations, des hommes, des logiques de projet, mais il ne consiste plus à déléguer tout. La démocratie élective peut s'y enrichir, ou s'y perdre. Elle peut se renouveler de formes participatives directes, débats et réflexions partagés ; elle peut aussi se noyer dans la palabre, ou apprendre à construire du débat public. Elle peut y apparaître comme un service banal, une manière un peu ringarde de choisir les petits chefs des services locaux, un lieu de peu de pouvoir au regard de forces économiques coalisées, de médias surpuissants, de mutations écologiques ingouvernables. Nouvel âge du politique, donc, nous y reviendrons. Nouvelle échelle de construction des clivages fondateurs du mouvement des sociétés en tout cas.

Nous franchissons chaque jour davantage un pas dans l'abstraction des choses et des lieux. Hier, le travail concret – je fabrique des chaises – avait commencé à devenir abstrait – je fais mes huit heures – ; aujourd'hui, le même mouvement entraîne l'espace ; « je traverse la Beauce » devient « je vais à une heure de Paris ». Ces exemples simples ne veulent qu'illustrer un mouvement général qui nous met à distance des réalités des anciens, permettant une mise en marché sans cesse élargie et produisant comme objets symboliques à forte mémoire des réalités hier quasi fusionnelles avec l'homme. La distance y devient durée des trajets, le travail salarié de plus en plus abstrait et dont le temps perd chaque jour un peu plus son sens.

Par exemple, le paysan qui labourait sa terre et gardait le corps spatial de la République grâce aux politiques agraires de la IIIe République, a atteint, sous la Ve République, le statut d'entrepreneur produisant des quantités sur un espace. À partir de là, arasement et remembrement devenaient mentalement possibles car le territoire devenait surface. Aujourd'hui nous arrive « la campagne », qui est comme un rhabillage ludique et symbolique de cet espace rendu fonctionnel. Comme le dit l'ancien ministre de l'Agriculture Edgard Pisani dans *Le Vieil Homme et la Terre*[1], une part de l'activité agraire doit alors se nicher dans ce rhabillage et se valoriser de la valeur même des terroirs où l'on produit, qui deviennent des labels attirant le chaland et lui donnant un sentiment de sécurité.

Le même processus est à l'œuvre partout où la pensée fonctionnelle des espaces et la logique planificatrice ont entraîné nos sociétés depuis un demi-siècle. À l'espace agricole correspondaient la zone industrielle, le quartier résidentiel, l'espace de loisirs… Sur ce sol de terre fonctionnalisé et mis à distance se surimpose un autre costume de signes, de symboles des pratiques sociales anciennes et d'une perception écosystémique. Nous manipulons ce qui est devenu des signes pour désigner les repères d'une sociabilité perdue, et jouer à la recréer. Mais le lien n'est plus à proprement parler social, il est abstrait, conceptualisé, standardisé avec les particularismes des cultures et des terroirs que nous avons choisi de retenir, de valoriser et de normer. Là où l'on pensait hier en termes d'arrachement aux vieilles dépendances héritées, on pense aujourd'hui en termes de redécouverte de l'ancien temps. Une nouvelle norme – celle-là rétro – est produite, qui distance encore un peu plus des « origines » de chacun – origines au demeurant autant adoptées qu'héritées.

Nous avons affaire à l'espace et à son double[2], dit l'anthropologue Pierre Sansot, le double ayant acquis une logique symbolique propre qui articule des signes archaïques restaurés et la nouvelle géographie du monde portée par l'acceptation progressive de la Terre physique comme acteur, et non plus comme sujet. Ainsi s'organise un nouveau repérage du monde, adapté cette fois-ci à des formes d'appropriation dessinées en forme d'archipels pour des individus mobiles. La dimension continue des temps et des espaces s'étant perdue, nous sommes dans l'ère de l'acculturation à cette mise à distance généralisée des choses qui prolonge le mouvement général d'abstraction à l'œuvre.

Nous vivons ce « rhabillage » du local et du passé par des signes et des symboles rétro, et en même temps, nous découvrons des « logiques naturelles » qui s'introduisent au plus intime de ce que nous croyons connaître,

1. Edgard Pisani, *Le vieil homme et la Terre*, Paris, Seuil, 2004.
2. Pierre Sansot *et al.*, *L'espace et son double*, Paris, Champ urbain, 1978.

déliant pour une part la tradition de la possession de ses lieux et de ses savoirs. Comment s'étonner que ces deux mouvements qui prennent l'individu en tenaille lui créent un sentiment de dépossession ? Telle est l'une des grandes difficultés politiques des années qui viennent. Le travail d'abstraction continue de liens avec les lieux induira de plus en plus de demandes d'appartenance à leurs figures symboliques, de tensions aussi, et, contradictoirement, l'accélération des circulations nécessitera d'autres formes d'organisation du fait social.

Chacun de ces niveaux est acquis en priorité par une partie du corps social, ou par certains pays. Nous appartenons tous au même mouvement qui a des rapports d'escale avec les différents lieux et moments qui sont les îles de nos archipels personnalisés. Nous avons tous le même imaginaire médiatique, mais nous n'avons pas tous les mêmes possibilités d'action. Certains n'ont accès qu'à la mobilité virtuelle ou imaginaire, d'autres sont des acteurs rapides et réels de ce monde postsédentaire. Certains, même, vivent comme il y a un siècle. Pendant que les uns continuent à lutter pour s'arracher aux vieilles organisations sédentaires, d'autres cherchent dans le local un refuge face à un monde mobile qui leur paraît hostile, ces différences de relation aux lieux recouvrant fortement les clivages sociaux, tant la cité des élites se distingue de l'usage populaire des lieux comme protection. Ce qui vaut dans le micro de nos sociétés développées vaut de la même manière au niveau de la planète. Par exemple, c'est dans cette époque indéniablement technologique et urbaine qu'il y a le plus d'agriculteurs sur la terre de toute l'histoire de l'humanité : un milliard ! Et c'est chez ces agriculteurs que l'on trouve le plus de pauvres et de mal-nourris.

Ainsi, il ne suffit pas de dessiner le mouvement des groupes sociaux ou des pays les plus en évolution. Il faut insister sur les fossés qui se creusent, les écarts et les voisinages de pratiques spatio-temporelles radicalement différentes qui constituent un risque majeur d'éclatement de nos sociétés, non seulement au niveau individuel et social, mais aussi entre régions, pays ou continents. Nous risquons de voir les milieux populaires ou les pays bloqués dans leur développement se dresser contre les élites de tout ordre (économique, spatial et culturel, scientifique, politique...). C'est en partie ce que nous avons vécu en France au moment du traité de Maastricht sur l'Union européenne : pour la première fois se sont réunies dans le même camp les populations qui se sentent en marge de ce monde mobile et discontinu (agriculteurs, ouvriers, jeunes hommes sans emploi, habitants d'anciennes régions industrielles...), et qui hier avaient des espérances et des élites distinctes. Nous ressentons déjà fortement ce phénomène dans les relations Nord-Sud, faute de savoir introduire dans les rapports internationaux ce qui nous unit par nécessité, ne fût-ce que la Terre physique. Pourtant, les discours localistes et archaïques qui font souvent élire ne sont pas forcément aptes à nous faire entrer dans le nouvel âge du politique. Ce qui fait élire risque alors de n'être plus à même de répondre aux attentes des électeurs, ce qui entretient la spirale de rejet et de haine face au politique.

Ici, droite et gauche culturelles et politiques n'ont pas le même trajet à effectuer. La première, étant l'héritière de « l'exception » territoriale et possédante, est confrontée à un travail d'abstraction de ses références pour atteindre à « la ville invisible » et à des espaces postnationaux. La seconde, nourrie de la culture sociale des classes, doit réexaminer la place du spatial tant du point de vue symbolique qu'organisationnel. Le champ politique doit repenser sa spatialité et sa temporalité pour s'adapter à un monde d'archipels individualisés en mouvement rapide. Plus largement, s'adapter à cette abstraction du territoire et des communautés de travail, induire des « événements » et créer, par ses interventions, un lien social qui ne préexiste plus totalement à son intervention. Hier expression plus ou moins directe d'une classe sociale – ou d'une alliance de classes et de positions –, les partis politiques tendent aujourd'hui à construire des électorats par cristallisation, souvent tardive, presque au moment de l'élection, autour de personnalités et de quelques axes. Comme disent les politiques, on passe d'une culture de programme à une culture de projet.

Les rapports se trouvent quasiment inversés entre le peuple et ses mandants. Hier, l'espace du pouvoir était lié à une mobilité des seules élites : nobles comme bourgeois, s'ils s'appuyaient sur des territoires de nature différente – l'un une bribe d'espace, l'autre un flux de biens –, ne cessaient d'en franchir les bornages. D'où le « double » rôle traditionnel du notable[1]. La multiappartenance était son privilège et son savoir-faire, comme si la figure de l'archipel était la forme classique du pouvoir ! Aujourd'hui, on assiste à une vaste démocratisation de ce mode d'habiter des temps et des espaces : celui-ci, d'une certaine manière, met en partage l'espace-temps du pouvoir d'hier, au moment où le politique reste bridé dans son territoire électif local ou national, là même où se réfugient les exclus du monde mobile où nous sommes entrés. Le double jeu traditionnel du notable, incarnation locale de sa communauté et négociateur au niveau supérieur, devient alors un positionnement impossible entre une société du repli et une société d'archipel.

1. Michel Marié et Jean Viard, *La campagne inventée*, 1977, *op. cit.*

3.
L'effacement progressif des classes

Cette croissance de la circulation généralisée est à la fois en rupture et en continuité avec la période précédente des sociétés marchandes et industrielles. En rupture, parce qu'elle tend à la disparition de la vraie sédentarité, sauf celle des pauvres et des exclus ; en continuité, parce qu'elle prolonge – quoique différemment – l'exode des travailleurs ruraux vers la ville et vers l'usine, et la circulation généralisée des biens, des savoirs et des capitaux. L'effet résultant de ce double mouvement induit la sortie des « sociétés de masse » et le recul du rôle structurant des luttes de classes (et de nations) dans le mouvement social. La mobilité imprègne les relations entre les individus, entre les lieux et les emplois, faisant évoluer les formes d'organisation et d'appartenance héritées de l'époque précédente. Plus, même, la mobilité autour et à partir de son territoire culturel d'origine tend à remplacer bien souvent la migration quand cette mobilité est rendue possible : au niveau individuel, comme au niveau collectif, le départ n'est plus un objectif positif et, surtout, l'appartenance culturelle ne cesse d'élargir son champ d'action, car les formes politiques d'hier rejoignent le champ des appartenances culturelles – classes et nations sont en train de vivre cette évolution qu'ordres et religions ont effectuée hier.

Pour suivre cette hypothèse, il faut un peu revenir en arrière. La disparition du fondement agricole des sociétés a bouleversé, sur deux siècles, nos manières de faire groupe et communauté, en enterrant le village, les quartiers artisans organisés par métiers, et en inventant des modes d'appartenance originaux, ceux des migrants ruraux nationaux ou étrangers voués aux usines (et aux armées populaires), classés par origines et par groupes sociaux. Ces travailleurs ont été un temps sans territoire spatialisé – enfermés dans le mouvement même de leurs trajets et de leurs espérances vers la ville et l'usine ou la fonction publique. Ils se sont retrouvés unis par leur misère, leur voisinage, leur masse et leur solidarité, leurs luttes, mais sous la houlette impressionnante du mouvement, du temps, de l'histoire, du devenir dont ils ont fait un refuge. Alors, sous les feux de la Ville Lumière vue des coins d'ombre des quartiers populaires, les ex-ruraux provinciaux et étrangers ont dû créer un corps social, d'abord non spatialisé, la classe, imitant les grandes communautés que furent les monastères, pour, eux aussi, transformer le monde en intégrant la pauvreté et l'errance. C'est-à-dire eux-mêmes. Par la suite, souvent par le biais du parti communiste, du moins en France et en Italie, dans d'autres pays grâce aux liens entre partis politiques de gauche et syndicats, ce corps social sans territoire s'est recréé un territoire, avec ses codes, ses normes, ses leaders (pensons aux villes et banlieues rouges de l'après-guerre).

L'invention des classes représente donc un travail à la fois concret et imaginaire, de classement bien sûr, de mobilisation collective, de luttes, de protection et de solidarité, de canalisation de la « rage » contre l'ordre établi. Aussi la notion de classe est-elle inséparable de la conscience de classe, comme disait Karl Marx, car la classe n'est pas un état, mais un devenir, un acteur qui n'existe que vivant. Cette conscience de classe vint animer le monde, affaiblissant les appartenances d'origine, les traitant comme folklore, les brimant souvent, notamment dans leurs dimensions religieuse, ethnique ou nationale ; jusqu'à ce que celles-ci resurgissent, aujourd'hui, avec le déclin de leur vieil adversaire.

Ce modèle des classes, qui a organisé les appartenances au fur et à mesure du développement des sociétés industrielles, et surtout depuis la Grande Guerre quand le communisme l'emporta en Russie, a-t-il encore une existence réelle ? Non qu'il n'y ait plus de dominés, de pauvres, d'exclus ou de malheureux, mais l'évolution de l'organisation du travail et les processus d'individuation ont profondément bouleversé ces communautés d'hommes unis par les gestes quotidiens sur la matière. Là était le fondement de l'aventure partagée et des solidarités nécessaires, bases de ce que l'on appelait la « culture ouvrière », inséparable de l'idée de promotion sociale par le travail, l'école, la lutte. Demeure alors la logique du classement, du repérage, du positionnement commun, mais se perd l'idée de devenir en commun. On pense et on se pense toujours en termes de milieux populaires, mais avec un avenir individué, vers le haut et vers le bas.

« Le mode de production industrielle ne structure plus les rapports sociaux », estiment les auteurs de *L'Économie contre la société*[1] ; nous assistons donc à un « désajustement croissant entre les besoins de l'économie marchande et les exigences identitaires des individus », ce qui remet en question l'intégration par le travail. Or celle-ci était constitutive des représentations en termes de classe, induisant que « les mouvements collectifs nés au sein de la société industrielle sont condamnés à disparaître ou à accepter une mutation radicale ».

« La fin de la lutte des classes s'accompagne d'une prolifération de conflits et de déviances sans contenu idéologique et sans traduction politique possible. » Renaît alors l'exclusion, qui n'est justement pas l'appartenance à une classe dominée dotée d'un projet de contre-domination collective, mais la mise en périphérie individuelle face au système dominant ; périphérie sociale, spatiale et symbolique. Comme l'écrivait le sociologue Alain Touraine :

> Nous vivons en ce moment le passage d'une société verticale, que nous avons pris l'habitude d'appeler une société de classes avec des gens en haut et des gens en bas, à une société horizontale, où l'important est de savoir si on est au centre ou à la périphérie[2].

Cette organisation nouvelle crée – ou recrée – de nouvelles formes d'appartenance, souvent d'origine ancienne, mythique ou liée aux lieux et aux origines, qui étaient comme sous-jacentes en société de classes. On pourrait longuement discuter pour savoir s'il y a eu vraiment d'autres classes que bourgeoises, puis ouvrières, dotées d'une conscience et d'une culture propres.

La classe ouvrière, qui se voulait internationale, s'est historiquement affirmée à la période d'apogée de l'État-nation. Au moment de la Grande Guerre, on a bien vu que le « Prolétaires de tous les pays, unissez-vous » a violemment heurté les consciences nationales. Le heurt a été d'autant plus dur que classes et nation, sans être tout à fait des catégories de même nature, sont des représentations construites et historiques qui ont vocation à constituer de « l'être-ensemble », créant des sentiments d'appartenance s'excluant souvent mutuellement.

1. Bernard Perret et Guy Roustang, *L'économie contre la société : affronter la crise de l'intégration sociale et culturelle*, Paris, Seuil, 2001 [1993].
2. Alain Touraine, *Comment sortir du libéralisme*, Paris, Fayard, 1999.

4.
L'avènement de l'individu

De ce mouvement général, de la désorganisation des « sociétés locales » et de la crise de la lutte des classes émerge ce que l'essayiste Gilles Lipovetsky appelle :

> l'avènement d'une nouvelle culture individualiste… Elle seule est à même de rendre compte de l'éclatement de nos repères sociaux et culturels, de la spécificité post-moderne de la « crise de la ville » et de la jeunesse marginalisée ou intégrée[1].

C'est comme une conséquence de la société de consommation, la prolifération des objets ayant eu un « effet de fragmentation du corps social », car « là où il y avait échange social, il y a désormais consommation privée, rétractation individualiste ». Nous ne sommes plus le

> prolongement individuel de l'organisation et des valeurs de l'espace collectif. C'est lui qui tend à devenir le carrefour d'identités d'abord enracinées en nous-mêmes. Par conséquent lui arrive ce qui, hier, est arrivé au travail : une rétractation et une discontinuité de sa durée d'usage, une concentration sur ses fonctionnalités principales, un recul dans nos vies.

L'essor d'un individualisme de masse a donné un rôle nouveau au logement, accentuant les normes sociales d'intimité, d'hygiène, de repli sur soi : le propre y a été rapatrié du lavoir, les jeux d'enfants de la rue, la séduction et la musique des guinguettes, l'information et la rumeur des cafés, le jeu politique des préaux et des rues… La maison est devenue un lieu personnel,

1. Gilles Lipovetsky, « Espace privé, espace public à l'âge post-moderne », in *Citoyenneté et urbanité*, Paris, Esprit, 1991, p. 105-122. Du même, avec Sébastien Charles, *Les temps hypermodernes*, Paris, Grasset, 2004.

parfois partagé par un couple, parfois avec des enfants, qui tendent à se reconstituer une maison à l'intérieur de celle des adultes. Cœur d'une société d'individus fortement dotés en études, en santé et en temps, il s'y déploie la vie affective et mondaine, particulièrement dans les catégories sociales aisées. On s'y invite, on l'aménage pour recevoir, avec jardin, barbecue et chambre d'amis si possible. Premier poste de nos dépenses, équipée en télévision et musique, cette maison est le cœur d'une privatisation des liens sociaux d'un monde qui a publicisé les espaces de nos parcours. Elle *tient* cette société d'archipels où le lien social s'est privatisé en des réseaux souples et mobiles.

De la rue, *alors*, on a peur, car elle échappe au contrôle collectif du voisinage. Aussi, autour de la maison croît une ceinture de violence qui s'imagine protectrice, sous la maîtrise de l'habitant : grillages et chiens, gardiennage, caméra, peut-être aussi dégradations symboliques des parties communes… L'épanouissement de la maison – territoire physique horizontal – confère à un lieu l'essentiel des rôles qui étaient hier dévolus à la famille, forme hiérarchique non spatialisée. D'ailleurs, c'est la quittance d'électricité qui sert de sésame administratif et non le certificat de mariage, que vous avez gagné la liberté de ne pas avoir. Le mariage, en rejoignant la religion dans la sphère du privé, a quitté l'espace public – même s'il tente peut-être d'y revenir. Cette substitution de la maison à la famille comme pôle social s'illustre dans les expressions de l'exclusion : là où l'on parlait hier des « sans famille », on parle maintenant des « sans domicile fixe ».

Cet avènement de l'individu, le rôle nouveau de la maison qui n'est plus le prolongement privatif de l'espace collectif, peuvent être vus comme une réponse ou une riposte à la modernité mobile, à la consommation de biens matériels, mais aussi culturels, à l'individuation des procès de travail. Ils touchent au cœur notre tradition du lien social, qui est dorénavant à repenser autour d'eux, notre maison étant, par la télévision – ou étant voulue comme –, le pivot des sociétés d'archipels, le lieu majeur de rencontre entre le lointain, le proche et nous-mêmes.

Cette société du logement peut se mesurer, notamment en parts de la dépense des ménages : en trente ans en France, le logement a dépassé l'alimentation, rejoignant un ratio logement/alimentation plus proche de celui des sociétés anglo-saxonnes. Une large majorité de la population a investi massivement sur sa maison, qui tend à devenir le centre de nos réseaux sociaux ainsi profondément privatisés. Cette privatisation des liens sociaux n'entraîne pas que nous ayons moins de liens avec les autres humains. À l'inverse même. Nous sommes entrés dans le temps des amitiés multiples et des amours diverses qui résultent de nos différents espaces-temps (travail, loisirs, vacances, activités diverses…) et sont plus librement choisies que les liens anciens afférents d'abord aux voisinages ou aux métiers. Cette privatisation du lien social et cette nouvelle fonction du logement modifient corrélativement la fonction des espaces publics, où prédominent le déplacement et l'événement. Elle crée aussi de nouvelles formes d'exclusion pour ceux qui n'ont pas accédé à cette privatisation des liens, ou dont le logement ne le permet pas – notamment une grande part du logement populaire qui est encore stocké, lui, en hauteur dans une société de plus en plus horizontale.

Pris en tenaille entre « le travail en miettes », pour reprendre le célèbre titre de Georges Friedmann[1], et l'avènement de cet homme individué, inscrit dans cette société du logement, l'espace social a perdu sa forme organisatrice traditionnelle. L'essentiel de son mouvement ne découle plus d'abord de forces qui, à l'arrière-plan, l'agençaient. Il est devenu espace de parcours entre les multiples lieux de notre archipel personnel, et serveur de nos pratiques de consommation – de biens, de sports, de culture. Avec, comme l'avait vu André Malraux, le fait que la société planétaire induit une consommation planétaire des cultures qui « nous propose les moyens de rééquilibrage : le pouvoir et le devoir de promouvoir un intense activisme culturel[2] ». L'espace public est envahi de ces courses compensatrices vers la culture, la nature, les objets… et les autres, mais les trajets que nous y dessinons sont individualisés, même s'ils peuvent faire masse par endroits et par moments.

Il faut se dire que nous sommes paradoxalement enfermés par la mobilité et ses effets. Comme avant-hier par le rythme des saisons, comme hier par la course au progrès. Là se fondent les sociétés d'archipels, dans un mode d'usage de notre temps et de nos espaces dont nous avons à trouver les nouvelles croyances, les espérances et les avenirs possibles. Nous sommes face à des « devoirs » de mobilité qui peuvent entraîner des révoltes de sédentaires, ou leur mise en marge radicale.

Ce type d'organisation sociale est très dense en libertés individuelles, en aventure, en consommations culturelles et ludiques, en emplois. Rien n'indique que les liens interhumains se soient appauvris, que les solidarités y soient plus faibles, que l'égocentrisme y domine plus que dans les sociétés antérieures. En revanche, cet enrichissement du *je* bouscule une scène politique encore pensée en classes et en nations, il complique les attentes

1. Georges Friedmann, *Le travail en miettes*, Paris, Gallimard, 1964.
2. Gilbert Durand, *L'imagination symbolique*, Paris, PUF, 1976.

démocratiques, détruit les anciennes hiérarchies, qui plaisaient tant à ceux qui luttaient pour en atteindre les sommets. Aujourd'hui, bien souvent, une fois en haut, on se rend compte avec un certain effroi que la vie est ailleurs.

Car le triomphe du *je* frise fréquemment la solitude. Et si nos anciens se sont tant battus pour sortir de sociétés où le *nous* était écrasant, le *je* ne peux trouver son mouvement propre que par le *nous* qui le révèle à lui-même. C'est ce dont nous sommes en train de prendre conscience après avoir arraché le *je* au *nous*. Si le lien social s'est privatisé, il n'a donc pas disparu. Il devient le résultat d'un projet et d'une action, créateur de multiappartenances, d'un espace de jeu possible et permanent avec les appartenances dont nous voulons sur l'instant être comptables – dont l'appartenance de classe, certes, qui bien sûr ne disparaît pas, car l'économie clive les groupes sociaux, relie et oppose leurs intérêts. Seulement, cette appartenance-là ne définit (presque) plus en entier. Elle est là, parmi d'autres, comme le fait d'être Breton, femme, musicien, jeune ou Africain…

5.
Le nouvel ordre des temps

La scène publique est alors moins une topique spatiale. Nous sommes des citoyens sans cité. Citoyens d'archipels entrecroisés à qui l'on demande souvent de voter pour ce qui ne nous paraît pas essentiel, car on vote là où l'on dort et pas en fonction des enjeux. Ainsi, la scène politique se complexifie, un peu à distance de chacun, spectacle que l'on observe et où de temps en temps l'envie nous prend d'intervenir. Cette scène télescope les époques et les temporalités : la fin des empires, l'explosion de la mobilité, que nous percevons plus en durée qu'en distance, l'allongement de la durée de vie et la réduction du temps de labeur, et l'incertitude sur les écosystèmes sont venus mettre le temps au cœur des questions de société. Ce temps qui appartenait à Dieu, aux philosophes et aux historiens, ce temps devient l'enjeu politique permanent d'un territoire borné. Il faut sans cesse gagner du temps, car il n'y a plus d'espace à conquérir. La vitesse devient un enjeu déterminant, presque une valeur. Avec la santé qui, par l'allongement de la vie et le recul de l'usure des corps, est un autre moyen de gagner du temps.

Vitesse et santé, écrivait l'économiste Daniel Cohen[1], sont d'ailleurs les deux novations radicales de nos modes de vie qui sont venues « booster » le mouvement de démocratisation des anciennes pratiques des classes dominantes au XXe siècle. Hors vitesse et santé, les habitants des pays du Nord vivent aujourd'hui à peu près comme vivaient les élites sociales de toutes les époques antérieures (logements chauffés, eau courante, bain, éclairage, stockage alimentaire, divertissements à domicile, études, moyens de transport…). À la place des multitudes d'esclaves, de valets ou de petites

1. Daniel Cohen, *Nos temps modernes*, Paris, Flammarion, 2001.

bonnes, nous avons l'électricité, la télévision, les supermarchés, la poste, l'eau courante, l'électroménager…

Ce résumé du XXe siècle en trois mots, vitesse, santé et démocratisation, quoique réducteur, vient rappeler que, par rapport aux élites de jadis, nous avons gagné la vitesse, y compris celle de l'information et de la diffusion des connaissances, et, surtout, des progrès médicaux considérables. Peut-on même comparer l'avion et la diligence, l'internet et les coursiers ? La France comptait trois mille voitures en 1900, elle en compte aujourd'hui plus de trente millions. Et vingt-cinq années d'espérance de vie ont été gagnées en moyenne en France rien qu'en un siècle, un seul siècle !

Vitesse et santé dans une société qui a considérablement rapproché les modes de vie ont ouvert à une nouvelle aventure de vivre dont le but n'est plus d'abord d'installer les enfants avant de mourir, mais de faire vivre simultanément quatre générations – base profonde et naturelle d'une société de réseaux et d'archipels, d'une société où l'héritage n'arrive plus en début de vie, mais en cours de retraite ; une société où l'on fait sa vie sous le regard de ses parents et où, peut-être, le désir de changement, qui porta les jeunes générations depuis toujours, sera de plus en plus émoussé. Au profit des anciens qui se sentent comptables de l'avenir du monde ? À méditer.

Ainsi, derrière l'organisation des archipels que nous tentons de lire dans l'organisation sociale et territoriale, l'ordre du temps est en rupture radicale. Avec des conséquences sociales considérables – développement de la jeunesse, des retraités et, inséparablement, nouvelles hiérarchies des valeurs : par exemple, le groupe social des rentiers, historiquement si déterminant, a disparu, car un travail si rare est devenu un moyen de se réaliser et de construire son autonomie et sa liberté.

Vitesse, santé, démocratisation des études et d'un travail court nous amènent à consacrer de plus en plus de temps à notre couple – y compris par les divorces –, à nos enfants – y compris de plusieurs lits –, à notre culture et à nos loisirs, à nos voyages et à nos amis, et à de multiples travaux personnels qui, dans notre vie, occuperont plus de temps que le travail salarié ! Le travail pour soi – bricolage, jardinage, pratiques culturelles, cuisine – a pris le pas en volume sur la masse de travail pour un salaire.

Les productivités de ces deux types de labeur sont certes sans rapport, et donc les richesses produites incomparables. Cette remarque, valable en masse, ne vaut pas autant dans les milieux populaires, où l'autoproduction domestique de la maison, du jardin, de l'entretien de la voiture, de l'entraide, compte fortement dans le revenu réel. Malheur à celui qui, à force d'être dans des systèmes souvent aidés, se trouve peu à peu exclu de ces possibilités d'autoproduction personnelle; son revenu se réduit à ses ressources monétaires. Comparons le niveau de vie réel, et les réseaux sociaux, d'un habitant d'une tour HLM de banlieue et ceux d'un bricoleur de son petit pavillon…

Surtout, ce nouvel ordre du temps délie notre temps individuel du temps collectif. La part minime de *notre* temps contraint par les nécessités de la « vente de la force de travail » libère les possibilités de choix, multipliant les autres temps d'activités et de loisirs, développant nos réseaux de relations et d'amitié. Le cœur de chacun de nos archipels relationnels est maintenant, nous l'avons dit, la maison, que nous avons ouverte massivement à nos amis et à ceux de nos enfants. Cette maison a pris sa force d'être le lieu de croisement et de reliance des archipels du temps et du territoire de ceux qui y forment famille. La société est alors dominée par les liens privés, qui ne s'intéressent à la scène publique que par plaisir, ou pour protester, si des dysfonctionnements apparaissent. Sorte de société privato-poujadiste, riche et créatrice, mais fortement déconnectée du collectif, et donc du politique. La privatisation du temps des sociétés d'archipels remplace peu à peu le temps très collectif des sociétés religieuses, mais aussi des sociétés de classes.

Alors, le temps, qui appartint à Dieu si longtemps, puis que la Révolution française voua au travail (et un peu à la patrie, avec le service militaire), est maintenant notre bien le plus cher. Nous avons sans cesse le sentiment d'en manquer. Ce temps à soi, libéré des anciennes aliénations, constitue un enrichissement, un élément structurant de cette société de la personne qui établit une distance nouvelle entre l'individuel et le collectif. Aussi l'historien Theodore Zeldin peut-il écrire:

> La liberté d'utiliser notre temps comme nous le souhaitons n'est pas le signal de la fin de l'Histoire, mais plutôt son début. On ne doit plus passer la vie en imitant les autres. C'est à chacun de nous de découvrir ce qu'il doit faire avec le temps[1].

Pour bien comprendre ce que nous dit Theodore Zeldin, il faut admettre que nous sommes entrés dans des sociétés de vie longue et de travail court. Cela fut un des plus grands apports du XXe siècle à la condition humaine. L'expression ne me paraît pas trop forte. Les chiffres sont connus, mais il faut sans cesse les répéter. Le XIXe siècle débattait – et avec quelle violence, encore en 1848 – de la durée quotidienne du travail: 11 ou 12 heures par

1. Théodore Zeldin, « Préface », *in* Luc Gwiazdzinski (dir.), *La ville 24 heures sur 24*, La Tour-d'Aigues, l'Aube, 2003.

jour, ce qui, pour nombre de travailleurs manufacturiers, revenait à des semaines de 84 heures – le dimanche ne redevint férié en France qu'en 1906. Parallèlement, l'espérance de vie d'une adolescente de 15 ans était à cette époque, en France, de 30 ans. Un siècle plus tard, elle est de 60 ans. Et les spécialistes estiment aujourd'hui que l'espérance moyenne de vie devrait atteindre 100 ans pour une petite fille sur trois née en 2003. Parallèlement, le temps moyen passé à étudier est devenu proche de 19 ans, pour une durée du travail de 42 ans, soit presque une année d'étude pour deux années de travail.

Résumons : de 1900 à nos jours, la durée de vie est passée de 500 000 à 700 000 heures, et le temps qu'un salarié consacre au travail a été réduit de 200 000 heures à 70 000 heures. Autrement dit, le travail, qui pouvait occuper, à l'époque de Marx, jusqu'à 40 % de la vie, en occupe aujourd'hui moins de 10 %. Et le temps libre disponible – hors sommeil et travail –, qui avoisinait 100 000 heures en 1900, est aujourd'hui de 400 000 heures, dont 100 000 sont consacrées à la télévision. Nombre d'heures travaillées divisé par trois en un siècle, nombre d'heures libres multiplié par quatre : on a parlé de révolution pour moins que cela. Le tout découlant évidemment de l'explosion des productivités et des progrès de la médecine.

Chacun de ces chiffres est discutable, car un peu abrupt, mais il est certain que le travail n'est plus, en masse de temps occupé, l'élément dominant de la vie. Cela est vrai en Europe plus qu'aux États-Unis, mais même la différence entre les deux continents ne doit pas masquer l'évolution de fond. Cette transformation bouscule la vie des individus, de génération en génération, et ce de manière accélérée depuis cinquante ans. Elle transforme aussi la société, car la relation au travail n'est plus au cœur du processus social. La classe, même si elle ne disparaît pas, y devient une appartenance parmi d'autres – ce qui inquiète la culture de gauche –, et l'idée de hiérarchie recule – ce qui inquiète la culture de droite.

L'ordre social très privatif, fortement individué, du temps libre entre alors en concurrence avec l'ordre du travail et ses valeurs. La société devient bipolaire, avec une faible réflexion sur les temps libres et leurs énormes inégalités. Le vrai reproche que l'on pouvait faire à la réduction du temps de travail décidée en France par le gouvernement Jospin en 1997 est, me semble-t-il, l'absence de politiques d'accompagnement par une vigoureuse politique de démocratisation en matière de temps libre. Léon Blum, lui, avait lié 40 heures, congés payés et secrétariat d'État à l'Organisation des loisirs.

Cela a d'autant plus de conséquences que l'emploi féminin à plein temps est devenu en France majoritaire depuis 1974, affectant la morale du travail long également aux femmes, mais pour un travail de plus en plus court pour tous. Aussi est-ce de plus en plus en temps de travail moyen des ménages qu'il faut raisonner : la France est plus proche qu'on ne le croit des autres pays d'Europe avec ses deux fois 35 heures par ménage. Sauf qu'ailleurs, le travail masculin est plus long et le travail féminin à temps partiel domine : jusqu'à 76 % chez les Hollandaises contre 16 % chez les Françaises. En matière de durée du travail des ménages, il n'y a quasiment pas d'évolution depuis les années 1950, tant la baisse du temps de travail moyen des hommes a été compensée par la hausse du travail féminin. Il n'y a donc pas changement du rapport des familles au monde du travail, mais modification des rôles dans le couple, ce qui contredit autant les discours sur la fin du travail que sur la fin du culte de l'effort ! Ce qui, en outre, est au fondement des bouleversements de la vie des couples et des angoisses des morales traditionnelles.

Cette dimension idéologique sous-jacente aux débats me paraît centrale. Les premiers chercheurs qui ont pris conscience de ces bouleversements ont un peu chargé la barque pour se faire entendre. Pensons au prospectiviste Jeremy Rifkin et à sa *Fin du travail*[1]. Leurs inquiétudes étaient souvent liées à la fin d'un ordre social structuré par le travail et aux conséquences difficiles de cette évolution sur l'ordre du politique. À l'inverse, une pensée conservatrice voit en 1968 la cause de tous les maux, et dans les 35 heures la fin du culte de l'effort. Pauvre utilisation politicienne d'une transformation de nos sociétés ! Sans doute la morale du travail long (d'autant plus finement élaborée qu'elle fut pensée à une époque où les élites ne travaillaient pas) est bousculée par ces évolutions. Cette morale-là, aussi bien bourgeoise que populaire, qui concernait surtout les hommes, était comme associée en creux à une image charmante du travail féminin, au mieux pensé comme un appoint.

C'est cette morale même du travail long masculin qui doit être aujourd'hui attaquée de front pour nous permettre de valoriser l'ordre du travail court. Le temps est venu de penser le nouvel équilibre entre études, activités de temps libre, vie privée, mobilité, travail. L'ordre ancien était celui d'une aventure unique, scandée par un plan de vie et de carrière bâti sur la durée : les études, le mariage, l'emploi, la vie. La durée était pour ainsi dire une valeur morale. Aujourd'hui, à une vie plus longue correspondent des séquences plus nombreuses, plus imprévisibles, plus obsolescentes, avec une quête du bonheur individuel plus intense. Le savoir accumulé dans l'enfance peut-il encore suffire à des vies presque centenaires dans un monde

1. Jeremy Rifkin, *La fin du travail*, Paris, La Découverte, 1997.

de bouleversements techniques aussi rapides ? L'aventure amoureuse unique est-elle encore de règle (pour une moyenne, dit-on, de six mille actes charnels) ? L'employeur unique ne devient-il pas une protection embarrassante ? Le fonctionnaire n'aurait-il pas besoin de changer de métier quand le salarié du privé aurait besoin, lui, de plus de protection ? L'ordre du travail court est un ordre de vitesse, de mobilité, d'apprentissage et de réapprentissage. Il ne s'agit pas du travail d'hier moins longtemps, mais d'un travail plus abstrait, plus productif, plus imprévu, plus cognitif.

Le contrat social qui lie chacun de nous à la société, pour nous y adouber citoyen, ne doit-il pas alors se restructurer autour de la répartition sur la durée de la vie ? Un nouveau droit individuel à la maîtrise de *nos* besoins de temps, en face-à-face légitime avec les besoins des entreprises et de la société ? Nous devrions chercher dans la direction de cette durée contractuelle du travail sur la vie en échange d'un droit à l'instruction, à la santé, à la solidarité, à la retraite, demain à un revenu minimal, masse flexible à négocier dans l'année, comme dans la vie. Et avec un contrat de travail universel à inventer et à négocier, où les changements ne soient plus systématiquement associés à d'épouvantables drames. Nous avons progressé en matière de divorce, ne peut-on comprendre que la même évolution sociale et culturelle bouleverse nos vies privées et nos vies professionnelles ? Chacun doit être libre de choisir ses stabilités dans ce monde changeant, en lien avec l'intérêt des autres et l'intérêt général, mais pour ce faire, il faut savoir le penser, le dire, le discuter. Sinon, la gauche va devenir le camp du monde du travail d'hier, et la droite celui de la morale d'hier.

L'empereur Constantin, en consacrant le christianisme, avait eu l'obligeance « de dispenser les pauvres de repos ». Napoléon affirmait, dit-on, que « l'ouvrier peut travailler tous les jours puisqu'il mange tous les jours ». Pour le premier, le temps appartenant à Dieu, travailler était un détournement nécessaire mais regrettable, que les élites devaient donc éviter. Pour le second, le temps appartenait au travail, et s'y consacrer entièrement était chose toute légitime. Aujourd'hui, ce temps nous appartient, à chacun de nous. Nous avons là conquis un bien essentiel. Libre à nous de son emploi. Mais faire société ensemble passe alors par un engagement volontaire, généralisé, paritaire, à donner contractuellement une partie de ce temps au travail salarié. Immense démocratisation d'un bien de Dieu que le travail bourgeois lui avait pris et que nous nous sommes appropriés peu à peu dans la deuxième moitié du siècle.

Le temps des sociétés d'archipels, après celui des sociétés religieuses puis des sociétés de classes et de nations, est donc le fruit d'un bouleversement du travail et de la mise en mobilité des individus au sein des structures familiales, sociales, culturelles, économiques, nationales… et, parallèlement, au sein du territoire. L'autonomie croissante d'individus de plus en plus éduqués et soignés, maîtres de leur temps, a permis des prises de distance considérables avec les anciennes appartenances collectives – aussi bien spatiales que temporelles –, cassant les systèmes d'intégration, et de conflits, de la période industrielle, mais rongeant dans le même mouvement la légitimité de la scène politique collective d'hier et la fonction structurante de l'échelle nationale. Comment alors être ensemble, comment faire cité commune, comme produire du politique ? C'est ce que nous allons tenter de préciser maintenant.

6.
Penser la mondialisation comme territoire de l'individu écologique

Pour avancer dans cette direction, il faut se dire que, dans ce contexte, la dynamique local/global change de nature, car elle confronte dorénavant l'humain dans son unicité et la terre dans son unité et sa solidarité. Là où hier nous opposions la Corrèze au Zambèze ! Et si l'homme qui a ouvert symboliquement au globe unifié est Christophe Colomb « découvrant » l'Amérique, celui qui a ouvert à la mondialisation est Gagarine du haut de son Spoutnik. Gagarine, prisonnier cobaye d'une technique qu'il ne dirigeait pas, beaucoup plus proche en cela de l'humain moderne que l'aventurier Christophe Colomb.

On peut raconter cette étape de l'aventure humaine comme Fernand Braudel aurait su le faire : étape historique après la conquête du nouveau monde, l'expansion coloniale et son repli en mosaïques nationales, le lien nouveau entre distance et vitesse, l'instantanéité planétaire des informations et des découvertes scientifiques. On peut aussi décrire l'unité planétaire de la finance, les stratégies d'appropriation des matières premières rares par des alliances entre régimes autoritaires extracteurs et firmes mondiales occidentales. On peut approcher la construction lente d'un marché mondial du travail et la quête des conditions minimums de sociétés civiles aptes aux délocalisations industrielles et agricoles.

Tous ces éléments du chemin parcouru sont passionnants. On peut également refuser de penser l'unité et construire des théories sur la lutte des civilisations, comme s'il y avait là nouveauté, oubliant les affrontements multiséculaires entre orthodoxes, chrétiens et musulmans, les alliances et les trahisons, les progrès parfois fulgurants du savoir et de la science, les replis archaïsants et les ruptures. On ne doit oublier ni Averroès, ni Luther, ni la flamboyante réactivité catholique. Ni Cortés...

La colonisation comme la décolonisation. Libre à chacun de rêver à ce qu'aurait pu être une histoire autre du monde. Mais acceptons que l'individu est devenu davantage lui-même le jour où les grandes structures qui organisaient son destin ont commencé à perdre pied parce qu'elles avaient atteint le but que nous leur avions fixé. Nous y avons perdu le mythe révolutionnaire, le mythe du progrès et le mythe national. Ne reste, comme dit l'architecte Paul Virilio, que l'horizon de la catastrophe qui crée l'événement et légitime les acteurs. Ne peut-on dire qu'il est une des formes de l'univers de la mode ? Je veux dire du remplacement progressif d'un temps religieux ou historique omniprésent par un temps rythmé par des événements aptes à occuper l'actualité jusqu'à l'événement suivant – car vivre dans un monde clos bouleverse tous nos rythmes. Certes, on peut entendre cette présence de la mode et des catastrophes comme des faits négatifs, mais on peut aussi se dire que si la catastrophe tient tant de place dans nos sociétés modernes, c'est que, pour l'essentiel, les très grandes tragédies collectives – révolutionnaires et nationalistes – nous sont dorénavant en partie évitées dans un monde entièrement connu. Et si la mode est une des faces de la machine à consommer et à produire, si elle est une des formes de nos sociétés du divertissement, elle est en même temps, et inséparablement, un moyen de l'accélération de la densité de la quête de vie et de désir. Ne soyons cependant pas trop légers. Le temps de la catastrophe est aussi celui où l'homme est en train de détruire « sa » Terre, celle qui lui a permis de vivre et de devenir un acteur de l'histoire du monde. Mais cette catastrophe-là n'est pas celle du journal de vingt heures, car, comme hier avec la violence froide du goulag, il n'y a pas d'images. Et pourtant…

Aussi nous avons à apprendre à partir de la totalité pour comprendre la partie, de la Terre pour comprendre notre propre pays, de l'humanité pour nous comprendre nous-mêmes. Il faut alors concevoir chaque territoire comme une partie du tout, la Terre comme écosystème, mais aussi comme stock de ressources culturelles et de matières premières. Il faut dire la géographie de la collecte et de la production de matières premières, celle de l'économie de transformation et celle de l'économie de consommation. Une répartition nouvelle se met radicalement à l'œuvre, qui peut aussi bien favoriser le développement des usines dans des pays stables à faible coût de main-d'œuvre, qu'appuyer le développement de la Tunisie et du sud de la France sur le tourisme, favoriser l'importation de poulet brésilien surgelé en France, la transformation de la Chine en usine du monde ou la consommation de beaujolais primeur au Japon.

La Terre est entrée dans une dialectique d'interaction entre les lieux, celle-là même que l'on a connue en Europe et en France avec la généralisation du train dans la seconde moitié du XIXe siècle. Les porte-conteneurs et internet jouent ici le rôle du train et du télégraphe, concentrant le travail de production en certaines zones, l'agriculture ici, le tourisme ailleurs. Nous sommes au mitan de cette réorganisation productive de la planète, à un moment où les bruits du désarroi des anciens pays dominants se heurtent à ceux du démarrage fulgurant de l'Asie et de l'enlisement des sociétés du Sud. L'Europe, plus encore que les États-Unis, vit dans un grand refus de ce qu'on appelle « délocalisation » et « migration », alors même qu'elle a l'avantage de près d'un demi-siècle d'avance en matière d'équipement des territoires et de formation des hommes. Drôle de monde où la richesse collective augmente et où ce que l'on appelait, il y a peu, les forces de progrès lutte parfois pied à pied contre l'amélioration effective de la vie de centaines de millions d'hommes ailleurs sur la planète. Ce, tout en continuant à déplorer la tragédie africaine et moyen-orientale où, là, c'est l'absence de développement qui crée une situation de plus en plus invivable et incontrôlable. Mais qu'entendrait-on en Europe si le Sud se développait à grande vitesse ? Si l'Algérie fabriquait des voitures électriques solides et bon marché, le Mali des ordinateurs, si Le Caire embauchait nos jeunes chercheurs ?

La nouvelle unité interactive du monde plonge d'abord dans la difficulté ceux qui n'ont pas participé à cette conquête. Ceux qui ont été conquis, ceux dont la culture a trébuché sous la pression de forces archaïsantes, ceux-là risquent plus encore de se replier sur leurs *nous* hérités et de dénoncer cette mondialisation comme une occidentalisation du monde, et de se retourner contre l'Occident plutôt que de se concentrer sur leur propre développement au sein de la culture et des diversités qui sont les leurs. Le livre de l'historien Bernard Lewis, *Que s'est-il passé ? L'islam, l'Occident et la modernité*[1], est ici passionnant. Faire société ensemble dans la mondialisation est un donné, nous l'avons dit, et pas un choix, mais en même temps, l'acceptation de ce donné est un impératif. En effet, nous sommes absolument astreints à réduire, avec un nouveau modèle de développement, les risques qui pèsent sur les équilibres de la nature de même que les écarts entre sociétés et individus. Il est vrai que le cheminement pour accepter cette réalité est différent selon les cultures : celles qui ont

1. Bernard Lewis, *Que s'est-il passé ? L'islam, l'Occident et la modernité*, Paris, Gallimard, 2002.

le sentiment d'avoir porté le dernier relais de la mondialisation depuis la Renaissance et les autres, qui ont souvent le sentiment d'avoir subi cette unification.

Ainsi, si la mondialisation est bien un couple individu-planète en relation directe, les questions que cela soulève dans les sociétés sont différentes, comme elles le sont entre nous en fonction de nos histoires, de nos métiers et de nos savoirs. Les moyens de les résoudre ne peuvent être les mêmes. La grande difficulté est de commencer à penser ensemble ces questions, à partir d'une vision globale, chaque question devant être posée à partir de l'avenir de l'humanité en tant que tel pour ensuite, et ensuite seulement, chercher à articuler ce niveau-là d'enjeu avec chaque question locale, chaque question individuelle. Le chemin sera long. Rien ne permet de garantir qu'il soit toujours pacifique.

Les sociétés d'archipels se déploient donc dans un espace-temps nouveau, encore inconnu. Nous en connaissons le bornage extérieur, l'air. Nous le voyons, mais il est vide, ou nous paraît tel. Ce monde-là a donc une limite naturelle, géographique, et non d'abord culturelle et politique. Par certains côtés, ce monde-là doit ressembler au monde tel qu'on le pensait avant la Renaissance, avant l'idée que la Terre soit ronde, quand on brûlait Giordano Bruno, quand on croyait que le monde était plat et que Jérusalem était son centre. Pour nous, aujourd'hui, le monde est rond et sans limites, et nous sommes les seuls êtres de l'univers. Point définitif de la connaissance ? Étape multiséculaire ? Peut-être la Terre sera-t-elle devenue inhabitable sans que nous ayons trouvé réponse à cette question. Étrange.

Au-delà même de cette solidarité – écologique et humaniste – dorénavant contrainte, c'est dans la saisie imaginaire et symbolique du réel que sont bousculées nos pratiques de l'espace et nos représentations du monde et de l'avenir, dans leurs contenus comme dans leur hiérarchie puisque nous vivons dans un territoire dont l'extérieur est impensable comme espace habité. S'il existe bien quelques voyageurs de l'espace qui croient possible, un jour, que nos descendants vivent tous dans le désert du monde sidéral, cette vision est aujourd'hui encore plus marginale que celle qui amena Christophe Colomb à se lancer dans la traversée de l'Atlantique.

Ainsi, l'espace de la mondialisation fait resurgir la géographie, mais d'une nouvelle manière, sans doute au détriment de l'histoire, qui hier nous racontait nos frontières et définissait les barbares. Ce qui fait écrire au philosophe Michel Serres : « Enracinées depuis naguère dans leur histoire, nos pensées retrouvent-elles l'essentielle et exquise géographie ?

Seule, jadis, à penser le global, la philosophie ne rêverait-elle plus désormais[1] ? »

Le territoire historique d'hier n'a pas cessé sa course, mais cette histoire-là, comme les histoires de familles royales, n'est plus l'essentiel de l'histoire du monde. En supprimant les monarchies, ou en les réduisant à des décors symboliques, nos ancêtres ont séparé familles et politique. Aujourd'hui, la mondialisation sépare, *de facto*, histoires politiques localisées et avenir collectif de la Terre et de l'humanité. Le trou dans la couche d'ozone, par exemple, est insensible à la création ou non d'un État palestinien, même si la guerre entre Israël et la Palestine peut retarder le sentiment planétaire de solidarité nécessaire à la pensée commune d'un développement solidaire, partagé et durable. Autrement dit, si l'histoire politique héritée peut nuire à notre avenir – ou le favoriser –, elle ne le porte plus entièrement en son sein. Il y a, si l'on peut dire, un soin de la communauté des hommes qui se dresse de manière visible au-dessus du politique. Cela, bien sûr, contribue au recul de son crédit. Ce découplage se vit souvent sous le seul angle d'un repli sur le local, le proche, la proximité, ce qui constitue une dangereuse régression du politique, qui se trouve ainsi appelé par les citoyens à les protéger quasi individuellement et l'éloigne du soin de la communauté. Nous n'avons pas su anticiper cette évolution parce que nous n'avons pas diagnostiqué assez vite le changement d'époque que nous avons connu, nous n'avons pas su en voir les forces et les problèmes pour réinventer les cadres du politique aptes à nous faire avancer dans la citoyenneté de cette Terre-patrie. Le politique en a perdu sa fonction première de porteur de sens du groupe et il s'est replié dans la gestion, au sein du cadre national. On a tendu à confondre l'organisation du bien-être individuel avec le débat sur le bien public, car celui-ci est devenu un enjeu partiel face à un bien public planétaire que nous devons apprendre à définir et à partager. Dans l'attente, le repli sur le proche – et sur soi – a été logique, même s'il peut être mortel à long terme. Le bien-être des classes aisées des mondes aisés ne porte pas seul l'avenir du monde.

Alors, en France, comme dans d'autres pays – l'ancienne Union soviétique, la Yougoslavie, la Padanie… –, les catégories politiques « nouvelles » des dernières années sont – à défaut du religieux – le plus souvent liées à l'espace : décentralisation, nationalisme, Europe, ethnicisme, quartiers sensibles… L'espace nous rattrape, parce que nous quittons une société verticale où l'on pouvait s'intégrer par le bas de « l'échelle sociale » grâce

1. Michel Serres, *Le contrat naturel*, Paris, François Bourin, 1990.

à la promotion sociale, ou espérer une inversion des hiérarchies par la révolution, au profit d'une société horizontale où il y a un centre, une périphérie – des marges – et une globalité. Nouvelle figure spatiale, support d'un ordre mental à définir, nouvelle complexité à comprendre et à penser politiquement.

Des frontières terrestres nouvelles s'y dessinent en même temps qu'elles se déplacent, en mouvement et en porosités. Frontières de l'Europe, frontières de la ville, frontière planétaire, autant de limites incertaines qui bousculent l'État-nation et ne délimitent plus clairement les territoires de nos appartenances citoyennes. La citoyenneté, vieille idée urbaine reprise par la nation, peut-elle se concevoir sans territoire bien défini ? Peut-on même concevoir une citoyenneté mobile et mondialisée qui soit autre chose que la défense de nos lieux de rattachement à la boule terrestre ?

Le politique était un art du territoire, doté d'une charge symbolique sur la capitale et la frontière. Les deux termes du couple sont aujourd'hui bousculés par cette société d'archipels incluse dans le village planétaire et en contact virtuel en tout point, directement, avec le reste du monde. La société en archipel nous fait donc vivre dans un contenant clos, qui est une totalité à partager, y compris avec les barbares, qui sont dorénavant dans la cité puisqu'il n'y a plus de territoires extérieurs. Chacun, alors, devient le centre de son monde et définit ses propres bribes de frontières. L'évolution de cette topique spatiale renvoie à un bouleversement radical du champ politique et de nos anciennes espérances. Le social y fonctionne en périphérie d'une structuration sociétale en pleine expansion. Le soin de la proximité joue avec celui de l'humanité. Mais pour qui accepte déjà le changement d'horizon que nous avons tenté de décrire, pour qui accepte que la mobilité des archipels est une nouvelle forme d'ordre à organiser, pour qui accepte tout cela, alors ce monde n'a pas de raison de faire peur ; peut-être, si nous savons nous en raconter l'histoire, va-t-il devenir passionnant. Et peut-être, un jour, gouvernable.

Texte 3

Dire le nouvel âge du politique

Avant-propos

Pour comprendre notre époque, « le meilleur moyen », nous dit l'historien hongrois Bence Szabolcsi que nous avons déjà cité, « est de comparer les trois grandes crises de l'histoire européenne : la désagrégation de la culture antique, de la culture médiévale et de la culture européenne [que j'élargirai aujourd'hui aux sociétés issues de la révolution industrielle], c'est-à-dire la fin de l'Antiquité, les XVe et XVIe siècles et l'époque contemporaine ». Et d'accepter qu'à chaque fois,

> toute une génération – et peut-être plus – se retrouve « suspendue dans le vide », oscille entre le « déjà plus » et le « pas encore ». L'image du monde change, puisque les hommes le voient désormais sous un autre angle… Mais l'image que se font les hommes d'eux-mêmes se déforme aussi[1].

Se repose toujours de manière neuve le rapport à « l'autre » : la barbarie était dans Rome avant les barbares, l'idée du monde rond dans le monde plan avant la découverte de l'Amérique, comme aujourd'hui la diversité pénètre nos idées de l'unité et de l'universel au moment où nous prenons conscience de la limitation de nos principes de conquête et de développement. L'effondrement climatique est déjà là, mais nous ne nous motivons que lentement à en comprendre les conséquences pour nos vies. Hier, ces phases de rupture ont ouvert à des idées du monde plus vastes géographiquement – après l'Empire romain, la Méditerranée s'ouvre à l'Europe ; après Colomb, le monde centré autour des lieux saints du Moyen-Orient part à la conquête du globe. Mouvement que nous pouvons appeler l'occidentalisation de la planète et qui a entraîné l'humain de Lucy jusqu'à la fin symbolique de la conquête, un soir, à Berlin.

1. Bence Szabolcsi, *Les cigognes d'Aquilée*, 1993, *op. cit.*

Aujourd'hui, ce chemin géographique nous est fermé, puisque le monde est *un*. Le chemin de la connaissance lui-même paraît à un tournant quand on passe du soin et de la sélection de la nature à la manipulation du vivant. Quoi que nous désirions, nous ne pouvons plus fuir, comme jadis les cigognes d'Aquilée. Mais alors, pourrons-nous un jour « habiter poétiquement la terre », demande Edgar Morin dans la conclusion de *La Méthode*, alors que « l'humanité est en rodage ? Y a-t-il une possibilité de refouler la barbarie et de vraiment civiliser les humains ? Pourra-t-on poursuivre l'hominisation en humanisation[1] ? »

Gardons en tête cette idée essentielle que « l'humanité est en rodage », car elle porte en elle une charge considérable d'espérance et d'aventure possible. Et Edgar Morin de préciser :

> Nous sommes dans une seconde préhistoire, celle de l'âge de fer planétaire, préhistoire d'une possible société-monde, et toujours préhistoire de l'esprit humain, peut-être préhistoire de l'ère technique… Nous sommes en des débuts grossiers : les premiers polycellulaires étaient beaucoup moins complexes que les cellules qu'ils associaient, et c'est avec le temps qu'ils ont développé leur organisation, produit leurs émergences et leurs créativités[2].

Il en est ainsi, si elle doit un jour advenir, de ce qui attend la société-monde.

Nous avons du mal, nous les contemporains, à saisir la profondeur vertigineuse de la mutation que nous vivons. Nous avons du mal à anticiper ce que va être l'aventure de l'humanisation. Comme Lucy « l'Éthiopienne » aurait eu du mal à penser Rimbaud ou Gagarine, Newton ou Julien Sorel. Nous percevons bien sûr la mondialisation, bien qu'en la réduisant souvent à ses enjeux économiques : par exemple, nous connaissons le débat sur les OGM, mais nous ne nous interrogeons pas vraiment sur le sens de « l'industrie du vivant », sauf pour le craindre, ni sur l'IA. Nous vivons l'époque où l'information fait le tour de la terre dans l'instant, la médecine sait garantir une espérance de vie moyenne très proche de l'usure des corps, l'agriculture peut nourrir tous les hommes, mais notre vision du monde est brouillée par le fait que des centaines de millions d'hommes n'ont ni informations, ni amélioration de l'espérance de vie, ni nourriture en quantité suffisante. Partout nous voyons la souffrance et la violence, les guerres, qui bien souvent nous cachent les bouleversements à l'œuvre.

1. Edgar Morin, *La méthode*, *op. cit.*, t. 5, *L'identité humaine*, 2001, p. 274-275.
2. *Ibid.*

Là où les anciens se racontaient avec horreur et délectation les affres de l'enfer, là où ils accouraient en place de Grève pour voir des mises à mort épouvantables, nous, nous avons CNews, TF1 ou une de ses consœurs, et la litanie quotidienne des horreurs mises en scène, en son et couleurs. Par-delà ces souffrances qui jour après jour nous font trembler d'effroi tout en nous rappelant comme nous nous portons bien – et nous permettent de vivre la tragédie même de l'existence limitée de l'homme –, par-delà tout cela, la profondeur des changements d'époque du monde et d'enjeux de l'humanité nous échappe au quotidien.

Il n'est pas facile, au contemporain du grand passage entre la conquête du monde et son habiter à long terme, de sentir en quoi ce changement d'époque sur le très long trajet de l'histoire humaine – un trajet de millions d'années – pose de manière neuve les enjeux de notre aventure collective, ni comment, pour y intervenir, l'homme doit reconsidérer ce qu'il appelle depuis des siècles l'art du politique – et qui fut souvent un sous-produit de l'art de la conquête et de la guerre. Abstraitement, on pourrait dire : après des aventures politiques aptes à l'hominisation du monde, puis à son interconnexion à la Renaissance, comment créer celles de son humanisation ? Et pour nous, les contemporains, comment ne pas regretter *le monde d'hier* sans encore connaître celui de demain ? Ni désespérer, comme Stefan Zweig ? Là est bien sûr la question centrale du nouvel âge du politique.

Il faut se dire que les faits politiques qui nous entourent – montée des abstentionnismes politiques, résurgence de forces extrêmes, émergence de l'écologie politique, superpuissance américaine, obsolescence du mythe révolutionnaire, terrorisme, poids des régimes autoritaires anti-occidentaux –, au-delà de leurs dimensions événementielles, importantes et à ne pas sous-estimer – y compris parce qu'ils nous amusent, nous terrorisent, voire nous passionnent –, ces faits politiques, donc, sont aussi l'expression de bouleversements de la trame même du champ politique qui découlent de l'émergence du nouvel âge du politique que nous sommes en train de décrire. Pour y réfléchir mieux, il faut, me semble-t-il, commencer par penser la période que nous venons juste de quitter. Nous pourrons ensuite nous poser des questions d'avenir. Non, évidemment, pour avoir la prétention absurde de dessiner un plan pour le futur, mais, beaucoup plus modestement, pour légitimer notre piste de réflexion, celle d'un temps du passage, à accepter, penser et entreprendre pour, peu à peu, enchanter le temps de « la grande réunion des tribus », comme dit encore Edgar Morin, que nous appelons mondialisation.

D'abord apprendre du XXe siècle

Arrêtons-nous un instant sur le siècle que nous venons de quitter. Jamais le monde n'a autant changé en un temps aussi court, et avec tant de violence. Le siècle s'ouvre quand la libération coloniale n'est pas encore ébauchée, la Première Guerre mondiale unifie le monde (enfin, celui de l'époque), les bolcheviks imposent l'espérance révolutionnaire à des paysans qui espéraient d'abord la fin de la guerre, le nazisme naît dans la honte de la défaite et dans la crise identitaire allemande, l'unité du monde se scelle dans le sang et se symbolise à Hiroshima, l'unité de l'humanité se cimente dans sa négation radicale, la Shoah, où s'écrit dans l'horreur absolue l'interdit définitif de l'inégalité entre les humains. Ce siècle fut celui des masses, souvent unies par le pire. Celui des hommes aussi, des grandes unités de travailleurs et des grandes unités de soldats. Un siècle dont les enjeux se nouent dans la boue des tranchées pour les moujiks russes comme pour les ouvriers allemands, les paysans français, les tirailleurs sénégalais ou algériens, les soldats anglais et américains. Racontée schématiquement ainsi, la guerre de 14-18 apparaît bien comme le lieu fondateur de la révolution russe, du parti nazi, du pétainisme, voire de la montée d'un sentiment national dans les colonies et du triomphe états-unien futur. Comme pour relayer le travail engagé depuis la Renaissance, de puissantes idéologies autoritaires et totalitaires ont traversé les scènes politiques et largement contribué enfin à l'unification du monde. Ces idéologies nées au XIXe siècle furent portées par des anciens officiers ou sous-officiers de la Grande Guerre dans tous les camps idéologiques.

Le XXe siècle fut donc siècle de mort, de souffrance, d'horreurs inouïes comme la Shoah ou le goulag. Des dizaines de millions de morts pour sortir du temps de l'hominisation : du grand massacre de 14-18 à la défaite du nazisme, de la décolonisation à la chute du communisme. Par certains côtés, ce furent des guerres sociales et politiques contre la domination, ou la simple présence, de certains humains, peuples premiers, koulaks, Juifs, Tsiganes, pieds-noirs... Ce furent des guerres terribles, des massacres, des génocides, des « rapatriements ». On ne cherchait plus de nouveaux sujets, on cherchait surtout à anéantir l'autre, à effacer sa présence même. Ici, ou partout. On cherchait à être entre soi, au sein de projets nationaux et identitaires monistes.

On se massacra comme jamais, mais la conquête était terminée; on se massacra d'ailleurs autant, peut-être, justement parce que la conquête était terminée et que nous ne l'avions pas compris! L'appropriation du monde *un* était, en fait, déjà à l'œuvre. Gagarine bientôt put nous voir, unis et si petits, du monde intersidéral (sans doute le seul legs du communisme qui restera dans les livres d'histoire). Nous, humains, *un*. Puis, l'art de la guerre parut s'éloigner du politique. Pour malheureusement y revenir aujourd'hui.

Peu à peu se dessine un nouveau cadre. L'individu-roi des sociétés développées, éduqué, à la vie longue, libre, ivre de sa liberté, s'affronte à cette mondialisation avec un risque de désaffiliation, d'insécurité, de repli sectaire: un territoire unique, une appartenance terrienne fondatrice, la séparation du politique et du guerrier, l'avènement de l'habiter. Surgissent de nouveaux acteurs publics: les lieux qui sont chacun directement mondialisés et, surtout, les femmes qui ont commencé leur migration vers la sphère publique. Plus même: le sociologue François de Singly[1] dit qu'elles sont en train de faire de la société un espace chaud et affectueux, qualités hier reconnues aux seules communautés. Naissent des biens publics mondiaux, patrimoniaux – droits de l'homme, l'espèce dans son humanité, diversité des cultures –, droits de la nature, ensemble des écosystèmes formant le système Terre. Les droits des générations passées à leur patrimoine, à la diversité de leurs cultures, viennent équilibrer les droits des enfants à naître à un monde sain et vivable, pour encadrer les droits des vivants. L'habiter, toujours.

Dans sa violence industrialiste, le XXe siècle est donc venu clore l'ancienne culture de l'homme fort et de la femme mère. Il a achevé l'histoire de la force physique comme outil premier et complément de la machine. Il a éloigné les classes paysannes, puis ouvrières, comme classes cultes, groupement par villages, sorties d'usine, banlieues rouges; enterrement du

1. François de Singly, *Les uns avec les autres; autres; quand l'individualisme crée du lien*, Paris, Armand Colin, 2003, p. 183.

Grand Soir. Un mois de 1968 juste avant les départs en grandes vacances. Il fallut encore vingt et un ans pour que disparaisse le dernier vestige de l'épopée tragique du mythe révolutionnaire sombré dans l'État totalitaire. Mais l'affaire était pliée, la classe ouvrière cédant en nombre, en cohésion, en destin collectif.

Alors, ne confondons pas ce mouvement qui achève le xxe siècle en deux grands gestes fastueux et pacifiques, 1968 et 1989, avec le besoin vrai de mouvement d'espérance, de futur, de limitation des dominations et des arrogances, dont les formes politiques sont certes à réinventer dans la nouvelle trame du monde, mais surtout pas à refuser. Jamais le désir de justice ne peut s'étioler sans que la civilisation elle-même se perde. Quelles que soient les formes du gouvernement des hommes dans les époques futures, il est sûr qu'ils auront un besoin croissant de justice. Comme l'analysait Émile Durkheim, pour qu'un système social soit harmonieux, il y faut des règles pour garantir la cohésion sociale, mais il faut aussi que ces règles soient justes. Il écrit : « De même que les peuples anciens avaient, avant tout, besoin de foi commune pour vivre, nous, nous avons besoin de justice, et on peut être certain que ce besoin deviendra toujours plus exigeant[1]. » Mais cette exigence de justice ne peut plus avoir le local ni même le national comme seul horizon. Elle doit être à la fois individualisée et mondialisée. Faute de cette exigence de justice, ne nous étonnons pas que certains en appellent au « besoin de foi » !

Retenons enfin que c'est au cœur de ses violences que le xxe siècle crut avoir trouvé des idées politiques neuves par l'assujettissement totalisant des sociétés *soit* à la domination du politique sur l'économique – variante communisme et socialisme « réel » –, *soit* à la domination de l'économique sur le politique par d'intenses embrigadements sectaires – variante fascisme et nazisme. La mise en échec de ces inventions et de leurs enfantements totalitaires – et je ne sous-estime pas les infinies différences de leurs motivations qui permettent d'en comparer les effets, mais pas les valeurs – fut, il est vrai aussi, la dernière grande œuvre de ce siècle terrible qui devrait, soit dit en passant, être la base de l'éducation politique que l'on donne à notre jeunesse.

Gardons alors en mémoire que ce qui protège la liberté individuelle est une double logique de contre-pouvoirs, où le politique – en appui sur l'État – nous protège du tout-économique, mais où, aussi, l'économie de marché nous protège du tout-politique. Cette double logique de contre-pouvoirs

1. Émile Durkheim, *De la division du travail social*, Paris, PUF, 1994, p. 382.

est notre meilleur bouclier contre le risque totalitaire qui pousse le politique ou l'économique – voire le religieux en d'autres temps et d'autres lieux, parfois même la science – à se prendre pour un fait social total. Cette double logique qui protège la liberté des acteurs me paraît la leçon centrale à garder et à transmettre, y compris pour lutter contre de nouveaux risques fondamentalistes.

Cela nous pose, de nouvelle manière, plus difficile peut-être, la question des voies et des moyens pour lutter pour plus d'égalité et pour l'idéal de justice si l'on renonce à supprimer l'économie de marché. Mais l'échec des tentatives autoritaires du XXe siècle est un fait avec lequel nous devons vivre. L'oublier ramènerait le monde vers la tragédie. Le marché doit être régulé par le politique : plus ou moins, c'est à débattre[1]. Mais l'autonomie de son organisation doit être vue aujourd'hui comme une contrainte incontournable de notre liberté et du développement des sociétés.

Symétriquement si l'on peut dire, le politique doit être un contrepoids et un régulateur du marché, et ce dans une double dimension. Tout d'abord, le politique doit assurer, grâce à une gestion efficace et de plus en plus participative, le bon fonctionnement de l'État et des collectivités territoriales. Cette dimension fondamentalement temporelle du politique doit être bornée, d'un côté, par le vote et, de l'autre, par le libre jeu de la concurrence économique. Mais cela n'est qu'une des faces du politique : celui-ci a aussi pour mission de parler, de poser et de défendre des valeurs, de favoriser les pensées du sens des mouvements du présent et de leurs effets prévisibles sur l'avenir. Or, depuis la fin du rêve révolutionnaire, le politique n'ose guère redevenir – ne fût-ce qu'un peu – messianique de ce monde qui se réorganise. Il se glorifie de son pragmatisme en oubliant que, dans une société laïcisée, culture et politique jouent ensemble pour éclairer l'horizon. Sans doute, dans cette société d'acteurs et de réseaux, d'ONG et de forums mondiaux, de créateurs et de diversités, d'autres forces œuvrent légitimement à ce travail de critique et de mise en perspective. Nous aurons à apprendre ces nouvelles formes du politique qui, comme nous l'avons illustré pour les nouvelles formes de l'urbanité, doivent plus s'inspirer de Kandinsky que d'Haussmann. Mais cela ne dédouane pas les politiques de participer au renouvellement du politique, ni de proposer des horizons pour que nous ayons le sentiment d'un chemin possible.

Pour avancer dans ce chemin, il faut accepter que la conquête, processus moteur du changement dans les époques antérieures, est derrière nous. Elle

1. Jean-Paul Fitoussi, *La démocratie et le marché*, Paris, Grasset, 2004.

a largement structuré la trame du champ politique. Que serait la mémoire de l'aventure du monde sans Ponce Pilate ou César, sans la guerre de Cent Ans, sans 1515, 1830 et la prise d'Alger par les Français, sans 14-18 ni 39-45 ? Il arrive même que ce soit pendant les guerres que le changement social s'accentue, que la médecine et la technique progressent. Cette logique nous est maintenant pour une grande part fermée. Le monde est devenu trop petit et nous sommes devenus infiniment trop puissants pour des logiques de conquête « à l'ancienne », ai-je envie d'écrire. Les États-Unis sont même perçus comme un gendarme planétaire, pas comme un colonisateur. Et ce n'est peut-être pas un hasard si ce pays qui mena la première guerre d'indépendance face à son colonisateur est aujourd'hui si puissant, car il fut ainsi en mesure de comprendre avant les autres que la colonisation était devenue un leurre en matière de richesse et de puissance. Nous avons à affronter le repli, et la mue, d'une civilisation bâtie pour conquérir la planète qui découvre la limite physique de son expansion. Nous risquons même de perdre ce désir de conquête qui fut si puissant et de nous enfermer dans une société de limitation et de régression. Que disent d'autre aujourd'hui les terroristes et les extrémistes ?

À une civilisation du chasseur-cueilleur, puis de l'agriculteur-éleveur, auraient succédé des civilisations de l'esclavage, puis du servage, puis du travailleur manuel libre, pour atteindre à une civilisation du cerveau qui ne sait pas quel sens elle va se donner. Comment désirer cette vie-là, non seulement pour soi, mais surtout pour les autres ? Comment aimer cette société sans cesse plus nombreuse, avec des « vagues » démographiques, société de vieux, société du divertissement, de la télévision ? Et société du risque ultime de destruction de la planète, c'est-à-dire de nos propres descendants ? Comment refuser le désir de régression qui nous assaille devant de telles perspectives ?

Le monde, après s'être battu et transformé autour du heurt pour le partage des rentes foncières, puis de la répartition des profits industriels, est en train de se découvrir des modèles d'organisation de plus en plus complexes, aux échelles spatiale et temporelle de plus en plus larges, souples et imprévisibles. À chacune de ces époques, les lignes de ruptures et de conflits de l'époque antérieure demeurent, moins structurantes du fait sociétal sans doute, mais plus vives et plus tardives qu'on ne le croit souvent. L'historien Arno Mayer[1], par exemple, a bien montré l'enjeu décisif des rentes agraires dans le développement en France et en Europe tard dans le

1. Arno Mayer, *La persistance de l'Ancien Régime*, Paris, Flammarion, 1983.

XXe siècle. Comme, en ce début de XXIe siècle, la bataille pour la répartition des profits – qui a été généralement défavorable aux travailleurs depuis que le patronat a le sentiment que le risque révolutionnaire a disparu – continue à jouer un rôle important, même s'il est devenu erroné, voire dangereux, de vouloir y enfermer la question du politique.

L'individu est face au monde, quotidiennement et historiquement, ce qui remet en question l'idée même de prise de pouvoir sur le réel par l'action d'humains coalisés. Chacun est alors en première ligne. L'avenir de la planète échappe à une organisation politique structurée apte à modeler des individus de plus en plus libres d'eux-mêmes, ou de plus en plus en tension violente avec cette liberté de l'autre pour eux inaccessible, ou dangereuse à leurs yeux pour l'avenir de l'humanité elle-même.

Il y a des individus, des groupes, pour qui cette évolution est inacceptable ou inaccessible : inacceptable parce qu'elle touche aux fondements mêmes de la communauté dans laquelle ils puisent leur identité religieuse, politique ou sociale ; inaccessible parce que, trébuchant sans qu'une main leur soit tendue, ils demeurent à côté de la société dans laquelle ils vivent. Les replis communautaires et l'exclusion individuelle sont en cela liés, souvent même alliés, car l'inacceptable devient le refuge de l'inaccessible. Jusqu'au fanatisme.

Alors, ce passé qui fait refuge pour les plus perdus d'entre nous doit être mis en histoire pour pouvoir s'éloigner du présent et dégager l'espace de la pensée du futur, un futur déjà là mais que nous ne voyons pas encore tant nos grilles de lecture et d'action sont largement celles d'hier. Pour avancer, il va falloir concevoir comment on peut construire un monde englobant des civilisations dont la conquête fut le moteur, comment il va être possible d'inclure la culture de l'urbanité créatrice dans un espace villageois planétaire sans expansion, comment il va être possible d'inventer une idée planétaire de justice, quand nous savons que si l'humanité entière vivait suivant les standards de vie américains ou européens, les pollutions rendraient la Terre inhabitable.

Les réponses à ces questions vont prendre du temps ; mais formuler ces questions, c'est déjà définir la grande rupture du politique que nous cherchons à expliciter et à comprendre, qui sous-entend la disparition du mythe du progrès et de la conquête planétaire. C'est cette rupture qui entraîne la quête d'un habiter durable d'un monde fini et la recherche d'un réenchantement de cet horizon-là. À chacune des grandes ruptures dont nous parle Szabolcsi, il a fallu d'abord désenchanter l'horizon du monde d'hier, puis réenchanter celui de demain. Saint-Simon fit ce travail vis-à-vis de l'ordre religieux-monarchiste, nous dit le philosophe Pierre Musso[1] ; il faut aujourd'hui acter le désenchantement de l'ordre des classes et des nations pour pouvoir commencer à réenchanter le monde où nous sommes déjà entrés sans avoir encore les mots pour le dire tout à fait.

À un XXe siècle politiquement très masculin, de révolutions portées par des anciens combattants producteurs de richesse, a sans doute commencé à succéder un XXIe siècle de révolutions féminines. Partout les femmes se lèvent, souvent avec un courage fou, comme en Iran. La question économique du XXe siècle est là décalée par la question sociétale et culturelle du patriarcat. Liée à la question de la vie et de la survie, cette immense révolution des femmes se noue avec la bataille écologique, bataille aussi autour de la vie et de la survie. Ce que dit très bien le slogan iranien « Femme, Vie, Liberté » – slogan né dans la culture kurde, ce qui montre bien la mondialisation qui nous rassemble au-delà des tensions et des conflits[2]. Ce décentrement des hommes et de la production, cette centralité de la vie et du vivant marquent le tournant majeur de nos perspectives – et éclairent les causes des violences de l'ancien ordre du monde, en particulier religieux.

1. Pierre Musso, *Saint-Simon, l'industrialisme contre l'État*, La Tour-d'Aigues, l'Aube, 2010.

2. Philippe Lemoine, *Un espoir pour le XXIe siècle, : Femme, Vie, Liberté*, La Tour-d'Aigues, l'Aube, 2024.

2.
L'impossible retour

J'aime les histoires qui racontent que l'homme a inventé un Dieu unique pour se redresser, pour se doter d'un imaginaire de l'élévation, d'une occupation du cosmos, d'une liaison par le haut de tous ceux qui « ici-bas vous implorent » ; les dieux d'abord, sans doute. Puis l'invention extraordinaire du Dieu unique par les anciens prophètes juifs, par où, peu à peu, l'homme se fait humanité avec ce Dieu à l'image de tous et de chacun ; mais avec un recul de la déesse mère, comme si déjà une logique de conquête l'emportait. Les « batailles de l'âme » traversent les temps, des esclaves aux femmes et aux Indiens. L'humanité s'élargit de nouveaux membres révélés à leur condition humaine par imposition de ce corps mystique, chaque individu étant ainsi peu à peu humanisé par la prophétie des Anciens.

Cette religion christianisée s'est faite, c'est vrai, communauté territoriale quand cette croyance de peuple nomade des déserts « hérite » de Rome. Alors, le Dieu unique de l'au-delà devient le lien d'un empire qui se brise ici-bas. L'œuvre longue du Moyen Âge est le métissage de cultures méditerranéennes ainsi assemblées avec celles venues de la grande plaine européenne, ce que l'historien hongrois Jenő Szűcs appelle « la fusion des héritages antique et barbare[1] », fusion qui ne se réalise ni dans le monde de Byzance ni dans celui de l'islam. Là se met en place ce « rythme de développement particulier où les changements cumulatifs entraînaient toujours des changements de structures ». La condition préalable du dynamisme et de l'intégration de l'Occident après la fin du Ier millénaire est la désintégration qui a précédé et qui va permettre la séparation de

1. Jenő Szűcs, *Les trois Europes*, Paris, L'Harmattan, 1985.

la « société » et de « l'État[1] ». Parallèlement naît l'idée que l'on peut être égal et salarié[2].

L'enceinte de ce temps long est le monde connu jusqu'aux confins de la barbarie, monde perçu comme plan et complet, dont il faudra des siècles pour sortir mentalement et techniquement. Jusqu'à en briser enfin les limites terrestres dans ce grandiose et terrible XVe siècle espagnol où l'achèvement de la purification catholique croise, au petit matin, sur un quai encore sombre, le départ de Christophe Colomb et de ses amis vers les Indes, comme si d'être « entre soi » poussait certains à fuir la limite de l'origine commune et territorialisée.

De ce jour commence en Occident le lent renfermement de la religion dans la sphère du privé et s'ouvre une nouvelle aventure collective : l'extraordinaire conquête et maîtrise du globe et de la nature. L'homme occidental, « maître et possesseur de la nature », repousse chaque jour les limites de la connaissance, génère de l'invention technique, inductrice d'échanges. Dans la même logique, il désire et réalise l'aventure coloniale, ce qu'il perçoit comme l'avancée planétaire de la civilisation. C'est dans cette aventure qu'au XIXe siècle il invente l'usine ; peut-être en important en Europe un modèle culturel du travail et de la production qu'il a observé en Asie[3]. Et l'usine est inséparable de la révolution industrielle et du message marxiste. Mes excuses aux historiens pour ce survol qui ne cherche qu'à montrer des transversalités, toujours improbables, du sens.

Ce résumé rapide ne vise qu'à rappeler le rôle capital de la rupture entre religion et politique dans la dynamique occidentale. Et là où nous voyons la religion envahir de nouveau la sphère du politique, il faut se poser au moins deux questions. Celle qu'avance Jenő Szűcs sur l'intégration, ou non, des apports « barbares » et, plus près de nous, celle du psychanalyste Fethi Benslama sur le fait que la mutation que nous traversons se répercute, amplifiée, dans des civilisations où ces mêmes valeurs que nous quittons étaient en cours d'interrogation. Ce retour du religieux en politique serait une forme de réponse à nos propres évolutions dans des « mondes » qui n'ont pas directement accès à la phase nouvelle de la modernité mondiale, et qui en refusent le mouvement, induisant de si terribles violences en nous imposant de réfléchir à notre ancienne idée de l'universel.

1. Jenő Szűcs, *Les trois Europes*, 1985, *op. cit.*
2. Cf. les travaux de l'économiste et anthropologue Philippe d'Iribarne.
3. Max Weber, *La ville*, Paris, Aubier, 1994.

Ce cheminement est pour nous impossible même s'il était désiré, car nous avons « pulvérisé notre origine », ouvrant « la fuite du temps qui est la forme immuable de tout changement[1] » et assurant ainsi la domination du temps historique.

Sans doute avions-nous inventé en Europe un substitut au dénouement du lien entre religion, territoire et politique avec le mythe national. La nation, elle aussi, est un mythe, une idée lentement construite d'un être collectif qui peut, ou non, se confondre avec un territoire précis et un État. Une pseudo-religion, disait Maurice Agulhon. En France, la longue lutte avec l'Angleterre et la force du pouvoir royal ont contribué très tôt à fonder une nation avec territoire et conscience nationale. 1789, si l'on peut dire, achève le processus en opposant la nation à la monarchie et en faisant de la nation un sujet de droit. À partir de là, « l'allégorie nationale » devient le lieu du regroupement – pas toujours volontaire – des différentes catégories de la population. L'État-nation, ajoute Edgar Morin, « se mue en communauté mythique qui incorpore en elle l'intensité et la priorité de la relation familiale mère/père/enfants[2] » et, comme l'avait remarqué Arnold Toynbee :

> la nation est devenue religion en transférant sur elle l'allégeance à la chrétienté, et, ajouterons-nous, en amplifiant de façon mythologique l'allégeance affective à la famille, de telle sorte que la religion nationale est devenue la religion dominante de l'Europe occidentale, avant de se répandre sur l'univers[3].

La liberté retrouvée du mythe national face au recul du mouvement vers le futur porté par le dit de la lutte des classes est forte et tragique en Europe. En France, le mouvement est sensible, et pas seulement à l'extrême droite. Le poids de l'histoire et le fait que l'État-nation, dont nous sommes certainement le modèle le plus absolu, ont organisé en profondeur la société durant les XIXe et XXe siècles font de l'appel à la nation un recours tentant par rapport aux mutations du monde, aussi bien vis-à-vis du local que du global.

L'instantanéité, la dilution du lien entre économie et territoire comme notre inscription en archipels ne permettent plus un retour vers l'État-nation. Or, si la lutte des classes s'efface en société mondialisée post-fordiste, la nation, elle, paraît s'abstraire du territoire où elle était arrivée

1. Fethi Benslama, *Une fiction troublante*, La Tour-d'Aigues, l'Aube, 1994.
2. Edgar Morin, avec Anne Brigitte Kern, *La Terre-patrie*, Paris, Seuil, 1993.
3. Arnold Toynbee, *La religion vue par un historien*, Paris, Gallimard, 1964.

à prendre racine, retrouvant peut-être une force mythique renouvelée de cette « déterritorialisation ». Elle s'abstrait parce que l'organisation du monde est de plus en plus un dialogue entre le local et le global où les ensembles continentaux et culturels jouent un rôle croissant. La nation – le sentiment patriotique, plutôt –, comme la religion hier, tend alors à devenir une référence privée, fondatrice de nos identités, mais moins fusionnelle avec l'État, qui lui-même redistribue une part de ses attributions « vers le haut et vers le bas ».

Si là se trouve bien notre virage, la précédente ligne droite nous laisse comme orphelins des débats et des conflits qui dynamisaient le mouvement social. Surtout, cela pose à nouveau le problème du politique, car nous sommes en danger de sa disparition si nous ne savons recréer ces espaces légitimes aux nouvelles échelles qui sont les nôtres. La disparition du politique est le danger de « l'exposition des hommes au risque d'une indétermination passive de leur humanité, autrement dit à l'angoisse de l'inhumanité de leur propre représentation d'eux-mêmes, à la terreur de n'être pas fondés légitimement[1] ». Le politique a besoin de cadres, de territoire, de cité et de citoyens.

Dans l'impossibilité de revenir à cet être-ensemble connu, nous sommes obligés d'en inventer un nouveau, bâti à la mesure de la cité invisible que traversent nos archipels. On aperçoit dès lors que nous ne trouverons pas une nouvelle concordance absolue entre territoire, mythe et politique. Notre usage de la cité invisible nous définit plusieurs plans sécants possibles du politique, dont les régulations ne peuvent relever simplement de la « subsidiarité » comme on dit en « langage européen ». Nous sommes polyappartenants d'espaces polyutilisés. Aussi devons-nous, pour chaque champ, repenser une organisation politique.

Nous devons commencer par remettre sur l'ouvrage l'enchevêtrement des espaces politiques du local pour les rendre lisibles et appropriables, car ils sont le lieu de la citoyenneté la plus vécue et désirée – et des hauts lieux de la multicentralité du monde qui émerge. Il ne s'agit pas de créer des « deuxièmes patries » de proximité, comme l'avancent imprudemment certains hommes politiques. Il s'agit de penser des enjeux localisés pour les circulations qui s'y croisent intensément et qui se donnent en spectacle ensemble au lointain. Force des solidarités, des perspectives visuelles, des politiques publiques, des mémoires assemblées… Enjeux d'une communauté qui n'existe pas en soi, mais comme moment de communautés plus

1. Fethi Benslama, *Une fiction troublante*, 1994, *op. cit.*

larges : la nation comme mythe, l'État comme régulateur, l'Europe comme patrimoine commun et comme puissance, le globe comme principe de réalité physique, le genre humain comme fraternité.

3.
Le vacillement d'un certain universel

Pour avancer sur cette voie, il faut revenir au grand tournant de l'ère qui commence, quand nous nous sommes éloignés de la planète bleue, que nous avons franchi la dernière frontière et que, de cet au-delà, nous avons rapporté une image de nous-mêmes. Depuis, dit Michel Serres :

> nous vivons contractuellement avec la Terre. Comme si nous devenions son soleil ou son satellite, comme si elle devenait notre satellite ou notre Soleil. [...] Nouvelle révolution, au sens copernicien, pour notre grandeur et nos responsabilités[1].

Et il poursuit :

> Notre plus récent voyage nous amena de la terre à la Terre. L'humanité vole comme planent les astronautes ; hors de leurs habitacles, mais reliés à lui par tous les réseaux disponibles, par la somme de nos savoir-faire, de l'argent, du travail et des capacités de tous, de sorte qu'ils représentent l'actuelle condition humaine hautement développée. [...] Il faut donc changer de direction et laisser le cap imposé par la philosophie de Descartes. [...] Voici la bifurcation de l'histoire : ou la mort ou la symbiose.

Cela implique que la Terre soit saisie dans son entier, et nous dans cette nouvelle unité. La Terre doit devenir un dedans, le territoire majeur de référence, comme espace et comme nature ; à la fois Terre-patrie, selon Edgar Morin, et Terre physique, selon Michel Serres. Mais ce terme d'une histoire occidentale de la conquête, en touchant au cœur notre propre logique d'aventure et d'appartenance individuelle à ce mouvement pluriséculaire, ne remet-il pas pour partie en cause notre idée de l'universel ?

1. Michel Serres, *Le contrat naturel*, 1990, *op. cit.*, p. 61 *et passim*.

Le retournement qui en découle sur l'espace déjà connu mais autrement n'induit-il pas un déplacement de nos certitudes ? La diversité croissante des trajectoires individuelles chez nous et les particularités des récits imaginaires et symboliques de chaque culture ne gagnent-elles pas parallèlement en légitimité ? La question, pour le moins, mérite de rester ouverte.

En attendant d'y voir plus clair, il nous faut remonter sous le vent, en tirant des bords pour tendre des liens entre ce qui vient de pénétrer dans la mémoire et ce que nous sommes déjà en train de vivre. Ce faisant, nous trouvons brutalement visible ce qui, hier, nous était caché par le maintien en quelque sorte décalé d'une espérance de salut collectif – l'extraordinaire force des aventures individuelles, l'immensité des écarts qui se creusent entre les uns et les autres, avec la mise en périphérie de ceux qui décrochent. Or ces mutations en partie nous échappent du fait de la place acquise par le procès technique[1].

Notre société européenne, qui a porté l'élan précédent vers la Terre et le savoir, si elle ne traverse pas encore des turbulences aussi violentes que certaines sociétés du Sud qu'elle avait prises sous son influence, est au centre de cette transformation, car c'est son propre procès de développement qui est en mutation. Son enjeu pour demain n'est plus d'être la norme planétaire. Il est de ne pas devenir le haut lieu des affrontements entre ces individus autonomes attirés par des forces si contraires et d'être un acteur original des quelques très grands ensembles qui vont avoir la charge de négocier un avenir mondial possible.

Comment organiser des sociétés fortes dans le monde qui se dessine ? Comment y espérer des trajets de vie désirables et mobilisateurs, comment y fonder une citoyenneté ? Quelles sont les bonnes échelles des différents niveaux d'organisation de l'économie, du social, de l'identité ? Et comment lier l'économie et la société dans ces cadres à définir pour que se reconstituent des espaces du politique qui fondent des moyens pour l'action ? Enfin, quels types de liens existent dans ce cadre nouveau entre technique, culture, économie, politique, territoire ?

Tant que nous sommes restés en société industrielle, les modèles sociaux élaborés pour combattre la répartition « spontanée » des fruits de la richesse ont, quand ils étaient au pouvoir, peu ou prou fonctionné, car ils étaient issus du même corps d'organisation que la société qu'ils combattaient. Tout a changé quand la société postfordiste s'est progressivement installée à partir des pays les plus avancés. L'écart entre le nouveau modèle de production – et

1. Gilbert Durand, *L'imagination symbolique*, 1976, *op. cit.*

de conception de la production – et les modèles de régulation politique n'a cessé de croître. On pourra notamment longtemps discuter pour discerner les responsabilités diverses dans l'effondrement du système communiste. Demeurera toujours son incapacité structurelle à organiser des êtres mobiles, un « travail en miettes », un savoir en permanente évolution. Comme si la logique de puissance qui lui servait de soubassement s'était heurtée au mur du réel dans sa phase nouvelle, comme si l'accumulation de connaissances éclatées entre une infinité de cerveaux en permanence stimulés ne pouvait s'accommoder des règles bâties pour contrôler l'accumulation du capital. Rappelons-nous que l'Europe de l'Est de Staline pesait 14 % du produit intérieur brut mondial, celle de Gorbatchev, environ 5 %[1]. Surtout, Staline pesait 60 % du PIB de l'Europe de l'Ouest ; l'Europe de l'Est, à la fin du xxe siècle, 29 %. La société postfordiste et la révolution cognitive paraissent avoir été inassimilables dans le totalitarisme.

D'autres totalitarismes peuvent naître, comme l'analyse notamment Paul Virilio[2], mais ils devront s'appuyer sur le contrôle direct d'une multitude de cerveaux grâce à des systèmes de communication et d'assujettissement médiatisés. L'assujettissement par la contrainte des corps, par le quadrillage du quotidien et du local, ne peut plus que produire un système faible, sans logique de puissance ; système de pauvres peut-être d'autant plus portés à la violence, système de régression qui, dans des pays du Sud où il sévit actuellement, contribue à creuser encore plus les écarts Nord-Sud, non seulement en empêchant le développement, mais, pire, en tirant ces sociétés en arrière. À cet égard, le *Portrait du décolonisé*, d'Albert Memmi[3], doit être lu, notamment avec l'interrogation suivante : l'islamisme radical tiendra-t-il dans le monde arabo-musulman la place hier dévolue en Europe au communisme ? Autrement dit, le risque de tragédie totalitaire peut-il être un aiguillon pour les élites locales postcoloniales qui les poussera à investir enfin dans l'éducation, l'économie de production, la démocratie ? Avec le soutien du Nord, certes, mais d'abord par autodécision locale ? C'est une perspective plus dynamique que l'absurde vision d'une guerre des civilisations.

Plus largement, pour ouvrir de nouvelles pistes de réflexion et d'action, il faut s'interroger sur la logique de puissance que nous sommes en train de

1. *Ibid.*
2. Paul Virilio, *L'espace critique*, Paris, Galilée, 1993.
3. Albert Memmi, *Portrait du décolonisé arabo-musulman et de quelques autres*, Paris, Gallimard, 2004.

quitter. On peut faire l'hypothèse que la période industrielle a entremêlé deux logiques de puissance mises en exergue par Marcel Gauchet : d'une part la domination sur des territoires et des sujets, si possible de plus en plus nombreux, et d'autre part celle, plus récente, bâtie sur le flux, le profit et le retour sur investissement : ce qu'il appelle « la croissance par la limitation[1] ». Jusque-là,

> la puissance matérielle s'inscrivait justement dans l'orbite de la puissance politique. Elle supposait la domination des hommes. La grande nouveauté, c'est qu'elle va s'en détacher, en se déportant du côté de la maîtrise de la nature. Là où il n'y avait que l'extorsion exercée aux dépens des êtres, on va s'en remettre à la transformation des choses.

Cette mutation, comme l'a montré Max Weber, a été plus radicale et plus précoce dans le monde protestant, car « l'éthique nouvelle du salut » a « représenté un avantage différentiel ». En fait, « l'esprit du protestantisme vient se surajouter comme élément émergé à une immense transformation du champ d'expérience et des orientations de l'activité humaine invisiblement engagée de longue date[2] ».

Pour illustrer ce propos, pensons à l'extraordinaire différence entre la conquête de l'Amérique du Sud et celle de l'Amérique du Nord. Au sud, un principe colonial de propriété des hommes et des espaces fait des terres neuves une sorte d'extension du Portugal et de l'Espagne où le prêtre se mêle aux soldats ; au point, comme le souligne Tocqueville, que pas un nouveau cantique ne s'ajouta à la liturgie classique malgré la découverte de « cette immense œuvre de Dieu ». Au nord, plus tardivement et suivant un mode de peuplement différent, un rôle structurant des sectes protestantes qui se réunissaient autour de la Bible et qui fonde un monde à partir de la Genèse confrontée à une « virginité absolue ». On parvient très vite à une autonomie politique par une continuité économique nouvelle. Se mélangent ici indissolublement les époques, la géographie des lieux, la force des civilisations locales… avec la culture des conquérants et le sens qu'ils donnaient à leurs aventures. Richard Sennett écrit : « L'Espagnol arriva dans le Nouveau Monde en seigneur… Il vint en catholique. Le puritain arriva en réfugié. Il convertit par devoir et conquit par nécessité de survivre[3]. »

1. Marcel Gauchet, *Le désenchantement du monde*, Paris, Gallimard, 1985.
2. *Ibid.*, p. 122.
3. Richard Sennett, *La ville à vue d'œil*, 1992, *op. cit.*

À partir de ces positions et de ces croyances éclosent deux idées du monde qui sont comme la caricature et le développement des valeurs de l'Europe du Sud et de celle du Nord, et qui, bien sûr, se retrouvent sur notre continent encore aujourd'hui. Le cheminement des nouvelles idées de la puissance y est aussi différent, le Sud se révélant moins précoce dans la découverte de la croissance par la limitation et dans sa réorganisation autour de la transformation des choses détachées de la domination des hommes.

De cette différence dès l'origine des sociétés industrielles, ne peut-on tirer un prolongement jusqu'au modèle américain où l'économie tire le mouvement de la société en avant, protégée par le politique, le retour social vers les hommes n'étant qu'un partage des surplus ? À l'inverse, l'ex-modèle soviétique apparaît comme moins sensible à cette nouvelle logique de la puissance, d'où le primat de la domination sur les hommes et sur l'espace, l'économie ayant à s'adapter aux choix politiques et sociaux. Entre les deux, si l'on peut dire, ce qu'on appelle le modèle social européen, qui donna au politique une fonction d'arbitrage entre l'économique et le social.

Ces différents modèles tendent à se fermer. Nous avons en perspective, encore opaque et mystérieuse, une nouvelle logique de puissance à découvrir. Nous savons qu'elle passera par une nouvelle fondation du politique apte à intégrer la totalité et l'individu, le local et le global, les terres des archipels et ce qui les lie, comme la science et la technique, mais aussi des valeurs et une éthique. Nous pouvons penser aussi qu'elle créera d'autres frontières entre les hommes, mais nous ne savons pas clairement lesquelles, organisant la relation directe de l'individu et du global, du local et du planétaire. Ce qui veut dire que sont à remettre sur le métier nos partages entre les politiques locale, nationale, européenne et mondiale, en particulier en France, où nous avons concentré le sacré sur le national.

Comme l'analyse Alvin Toffler, la « nouvelle civilisation est hétérogène[1] ». Nous devons trouver les voies qui permettent de construire des espaces politiques aptes à définir des appartenances souples et poreuses entre chaque « maison personnelle » et la Terre. Ceux-ci doivent avoir des fonctions de régulation et de contrepoint au libre jeu des intérêts pour nous amener peu à peu à mettre l'homme au centre du monde, chaque homme dans son aventure immense et si limitée ; nous amener à penser l'égalité entre les hommes non plus comme un devoir, mais comme une nécessité d'un monde interconnecté, dans l'appréhension de la différence des cultures.

1. Alvin Toffler, *Les nouveaux pouvoirs*, Paris, LGF, 1993.

Notre réappropriation du monde autour de nous-mêmes doit faire coexister des forces considérables – physiques, techniques, culturelles ou économiques – et une multitude de petites forces autonomisées. Nous sommes assez proches de la figure du supertanker s'approchant d'une flottille de planches à voile là où nous connaissions la relation entre cargo et remorqueur. La nature des modèles de régulation en est bouleversée, y compris parce que le vent est imprévisible et la plupart des pilotes inexpérimentés. La démocratie doit y puiser la force d'inventer ses nouvelles formes.

Il est vain de croire qu'une structure lourde et rigide pourra tout organiser sous ses grandes ailes. Le monde qui naît est celui des autonomies entremêlées. Le temps n'est plus celui des grands barrages qui canalisent fleuves et rivières, il est celui des rochers qui contraignent le cours de l'eau dans le fil de la pente. Plus nous produisons de la technique, du savoir, des hommes même, moins un homme ou une idéologie peut en maîtriser l'ensemble. Cela fait peur dans une société où libéralisme et socialisme se sont affrontés avec de grands sectarismes si réconfortants pour l'esprit. Le nouvel enjeu est d'habiter le monde dans la diversité, avec une logique de puissance à découvrir.

Ce monde a devant lui la passionnante aventure d'organiser son unité dans une infinie diversité. Mais comment dessiner cette unité nouvelle ? Comment lier la fragmentation en archipels de nos espaces-temps au sein de l'unité physique, mais aussi sociale, d'une planète momentanément bornée, limitée, connue et interactive ? Comment inventer des relations entre habiter et imaginaire aussi puissantes et légitimes que celles des époques anciennes ?

Bien sûr, il nous faut commencer par construire une histoire d'hier. En travaillant sur le passage effectué et « effectuant » car, comme l'écrit Philippe Lacoue-Labarthe, « nul moderne, de fait, ne se constitue sans inventer un rapport à l'ancien. Le moderne tient même tout entier dans une telle invention[1]. » Mais aussi en acceptant d'être dans un entre-deux, le monde de demain étant déjà là mais peu visible, celui d'hier nous envahissant alors qu'il nous a quittés parfois, comme à rebours du cours logique des choses.

Nous vivons en effet un décalage. L'unité physique de la Terre comme le poids de la technique, notamment médiatique et financière, ou la

1. Philippe Lacoue-Labarthe, *La fiction du politique*, Paris, Christian Bourgois, 1987.

transformation de nos liens sociaux ne datent pas d'hier. Seulement, la prolongation des pensées du progrès a perduré plus que de raison à cause de l'autonomie de la sphère du politique, et ce tout en particulier en France, du fait du poids de notre État-nation et de la relative nouveauté de l'alternance politique, qui ont comme freiné l'évolution des idées. Le mythe révolutionnaire a continué à courir alors même que nos appartenances ne relevaient plus principalement de la société de masse et de la lutte des classes.

La question est toutefois plus vaste. Elle vise à chercher l'appréhension politique de ce monde complexe, en se concentrant à la fois sur le niveau local et sur les bons enjeux du niveau global, tout en cherchant le destin futur des anciens cadres nationaux.

Avons-nous là une vision par trop européenne, celle d'un vieux monde qui se pose des questions compliquées dans un univers qui lui échappe ? Que peuvent, en effet, avoir à faire de ces réflexions un jeune Asiatique bousculé par un démarrage économique rapide, ou un jeune Africain qui tente de se protéger des violences qui l'environnent et du désespoir qui submerge son continent ? Un jeune Ukrainien qui ne sait pas encore s'il échappera à la guerre ou un jeune de banlieue qui hésite entre le revenu minimum d'insertion et la dope, voire un savant qui est engagé dans la course à l'univers des siècles futurs ?

Cela montre justement ce qu'est un monde d'archipels. C'est non seulement une réalité individuelle, mais aussi une logique planétaire qui induit des différences aussi grandes. Certes, il n'y a là rien de bien nouveau. Ce qui l'est, c'est que chacun le sait et qu'il y a des relations très fortes entre ces multiples présences. L'être-ensemble et le faire-ensemble voisinent sans toujours se rencontrer. Cela est vrai au niveau global comme au niveau local. Ce monde complexe offre la particularité d'être pris dans des logiques de boucles et d'interactions sans arriver à devenir un ensemble politique. Le mythe du modèle universel supérieur a cessé d'y être opérant, mais ce n'est pas pour autant qu'il n'y a plus de principe d'unité ni que nous ne sommes pas en route pour construire une civilisation planétaire. Seulement, celle-ci devra intégrer en son sein le savoir et la pratique des diversités, tout comme une culture du sens et du sacré, ou elle n'adviendra pas.

Nous ne devons pas oublier que l'attention des autres est en partie fixée sur nous-mêmes – car ils sont, pour une part, là où nous les avons menés. Quoi qu'on en pense. Ce que nous saurons ou ne saurons pas inventer n'en aura que plus d'écho. Certes, nous avons tous à apprendre les uns des autres. Mais, comme au siècle des Lumières, nous devons créer des pistes que les autres s'approprieront dans leurs propres dynamiques. Elles ne sauraient plus être imposées. Mais si nous n'offrons rien, nous allons vers un monde insensé qui sera vite invivable. L'extraordinaire invention du capitalisme en Europe a contribué au pouvoir séculaire de l'Europe sur le monde, mais elle a aussi réorganisé les sociétés, et d'abord celle de l'Europe, autour de l'économie. C'est en partie ce que nous reprochent des sociétés beaucoup plus religieuses, ou beaucoup plus traditionnelles. La contribution de l'Europe au sacré et au sens de l'existence a été négligée en parallèle avec la croissance de sa puissance technique et économique. Écoutons par exemple le philosophe iranien Daryush Shayegan :

> Le seul événement qui puisse faire barrage à la poussée viscérale de l'obscurantisme religieux, c'est, du côté du versant oriental, la réintégration des principes des Lumières dans ce qu'ils ont de plus fondamental et, du côté du versant occidental, la réhabilitation du continent perdu de l'âme[1].

Il ne s'agit en rien de revenir vers les religions, qui, « à force de ressasser les mêmes thèmes théologiques depuis des lustres ont usé Dieu jusqu'à la corde », nous dit-il, mais de découvrir le sens et la spiritualité du monde dans lequel nous entrons. Notre présent doit y redevenir le moment intermédiaire d'une certaine idée du futur. Non plus l'attente du retour du fils de Dieu, ni celle du progrès vers le paradis ici-bas organisé, mais le futur d'un habitat partagé d'une Terre limitée. Notre destin est dans le développement de sociétés aptes à laisser libre cours à la quête de chaque homme sous l'effet de cette contrainte physique et mentale. Notre destin est le temps *un* d'un monde du télescopage des tribus, du voisinage des plus extrêmes diversités, des angoisses, des peurs et de la puissante créativité de cette nouvelle totalité interactive.

Le présent apparaît alors à la fois comme la rupture dans le temps long de l'histoire – avec la fin des sociétés de croissance, de conquête et de progrès – et celle dans le temps court – avec le dépassement du modèle industriel et l'accélération prodigieuse et quasi autonome des procès techniques. Ce télescopage a induit une crise profonde de nos repères et de nos systèmes d'appartenance, et par conséquent des formes de conflits et de régulation sociale et politique. D'autant que les moyens technologiques qui en découlent fournissent une information planétaire unifiée à des cultures aux racines et aux formes éloignées. Ainsi le sentiment d'unité des messages génère bien souvent un renforcement des diversités, voire des rejets, car

---

1. Daryush Shayegan, *La Lumière vient de l'Occident*, La Tour-d'Aigues, l'Aube, 2002, p. 15.

la même information est décryptée, lue et intégrée dans des systèmes de lecture divergents. Il faut ici lire Dominique Wolton.

C'est au cœur de ce contexte insécurisant et insécurisé que nous avons à produire une relecture de nos gestes et des histoires que nous nous racontons, pour ne pas sombrer dans l'ornière qui nous enlise. Nous devons construire le passé pour le dépasser et ouvrir à l'avenir. Sinon, les renfermements, les régressions et les rappels moraux vont nous submerger. Aussi, dans le court terme, deux démarches doivent se conjoindre.

L'une est de « mettre hier en histoire », de raconter l'histoire de la question sociale et la montée de l'internationalisme au XXe siècle comme nous avons raconté celle de la République nationale au XIXe siècle. Non pour tourner la page, mais pour faire entrer dans le patrimoine ce qui nous a quittés et pour rouvrir le champ des imaginaires et du politique en nous arrachant d'un deuil mal consommé. Faire le deuil de cette histoire-là est le moyen de consolider des acquis que nous voulons intangibles, comme hier le dépassement des débats pour ou contre la République a contribué à l'enraciner dans notre tradition politique.

L'autre est de poser l'existence d'un passage entre le monde d'hier et celui qui émerge. Ce passage doit être quelque part entre nos anciennes sédentarités et notre nouvelle mobilité ; entre nos anciennes idées de puissance bâties sur la croissance en hommes ou en capitaux et celles qui se dessinent autour d'un développement fait de maîtrise et de diversité. Par ce passage, nous devons bousculer nos sociétés comme le siècle précédent a su le faire pour imposer l'industrialisation aux villes et aux campagnes, à l'Europe et au monde. Ce bouleversement doit être la rencontre de nos savoirs techniques et scientifiques, de leurs procès de développement, avec la Terre et les logiques de nos trajets, notamment identitaires. Mais ce ne sera possible que si nous inventons des formes d'engagement des hommes qui correspondent à ce qu'ils sont aujourd'hui, à ce qu'ils savent, à ce qu'ils désirent. Autrement dit, si nous savons politiser une société d'archipels par l'énonciation du but et du sens du mouvement, au niveau global comme aux autres niveaux de nos appartenances partielles et poreuses – dans le court comme dans le moyen ou le long terme. Si nous ne savons pas faire cela, nous vivrons dans le sentiment du politique réduit au gestionnaire et à l'immédiat, dans l'angoisse de ne pas maîtriser les mouvements du monde et l'amertume d'une scène politique devenue aussi vide que les églises.

4.
Contre la croissance zéro

Pour que ce monde soit désirable, il faut dépasser l'angle d'approche de la restriction, de la fin du monde et de la peur de vivre. Il faut cesser d'évoluer entre terreur de la destruction de la nature par l'homme et terreur de la destruction du monde que nous aimons par des forces négatives et morbides. L'action vers le futur ne doit pas mener à la castration du désir d'agir, de créer, d'inventer, de bâtir. Il est d'ailleurs curieux de rapprocher le fait que les années 1960, qui furent marquées simultanément par le rêve d'un développement autour de larges couches moyennes – *the middle classes* – dans les pays à modèle économique keynésien et par celui d'une planification totalisante dans les pays à économie d'État, ont également inventé la pensée écologique et les travaux du Club de Rome. Comme si, après la force mise dans la destruction du nazisme et la reconstruction de l'après-guerre, le monde nanti voulait stopper le jeu au travers d'une standardisation de l'art de vivre, du modèle de consommation, de divertissement et de satisfactions prudentes… Société sans désir, sans création, sans innovation, société de la restriction qui s'effondra à l'Est avant de se défaire à l'Ouest. Triomphe de l'animation contre la création, de l'avoir contre l'être.

Si le modèle de la *middle class* a terrassé celui de la société bureaucratique, ce sont aussi et dans le même mouvement ces deux modèles sans âme et sans grandeur qui ont cédé. Depuis, le monde fut dominé, jusqu'à la Grande Pandémie, par les valeurs de la gagne, de la richesse, de la force. Système de valeurs suffisamment partagé pour qu'aux États-Unis d'Amérique comme en Europe, la part des plus riches augmente dans la richesse commune – et en particulier celle des très, très riches. Faute d'un modèle du développement illimité de l'être par une limitation de l'avoir, le modèle arrogant de l'avoir plus est devenu le modèle commun, celui-là même qui fait élire ceux qui possèdent par ceux qui ne possèdent pas. C'est à la gauche mondiale d'inventer un nouveau modèle mental de l'être qui ne soit pas une régulation bureaucratique du monde et de la vie ; c'est la faiblesse du désir de gauche, explicite depuis 1989, qui laisse triompher les valeurs et les acteurs de l'avoir. Rien ne sert de protester sans propositions. Le désir de gauche était à racines révolutionnaires, il était anticapitaliste – mais aussi antiéconomique. Souvent, et surtout en France et en Italie, la gauche régulatrice était symboliquement peu désirable, car elle apparaissait comme une gauche marrane. La gauche sociale et régulatrice est d'ailleurs, la plupart du temps, faible quand elle est prise en main par des déçus du mythe révolutionnaire.

Ainsi, c'est bien le système de pensée et de désir qui organise les mises en sens du politique. L'effondrement du mur de Berlin a ouvert une brèche dans un ensemble de digues de protection symboliques et pratiques qui maintenant entre en crise, libérant les valeurs de liberté bien au-delà de la lutte indispensable pour la justice et dévalorisant les sentiments d'égalité qui, à force de nier la puissance de l'individu, ont fini pas être délaissés de Moscou à New York en passant par l'Europe. Chaque fois qu'il y a absence de contrepoids et de lutte sur les valeurs – aussi bien face à la pensée bureaucratique que face à la pensée de la gagne pour elle-même –, cela crée des sociétés sans freins et sans règles qui se brouillent. La concurrence vivante et sans cesse instable de la liberté et de l'égalité est vitale, toujours inaboutie, toujours à remettre sur l'ouvrage. Mais chaque fois qu'une des deux valeurs est oubliée, l'autre se dessèche. La vitalité de la concurrence paraît bien être un moteur de l'action, de la régulation et des désirs tant dans le champ des valeurs et du politique que dans celui de l'économique. C'est pourquoi 1848 est venu ajouter la fraternité aux valeurs de 1789, car la lutte de la liberté et de l'égalité ne peut être frontale, ni figée par une règle définitive.

La relation entre la liberté et l'égalité pour asseoir la dynamique sociale doit s'inscrire dans la toile de fond de la fraternité qui doit nous réunir, tous et toujours. Comme, d'une certaine manière, la lutte entre le capital et le travail s'inscrit dans la valorisation de l'entreprise et de l'entrepreneur ; ce que, souvent, ne comprennent pas les gens qui ont une culture de la sphère publique, en particulier en France où, avec la régression du parti communiste qui était lié aux travailleurs du secteur privé, la gauche s'est retrouvée être d'abord le parti des fonctionnaires. Gauche politique et syndicale pour une fois réunie, car tous les leaders syndicaux français actuels sont issus de la sphère publique ou parapublique. On ne dira jamais assez le rôle que ce glissement de la gauche française vers la fonction publique et parapublique a joué dans le retournement du monde du travail privé, en particulier les ouvriers des petites entreprises, vers l'extrême droite. Ce glissement vers l'administration a aussi contribué à un renfermement sur la scène nationale, à contretemps du monde et du quotidien des citoyens, car l'administration est, par définition, de compétence et d'expérience nationale – comme d'ailleurs l'essentiel des leaders politiques et syndicaux, à la différence notable de nombreux leaders d'ONG, d'artistes et de très grands chefs d'entreprise.

Or la scène politique de la mondialisation où nous sommes entrés n'est pas une scène dominée par un État et ses fonctionnaires. Ce sera probablement toujours, par nécessité, une scène d'acteurs multiples, qui mettra à nu ses rouages, ses voisinages et ses tensions. La légitimité de l'élection politique sera une légitimité parmi d'autres. C'est pourquoi nous avons beaucoup à réfléchir aux formes que nos valeurs démocratiques peuvent prendre dans ce nouvel ensemble : non seulement les États démocratiques risquent d'y être encore longtemps minoritaires, mais même s'ils devenaient majoritaires, ils se trouveraient sur un plan de (quasi-)égalité avec des forces d'autre nature – économiques, morales, religieuses, associatives, civiles, voire individuelles. D'autant que le monde de l'information où nous vivons survalorise les voix puissantes, même relativement isolées, comme celles du pape, du dalaï-lama, de certains grands scientifiques, acteurs, de personnages uniques. Regardons la place prise par les prix Nobel. C'est donc bien la nature même de la scène qui change quand on quitte l'échelle nationale pour la scène mondiale, ce n'est pas tellement une question de taille, plutôt de forme et de mise en perspective des forces et des acteurs. Le monde de demain ne sera donc pas une totalité hiérarchique et uniforme. Ce monde sera un entrelacs d'archipels individuels, économiques, culturels, religieux, sociaux, éthiques..., un gisement de particularismes, « d'appellations contrôlées », de diversités entretenues. C'est cela qui doit se donner à voir, au-delà des bruits et de la fureur du quotidien et de son imposition médiatique. Cette visibilité est la condition nécessaire de la mise en désir de cet univers naissant.

En contrepoint, le besoin de soin écologique du globe, l'impératif de survie de l'espèce humaine poussent à une métarégulation prédictive et protectionniste. Rien ne sert de développer ici un monde harmonieux si, là-bas, on œuvre à la destruction de la maison commune. Et qui aura légitimité à le dire, et à prendre des décisions d'action et d'intervention ? De cette tension entre le divers de l'humanité réunifiée et l'unité de l'enjeu collectif de son existence même doit renaître du politique ; et dans cette refondation doivent poindre les nouveaux clivages créateurs de sens. Ce fut le rôle des Églises et du religieux, puis des nations et du patriotisme ; dorénavant nous avons à inventer les catégories qui vont faire agir l'humanisation au niveau de la mondialisation.

Si les religions puis les mythes nationaux nous ont permis d'appartenir à un corps politique construit et organisé, aujourd'hui cette appartenance est devenue un donné, car la Terre est comme une île que nous voyons chaque soir sur nos téléviseurs, que les cosmonautes regardent de l'extérieur. S'il y a un extérieur, c'est un extérieur vide, sans barbares avec lesquels nous pourrions guerroyer, commercer, découvrir. Nous sommes une île perdue dans l'univers, Robinson et Vendredi enfermés pour des générations. Heureusement avec des femmes. Des femmes pour réorganiser nos vies dans ce territoire clos où l'art de la guerre peut devenir marginal, car la Terre est maintenant à habiter plus qu'à conquérir.

Aujourd'hui, l'écart de richesse entre les pays occidentaux et le reste du monde rappelle celui qui existait, au XVIIIe siècle, entre les châteaux et les masures. La révolution de 1789 n'a pas donné des châteaux à tout le monde, mais, comme nous le disions en empruntant à Daniel Cohen, elle a démocratisé sous d'autres formes leur confort de vie en y ajoutant santé et vitesse – tout en divisant presque par trois la durée de travail dans la vie d'un homme. Si quelqu'un avait raconté cela en 1789, les révolutionnaires l'auraient pris pour un fou ! Mais si chaque Français avait voulu son Versailles, l'ensemble des ressources n'y aurait à l'évidence pas suffi. Trop souvent, aujourd'hui, c'est pourtant ainsi que l'on voit l'avenir du monde, comme si demain tout le monde devrait avoir le mode de consommation des riches Américains d'aujourd'hui. Alors que ce dont nous avons besoin, c'est une utopie civilisatrice nouvelle qui nous permette d'apercevoir que les générations à venir vivront *toutes* différemment de celles d'aujourd'hui, au Nord comme au Sud, la dynamique induite par la mise en développement des pays pauvres libérant les pays riches de la nécessité permanente du renouvellement de la consommation, en particulier par l'accélération des désirs grâce à une publicité envahissante. Le Nord doit désirer un plus de sens pour que le Sud ait un plus de biens et que les deux, ensemble, vivent une nouvelle révolution scientifique et technologique. Mais le chemin politique pour y parvenir nous est encore inconnu.

Depuis des siècles, nous avancions. Cette histoire peut se raconter par étapes, où des mondes sans cesse plus grands ont fini par se toucher et par s'entremêler, celui des Chinois derrière leur Muraille, celui des monothéismes nés des déserts voisins de la mer au milieu des terres, celui des sociétés au temps presque arrêté, celui des marins, des royaumes, des empires et des nations. Découvrir des terres, dominer, créer, multiplier des sujets, puis produire, accumuler et commercer, telle était la trame de sociétés politiques où la guerre était la prolongation du politique, rendue comme nécessaire pour franchir certains obstacles. Il nous faut comprendre que c'est cette trame même qui a changé.

5.
C'est la trame du politique qui a donc changé

Cette trame du politique a donc changé, peu à peu, au fur et à mesure que nous nous sommes éloignés des sociétés d'ordre, de communautés et de religions, puis des sociétés de classes, de nations et de progrès. Nous sommes alors entrés dans cette société mondialisée d'acteurs mobiles au temps à soi et à la sociabilité privée, au temps libre dominant, vivant comme à côté du « social », héritage des sociétés plus anciennes, rurales ou industrielles. Dans ces sociétés-là, les appartenances d'hier tendent à devenir plus culturelles ; nous nous sentons plus « multiappartenants », même s'il ne faut pas négliger ceux qui, par choix ou par nécessité, vivent encore dans un univers dominé par une appartenance structurante – souvent écrasante –, religieuse, nationale, sexuelle ou sociale…

Les institutions, souvent sans s'en rendre compte, se perpétuent alors dans ce cadre social ancien, décalées de l'organisation sociétale moderne. Pour faire image, regardons le territoire politique de base en France, le canton – notamment urbain –, que seuls les élus connaissent encore : dans cette société individuelle et hypermobile demeure alors, sur le bord crénelé de son canton, un élu en costume-cravate vers qui chacun ne se tourne qu'en cas d'embouteillage ou d'accident pour, assez souvent, lui lancer des tomates. De plus en plus, on peut dire, en Europe, la même chose à l'échelle de chacune des nations. Par exemple, en France, un président de la République, dans un palais vieillot qui, je crois, fut construit pour une coquette, consacre l'essentiel de son temps à écrire de beaux discours qui seront publiés à titre posthume dans un livre relié. Les commentateurs multiplient les analyses profondes sur « l'isolement du pouvoir », « la crise des dix ans de mandat », la durée dudit mandat, l'existence du Premier ministre, la bataille de la succession… Toutes choses belles et bonnes ; mais si, tout simplement, ce pouvoir n'était plus à la bonne place, coincé dans un décorum de plus en plus éloigné de la vie quotidienne des citoyens, et incapable de prise sur le réel, qui glisse, lui, vers l'hyperindividuel mobile, le local, le continental et le mondial simultanément ? Au-delà de l'image et du désir polémique, retenons cette autonomie de l'acteur face au champ politique et la crise profonde du politique qui en découle si on ne comprend pas cette évolution et si on ne tente pas de changer le temps et l'espace du politique. Car alors, à chaque élection, chacun propose une espérance qu'il est ensuite pour l'essentiel bien incapable de satisfaire – si même il le désirait. Et le sentiment populaire d'être trompé s'accroît. Pas plus qu'on ne lutte contre l'avancée du désert avec un balai, on ne peut gouverner une société de mobilité avec des cadres dessinés pour un monde paysan et sédentaire, ni relier les hommes avec des mythes nationaux quand ils s'angoissent du trou dans la couche d'ozone ou de l'explosion démographique ! Dès lors, les plus défavorisés, les moins scolarisés sont tentés de se replier sur les mythes religieux, nationalistes, voire ethniques, qui au moins leur offrent une apparence de consolation individuelle ; car, comme le disait l'écrivain Stig Dagerman, « notre besoin de consolation est impossible à rassasier[1] »… mais on ne peut se dispenser d'essayer !

Longtemps, la lutte individuelle a consisté à se créer de petits espaces d'autonomie au sein de structures fortes, contraignantes mais nécessaires : les classes, les communautés villageoises, les nations… Plus le métier était dur, plus la structuration du groupe était forte, et denses la cohésion de ses valeurs et sa solidarité. Pensons à la culture des mineurs, des pêcheurs, des soldats. La construction d'une logique de l'honneur du métier était comme le pendant indispensable à sa difficulté. L'individu appartenait à son groupe avant d'être lui-même, et le luxe suprême, dans ce monde voué au travail dur, était l'inactivité du noble, du prêtre et du rentier. Ces cultures de métiers et de classes créaient des groupes fermés, aux règles propres, favorisant des individus au savoir partiel réunis par les messages religieux, ou des idéologies. Aristote, déjà, valorisait les gens qui se consacraient au temps libre, c'est-à-dire à la pensée non spécialisée du bien commun, échangeable entre des gens qui n'étaient pas enfermés dans un savoir partiel, même respectable. Toujours l'artisan et le paysan ont posé problème car, si eux-mêmes étaient estimables et nécessaires, leurs spécialisations nuisaient, pensait-on, à la capacité universelle de leurs pensées.

---

1. Stig Dagerman, *Notre besoin de consolation est impossible à rassasier*, Le Paradou, Actes Sud, 1981.

Cette vision de la pensée plus large, et universelle, du non-manuel, s'est en partie prolongée dans les clergés, contribuant à fonder un groupe social de plus. Mais cela n'empêche pas d'affirmer qu'hier, participer était une manière d'affirmer son appartenance à un groupe structuré. Cette affirmation fondait votre identité. Ce groupe était vital – souvent au sens littéral –, même s'il était contraignant. Aujourd'hui, les individus-acteurs jouent de multiples appartenances, en grande partie adoptées, ou en tout cas utilisées différemment suivant les âges et les stratégies du moment. On peut, suivant les lieux et les périodes, mettre en avant son âge, son genre, son métier, son origine, ses croyances… La société donne bien souvent l'apparence d'être un cartel de particularités et de minorités actives. Mais cette mise en scène d'appartenances, souvent adoptées momentanément pour la construction d'identités individuelles autoproduites et évolutives, ne doit pas cacher les fondements collectifs qui nous régissent. Par exemple, les sexualités hors mariage ou non hétérosexuelles ne sont pas forcément plus nombreuses parce qu'elles occupent l'espace public, la vie de couple hétérosexuel et marié restant la pratique très largement majoritaire. Mais on se préoccupe aujourd'hui souvent plus des enfants du divorce que de ceux du mariage…

Nos vies plus longues et plus riches sont de plus en plus organisées comme des trajets où tout se fait « pour un certain temps » (y compris le couple, le mariage et l'embauche), du moins au niveau imaginaire ; moins, donc, comme une course avec des étapes à réussir les unes après les autres (études, service militaire, travail, mariage, enfants, retraite…). Le temps annuel y tient moins de place, le long terme et le très court terme deviennent des enjeux forts. Surtout, l'événement y prend une place exceptionnelle comme marqueur de ce temps long, organisateur de son récit, mais aussi comme moment nécessaire de rencontre, de sentiment passager d'appartenance à une humanité rassemblée. L'engagement pratique y devient ponctuel, souvent explicitement pour le plaisir de soigner, d'aider, de rencontrer. La solidarité par plaisir. La messe événement, le militantisme saisonnier… Le mouvement d'une vie plus longue hier dominée par des étapes successives prévisibles devient une aventure, avec ses grands moments et ses échecs, ses retours et ses nouveaux départs.

Dans ces vies plus autonomes, mobiles et imprévisibles, les chutes aussi deviennent individuelles, solitaires, portées par la figure du sans domicile fixe. En France, pour soixante-six millions d'habitants, on estime leur nombre au minimum à quatre-vingt-dix mille d'après l'Insee – dont cinq mille à Paris. Et que dire du sort de nombre de vieillards et des dix-huit millions de Français qui vivent seuls ! Aussi, nous devons penser de nouvelles formes de solidarité en relation avec cette transformation des liens interindividuels et sociaux. Mais nous devons en même temps penser que l'exclusion individuelle n'est qu'une des faces de l'exclusion. Car il y a aussi des risques d'exclusion communautaire, notamment des groupes non encore insérés dans cette société de l'individu autonome. Cela est vrai sur la planète, cela est vrai en France, y compris des *nous* religieux, nationalistes ou ethniques qui peuvent devenir des forces coalisées mondialement.

Ainsi, on ne peut pas séparer la réorganisation sociétale de proximité dans les pays du Nord et les quêtes des humains partout sur la planète.

En effet, on peut faire humanité par le voisinage physique, permanent ou événementiel, tout autant que par le partage du même récit, du même imaginaire et de la même espérance. Mais manque aussi, à ce niveau-là, la vision du chemin pour un monde harmonieux, désiré, possible, projet d'une humanité réunifiée qu'il va falloir construire, enrichie des chemins parcourus depuis Lucy, fière et inquiète des diversités accumulées ; une humanité tournée vers le plaisir de vivre et la profondeur de la conscience de la mort ; une humanité qui reprendra pouvoir sur les choses, au travers d'une trame qui sorte enfin des figures de la mécanique, des liens de cause à effet. Peut-être cette humanité sera-t-elle plus proche de la trame du biologique et de la créativité des décompositions, du sens et de la mort liée à la vie par la naissance. Cette utopie de l'humanité diverse et harmonieuse peut être le sens du XXIe siècle. Y être soi, mais ensemble, dans sa famille, sa tribu, sa communauté, sa religion, son pays… au sein de l'humanité. Serait-ce là le retour de la philosophie des Lumières, après deux siècles d'interruption révolutionnaire, retour d'une culture de l'étude et de la « palabre » maintenant planétaire ?

L'humanité est en marche, mais il lui faudra un projet, une volonté pratico-utopique de développement et d'harmonie. Nous avons besoin de l'utopie d'un monde gouvernable et harmonieux pour en faire advenir la réalité. L'utopie dont le philosophe Ernst Bloch disait : « [Elle] n'est pas la fuite dans l'irréel, c'est l'explosion des possibilités objectives du réel et la lutte pour leur concrétisation[1]. » Rien, en vérité, ne s'y oppose, à condition de se donner le XXIe siècle en entier pour la penser et commencer à la mettre en œuvre. Sans cet horizon, il n'y a pas de chemin. Le délaissé ne peut contenir sa violence que si une autre voie lui est offerte. Le retour

1. Ernst Bloch, *Thomas Münzer, théologien de la révolution*, Paris, Éd. Amsterdam, 1964 [1921].

du grand enfermement des pauvres des sociétés européennes des XVIIIe et XIXe siècles ne résoudra rien. Seuls l'ascenseur social, l'éducation, la paix, la santé, l'utopie, peuvent légitimer le cadre contraignant de l'ordre social, surtout aux époques de grand passage où s'accroît la peur des hommes devant leur destin tragique. Les boucliers antimissiles, les prisons-ghettos dans le ghetto, les quartiers sécurisés relèvent de la pensée d'un monde sans espoir d'harmonie, d'un monde définitivement coupé en deux, aristocratique et continentalisé, voué à la disparition. Il faut inventer un chemin pour déstabiliser les arrogances, leurs certitudes et leur force de mort. Il va falloir remettre les mains dans le moteur économique – et pas seulement redistribuer les profits – pour réguler politiquement le marché (y compris, d'ailleurs, s'interroger sur ce qui doit être payant et ce qui doit être gratuit, comme le dit Jacques Attali), repenser le développement comme autre chose que le projet de généralisation du modèle occidental de consommation et d'assujettissement des humains à la productivité du travail.

Je garde ici 1968 comme symbole d'une rupture, quoi qu'en disent les grincheux en France comme ailleurs : Mai 68 a cassé les appartenances contraintes et ouvert aux appartenances individuelles et choisies, remettant la culture en phase avec le réel, réduisant un décalage qui était devenu un frein après les Trente Glorieuses. Ce fut le premier mouvement mondial pour réagir à une perception du monde qui nous réunissait sans qu'il y ait une grande organisation structurée derrière les multiples événements. Nous vivions le même air du temps, par la musique, la radio, le refus de la guerre du Viêt-nam, la libération sexuelle, l'affirmation mondiale de l'individu… À la génération du début du XXIe siècle d'inventer les cadres de cette société de l'autonomie, mais croire à un retour au passé est absurde, inutilement réactionnaire. Comme l'écrit le juriste Dominique Rousseau :

> la posture angoissée au présent conduit toujours à une nostalgie du passé qui finit par alimenter le désir d'un retour à ce qui est présenté non comme l'ordre ancien des choses, mais comme l'ordre vrai, l'ordre naturel et authentique de la réalité humaine. Le passé est transformé en mythe, le travail du sens est arrêté et les choses sont immobilisées à un moment de leur histoire[1].

Les appartenances aujourd'hui – dans les pays qui ont vécu les agitations de 1968 en tout cas – sont, pour le plus grand nombre, choisies librement, diversifiées et multiples, ce qui, par contrecoup, isole d'autant plus ceux qui n'accèdent pas à ce nouveau modèle sociétal, par incapacité individuelle ou

1. *Libération*, 19 décembre 2002.

par exclusion économique ou culturelle. Les deux mouvements se jouant l'un de l'autre, la liberté nouvelle des uns révèle et accentue souvent le repli des autres. Cela désigne des objectifs nouveaux à la politique, qui doit moins gérer des rapports de force entre groupes constitués – les classes, les nations – et plus devenir créatrice de lien social interindividuel. L'action partagée par l'intelligence collective rassemblée autour d'un but, qui peut être très simple, tisse du lien social par le chemin que l'on parcourt en commun, souvent plus que par le but que l'on se fixe. Cette culture politique du chemin doit devenir centrale. Il nous faut prendre le monde en tant que tel à pleines mains, comme œuvre à partager, stock universel de ressources et écosystème unifié. Pour ce faire, il faut appréhender ce que nous vivons chacun comme un cas particulier d'une œuvre collective globale, un lieu-moment d'une totalité dont nous n'avons pas encore les règles de la citoyenneté, mais dont l'existence n'est pas pour autant en question. Il faut penser la mondialisation comme territoire de l'individu libre et autonome, et chercher le chemin – dans l'espace, mais aussi dans le temps – pour en mettre les clés en partage dans le siècle qui commence. Créer du vivre-ensemble pour amener du faire-ensemble par de l'espérance partagée.

6.
La citoyenneté des trois époques

La revitalisation de la toile de fond politique de nos sociétés ne résoudra pas pour autant l'ensemble des questions que nous pose le nouvel âge du politique que nous tentons ici de cerner. Nos relations aux œuvres des générations antérieures comme nos capacités technologiques de détruire le monde de nos descendants nous obligent à réfléchir de nouvelle manière aux fondements mêmes du gouvernement de la société des hommes dans le long terme, pour intégrer le passé comme pour préparer l'avenir. Le principe démocratique, « un homme, une voix », ne peut y tenir la même place que dans la société d'hier, en particulier parce que le temps du monde n'appartient plus uniquement aux vivants ! Les droits des enfants à naître doivent maintenant être défendus, et ce pour des générations et des générations, comme les droits des œuvres que nous ont léguées les anciens – « une Internationale du patrimoine est née », nous dit à juste titre l'écrivain Jean Lacouture, car nous avons pris conscience que la diversité du monde est sa première richesse. La double unité de la Terre et de l'Humanité est même portée par cette richesse des diversités dorénavant réunies et interactées. Alors, si nos ancêtres discutaient (souvent les armes à la main) du type de religion qu'ils voulaient, si nos pères s'entretuèrent pendant deux siècles pour savoir quel type de société ils voulaient, il est temps de débattre – si possible pacifiquement – du type de monde que nous voulons – pour « des siècles et des siècles », suivant l'expression consacrée, car l'avenir n'est plus d'abord inscrit dans les cieux ou dans les sociétés nationales : il est sur terre… totalement. Prenons acte que nous vivons dans l'époque de *l'habiter du monde*, et qu'il va falloir en inventer les règles politiques de gouvernement. Les grands clivages politiques du futur seront sans doute liés à des visions différentes du temps : politique de court terme contre politique de temps long ?

Cela signifie que la pensée politique qui a remplacé la naissance par le mérite aux XVIIe et XVIIIe siècles, puis qui mit, au XIXe siècle, le lien social au centre du fait social sous l'influence socialiste doit, si elle veut à nouveau relier les hommes et leur donner confiance, franchir une nouvelle étape en intégrant que nous entrons dans une topique politique à trois niveaux de légitimité : droits des morts, droits des vivants et droits des enfants à naître. Aucun de ces trois niveaux n'est plus en droit d'attenter à l'intégrité des deux autres. Si l'on entre dans cette logique qui fonde une pensée politique durable, on désigne par là même nombre d'actions à entreprendre pour chercher un équilibre satisfaisant entre les trois temps de nos appartenances et de nos espérances. Mais on ouvre aussi à d'immenses enjeux et dangers, aussi bien de détruire l'avenir de la planète par de mauvais choix démocratiques que de détruire la démocratie par une place surévaluée octroyée aux droits des morts ou à la protection des enfants à naître – car l'un relève de systèmes sociaux antérieurs à la démocratie, l'autre d'une prise de pouvoir de la science sur la citoyenneté. Ces déséquilibres sont déjà bien souvent à l'œuvre dans les débats politiques actuels où une part du monde s'enferme dans son passé et une autre part est en limite du refus de l'expérimentation scientifique.

Depuis l'émergence de la pensée écologique, nous avons compris que le futur a des droits inaliénables sur le présent. Depuis la disparition du mythe révolutionnaire, nous ne désirons plus « faire du passé table rase » et nous acceptons que le passé aussi ait des droits inaliénables sur le présent. Ainsi nous sommes entrés, sans forcément en être conscients, dans le temps du patriotisme planétaire du patrimoine hérité, et dans celui du sacre du vivant – y compris chaque humain pris individuellement. La diversité des cultures comme les droits de la nature deviennent nos nouveaux *biens publics* : on ne devrait pouvoir, par exemple, ni détruire la cathédrale de Chartres ou les trésors de l'art bouddhique de l'Afghanistan préislamique, ni continuer à mettre en danger la couche d'ozone et le système climatique de la Terre. Mais pour ce faire, nous devons penser *un bien public mondial*, qui englobe l'idée du *bien public national* d'hier.

La question qui nous est alors posée, mais à laquelle nous n'avons pas encore de réponse, est celle des modalités de gestion politique de ce bien public mondial, ce pour chacune des trois époques – car rien ne nous indique qu'elles seront semblables – *et* entre elles. La définition de la citoyenneté et la place de la démocratie sont là réinterrogées : car ni les morts ni les enfants à naître ne peuvent s'exprimer dans les urnes et il n'est pas du tout sûr que la majorité des vivants à un instant *t* soit légitime à les représenter. Beaucoup de démocraties ont déjà du mal à défendre les droits des minorités vivantes : alors, ceux des morts et des enfants à naître...

Certes, on ne découvre pas ce problème seulement aujourd'hui. Par exemple, en classant la part la plus extraordinaire du patrimoine architectural mondial, l'Unesco, d'une certaine manière, tout en le protégeant, ne le retire-t-elle pas en fait à la gestion des sociétés locales ? L'émotion mondiale qu'a suscitée la destruction des statues afghanes aurait-elle été très différente si cette décision avait été prise démocratiquement ? À l'inverse, la protection de l'écosystème Terre peut-elle être laissée au bon vouloir de la majorité des vivants d'aujourd'hui, si un jour, par hypothèse, la majorité planétaire pouvait s'exprimer ? D'ailleurs, le refus de signer le protocole de Kyoto nous choque-t-il moins quand il est le fait d'une démocratie que d'une dictature ? Autrement dit, la mise en démocratie du monde est loin d'avoir achevé son œuvre que déjà l'universalité de son opérationnalité et de sa légitimité – cette fois-ci temporelle – peut être contestée.

Nous avons un problème politique à gérer que ne connaissaient pas de la même manière nos anciens : le très long terme du monde. Certes, de nombreux peuples ont su gérer un territoire pour le très long terme de leur propre survie. Ce territoire était cependant intégré à leur organisation politique ; or l'Internationale du patrimoine humain et écologique échappe désormais en partie à nos organisations politiques localisées.

La construction d'une Internationale du patrimoine est un fait important depuis le XIXe siècle. Nous avons d'abord commencé à gérer vraiment le patrimoine issu des œuvres de l'homme après 1830, sous la Restauration française, puis celui issu des œuvres de la nature, que souvent ses premiers protecteurs pensaient être l'œuvre de Dieu, avec la création du premier parc naturel à Yellowstone en 1872, au cœur de l'Ouest américain. Dans un cas, il fallait garder des traces du monde englouti en 1789 (ce fut le travail des catholiques) ; dans l'autre, celles de la nature encore toute chaude de la main de Dieu (ce fut le travail des protestants)[1]. Dans les deux cas, naît là un rapport au passé culturel et naturel novateur, car le passé y est fait œuvre, monument, totem du temps et des cultures, alors que généralement le passé était délaissé, instrumentalisé, voire détruit et réutilisé. Devant cette sacralisation des œuvres de nature et de l'homme, Jean Lacouture nous dit : « Faisons bon accueil à cette prise de conscience de la communauté de nos

1. Jean Viard, *Le tiers-espace*, Paris, Méridiens Klincksieck, 1990.

patrimoines qu'on pourrait appeler mondialité[1]. » Processus d'autant plus important au fur et à mesure que la puissance scientifique et technique de l'humanité croît.

Mais jusqu'où peut aller cette mise en commun du patrimoine ? Jusqu'où les croyances et les systèmes de valeurs qui les ont créées doivent-ils être protégés, voire soutenus ? La protection des œuvres s'étend-elle aux civilisations qui les ont engendrées ? Ou, autrement dit, mondialité et mondialisation sont-elles de fait des acteurs d'un lent processus d'avènement d'une civilisation-monde ? Cela est-il inéluctable ? Que désirons-nous au fond de nous-mêmes ? Mais aussi, qu'y pouvons-nous ? Ou encore, comment pouvons-nous agir et pour quels objectifs ? Ces questions se posent pour tous, mais plus encore parmi les civilisations qui n'ont pas été les acteurs centraux de la dernière étape de la « réunification des tribus ». On ne peut pas non plus cacher que la rencontre de tant de civilisations et de cultures séparées par des milliers d'années de cheminement singulier ne les met pas toutes instantanément et immédiatement au même niveau de puissance, ni dans la même logique de désir. L'écrivain Max Gallo, dans sa saga sur les conquêtes coloniales[2], fait dire à son personnage qu'au fond, le monde noir était, à la fin du XIXe siècle, à peu près au même niveau de développement que la Grèce antique. Que penser de ce genre de rapprochement ?

Il n'est pas ici l'objet de répondre à toutes ces interrogations. Mais il faut les garder à l'esprit, et pour longtemps, à la fois pour comprendre les inquiétudes des uns et des autres, mais aussi pour ajuster les politiques à mener. C'est à leur lumière qu'il faut penser la crispation identitaire de nombre d'individus, de groupes, voire de grands ensembles culturels, et les instrumentations qui en sont faites. Et ces questions ne se posent pas de même manière suivant l'horizon temporel dans lequel on réfléchit, pour le présent, pour le prochain siècle… ou pour mille ans.

Enrichir le présent des divers passés n'est donc pas chose simple, mais l'enrichir des risques sur l'avenir de l'écosystème Terre paraît encore plus complexe : si le passé peut certes faire débat, s'il est soumis à des usages différents, fondamentalistes et touristiques, identitaires, financiers, il est inscrit dans la perspective de nos réseaux sociaux et politiques. Même l'affaire de sa patrimonialisation, et son nouveau statut d'espace public planétaire, est engagée depuis près de deux cents ans : les organisations mondiales et locales sont nombreuses, 11 % de l'emploi sur la planète

1. Jean Lacouture, *Géo*, mars 2004.
2. Max Gallo, *L'empire*, t. 1 : *L'envoûtement*, Paris, Fayard, 2004.

dépend largement des touristes qui la visitent… Il y aura encore des crises, des attentats, des drames, mais la pensée d'un patrimoine mondial est en route.

Différente est la question de la protection de la Terre comme écosystème habitable. Là, il n'y a pas de certitudes, pas de gestion politique du long terme, et des contradictions énormes sur le court terme. Ne cachons pas que, pour l'instant, ce qui protège le mieux le système Terre, c'est encore le non-développement des pays du Sud. Or la protection de la Terre est la question centrale de l'avenir : pour survivre, l'humanité va devoir la sacraliser.

Nous qui avons inventé l'ONU pour tenter de gérer la violence planétaire – même si nous n'arrivons pas à la réformer et à la renforcer –, saurons-nous inventer une forme politique nouvelle apte à se saisir de la Terre comme enjeu ? Une forme politique légitime, à l'écoute de la science et de ces incertitudes planétaires. Certes, le GIEC en fait office – remarquable travail. La Cour pénale internationale. La COP 21 de Paris a posé des objectifs que chacun essaye de ternir. Les COP rythment nos vies et nos projets, sorte de grandes rencontres rituelles pour faire « tête ensemble », comme disent les Kanaks. Saurons-nous le faire, et le disjoindre suffisamment des enjeux politiques du court terme ? On pourrait créer un Sénat planétaire pour cet objectif en lui confiant l'analyse de l'avenir de la Terre ; mille membres, cooptés parmi les anciens responsables économiques et politiques de tous les pays, lieu de dialogue, d'écoute des scientifiques, de prise de parole au nom de la relation entre Humanité et Terre. L'enjeu ici n'est pas la forme politique à créer, il est de dire qu'il faut confier le temps long à des structures différentes de celles du temps court. Ainsi, pour protéger les droits à la démocratie des vivants, et en universaliser peu à peu le principe, il faut sans doute diversifier les formes politiques pour tenter de désirer et de structurer une citoyenneté pour les trois temps du monde rendus, alors, contemporains. Pensons à ce conseil mondial des anciens.

7.
Le dépassement du modèle national-démocratique

Cette logique de réflexion nous amène à voir que le nouvel âge du politique que nous avons abordé, malgré nous et sans en être encore toujours conscients, ne sera principalement construit ni sur un modèle national, ni sur un modèle démocratique. Nous sommes en train de vivre le dépassement des scènes politiques nationales-démocratiques, mais nous y résistons car nous ne savons pas où nous allons, n'ayant pas encore de système de représentation de ce que l'on pourrait appeler le temps de la politique hétérogène. En cela, l'époque que nous vivons n'est pas sans rappeler les XVIIe et XVIIIe siècles, quand certaines élites prirent conscience de la fin du temps féodalo-religieux, mais sans pour autant connaître déjà le futur ordre du monde. Celui justement que nous sommes en train de quitter et que nous appelons les scènes nationales-démocratiques, car les nommer est le premier pas pour les penser mortelles, et dépassables. Ces scènes, avec leurs capacités créatrices et leurs heurts, ont donc émergé à la fin du XVIIIe siècle aux États-Unis d'Amérique et en France, puis elles ont structuré une part du XIXe siècle et dominé, parfois de manière formelle il est vrai, le XXe siècle – de la guerre de 14-18 à l'effondrement du mur de Berlin.

Depuis, elles reculent et régressent, soumises à des peurs, des violences, de la perte de confiance, de l'inefficacité, du désintérêt, voire de la transgression par les puissants du monde – pensons aux paradis fiscaux ou aux fondements juridiques de l'intervention conduite par les États-Unis d'Amérique en Irak. Ces régressions, abstentionnistes ou populistes, ces autoritarismes et ces fondamentalismes, mais aussi ces excès des droits du marché, indiquent l'inaptitude de ces scènes nationales-démocratiques à agir sur l'avenir au niveau mondial et, au niveau local, à gouverner une démocratie qui se veut de plus en plus participative tout en étant partout connectée directement à la mondialisation.

Cet éclatement de la scène politique centrale du XXe siècle est porteur d'insécurité dont naissent repli sur soi et rejet des autres. Les populismes, aussi. Si nous ne savons pas reconstruire l'horizon mondial de la scène politique pour y fonder des projets et des manières de gouverner, non seulement le monde n'ira pas mieux, mais surtout, nous devrons céder sur les valeurs qui nous portent, fermer nos cœurs à un désir de justice de plus en plus mondialisé – jusqu'à un horizon qui peut être tragique : car l'insécurité vécue par les plus faibles créera une souffrance croissante qui finira par tout emporter, régénérant la grande vague totalitaire qui accompagne la modernité depuis la révolution industrielle. Parallèlement, les logiques d'accumulation de richesse, de corruption, de détournement d'argent public font également pression pour la destruction de ces scènes nationales-démocratiques, mais, dans ce cas, au nom d'un monde sans règles et sans projet, régi par les principes de la force et de la jouissance immédiate. Ces deux logiques pouvant évidemment faire système, comme cela se produit presque toujours dans les sociétés totalitaires.

Cette affirmation inquiétante découle de la simple observation du recul constant, dans les principales démocraties, de la participation électorale ; d'une froide analyse de la montée des extrémismes les plus divers, de la difficulté des formations dites de gouvernement à définir des projets qui soient autres que des stratégies de sélection des leaders et, peut-être plus dramatiquement encore, du spectacle quotidien de la scène mondiale, même s'il ne faut pas oublier l'élargissement du camp des démocraties qui s'est produit dans les années 1980 et 1990 en Europe et en Amérique latine, puis leur lente décrue. Nous sommes entrés dans un monde multipolaire agissant sous la contrainte décisive de la guerre climatique. L'Union européenne, qui est un rêve réalisé d'alliance pacifique et puissante, s'enlise dans la technique, laissant son Sud aux prises à la violence, au désarroi et à la révolte. L'ONU, qui fut une création considérable et reste un grand lieu de palabre, paraît impossible à réformer pour y intégrer les nouveaux enjeux et les nouveaux rapports de force. La responsabilité de l'avenir de l'écosystème Terre fut longtemps abandonnée aux hasards de l'évolution des climats, des pollutions et du développement économique et technologique. Jusqu'à, et nous y reviendrons, la Grande Pandémie, qui lança cinq milliards d'humains, ensemble, dans une première bataille gigantesque, immédiate, victorieuse. Entre Jacques Chirac, reprenant la formule de Jean-Paul Deléage, physicien français : « Notre maison brûle et nous regardons ailleurs » au IVe Sommet de la Terre, en 2002, et la situation en 2024, l'évolution est considérable. L'Humanité s'ébroue enfin hors de son modèle idéologique de progrès. Une immense révolution culturelle, scientifique et industrielle est lancée.

Tout cela pour dire que c'est ce face-à-face entre le monde comme totalité et les individus dans leur unicité que nous avons maintenant à penser et à organiser directement, là où hier classes et nations faisaient office de couche de protection au sein d'une représentation du temps tournée vers le futur et le progrès. L'Union européenne, par exemple, qui fut pendant un demi-siècle une union pour la paix et le développement sur un modèle keynésien, une union antitotalitaire face à l'Est – même si Staline en soutint la création –, l'Union, aujourd'hui, vacille politiquement parce qu'elle ne sait plus où se positionner sur l'axe individu/monde. Si l'Union fut pour les Français une sorte de France élargie jusqu'en 1989, elle est devenue, depuis, un maillon encore faible du nouvel horizon du monde. Son sens comme ses frontières doivent maintenant se bâtir autant par rapport à une pensée active de la mondialisation que par rapport aux drames de l'histoire déjà vécue. Le sens de la partie doit ainsi découler de la nouvelle totalité, plutôt que de n'être que l'agrandissement conquérant de la totalité nationale d'hier. La question esthétique et spirituelle qui taraude chaque individu doit ainsi rencontrer, à travers le nouveau projet européen, une logique de maîtrise et de justice pour le monde dans laquelle l'Union soit un acteur indispensable. En cela, la réunification de l'Europe – celle du socialisme réel imposé et celle du modèle keynésien choisi – doit d'abord renouveler et dépasser ce que furent ces deux logiques concurrentes ouvrant à des tentatives de maîtrise du nouvel ordre du monde. Ce qui a fait dire à Václav Havel que l'Union européenne a comme mission historique « de refaire le monde en commençant par l'Europe[1] ».

Voilà une inversion fondamentale de perspective du champ politique qui met l'Union européenne face à la question d'un projet-monde, projet pour le monde et projet comme acteur dans ce monde. Et si elle ne trouve pas suffisamment son sens, elle va se retrouver en contradiction avec les valeurs de justice et de solidarité qui la fondent. Pour pallier cette contradiction, elle peut chercher à rassembler de deux manières. Elle peut partager son plus petit projet commun : une culture chrétienne devenue tardivement tolérante. Dans ce cas, elle risque de se replier en un bouclier de pays riches associés,

1. Václav Havel, « Refaire le monde en commençant par l'Europe », *Lettre d'Europartenaires*, janvier 2003.

qui vont chercher à se doter d'un « plus » de source religieuse – à l'instar du parti républicain des États-Unis d'Amérique par exemple –, un « plus » religieux qui aura comme objet de rassembler autour d'un commun hérité et de fuir la question du sens de la mondialisation – tout en posant à l'Union européenne des frontières géographiques incontestées, celles de l'expansion du catholicisme et du protestantisme. Cette géohistoire viendrait, par un retour du religieux en politique, clore *notre* territoire, entre océan, orthodoxes et musulmans. Si, en revanche, l'Union échappe à cette attirance néonationale et néoreligieuse, elle peut être pensée comme un pilier d'une espérance de vie mondiale possible et juste – puissante, en quête des mutations du monde dont la production de richesse matérielle ne soit plus le seul cap. Le projet est fort différent, de même que la question des frontières qui en découlent. Il est, au fond, la réunion des anciennes cultures impériales qui ont porté la mondialisation. Culture impériale aujourd'hui assagie – qui conjoint naturellement la Grande-Bretagne et la France, le Portugal et l'Espagne, la Turquie, et sans doute, un jour, la Russie.

Il vise à produire sur la planète des ensembles politiques peu nombreux, unifiés par des démarches peut-être à définir d'abord comme esthétiques et historiques, regroupant des ensembles de tribus voisines dans le temps et dans l'espace : les chinoises, celles des pays neufs, les indiennes, les africaines, les euro-méditerranéennes… Ce projet-là, où la planète avance vers une régulation par huit ou dix grands ensembles géographiques, culturels et politiques de cinq cents millions à un milliard d'individus, est tout différent de celui d'une Union chrétienne (et blanche). L'un part de nous pour éloigner les autres, l'autre part de l'humanité pour en favoriser une régulation par grands ensembles voisins et responsables. L'un part d'ensembles politiquement assez petits et donc moins puissants que de très grandes firmes mondiales, l'autre vise à revalider la puissance du politique. Or, depuis 1989 et le succès d'une première Union bâtie pour la paix intérieure et la lutte antitotalitaire, faute de choix refondateur, la tentation est forte de réduire l'Union « élargie » à une zone économique et monétaire. Alors, nombre de citoyens désespèrent de leurs propres valeurs, nombre de politiques rêvent d'un retour à une république nationale refuge. Risque de retour à un primat du *je* national. Et, malheureusement, c'est sans doute par l'attaque russe sur l'Ukraine que l'Europe a retrouvé son sens et su réaffirmer ses valeurs.

La politique se meut excessivement à partir de l'ordre d'hier. Or les clivages explicites du champ politique d'hier sont des bras de levier bien faibles dans l'époque nouvelle où nous sommes engagés. D'autres clivages commencent certes à émerger, logiquement périphériques, en lisière des fractures avec la nature, les nations, les communautés…, mais encore trop souvent en lisière des fractures du passé. De même que ce n'est pas directement des révoltes paysannes contre les seigneurs qu'est née la société capitaliste, marchande et bourgeoise, ce n'est pas directement des luttes ouvrières qu'est née la société cognitive et mobile qui saisit le monde. Ces luttes, les mouvements qu'elles impriment aux structures et aux hommes, sont des acteurs indispensables de la mutation des sociétés. Mais les formations économiques et sociales se succèdent sans découler linéairement l'une de l'autre. La question de la répartition des rentes foncières n'est plus le moteur de la question sociale ; de même, la répartition des profits entre le capital et le travail perd de sa centralité politique : si le monde est passé hier de la terre à l'usine, il entre aujourd'hui dans le temps du cerveau comme moteur économique premier. À chacun de ces grands changements, l'équilibre de l'ensemble des forces réelles, mais aussi symboliques, est bousculé ; et si certains métiers d'hier perdurent, ils occupent une autre place économique et sociale. En outre, la volatilité des avoirs est de nature différente. La terre demandait à être protégée par des châteaux forts, les capitaux par des banques si possible internationales pour contourner (déjà) les États. L'économie cognitive est du capital culturel et éducatif investi dans des cerveaux d'individus mobiles : ce qu'il faut alors protéger en premier, ce sont les corps qui portent ces cerveaux et les réseaux qui régénèrent en permanence l'investissement intellectuel effectué à la fin de l'adolescence. On passe ainsi progressivement de sociétés aristocratiques à des sociétés nationales, puis à des sociétés de l'individu et de la mobilité. On passe aussi de sociétés de révoltes et de fuites – car terriennes – à des sociétés de classes et de révolutions – car collectivement mobiles –, à des sociétés duales et individualisées où nous devons réinventer la solidarité en y mettant plus encore au cœur le partage du capital éducatif.

Ces évolutions sont d'autant plus fortes que, d'une formation économique et sociale à l'autre, les jeux et les enjeux changent d'échelle territoriale. Le heurt immense et créateur, multiséculaire, entre les sédentaires et les nomades, laissa la place aux économies nationales plus ou moins autonomes. Aujourd'hui, on assiste à une répartition mondiale des activités qui bouleverse les équilibres anciens. Par exemple, la France, qui avait connu, des années 1950 aux années 1970, une forte progression de sa population ouvrière, vient de retrouver le nombre d'ouvriers de 1950 – et ceux-ci ne sont plus organisés de la même façon, dans de grandes unités de production. Dans le même moment, le système chinois est en train de créer une immense classe ouvrière qui risque de devenir le cœur de la population ouvrière mondiale, du moins pour le XXIe siècle. Émerge ainsi une organisation mondiale du territoire qui bouleverse les formations économiques, sociales et politiques. Le Parti communiste chinois se dote d'une classe ouvrière au moment où il invente un capitalisme néomarxiste quand les vieilles nations industrielles construisent une nouvelle phase de développement sur le savoir et les services. On pourrait dire que certaines régions du globe se développent aujourd'hui d'abord de leur culture de la production manufacturière, d'autres de leurs ressources naturelles ou agraires, d'autres de leurs investissements en éducation, recherche, innovation, chacune devant lutter pour être présente dans tous les domaines, mais suivant des clés de répartition différentes liées à l'histoire, aux ressources locales et aux choix publics.

Ce modèle mondialisé a de multiples similitudes avec les anciens modèles nationaux, sauf qu'économie et politique ne s'y superposent pas du tout de la même manière ! La dynamique des luttes doit y être réinventée, et la question des immenses zones qui, faute d'un espace de confiance stable, sont tenues à l'écart reste entière. Sans oublier que les firmes cherchent sans cesse des rapports de plus en plus autonomes face aux États et au droit social et fiscal. Cette quête d'autonomie pour maximiser les bénéfices et diminuer les coûts sociaux doit à la fois être combattue par les États – et ce d'abord en supprimant les paradis fiscaux – et par les clients, par exemple avec les chartes du tourisme éthique ou des actions de consommateurs pour refuser des produits fabriqués par des enfants. Cette course à la délocalisation implique forcément une relocalisation, et de nouvelles luttes pour une production mondiale de droits, de lois et de protection sociale.

La question des échelles nationales au sein de ces puissantes réorganisations dépend en grande partie de la taille et de l'histoire des nations. Des États-nations qui sont à la fois des civilisations et quasiment des continents comme la Chine et l'Inde sont bien différents des entités européennes ou africaines, sans même parler des continents neufs. Il n'empêche que chacun est maintenant d'abord membre de la même Terre, solidarisé *de facto* avec les autres. Le politique doit proposer des voies et des choix en fonction d'une représentation et d'un projet qui découlent de ce niveau d'enjeu. La fracture politique fondamentale qu'en toute société on appelle droite et gauche doit prendre ses marques à partir de ce nouvel enjeu. Or l'on sait bien que l'un des camps est toujours plus proche de l'avoir, y compris patrimonial, l'autre du devenir – car il réunit beaucoup de ceux qui ont moins. Mais ce clivage est en partie brouillé par le sentiment des risques qui pèsent sur les équilibres qui rendent la Terre habitable : à quoi sert un avoir matériel, ou même spirituel, face à la détérioration de la couche d'ozone ? Notre premier avoir reste la vie, la nôtre et celle de nos descendants, problème qui ne se posait pas collectivement aux anciennes civilisations. Même si notre problème collectif est que nous n'avons pas assez peur des destructions que nous opérons sur la nature, comme le dit l'ingénieur et philosophe Jean-Pierre Dupuis[1].

La question du nouvel âge du politique est induite par ces bouleversements. Elle porte en elle la réunion, à de nouvelles échelles du politique – par exemple l'Union européenne qu'il faut renforcer et élargir –, de traditions hier nationales qui ne se reconnaissent pas forcément comme appartenant au même camp. Parfois, les clivages entre cultures politiques nationales pour appréhender le même objet paraissent plus marqués que les clivages droite-gauche des scènes nationales. Pensons à la difficulté pour la gauche française de classer Tony Blair à gauche, et réciproquement… ou, pour les nouvelles droites extrêmes européennes, d'accepter Jean-Marie Le Pen ! Et ce, alors que, justement, la scène politique mondiale est par définition à saisir dans le kaléidoscope des ex-cultures politiques nationales et des nouveaux enjeux émergents.

Partir de cette totalité nouvelle impose de la percevoir à travers la diversité des visions culturelles qui fondaient nos convictions politiques anciennes. Il y faut un savoir large, il y faut accepter que les mêmes valeurs aient pu s'incarner dans des choix parfois contraires. Comment penser une totalité politique planétaire dont nous savons qu'elle ne sera pas démocratique au sens traditionnel du terme ? Faut-il parler de néodémocratie ? Ou, si l'on est plus optimiste, de prédémocratie mondiale ? Mais la démocratie n'implique-t-elle pas une profonde unité entre un groupe de gens, qui se reconnaissent alors comme citoyens de la même cité, pour que la minorité accepte les choix de la majorité ? Unité due au sentiment de faire partie de la même communauté politique – suffisamment forte pour mettre au second plan les diversités culturelles ou sociales qui, alors, tendent pour partie à s'estomper. Ce cheminement que nous avons connu dans les nations, parfois durement, est-il souhaitable au niveau planétaire ? N'y a-t-il pas risque de perte de la richesse des diversités accumulées par des milliers d'années d'œuvres humaines ? Autrement dit, nous ne sommes même pas sûrs que le modèle, au demeurant quasi impraticable, de la Terre-cité organisée sur la topique de la Terre-nation, soit désirable pour que l'humanité mondialisée puisse se déployer dans la richesse de ses diversités. Alors, si nous sortons

1. Jean-Pierre Dupuis, *Petite métaphysique des tsunamis*, Paris, Seuil, 2005.

des systèmes nationaux-démocratiques, nous ne savons pas où nous entrons. Cette affirmation d'un nouvel âge du politique, si elle porte nettement la fin de l'enjeu national pour organiser la Terre-cité, ne contient donc toutefois pas nécessairement déjà en germe le modèle de son dépassement. Mais elle définit sa possibilité et donc l'espace de sa quête.

8.
Quand la France se ferme dans un monde qui s'ouvre

Arrêtons-nous un moment sur le cas particulier de la France pour mieux cerner le fond de notre propos et ses enjeux. Jusqu'en 1989, la construction de l'Union européenne pouvait en grande partie être perçue, du point de vue français, comme un enrichissement, voire un élargissement, de notre territoire national. La politique agricole commune, par bien des côtés, prolongeait notre culture de la terre fondatrice alliée à l'État pour gouverner la société; la dynamique du couple franco-allemand, où personne ne nous contestait la politique, les valeurs – forcément, compte tenu de l'histoire –, a renforcé nos vieilles certitudes sur le destin français, la monnaie unique venant comme parachever cet admirable édifice d'architecture classique *à la française*. Ce beau modèle nous rassurait, car il prolongeait notre fondement national par le politique tout en symbolisant – le système rhénan étant à la mode – une nouvelle forme de puissance, une ouverture à un modèle industriel performant. Notre initiation à ce modèle fut tardive, mais efficace, surtout en y ayant adjoint la place de deuxième puissance agricole mondiale et de première puissance touristique. Nous ne perdions rien de nos anciennes compétences et espérances – notre république paysanne et un modèle culturel attractif –, mais nous l'élargissions vers l'industrie et vers un territoire qui, sans être tout à fait nôtre (l'Union européenne), était un quasi-prolongement de nos anciennes obsessions d'agrandissement. La conquête d'Alger, en 1830, suivait de peu la perte des départements de Belgique, le traité franco-allemand de 1963 suivait d'un an la perte d'Alger. Comme si sans cesse l'Hexagone était un peu petit pour une idée si grande : la France.

Ce territoire en permanent désir d'extension était allié avec la noblesse de l'art du politique centré sur l'évidence de la Ville Lumière universelle. Ce couple si français de Paris et de la province, qui forma attelage pour faire avancer la France depuis Hugues Capet et qui fit dire que la France est une coproduction entre Paris et la province. Paris symbolisait l'histoire, les valeurs et l'urbanité, renvoyant les provinces à la fécondité et à la ruralité parce que celles-ci se comprenaient en termes d'hectares et de sujets. Cette topique politique française si unique a un cœur, mais pas vraiment de frontières stables. Nous ne sommes ici ni en Espagne, ni en Italie, ni en Angleterre. Il y a une capitale et un territoire, qui est autant charnel que philosophique, les deux ne se recoupant pas forcément. C'est pourquoi le mythe de la France est bien autre chose que sa géographie.

Dans ce modèle politique, le pays devait être fortement organisé par un appareil d'État structurant et régulateur centralisé dans la ville capitale : le primat absolu du politique national sur le sol, les humains et les cités menant logiquement à une représentation du politique hégémonique, dominateur de l'économie, organisateur des liens sociaux. L'histoire que nous nous sommes alors racontée avait vocation à l'universalité, car elle était bâtie sur le primat de la pensée et de la volonté : France, pays du mythe révolutionnaire, patrie des droits de l'homme, le peuple en armes ayant accompli la pensée philosophique et politique des Lumières suivant un modèle inventé, digne du culte de la Grèce classique, qu'on nous a enseigné dans les écoles. La France était une idée faite territoire, un pays uni par la suprématie de son récit grandiose qui se confond souvent avec celui de la Ville Lumière, récit unifiant mâtiné, au XIXe siècle, dans le cadre de la construction d'une pensée nationale plus complexe, d'un culte des différences régionales formelles, esthétiques, aptes à montrer une France une et diverse, mais diverse des cultures légitimes de l'époque, celles de l'Europe : une touche d'Angleterre en Normandie, un peu de Flandres à Lille, un refus d'Allemagne en Alsace, un rien d'Italie en Provence, une pointe d'Espagne à Toulouse. Le livre de l'historienne Anne-Marie Thiesse, *La Création des identités nationales*[1], doit ici être lu et relu ; cette France européenne dotée tardivement, et momentanément, des frontières naturelles chères à Danton – montagnes, fleuves et rivières.

Dans cette construction, il n'y avait rien, ou si peu, de la Méditerranée. Marseille juste tolérée, trop confondue avec la Provence, et naturellement pas de Maghreb, pas d'Afrique. Rien donc des mondes barbares de 1850, ceux qu'il fallait justement initier à la civilisation, la nôtre, et non incorporer au pacte national d'avant 14-18. La France se proclamait universelle par les valeurs, cœur de l'Europe par ses diversités mises en scène, éducatrice des

1. Anne-Marie Thiesse, *La création des identités nationales*, Paris, Seuil, 1999.

autres, des Suds, des non-Européens, ceux-là mêmes à qui nous allâmes apprendre « nos ancêtres les Gaulois », enseignés dans l'Empire quand il y avait des écoles ; ceux-là mêmes dont nous avons pénétré la mémoire et la langue par ce travail colonial, et qui aujourd'hui, pour une part chez nous immigrants, cherchent la même place dans l'identité nationale que les Bretons ou les Alsaciens.

Pour ces Français des « anciens départements extérieurs » dont nous avons justement raté l'intégration aussi bien sous Napoléon III qu'après 1945 parce que notre mythologie nationale ne savait où les mettre, les territoires de référence sont restés « au pays » lors de la décolonisation. La France a oublié, quand elle dut se rapatrier sur l'Hexagone, les fils culturels et humains qu'elle avait elle-même tissés, mais sans les intégrer à son mythe collectif. La France d'après 1962 n'est pas un retour à celle d'avant 1830 ; du moins, pas pour tout le monde[1]. Elle l'est pour ceux qui vivent dans le mythe national français figé au XIXe siècle – et ils ne sont pas tous à l'extrême droite ! –, elle ne l'est pas pour les « dépatriés » postcoloniaux et pour ceux qui ne croient pas aux retours en histoire.

L'identité française de la fin du XXe siècle n'a pas su faire une place positive à cette part de nous-mêmes, fruit d'une histoire partagée, notamment en n'acceptant pas de « totémiser » notre sol républicain de belles mosquées, signes d'un islam qui est devenu une de *nos* religions. Mais les mosquées ne sont qu'un signe parmi d'autres d'un enjeu culturel plus large où, malgré le divorce, on ne doit pas tuer les enfants ou les confondre avec ceux d'un autre lit, mais les intégrer, comme dans nos familles recomposées d'aujourd'hui. Il est vrai que l'acceptation de ces mutations est encore difficile pour beaucoup. Elle est rupture avec le mythe national forgé au XIXe siècle. Souffrance de Français de couleur qui incarnent au quotidien la fin de la puissance nationale, alors que nous devrions les percevoir comme les figures des puissantes racines euroméditerranéennes qui nous fondent depuis des millénaires. Le monde prénational prépare en cela beaucoup plus le futur que le court XXe siècle nationaliste. Mais il est possible aussi que ces questions et ces tensions se détendent dans la période postnationale où nous sommes entrés, car les liens entre sentiment patriotique et territoire ne devraient plus y être fusionnels. Ce réel transcende la volonté du politique et nécessite une course pour remettre du politique à l'œuvre, au moment où la diversité nationale française n'apparaît plus universelle,

1. Jean Viard, *Une émeute est le langage de ceux qui ne sont pas entendus*, La Tour-d'Aigues, l'Aube, 2024.

mais partielle, datée, décalée du retour du colonial dans le corps charnel de la patrie, rassemblement de tous les enfants de Gaulois bien peu gaulois face au monde.

La pensée politique française semble envahie de nostalgie, comme si la conscience politique de la nouvelle phase de l'aventure humaine la touchait à la racine de sa logique cartésienne, déstabilisant le double récit mythique qu'elle a construit de nous-mêmes et autour duquel elle a orchestré la réalité de la société française. En France, la mondialisation n'est pas seulement une nouvelle époque : elle devra être une relecture des époques antérieures, nouvelle compréhension plus vaste de la France universelle, diversement provinciale. Il s'agit là d'un chantier de relecture que n'ont pas à effectuer toutes les sociétés : sans doute moins les sociétés maritimes bâties sur le commerce ; d'une autre manière, les sociétés des nouveaux mondes affrontées au retour très minoritaire des peuples premiers comme œuvres souffrantes ; autrement encore, les sociétés récemment homogénéisées par les dépatriements postcoloniaux.

Si cela ne doit rien enlever au corps fondateur de valeurs qui nous porte, cela remet en question l'instrumentation qui en a été faite par le politique depuis 1789, et que nous avons très largement contribué à légitimer dans d'autres pays. Ceux-ci ont, souvent avec de plus grands drames, voulu gouverner la société au tout-politique, appuyé sur des théories philosophiques. Pensons ici aux *deux ailes noires de l'Europe*, le communisme, mais aussi le colonialisme. Rappelons que l'invention du mot socialisme par Pierre Leroux date de 1831 ; la prise d'Alger, de 1830. Tout cela dans un XIXe siècle riche, contrasté, divers, dont nous ne savons que penser, que nous connaissons mal. Que sommes-nous prêts à enseigner à nos enfants de Napoléon, des colonisations du XIXe siècle, du Second Empire, du grand massacre de 14-18 dont les souvenirs ornent encore les places de nos villages ?

On peut émettre l'hypothèse que la France a été si fortement une construction politique, et si tardivement – avec de Gaulle qui parlait au monde et Mitterrand qui voulait changer la vie, il y a à peine quarante ans ! –, que les bouleversements actuels du monde et des visions politiques l'atteignent de plein fouet, au cœur même du récit qu'elle s'est forgé d'elle-même. Elle paraît s'arc-bouter contre la tempête comme un navire qui met en panne, plutôt que de choisir une nouvelle allure, faisant fête chaque soir à un moussaillon différent – Tapie, Le Pen, Bové, Pasqua, Chevènement... – et en mettant de l'ordre à bord dans la journée : les politiques ne cessent de parler de réforme, alors même que la société, elle, change vite, très vite, et s'autonomise chaque jour un peu plus des grandes institutions et des grandes valeurs. Et si c'était surtout le politique qui avait besoin de réforme pour retrouver un lien avec une société vivante, créatrice ?

J'avancerai donc que la France, pays organisé par le politique, et qui exceptionnellement a réussi, de cette omniprésence même du politique, à devenir une puissance du monde, vit une difficulté particulière à intégrer l'aventure de la mondialisation qui, dans le face-à-face nouveau qu'elle organise entre les individus, les lieux et l'ensemble du monde, change la place et la trame de la question politique elle-même. Ce changement de nature du champ politique amène à ces relectures de notre passé, des actions que nous y avons menées, de la logique de leurs résultats et de la légitimation dont nous l'avons doté.

Aussi, entrer dans le temps de la mondialisation n'est pas seulement une question d'adaptation à une nouvelle époque de l'histoire humaine. C'est, inséparablement, une relecture de nous-mêmes qui impose une vision relative de notre extraordinaire propension à être le modèle, pour comprendre pourquoi ce tout-politique a pu être, ici, efficace. Cette relecture du récit qui nous lie doit renouveler notre désir du bien public et nos visions du mouvement des sociétés. Elle doit en particulier nous faire accepter de penser les destructions et le mal perpétrés au nom même de nos valeurs et de nos convictions. En intégrant progressivement l'histoire de France dans une histoire partagée du monde, ce mouvement nous rapprochera de nous-mêmes en nous déliant du mythe qui nous construit, mais nous limite. Pour cela, il faut penser la relativité de nos apports et de nos succès, ce qui est bien difficile pour le pays qui incarne l'universel à ses propres yeux. N'avons-nous pas du mal à envisager Vichy, la torture et la guerre d'Algérie, l'économie triangulaire de la traite des Noirs ?

Cette relecture de nous-mêmes nous bouleverse autant à l'égard de ce que nous appelions l'étranger que de ce que nous appelions l'intérieur : le fameux couple Paris-province a territorialisé la dualité de notre mythe national universalité-diversité. Il a induit un regard condescendant sur les villes de province qui, à proprement parler, n'étaient pas des cités au sens plein du terme, plutôt des relais administratifs organisés dans d'anciennes villes un jour soumises. Ce n'est que récemment que les cités de province ont commencé à devenir, elles aussi, des villes-acteurs, des puissances régionales et transnationales, mais dans un modèle complexe où cet enrichissement du fait urbain diversifié n'arrive pas à s'épanouir, car nous ne savons pas encore comment respecter cette patrie coproduite par la Ville Lumière et la province, et en même temps libérer les autres réalités urbaines. Quand les politiques tentent de suivre les évolutions ici décrites, ils pensent en termes de décentralisation. Mais dans la décentralisation, s'il y a desserrement des liens hiérarchiques et paternalistes entre Paris et les provinces, il n'y a pas changement de nature de chaque partie, ni de leur relation. En particulier, il n'y a pas compréhension de la méta-urbanité qui saisit chaque lieu – car la mondialisation est une urbanité, nous l'avons dit –, méta-urbanité qui se lie localement avec les vieilles cités que la culture moniste française n'a jamais pu reconnaître.

Ainsi l'évolution du corps politique spatialisé de la République est-il un carrefour d'enjeux où l'évolution des pratiques économiques et sociales joue nécessairement avec les superstructures de la représentation politique qui ont, au fil du temps, contribué peu à peu à la modification du réel lui-même. Autrement dit, la dialectique du mythe politique et de ce que l'on appelait dans ma jeunesse les infrastructures a, sur une longue période, construit le pays que nous connaissons. Alors pour saisir, et administrer, les mutations en cours, on ne peut retenir que l'un des deux termes – ce que l'on a fait depuis les années 1980 – avec pour conséquence une logique d'empilement de structures politico-administratives et une abstention croissante des citoyens.

9.
Penser le monde et le réorganiser

Pour revenir à une réflexion plus globale, tenter d'assurer la survie harmonieuse du monde à long terme et de répondre à la question des écarts insoutenables entre Nord et Sud, riches et pauvres, va nécessiter à la fois un projet de Terre vivante, et un projet du *nous* planétaire crédible pour que des places s'y créent pour tous les *je* – ceux qui se réfugient dans l'hyperconsommation, dans le repli sur soi, voire dans des communautés identitaires régressives, ethniques, religieuses ou politiques.

Personne ne sait encore comment lier ces deux exigences et quels choix nous devrons faire pour que l'avenir de la communauté des hommes ne soit pas simplement impossible écologiquement avant de l'être politiquement.

Désirer, concevoir, puis construire un monde harmonieux autour de ce *nous*-là va être plus complexe que cela ne l'a été de bâtir nos grands ensembles religieux et nos nations, car le monde est plus divers encore que chacune de ces aventures-là ; il est certes aussi plus riche de ressources, d'humains, de connaissances et de diversité culturelle et naturelle. Mais le cadre devra être clair et stable pour que les individus puissent s'en emparer, les cultures y chercher leur position, les entreprises y élaborer des stratégies, pour que les conflits s'y restructurent, pour que la paix et la justice y progressent, pour que les droits des enfants à naître dans un équilibre écologique acceptable soient protégés comme celui des divers patrimoines.

Comme au XVIIIe siècle, et finalement à chaque étape de l'aventure humaine, ce sont les idées, les créations, la culture qui doivent faire débat en premier. Ce sont elles d'abord qui doivent raconter le monde d'hier, nous dire le grand passage du présent pour que nous cessions d'avoir peur et de nous réfugier dans des appels sécuritaires, ce sont elles qui doivent lier altermondialisation, comme on dit aujourd'hui, liberté et libéralisme pour nous éviter une nouvelle phase totalitaire, ce sont elles qui doivent débattre des contraintes écologiques et faire du développement dit durable autre chose qu'une ligne de communication politique. Ce sont elles encore qui doivent intégrer les peurs que nous avons de nous perdre dans cette grande réunification des tribus, sans pour autant céder au préjugé que tout ce qui est ancien est bon, ni que tout ce qui vient des porteurs de l'unité nouvelle du monde peut être discuté parce qu'on n'aime pas le messager. On ne supprime pas les nouvelles en tuant le messager ! En particulier, nous ne pouvons plus masquer la mondialisation et ses défis en la nommant occidentalisation du monde.

Je me permettrai ici une petite parenthèse professionnelle : je crois que le rôle de la sociologie doit consister à retendre des liens entre une individuation qui mène à une lecture de plus en plus psychologique des faits sociaux et de « son bon droit », et une mondialisation qui favorise une prise de pouvoir des savoirs (mais aussi des inquiétudes) des sciences biologiques et physiques. Le face-à-face des psys et des prix Nobel scientifiques ne suffit pas à penser le bouleversement des sociétés. Nous avons aussi besoin d'une sociologie qui nous aide à penser les déclassements du présent – classes et nations en particulier – et la réorganisation des systèmes individu/monde et unité/diversité par où doit se restructurer et se redynamiser du politique. Une sociologie qui se donne comme tâche de penser les liens sociétaux d'individus multiappartenants, peu – ou plus – dépendants des liens de classe et de nation, mais en besoin légitime d'appartenance et d'individuation. Une sociologie où le débat doit se développer entre ceux qui, comme Richard Sennett, craignent les tyrannies de l'intimité[1] et, partant, la fin de la civilité – base du lien social dans l'espace public – et ceux qui, comme François de Singly, peuvent écrire : « Pour nous, il n'existe qu'une seule solution pour sortir de l'impasse créée par l'impossible reconnaissance de l'identité intime et la contestation du primat de l'identité statutaire : celle de la commune humanité[2]. » La sociologie, et en particulier la sociologie politique, s'est peut-être un peu enfermée dans l'observation et l'analyse du microsocial en délaissant la philosophie politique et ses débats. Or le politique n'est jamais que le lecteur, et le gestionnaire, d'un texte dont il n'est pas l'auteur principal, texte hier structuré par le prêtre, puis peu à peu, après 1789, par les sciences. Pour réenrichir le politique et la mondialisation, on ne peut pas négliger cette question de la pensée, du texte et du rôle des scribes.

1. Richard Sennett, *Les tyrannies de l'intimité*, Paris, Seuil, 1979.
2. François de Singly, *Les uns avec les autres…*, 2003, *op. cit.*

Dans ce contexte, chaque culture doit travailler elle-même à intégrer le poids des sciences et des techniques, l'autonomie de l'individu – et en particulier celle de la femme – dans son corps de croyances. Être soi, mais ensemble, vaut pour chaque individu dans son réseau d'appartenances, comme pour chaque culture au sein de l'unité humaine recomposée. Il n'y a là aucune impossibilité, la France est bien placée pour le savoir, elle qui a porté l'intégrisme religieux au XIXe siècle et inventé en même temps la laïcité. Cela ne sera possible que si l'on part de la compréhension de la grande réunification des tribus dans leurs diversités enrichissantes, et si l'on accepte dorénavant cela comme une donnée pour trouver les voies du développement d'un monde de l'éducation, de la connaissance, de l'économie de l'information, d'un monde de mobilité, de voyages… Déjà 12,5 % des humains visitent un autre pays que le leur chaque année ; environ un milliard et demi de touristes en 2019 – alors que d'après certaines estimations seulement 2,5 % des humains habitent un pays où ils ne sont pas nés.

Le monde *un* sera certainement d'abord un monde de mobilités plus qu'un monde de migrations. Mais pour que de grandes migrations de pauvres ne se mettent pas en marche, il faut que les hommes puissent vivre là où ils sont nés, en partir et y revenir. Pour atteindre à ce but légitime, il faut comprendre la dynamique du développement transnational, et ne pas enfermer la phase actuelle des mutations technologiques et du capitalisme dans une vision catastrophiste. Ni non plus nous écraser de calculs de moyenne ou d'idéologie anti- ou ultralibérale.

Si le monde a besoin d'un récit et d'un imaginaire collectif d'un avenir possible, le développement se fait généralement par voisinage, imitation de pays dont on se sent proche, copie de la réussite du voisin. Daniel Cohen insistait – à juste titre, me semble-t-il – sur cette idée. Or si cette spirale mimétique paraît fonctionner en Amérique du Nord, en Europe, y compris à terme en Europe centrale et depuis peu en Asie, elle est défaillante en Afrique noire, dans le monde arabe et en Amérique du Sud – qui, elle, pourtant avait bien démarré le XXe siècle. Ces décalages sont notre plus grand risque d'avenir à moyen terme. Leur compréhension, puis la mise en place de politiques novatrices, notre premier enjeu…

Ce développement connaîtra des chutes et des refus : chutes individuelles, figure du prisonnier et du sans-abri, chutes collectives par des replis communautaires, ethniques, sectaires, nationalistes, racistes, religieux. Les solutions individuelles se trouvent souvent par le passage de l'un à l'autre : réaffiliation de l'être perdu dans une communauté ivre de sa genèse réinventée, ou tétanisation de sociétés entières figées par des élites qui en appellent au passé religieux, national, ethnique pour éteindre le politique et servir leurs intérêts. Mais la toile de fond, elle, est vivante, tendue entre diversité et uniformité, individu et humanité, patrimoine et création, masculin et féminin, sélection et manipulations biologiques. Les frontières y sont mouvantes. Les pays neufs du XIXe siècle imposeront-ils leurs normes aux pays aux racines anciennes ? Les pieds-noirs de Sydney, Los Angeles, New York, Santiago…, vont-ils gagner ou seulement concourir dans cette course ? Jusqu'où les droits des peuples premiers seront-ils reçus ? Jusqu'où les continents aux vieilles cultures racinées pourront-ils faire jeu égal et, peut-être mieux, se lier ? Jusqu'où la volonté d'être soi permettra-t-elle d'être ensemble ? Jusqu'où prendrons-nous pouvoir sur le vivant ? Jusqu'où allons-nous aimer cette nouvelle aventure, en fabriquer l'histoire ?

Partout, les anciennes cultures de l'homme fort et de la femme mère servent de refuge, la tradition sert le refus des nouvelles dominations face à des guerriers qui s'arment plus en Bourse qu'aux frontières. Les fusions mondiales sont-elles le fruit de logiques de rentabilité ou du déplacement de l'art de la guerre ? L'homme d'affaires Jean-Marie Messier allait-il être un nouveau Law, un nouveau Napoléon, un nouveau Christophe Colomb ou une marionnette éphémère des fonds de pensions ? Nous avons maintenant la réponse. Law n'était pas loin. Mais l'avenir n'est pas écrit. Sans doute, dans cette humanité peu à peu sans frontières fortes, faut-il demander au temps une part de ce que nous demandions hier au territoire. Là où nous avons su faire des alliances entre territoires, là où nous avons su au Nord intégrer l'exode rural à la ville, il nous faut davantage penser en termes d'alliance entre générations. Pour un projet séculaire, parce que la vie devient plus longue, le politique doit garantir l'équité entre générations en ce qui concerne les efforts et les solidarités. Il ne suffit pas que chaque génération défende ses intérêts quand elle est aux affaires. La durée d'une jeunesse longtemps inactive et celle d'une vieillesse heureusement toujours plus longue ne le permettent plus. Cette remarque vaut pour le monde, car le développement de la planète sera long, avec des revers et des refus. Chaque génération doit avoir le sentiment que ses enfants auront une chance, et une meilleure chance que la sienne. Le long terme de la nature est devenu un acteur des scènes politiques que nous ne quitterons plus. Nous cherchons chacun à être nous-mêmes, mais ensemble sur cette Terre qui nous abrite et nous limite. Pour le plus grand nombre, le futur est encore plus dangereux que le présent, et les protections sur le court terme ne doivent pas servir à masquer que les dangers pour le long terme sont considérables.

L'organisation de ce temps-là du monde est balbutiante, nous le savons tous, même si, ici ou là, on assiste aux premiers pas d'une société civile planétaire (pensons à Porto Alegre et à Davos, et au jugement des responsables du génocide rwandais ou du dictateur serbe par le Tribunal pénal international). Mais ne nous cachons pas que nous sommes, vis-à-vis de ce monde-là, comme les bourgeois de 1830 qui rêvaient d'élections censitaires, tant la crainte du nombre des pauvres serait forte en cas d'élections planétaires à la majorité. Il faut accepter qu'il y a un monde-pays bourgeois – où même les pauvres sont relativement dotés en biens, notamment collectifs – et un monde-pays pauvres. Marx aurait sans doute parlé de *lumpen*-monde.

Mais, avant même la question du modèle politique de la mondialisation, c'est celle du projet que nous formons pour elle qui est centrale. Or, depuis la fin du communisme, le monde est sans projet, d'autant que le communisme, nous l'avons dit, fonctionnait comme moteur interne pour ceux qui y adhéraient, mais aussi comme moteur externe pour ceux qui le refusaient et le craignaient. Quel est l'équivalent de ce rêve et de cette peur pour *le monde un de l'humanité réunifiée* ? En particulier, quelle est l'espérance pour le *lumpen*-monde, ces pauvres si pauvres qu'ils n'intéressent pas même les marchés ? Qui peut faire peur au monde riche et le pousser vers un nouveau keynésianisme planétaire ? Cette dynamique à l'échelle de la Terre patrie est pour le moment perdue, et c'est pourquoi nous ne savons pas faire Terre cité.

La question ne pourra être laissée de côté indéfiniment, sauf à ce que le monde se balkanise et se replie dans l'angoisse terrible de son futur. Sans doute, de multiples idées émergent, de multiples actions se cherchent – l'Union européenne a un rôle à y tenir, de même que le mouvement altermondialiste, de multiples ONG, l'ONU, le FMI... Une nouvelle dialectique de pouvoir et de contre-pouvoirs se structure, mais il est temps de comprendre qu'elle ne prendra pas les formes des tensions autour du mythe révolutionnaire de l'époque précédente, de ses acteurs et de ses refus. Les formes en seront nécessairement plus diverses, plus rhizomatiques, plus éthiques, sous la contrainte d'un sentiment envahissant du risque. Aussi nous faut-il une pensée mondiale pour mener à une politique mondiale, et des luttes politiques mondiales, au sein desquelles nous inscrirons nos politiques de proximité – continentales, nationales et locales – pour leur redonner du sens. Une pensée de l'humanisation planétaire, donc, pour une politique planétaire qui marque un nouvel âge du politique.

Conclusion

> « La diligence est passée dans la rue et puis s'en est allée.
> La rue ne s'en est trouvée ni plus belle, ni plus laide. »
>
> FERNANDO PESSOA

J'avais envie de mettre en exergue cette phrase de Pessoa, depuis longtemps inscrite sur mon bureau. J'y vois un humour un peu absurde et un sens profond de la relativité de toute vie… y compris du besoin qu'a ce livre de dire, de convaincre. Relativisons donc, mais gardons le propos. Nous l'avons voulu comme une réflexion, une analyse, mais aussi un témoignage sur la période difficile que nous vivons depuis l'effondrement du mythe révolutionnaire. Effondrement qui a détruit le même jour l'utopie d'un monde sans capital ni capitalistes, et le dernier des grands empires, l'Empire russe. Autrement dit, se sont achevées en 1989 les deux formes ultimes de ce que l'on pourrait appeler une première mondialisation, coloniale puis révolutionnaire. Cette mondialisation-là fut celle d'aventuriers, de missionnaires, de visionnaires, de voyous, d'entrepreneurs… et d'internationalisme prolétarien. C'est elle qui a achevé la grande réunification des tribus – souvent dans le sang, le pillage des terres et des ressources, la destruction des peuples premiers, l'esclavage et le goulag. Et cela s'est déroulé il y a à peine cent ans, tout au long du XIXe siècle, quand les empires blancs progressaient en Afrique et en Asie, et les immigrants d'Europe en Amérique, en Sibérie et en Australie. Ensuite, l'espérance d'un monde meilleur se fourvoya dans des sociétés bureaucratisées et dans une longue guerre dite « froide ». Mais elle perdura aussi dans l'utopie, le désir de porter la civilisation, le savoir et le soin, la soif de paix et de découverte, la quête de donner du sens à sa vie, à son groupe, à sa patrie…

Il faudra savoir écrire l'histoire de cet achèvement de la première mondialisation, en y liant Las Casas, Moctezuma II et Cortés, Savorgnan de Brazza (fondateur de Brazzaville), Abd al-Aziz, Nasser, la British Petroleum et Ben Bella, Lénine, Havel, et tant d'autres. Nous avons à assumer l'histoire de nos pères, à rejeter les salauds, à glorifier les héros, et à mettre en récit collectif l'aventure de cette rencontre qui aujourd'hui nous fait Terriens au quotidien.

Demeurent la soif d'aventure et le respect des mémoires, demeure aussi cet incroyable événement qui fit se rencontrer, après des milliers d'années de chemins séparés, des civilisations humaines devenues si diverses et vivant à des stades de développement si différents. Alors, plutôt que de s'interroger sur les différences entre continents, cultures, « races » et couleurs, racontons-nous cette histoire comme si tous les personnages des différents chapitres de nos livres d'histoire se retrouvaient côte à côte, *contemporains*: Confucius et Périclès, César et de Gaulle, Chahpuhr II et Lao-Tseu, Gagarine et Christophe Colomb, Zapata, Cléopâtre et Mandela… Autrement dit, comme si la proximité physique que nous procure le temps du monde *un* était devenue aussi une proximité temporelle entre les millénaires. Ensuite, il faut se mettre à habiter ensemble, à coexister dans nos désirs de vivre et de bâtir et nos peurs de mourir ! Pas facile, et pour personne. Ni pour les personnages de nos livres d'histoire s'ils se rencontraient, ni pour les hommes vivant aujourd'hui sur les différents continents ; surtout alors que nous sommes si nombreux, et techniquement si puissants, et que nous ne sommes pas certains que le vaisseau Terre puisse continuer indéfiniment à flotter dans l'univers intersidéral. Beaucoup de questions à poser, à vivre, pour bien peu de réponses et de certitudes. Mais gardons en mémoire, du siècle passé, que la liberté de chacun n'est possible que si le politique et l'économie fonctionnent l'un par rapport à l'autre comme contre-pouvoirs.

Ce monde est souvent vécu comme effrayant parce que, entre la liberté croissante des individus et le monde unifié de l'actualité quotidienne et de la guerre climatique, il n'y a presque rien. Un affrontement terrible, un sentiment gigantesque de non-pouvoir, de jungle dangereuse, d'acteurs à courte vue et à faible légitimité, où « le pouvoir des sans-pouvoir » cher à

Václav Havel[1] paraît sans prise. Il n'est même pas question de n'être pas d'accord avec les stratégies menées. Il n'y a, en vérité, pas de stratégie, mais des acteurs multiples, chacun dans son business, ses microterritoires – économiques, humanitaires, réglementaires ou politiques. Dans cette faille profonde entre chaque être et cette totalité incontrôlable, le politique tel que nous l'avons connu se perd. Montent alors de tous côtés les peurs individuelles et collectives, nouvelles droites extrêmes, gauchismes résurgents, islamismes, fondamentalismes, ethnicismes… Les populismes progressent, la jeunesse se détourne de la scène politique officielle, les milieux populaires ne sentent plus la direction où les élites les entraînent, les banlieues des années 1960 font société à côté de la société, souvent contre celle-ci, les conflits extérieurs résonnent à l'intérieur, des synagogues sont attaquées… Parallèlement, s'installent le retrait abstentionniste et le rejet de plus en plus fort des élus, avec des sentiments de haine, parfois, devant la vacuité de la scène publique ; haine qui ouvre à des attentats d'esprits faibles dans les pays riches, et au terrorisme organisé dans la part stagnante du monde. Comme si de nouvelles communautés politiques rhizomatiques et régressives voisinaient et parfois faisaient alliance avec des individus perdus, des desperados de l'entre-deux cultures. Comme si des convictions privées, des failles intimes de l'identité se trouvaient brutalement projetées dans l'espace public en lieu et place du projet politique, tant celui-ci, faute d'horizon, se réfugie dans le pragmatisme de la gestion et le long soupir de l'impuissance.

Il est temps de cesser de croire que « la prochaine fois » cela ira mieux, une année parce que l'on a fait reculer le chômage, une autre parce que le durcissement de la répression masque mieux la rage d'une partie de la société. Il est temps d'attendre autre chose de la politique que des interventions gestionnaires et des logiques de service. Nous sommes en droit de lui demander un sens, un avenir, un horizon.

Il ne s'agit pas pour autant de dire que tout est noir et que le monde va au drame. Le goulag a fermé – du moins en Europe –, les dictatures d'Amérique latine ont cédé, on ne torture plus à Buenos Aires ni à Santiago, l'apartheid a disparu, la Chine se développe dans un modèle capitalo-totalitaire, la démocratie indienne est vivante bien que dominée par un nationalisme hindou radical. D'ailleurs, dans les pays développés, plus de 70 % des gens se déclarent heureux. Nous devons donc dire que le bilan

1. Václav Havel, « Le pouvoir des sans-pouvoir », *in Essais politiques*, Paris, Calmann-Lévy, 1994.

politique du dernier quart du XXe siècle est exceptionnel : le bond en avant des Trente glorieuses a indéniablement fait progresser la liberté. On peut même dire que c'est le bond en avant des économies sociales de marché – où la production en une heure travaillée a crû en Europe de l'Ouest de 222 %[1] entre 1949 et 1973 –, qui a convaincu une immense majorité de l'humanité des bienfaits de la liberté économique. Retenons alors que le communisme s'est effondré plus qu'il n'a été vaincu parce que l'extraordinaire liberté des acteurs qui caractérise les pays stables et démocratiques, pays neufs et vieille Europe ici réunis, lui était supérieure, non seulement en matière de valeurs et de qualité de vie, mais aussi dans sa capacité à appréhender les mutations scientifiques et technologiques de la fin du XXe siècle. Gardons comme un acquis définitif cet extraordinaire enseignement de l'histoire – il a coûté assez de vies pour être inscrit dans le marbre.

Nous devons comprendre que, alors que le monde est sans cesse plus riche, que le « produit intérieur brut » et l'espérance de vie progressent, ici comme en de nombreux endroits, si le sentiment d'effondrement et d'échec progresse encore plus vite, c'est que nous traversons une immense crise du récit qui nous contraint à vivre avec une mémoire anémiée et un horizon obscurci. Cela crée un creux du sens qui donne le sentiment que les politiques s'étripent sans conviction, que chacun défend ses électeurs mandants comme si le politique était une forme de corporatisme de défense des avantages acquis. Réduit à une société du soin individualisé, le politique apparaît comme un service, coincé entre la grande surface et la télévision, qui s'échine à nous promettre des avantages particuliers quand nous lui demandons de l'espérance, de la confiance et de l'avenir. La gauche tend à se transformer en un supersyndicalisme d'État, la droite en un gendarme actif d'un ordre libéral ouvert. Mais où faire clivage et enjeu sur l'avenir de la planète, sur la valorisation des différences culturelles, sur la réduction de la pauvreté individuelle et sur la déliquescence des *lumpen*-mondes ? Comment redonner à tous une espérance de plus de justice quand la scène où peut naître d'abord cette espérance est celle du monde où nous pouvons si peu ? Comment repenser, comme le dit Boris Cyrulnik, les modèles héroïques de nos parents où l'homme devait travailler dur pour faire vivre sa famille et être prêt à se battre, et ce dès l'enfance, dans la société comme dans sa famille, et où la femme devait ternir son ménage, son logement, son budget, les pulsions de son mari et éduquer ses enfants ? « Si tu as de mauvaises notes, je le dis à papa ! » Ce modèle se disloque sous nos yeux.

1. *Alternatives économiques*, 1999, p. 7.

Les femmes gagnent leur autonomie par des études menant à un travail, les hommes découvrent le non-travail et la tendresse avec leurs enfants – souvent une semaine sur deux. L'ancien devoir conjugal est devenu un loisir parmi d'autres.

Certes, il est possible de vivre dans ce monde-là comme hors du monde. On peut débrancher la télévision et la radio, ne pas lire de journaux, s'abstenir sur la scène sociale et politique, se calfeutrer dans un microréseau de proximité. Et vivre sans doute bien. Oui, on doit pouvoir vivre bien de se replier sur soi, en tout cas pendant un moment. On peut aussi chercher, dans le passé, l'authenticité antihistorique, le fondamentalisme des anciennes croyances, des certitudes intangibles, et certainement vivre mieux. On peut encore ne saisir qu'un court segment de ce réel, y engager toute sa vie, et se réfugier dans cette lutte utile et nécessaire : ici la défense du loup, là d'une langue locale, ailleurs encore, la solidarité avec un groupe déterminé, les SDF de Lille-Nord, les femmes battues… Qui irait critiquer ces luttes ? Mais le politique doit-il se limiter à cela ? Peut-il se replier sur des buts singuliers en perdant de vue le soin de la communauté, ce soin qui devrait être son but suprême ?

Seulement, pour prendre soin de la communauté, il faut faire société ensemble et, pour plagier Karl Marx, on peut écrire : « Il n'y a pas de société sans conscience de société. » Or si nous avons pu faire autrefois communauté par villages, par religions, par classes, par nations, que nous le voulions ou non, depuis 1989, la communauté dont découlent toutes les autres est désormais l'humanité en tant que telle. Il ne s'agit pas d'un choix ou d'une volonté politique, mais d'une évidence, un être-là soudain dévoilé au sortir de la guerre froide. Depuis, la mondialisation est devenue la toile de fond de la scène publique, où chaque enjeu, chaque action, chaque territoire apparaît plus comme une partie d'un tout que comme entité autonome. Nous avons donc à penser le monde – et à nous penser dans la société-monde – comme nouvelle communauté politique.

Si nous ne voulons, ou ne savons, pas voir cette nouvelle étape de l'aventure humaine, nous pourrons encore tenir quelques années, quelques décennies, sous les coups de boutoir des populistes et des terroristes, des crises écologiques et de notre désarroi à laisser subsister l'injustice si criante. Mais les catastrophes vont continuer à se succéder, l'abstention sociale et électorale à croître, les pauvres du Sud à mourir du sida, de l'instabilité politique, ou en traversant, au péril de leur vie, les frontières que nous ne cessons de renforcer, au nord du Mexique ou en Méditerranée. Il arrivera immanquablement qu'un jour, nous aurons trop honte de ce qui a été fait en notre nom, et du reniement *soft* des espérances et des valeurs de notre jeunesse. Alors nous serons mûrs pour une nouvelle équipée totalitaire. C'est déjà presque écrit. Presque. Car ne nous leurrons pas. Sans horizon, sans espérance, la lourde imposition du présent devient écrasante. Le désir se perd. Triomphe l'obscénité du réel réduit à une accumulation de besoins et de certitudes sans valeurs et sans humanité. Triomphe la peur, celle des autres, celle du futur. La peur, cette si mauvaise conseillère.

La question de l'horizon des sociétés est donc essentielle. Surtout dans la culture politique où le religieux a été déchargé de cette mission pour ce qui concerne la sphère publique. Des cultures où le soin de l'avenir de la communauté de ceux qui font cité ensemble est garanti par le politique : ici, après ma mort, il y aura encore le village que j'aime, la France avec sa culture et ses mythes, l'Europe et ses passions si diverses, notre Terre isolée dans l'univers. C'est le rôle du politique de me garantir cela, de protéger notre communauté, celle-là même qui, d'une certaine façon, se construit et se délimite de cette protection même. Ce soin de l'existence du futur est la première des sécurités que nous doit le politique. Un soin qu'il ne nous offre plus, nous enfermant dans l'insécurité du quotidien. Alors nous avons peur, du trou dans la couche d'ozone, des immigrés, du déficit des retraites, de la liberté nouvelle des femmes, de la montée de la violence…

Mais ne nous y trompons pas. Ce ne sont pas les femmes et les hommes au pouvoir qui sont d'abord en cause. Comme nous le disions en introduction, c'est à Berlin, un soir, que nous avons perdu l'espérance, dans le bonheur de l'effondrement du Mur et du totalitarisme. Berlin, haut lieu tragique et totémique des deux terribles totalitarismes du XXe siècle. Après une terrible guerre froide qui, en vérité, avait commencé en 1914, au temps des empires européens, de l'apothéose des nations, d'un monde colonial encore européocentré. Fin du XXe siècle. Siècle court et martyr si riche de bouleversements, avec l'éboulement des anciennes hiérarchies qui ont fait la conquête du globe et le triomphe du spationaute. Siècle qui accouche de l'égalité humaine comme valeur entre les hommes, avec les femmes. Accouchement terrible. Immense inégalité vécue, mais fin des inégalités symboliques et juridiques. Début de la (dernière ?) grande révolte des hommes forts, des mâles dominants, des Front national, FIS, islamistes de tout poil, néofascistes de toute obédience. Le cerveau a gagné sur le muscle. Immense élévation de l'humanité. Avènement d'un monde de la personne sur une petite Terre partagée. Triomphe de la diversité culturelle. Droit inaliénable de la nature. Refus de plus en plus radical de la non-égalité face aux droits fondamentaux de l'humanité – paix, santé, éducation, culture, alimentation.

Cette unité limitée du monde impose de considérer le trésor que représentent les diversités accumulées pendant ces millénaires de conquête comme notre héritage commun. Nous sommes dans l'univers comme Robinson sur son île, qui dut faire richesse de chaque pièce récupérée de son navire. Chaque espèce vivante, chaque écosystème, chaque culture et chaque civilisation est dorénavant à considérer comme un des éléments de notre stock de trésor à protéger pour le long voyage intersidéral qui nous attend. La richesse de ces diversités est indispensable à préserver : cette phase de la conquête étant achevée, nous n'inventerons plus jamais ce que des milliers d'années de conquête ont élaboré. Nous continuerons à créer, bien sûr. Mais la période qui s'ouvre nous expose à un risque absolu d'uniformisation du fait du poids nouveau des principes d'unité. Nous ne saurons donc plus demain enrichir la diversité comme elle le fut du fait de millénaires de conquêtes. D'où la valeur des héritages écologiques et culturels. La valeur de leur patrimonialisation, de leur mise en récit.

Il nous faut donc commencer à mettre en Histoire la première mondialisation, celle de la réunion des tribus, pour qu'advienne l'utopie d'une seconde mondialisation, celle de leurs vies entremêlées, sur un monde-Terre harmonieux, possible, demain. Autrement dit, la deuxième mondialisation doit être d'abord œuvre et culture, forme et utopie, débat et engagement. Elle doit être découverte, et valorisation, d'un habiter commun d'un espace clos, réorganisation des désirs de conquête vers le savoir, la solidarité, l'amour, l'éducation, l'esprit d'entreprendre et de créer, le soin des corps, des écosystèmes et des cultures.

Cette deuxième mondialisation doit partir à l'inverse de la précédente. Il ne s'agit plus de porter la Civilisation « aux sauvages et aux barbares », ni de construire des empires comme les Romains, les Arabes, les Français, les Russes ou les Anglais. Il s'agit d'inscrire le présent et nos choix sur un horizon de vie possible pour une humanité réunifiée sur un territoire unique. Et chacun voit bien que les problèmes pour intégrer le présent et anticiper le futur ne sont pas les mêmes pour tous. Ni quand nous réunissions précédemment les personnages de nos livres d'histoire, ni pour les différentes civilisations et cultures vivant aujourd'hui sur la terre. Ils ne sont pas les mêmes pour l'Europe, qui fut le cœur de la dernière phase de la première mondialisation, pour les États-Unis d'Amérique et l'Australie, qui sont des mondes pieds-noirs triomphants qui ont quasiment supprimé leurs peuples premiers, pour l'Amérique du Sud largement latifundiaire, pour l'Asie qui a vu la colonisation glisser sur son ancestrale culture d'État, ni pour l'Afrique noire, qui est comme un monde antique livré aux spadassins, aux spéculateurs et aux amoureux. Nous avons d'urgence à penser ces diversités et leurs chemins de rencontre possible. Ce devrait être l'aventure du XXIe siècle.

Pour avancer, il faut d'abord cesser de regarder le monde d'aujourd'hui avec les yeux d'hier. Il faut cesser tout autant de ne voir que ce qui rapproche nos cultures et nos continents que ce qui nous sépare. Demeurent des continents sur la Terre, des civilisations dans la civilisation de l'humanité, des économies dans l'économie-monde, des rapports au savoir dans un savoir scientifique unique, des cultures au sein de la métaculture planétaire. Demeurent des mimétismes de proximité au sein du grand mimétisme planétaire, du développement par zones et imitations dans des micrologiques de l'honneur et de la confiance. Si le marché est généralement profitable, il ne l'est pas de la même manière dans des sociétés dominées par des classes moyennes et des sociétés où une part démesurée des populations est si pauvre qu'elle vit hors marché. Il ne l'est pas de la même manière dans des sociétés régulées par le droit et des sociétés quasiment sans État. Il est temps que l'on cesse de diaboliser ou de sacraliser le marché, et que l'on se préoccupe plus de le réguler et de déplacer le centre de gravité économique du modèle militaro-industriel à un modèle écologico-médicalo-éducatif – la France étant à cet égard un pays particulièrement absurde où, pendant que l'on débat sans fin du libéralisme, les entreprises liées au système militaro-industriel et répressif à financement public rachètent paisiblement médias et entreprises culturelles. Alors, unité du monde, oui. Égalité, oui. Mais des chemins différents à trouver – par grands ensembles historico-culturalo-continentaux –, en fonction de la construction d'un horizon qui en désigne la direction. Et une place à part doit sans doute être conférée dans cette perspective mondiale à ce que l'on appelle les peuples premiers, y compris là où ils ont retrouvé leur autonomie politique, comme en Afrique.

Passant de la découverte, puis de la conquête du globe, à son habiter, l'humanité doit réorganiser ses principes d'actions, véritable retournement dans l'histoire humaine. C'est pourquoi nous avons dit que la civilisation de l'urbanité – conquérante par nature – est entrée dans celle du village planétaire, non expansionniste depuis toujours : soit l'image de « la ville dans le village ». Autrement dit, le temps du règne des hommes forts sur les femmes mères s'achève. La recherche du principe de parité entre les femmes et les hommes nous ouvre au temps long de la différenciation des genres et de l'évolution de leurs modes. Personne ne sait si nous saurons inventer une civilisation suffisamment supérieure à la nôtre pour que les jeux du désir y perdurent et s'y renouvellent (et autrement que dans un envahissement pornographique du monde). La différenciation sexuée des genres peut disparaître, comme la passion de la quête de sens et de la connaissance, à moins que l'on construise une civilisation supérieure qui sache mettre l'humain en son centre et faire de chaque vie une œuvre. Dans ce temps-là du monde, l'individu se trouvera de plus en plus au centre de son propre univers, baignant dans une immense liberté dont il devra assumer la lourde responsabilité. L'autre lui sera d'abord indispensable pour se trouver lui-même, « faire société ensemble » devenant le projet d'individus en quête d'abord d'eux-mêmes. Cet aboutissement de la quête de l'individu ouverte par la civilisation grecque va mettre du temps à se généraliser à la terre entière. Nous allons longtemps devoir vivre en faisant coexister des civilisations qui sont dans des temps différents de l'aventure humaine. Surtout, pour comprendre ce monde, il faut donc dorénavant le lire à partir de l'axe individu/mondialisation qui confronte deux éléments de nature radicalement différente. Le *je* issu de la pensée grecque se retrouve face à un *nous* qui n'est plus historique, car il a atteint l'échelle du donné planétaire. Un *nous* biologique plus que social, donc. La tragédie individuelle du destin humain qui vit avec la conscience permanente de sa mort est-elle en train de devenir la tragédie de l'humanité réunifiée ? La liberté du destin individuel gageant la perte de liberté de l'espèce ?

Il faut ici souligner que ce sont dix-neuf individus qui, par leur choix privé de mourir, ont désorganisé le monde le 11 septembre 2001. Derrière eux, bien sûr, des réseaux et des cadres ourdissent leurs complots, mais sans le choix, jusqu'au bout, de ces dix-neuf individus, une page du monde n'aurait pas été tournée. Or ceux-ci étaient à la fois profondément inclus dans notre société, dans ses valeurs scientifiques liées au savoir, et totalement fanatisés contre cette même société, ce qui leur a permis de retourner sa puissance scientifique contre nous – oui, je dis-nous, sans discussion, quoi qu'on puisse penser par ailleurs de la politique américaine. Mais ces individus sont aussi, pour une part, nos propres enfants. Fanatisés. Meurtriers. Fascistes dans leur culte de la mort, mais modernes dans leur action individualisée, leur compétence technologique. Ne nous représentons pas l'archaïsme contre la modernité, les barbares contre la civilisation. Il y a mélange – explosif, destructeur, mais mélange. Comme chez nous, quand certains de nos amis sont passés à la gauche prolétarienne dans les années 1960, à l'extrême droite dans les années 1980. Ce n'étaient pas les mêmes, ce n'étaient pas vraiment nos amis, mais nos voisins, nos connaissances. La même humanité que nous, en tout cas, certainement, car nous sommes *un* en humanité, chaque individu incarnant la communauté en son entier.

Notre nouvelle aventure est donc d'être ensemble, de plus en plus nombreux, sur un espace clos et connu. Saurons-nous bien la lire, puis la désirer, avec les cadres de lecture qui sont les nôtres ? N'avons-nous pas à inventer pour aimer ces hommes qui partout se multiplient ? Ne voit-on pas que l'absence de futur mythique remet sur le métier un primat du présent sur le temps, parfois aussi un primat du passé, qui n'est pas le tout de ce que nos valeurs nous ont appris à aimer ? Car le temps, voyez-vous, est pour chacun limité, mais l'absence d'espérance et de sens affadit celui qui coule.

Plus les sociétés seront en tension entre l'autonomie de soi et l'humanité, plus la culture et ses diversités seront au cœur des économies et des désirs de consommation, plus le savoir sera aux sources de la richesse, plus le politique devra d'abord garantir la liberté de l'individu et la sécurité des cadres réels ou symboliques qui sont la condition même de cette liberté. Le politique devient le garant de l'équilibre entre le passé – patrimoine et diversité – et le futur – terre saine et éducation des jeunes –, il demeure le ralentisseur d'horloge des foucades créatrices-destructrices des marchés. Mais là où, hier, le politique était l'émanation de groupes constitués aux règles contraignantes, nations ou classes, il tend à devenir l'ordonnateur de la toile de fond où le libre arbitre agit. Les deux concepts chéris de cette société-monde sont concurrence et État, c'est-à-dire liberté et sécurité, autonomie et protection, présent et non-présent (passé et futur ici réunifiés). Le politique était un donné, lieu régulateur de classes et de nations organisées, il devient un construit qui assemble par moments des individus autour d'un projet, d'un refus, d'une espérance, d'un événement.

Le politique n'est donc pas en risque de disparition, il doit se refonder à partir du projet de soin de la société-monde, même si nous n'avons pas de forme connue de gouvernement du monde en tant que tel. C'est à ce niveau que les débats, les choix et les clivages doivent se construire dans la compréhension du nouveau face-à-face entre l'individu et le monde. Nous avons à penser politiquement la scène mondiale sans pour autant croire que sa gouvernance doit être et sera forcément un jour organisée suivant les formes et les principes que nous avons élaborés pour les scènes nationales aux XIXe et XXe siècles. Les systèmes démocratiques *et* nationaux nous ont fait croire au XXe siècle que le politique était le niveau supérieur des organisations sociales, suivant un modèle largement hérité de l'Église catholique et des organisations monarchiques – elles-mêmes fort structurées par le militaire. Une bonne part des drames du XXe siècle est d'ailleurs inscrite dans cette croyance. La gouvernance du champ politique mondial n'est d'évidence pas prête pour ce type d'organisation.

Rien ne dit que cela soit tragique : le gouvernement démocratique demeure le moins mauvais des systèmes pour choisir des dirigeants des multicommunautés de voisinage de la planète, et les clivages du champ politique peuvent inclure ces gouvernements démocratiques au sein d'autres formes d'organisation des hommes, légitimés d'autres manières, qu'il va nous falloir inventer. Au niveau planétaire, il existe d'autres enjeux de pouvoir que ceux liés au nombre d'hommes et d'électeurs : celui des cultures et des civilisations, les droits des générations à naître et de celles qui ont disparu. La question qui s'ouvre à nous est donc d'enrichir l'idéal démocratique dans l'aventure de la mondialisation en ne croyant pas que le modèle démocratique que nous avons connu soit forcément le point ultime de la démocratie. Et ne nous représentons pas le gouvernement du monde de demain sur un modèle jacobin, ni même sur un modèle unique et centralisé. Nous sommes entrés dans le temps du politique hétérogène sur un territoire unique. Continuons à nous battre en tous lieux pour la liberté et la sécurité de l'individu et sur la défense, voire l'instauration, du modèle démocratique de gouvernement des villes, des régions, des États et des ensembles historico-culturalo-continentaux. Mais dans le même temps, acceptons que l'habiter du monde sera plus divers dans ses instances d'organisation et de gestion que du temps de la conquête, puis de la première mondialisation. L'aventure continue, mais sous de nouvelles formes.

Il faut se répéter que, le monde humain étant devenu *un*, commence, en ce XXIe siècle, l'aventure des tribus réunifiées : surgit alors le sentiment de la nouvelle puissance possible de cette humanité réunifiée par où la Terre pourra être sauvée. Mais surgit aussi, de cette réunification, la peur d'une uniformisation par laquelle ces tribus pourraient cesser d'être elles-mêmes. Certes, cette réunification a commencé il y a longtemps. Jusque tard dans le XXe siècle, jusqu'à la Shoah en vérité, la question de l'humanité de l'autre fit débat. Depuis, l'humanité est *une*. Même si demeurent des crimes, des massacres, des horreurs sans nom. Mais la Shoah est un point ultime par où nous devons espérer que l'unité de l'humanité ne sera plus discutée. C'est cette humanité *une* qui est entrée dans le temps de la mondialisation.

Alors, ici et là, parfois même ensemble, des bribes de société planétaire émergent. Les ONG se multiplient, la solidarité se développe, le droit d'ingérence humanitaire progresse, une justice pénale internationale s'esquisse, les paysans sans terre du Brésil se font un peu entendre, Porto Alegre résonne… Les puissants se mettent aussi en réseau, l'OMC réglemente, l'ONU pétitionne, mais agit aussi, le pape voyage, Davos débat. Pour les individus isolés qui restent sur le quai du train de la modernité au niveau national, les Assedic financent, le RMI soutient, la CMU rafistole, les Restos du cœur cuisinent. La solidarité résiste donc malgré tout, dans la sphère privée comme dans la sphère publique. Elle est même sans doute à un niveau rarement connu. Mal, insuffisamment, certes. Mais le dénuement n'est heureusement pas absolu dans les pays riches comme il l'est dans les pays pauvres aux confins de guerres civiles endémiques, de stratégies inavouables de firmes multinationales, de malades sans médicaments, d'exploités du sexe blanc.

En effet, face à cette trame nouvelle de sociétés au territoire commun clos, les nations et les groupes s'inscrivent différemment. Ici, on tente encore d'inverser l'ordre des classes, là, l'ordre des temps, là-bas, on croit achever le découpage de la nation ; certains rêvent de la dépecer, d'autres de s'y réfugier. Mais inexorablement s'organise le vaste cerveau commun de la mondialisation porté par les technologies de l'information et les prises de pouvoir des villes sur les territoires. Partout, les femmes gagnent la scène publique, la société de l'information s'organise, le savoir prend le pouvoir sur le muscle-machine, les sociétés de proximité s'organisent en ensembles plus vastes, les liens transnationaux deviennent la règle, même dans l'intime, les diversités luttent contre la standardisation, et la production de richesses entre dans la ville qui hier était d'abord le lieu de sa répartition et de son administration.

Alors, on peut dire que le sociétal, qui articule d'abord des individus acteurs d'eux-mêmes, est comme découplé du social, c'est-à-dire des règles, des normes, des valeurs des institutions du monde d'hier. Le social institué – avec les syndicats, les partis politiques, les grandes valeurs –, le sociétal l'englobe par l'activité des individus autonomisés, créatifs, actifs, rapides, liés en réseaux et rhizomes. Le social reste le recours, le lien vers lequel on se tourne quand il y a un problème, sorte de cour d'appel de l'autonomie ; il nous faudra imaginer, pour le social, des types de liens nouveaux avec ces individus qui ne forment plus masse, mais mouvement, archipel. Ce « sociétal englobant » est certainement plus féminin que le « social », car le social relève encore de l'ancien art du politique décalé de l'art de la guerre, alors que le sociétal relève davantage de l'habiter, de l'aventure de vivre, d'organiser sa propre vie entre niveaux et entre générations. Cette évolution de la trame de la société impose au politique de trouver les voies et moyens de l'adaptation. C'est difficile.

Il se peut d'ailleurs que, dans quelques siècles, quand les bruits et les fureurs du tragique début de millénaire seront oubliés, on ne retienne que l'invention scientifique et technique d'un monde qui amène les genres à la parité dans la différence. Il se peut aussi que, sous la pression des femmes, la mondialisation devienne vraiment projet, dans la proximité comme dans la totalité. En fait, je crois profondément à la réorganisation du monde autour du vivant grâce à un monde de plus en plus gouverné avec les femmes, comme j'observe les peurs terribles face à cette évolution qui paraissent unifier tous les fanatismes actuels. La majorité des électeurs du Front national sont des hommes, comme les islamistes ; ils y sont portés sans doute autant par la peur d'un monde hors de leur pouvoir que par la peur d'un monde sans domination sur les femmes. Il s'agit là d'un passage considérable, un véritable saut de civilisation. Mais, inexorablement, la société de l'information et du remplacement de la force par la machine ouvrira à un monde paritaire – c'est-à-dire égal et différent, mondialement.

Nous avions des chefs, des leaders. C'était la culture politique de l'homme fort, du guerrier en costume. Nous avons besoin maintenant de projets, de cadres et d'espaces de palabre et de négociation. Pour dépasser l'art de la guerre politique, nous avons besoin d'une autre culture politique, une culture du projet, du débat, du faire et de l'habiter, du respect de l'autre et de la coexistence des différences. Et, dans ce temps-là du monde, comme l'écrit l'essayiste Albert Memmi : « Celui qui n'a pas réglé son problème avec la féminité, c'est-à-dire avec l'autre à la fois immédiat et différent, n'a pas réglé le problème philosophique de fond[1]. » Le passage est étroit, la nostalgie des chefs forte, la culture des décideurs plus formée à la décision qu'à l'intelligence collective. La France, en particulier, manque d'une culture de la négociation, de l'alliance organisée des compétences. D'ailleurs, sans cesse les femmes politiques y sont adulées, puis oubliées.

Si nous ne sommes pas capables de nous raconter une histoire qui donne sens à ce que nous vivons et à son devenir, risquent de resurgir alors des « boîtes à outils sociales » que nous avons accumulées, parfois enfermées soigneusement, les vieilles idées noires d'hier : sélection par l'origine, le genre, la couleur, réutilisation politique du religieux, restauration des mythes nationaux ou révolutionnaires… N'est-ce pas une part de ce que nous vivons, depuis que l'idéal communiste, en s'effondrant, a cessé de rythmer l'imaginaire politique, l'espérance des dominés et la peur des possédants ? Nous avons à nous raconter des histoires, mais pas n'importe lesquelles. Des histoires qui soient nôtres, à la fois héritières des précédentes et distanciées de celles-ci, aptes à représenter ce que nous vivons. Aussi fortement qu'hier Marx et les sociologues du XIXe siècle ont su le

1. Albert Memmi, *Le nomade immobile*, Paris, Arléa, 2003.

faire, avant-hier les Lumières, et longtemps avant les mythologies d'Asie Mineure. Cela est désormais une de nos tâches majeures, et « notre histoire à nous » devra trouver ses correspondances dans nos sociétés d'archipels et l'unité définitive de la planète et de l'humanité. Ce travail du sens sera un travail long et lent, nous n'en verrons pas nous-mêmes le terme, mais en poser l'horizon relativise déjà les désarrois du présent.

Il faut répéter, pour finir, que la vie sur Terre en 2500 ne sera pas une démocratisation planétaire du mode de vie californien d'aujourd'hui. Le mode de vie de 2500, si les humains savent le faire advenir, nous est encore inconnu, aussi inconnu que celui de la France d'aujourd'hui pour les révolutionnaires de 1789 ! Mais on doit agir pour qu'il recharge la vie en culture et en espérance, et d'abord en commençant dès maintenant à penser nos projets et nos actions politiques à partir d'une vision de l'intérêt du futur du monde *un*. Il faut convoquer d'urgence la démocratie des trois époques et l'unité retrouvée de l'humanité dans nos débats politiques quotidiens. Ce n'est qu'ainsi que nous deviendrons acteurs engagés du nouvel âge du politique : en sachant tirer toutes les leçons du terrible XXe siècle que nous venons de quitter, dans la fidélité à nos anciens et le dévouement à nos enfants. Nous sommes au seuil d'une nouvelle aventure, de nature semblable à celle qui s'offrit aux hommes de la Renaissance quand ils comprirent que la Terre n'était pas plane, mais sphérique, et surtout que l'Europe n'en était pas le centre. Ils mirent la science au centre des sociétés, car la terre avait été décentrée de Jérusalem. Nous, nous devons passer de la logique de conquête du monde de la première mondialisation à celle de l'habiter de la seconde. Tâchons de ne pas brûler une seconde fois Giordano Bruno. Ni Jeanne d'Arc !

Livre deux

Changement de civilisation

Avant-propos

Ayant posé les bases de ma démarche il y a vingt ans, appuyée sur une approche auto-éco-logique à partir de ma propre histoire, puis ayant proposé une analyse des sociétés postrévolutionnaires où triomphent des individus parcourant chacun leurs propres archipels, j'ai publié plusieurs ouvrages sur la montée des populismes et les transformations de la France. Durant ces vingt ans, j'ai développé ainsi, sur des situations particulières, les théories que vous avez lues dans la première partie de cet ouvrage. Pour l'essentiel, mes analyses n'ont pas changé : fin des appartenances massives à des classes sociales et à des paroisses, avènement de sociétés pavillonnaires de petits propriétaires de plus en plus éloignés des élites urbaines birésidentielles, des gauches déboussolées de la perte du mythe révolutionnaire et ne voyant pas que leur peuple mythique avait quitté les métropoles et peu à peu basculé vers un populisme d'extrême droite néopoujadiste…, le tout mâtiné, particulièrement en France, d'une incapacité collective à repenser notre fait national après la décolonisation et l'arrivée d'enfants de parents hier colonisés.

Une période où l'effondrement du mythe révolutionnaire, et de l'URSS comme son incarnation majeure, fut vécu comme le triomphe du capitalisme, et des USA comme son incarnation majeure. La guerre froide aurait eu un vainqueur, un vaincu. On effaça l'idée d'un dépassement de ce conflit-là par le récit d'une victoire planétaire d'un camp, devenu camp du Bien et de la Liberté. On mélangea succès économique et légitimité des valeurs, triomphe de l'ultralibéralisme et mondialisation du modèle démocratique et des droits de l'homme. En face, plus rien, sauf des replis identitaires sur des appartenances héritées, locales, religieuses ou nationales. Avec la conviction que ces mouvements perturbateurs pouvaient être détruits et vaincus par les évidents succès économiques et la société généralisée du salariat et de la consommation comme but existentiel.

Sauf que ces réalités ne répandirent pas leurs évidents bienfaits partout et à tous. Les anciennes classes productives se découvrirent souvent sans travail et surtout sans destin. Où aller sans mythe révolutionnaire ? Les anciens peuples colonisés ne trouvèrent pas la voie pour ressaisir leurs aventures historiques cassées par la période coloniale, et les conflits se multiplièrent entre résurgences des anciennes cultures, croissance de certaines religions et imitation des cultures politiques des colonisateurs. À quoi appartenir ? L'Inde avança par un modèle démocratique puis se heurta à la diversité de ses identités, la Chine chercha à allier le capitalisme américain au modèle révolutionnaire marxiste-léniniste, le monde arabe s'enferma dans une lutte entre religion et culture militaire…

La théorie, élaborée de mon village et de ma vie légèrement parallèle, peu à peu, devint un combat intellectuel plus engagé dans la vie de la cité, dans la presse, la politique, des essais courts d'actualité, l'édition. Moins philosophiques, mes textes devinrent plus sociologiques, moins nourris d'autres auteurs et plus de chiffres et de faits. J'étais, au fond, devenu mon propre auteur nourri de ma propre théorie.

Surtout, la prise de conscience du dérèglement de la nature par les activités de l'homme fut de plus en plus mise au centre des débats. Le GIEC prit une place politique planétaire centrale, les COP se suivirent et montèrent en intensité. L'individu libéré des cadres hérités, privés comme publics, devait alors devenir un individu écologique combattant dans la Grande Guerre climatique qui s'imposait à nous. Ces idées progressaient, mais avec toujours un sentiment que nous avions encore du temps.

Et puis, un jour, le monde s'arrêta. Brutalement. À l'hiver 2019, quand un petit pangolin rencontra un Chinois sur un marché de Wuhan et lui transmit sa maladie. Alors, les textes précédents, qui se clôturaient sur l'attente d'un nouvel habiter du monde, sortirent de leur longue attente. À nouveau le réel était convoqué, pour tous et dans l'urgence. Ce livre-ci est la réponse à cet événement et à cette urgence. Contrairement à ce qu'affirmait le politologue Samuel Huntington en 1996[1], la fin de la guerre froide n'a pas ouvert à la visibilité du choc des huit grandes civilisations du monde, mais à leur dépassement nécessaire pour une reconstruction des anciennes civilisations dans le temps nouveau du monde qui est la Grande Guerre climatique. Chacun tente d'utiliser au mieux, dans ce combat vital là, les acquis culturels, sociaux, technologiques, artistiques, de sa propre civilisation héritée. Le commun que nous impose le risque d'effondrement de notre

1. Samuel Huntington, *Le choc des civilisations*, Paris, Odile Jacob, 1997 [1996].

écosystème partagé oblige à une forme de limitation des antagonismes et des tensions. Nous ne vivons pas la fin des conflits, ni entre genres, ni entre cultures, groupes sociaux et civilisations, mais leur limitation nécessaire du fait de ce nouveau commun et du temps limité dont nous disposons pour réagir. Ce danger-là est encore plus considérable que le danger de la guerre nucléaire qui a limité les conflits du monde depuis 1945.

Pour s'engager dans l'analyse de ces enjeux, il faut commencer par prendre acte de l'extraordinaire événement qui marqua l'histoire du monde bien plus encore que la fin de la guerre froide et nous obligea depuis à modifier peu à peu l'ensemble de nos objectifs et de nos projets, de nos peurs et de nos espoirs.

Texte premier

La page blanche

Introduction

Ceux qui tiennent ce livre ont survécu à la Grande Pandémie, celle dite du Covid-19, en 2019. Comme après chaque guerre ou chaque catastrophe, ce sont les survivants qui écrivent le récit de ce qui va devenir l'histoire, la leur, intime, la nôtre, peu à peu aussi, avec un H majuscule. Nous avons chacun vécu, sur toute la terre en même temps, un traumatisme et un combat. Individuel, familial et collectif. Local, national et planétaire. Nous avons eu peur, nous nous sommes sentis en danger, nous avons accepté l'extraordinaire limitation de nos libertés et de nos amours.

Face à une telle réalité, tout le monde s'est interrogé. Sur lui-même, sa vie, son avenir. Mais aussi sur l'aventure tragique que nous vivions et sur la compréhension du nouveau commun du monde qui naissait sous nos yeux. Une aventure immense, à l'échelle planétaire. Brusquement tous rassemblés en moins de trois mois au bord du même abîme. *À bousculer nos vies pour qu'il ne se passe rien*, ou le moins possible. À arrêter les entreprises pour sauver des vies. Dans une époque qu'on disait sans humanité ! Personne n'avait jamais fait cela. Mais, comme l'écrivait Hannah Arendt, « une crise ne devient catastrophique que si nous y répondons par des idées toutes faites[1] ».

C'est avec cette pensée d'Hannah Arendt que j'ai traversé cette période. Chaque jour, en cherchant à donner du sens aux événements, à nos peurs, aux choix des uns et des autres, à nos attentes. Ce fut un challenge de penser à chaud. La santé et la loi ont pris le pouvoir sur la liberté. Il faudra en dresser bilans et conclusions. Et construire un récit critique pour que nos souffrances intimes deviennent l'Histoire et puissent faire projet.

---

1. Hannah Arendt, « La crise de l'éducation » (1958), in *La crise de la culture*, Paris, Gallimard, 1972 [1961].

La Grande Histoire. Celle qui va influencer le monde, et les destins de plusieurs générations, partout autour du globe. Le temps de la fin de l'histoire est achevé. La page est blanche, l'histoire va être tumultueuse. Elle ne sera pas forcément démocratique, ni même politique comme nous l'entendions jadis. Mais là s'ouvre symboliquement la Grande Guerre climatique que l'Humanité doit mener contre son enfant terrible, une nature déréglée.

À court terme, nous sommes entrés dans une zone de turbulences culturelle, émotionnelle, économiques et sociales. Mais cette crise était d'origine pandémique, pas directement financière ou économique. Rien n'était cassé, sinon notre moral et la trésorerie des entreprises et de l'État. Nous sommes passés, encore sans lumière, de l'autre côté du miroir d'Alice. Être enfermés plusieurs semaines a été une rupture. Des liens familiaux, amicaux, professionnels, quotidiens ont été interrompus, y compris des liens très faibles, mais qui font humanité – tenir une porte, sourire à une boulangère... J'avais deux petites-filles de moins de 2 ans que je n'ai plus pu voir. Comme elles ne sont pas en âge de comprendre vraiment ce qui se passe, elles auraient pu croire que « Papi » ne les aimait plus. Chacun fut inquiet pour ses propres anciens, isolés, en danger de mort, abandonnés. Bien sûr, « les anciens avaient fait la guerre », mais ils ne comptaient pas « mourir comme en 40 ». Nous avons vécu un traumatisme, pour la première fois mondialisé en temps de paix. Une mémoire partagée s'y fonde, des héros sont nés, des lâches et des traîtres aussi. Les blouses blanches devraient avoir leurs monuments, leurs rues.

Nous avons vécu cette période avec de grandes inégalités. Des inégalités déjà connues, bien sûr; mais là, affichées, mises en scène dans les médias, rendues visibles par l'internet. Ceux qui ont des conditions de vie confortables – espace, jardin, amour, résidence à la campagne – ont supporté plus facilement ce grand enfermement. Trente pour cent des gens se sont déclarés heureux. D'autres n'ont pas eu cette chance. Parfois ils vivent à plusieurs par pièce; mais attention: Hervé Le Bras a bien montré que les ouvriers et les cadres disposent de quasiment autant de pièces par personne[1]. L'écart fort est entre les jeunes et les aînés. Parfois, aux deux bouts de la chaîne de la vie, ils sont seuls. La fermeture *des maisons des enfants*, qu'on appelle écoles maternelles, a privé nombre d'enfants de bons repas et a coûté cher aux familles populaires. Le frigo y fut souvent vide. La prison, elle, est devenue un enfer, certains Ehpad, de véritables mouroirs. Heureusement

1. Hervé Le Bras, « La revanche des gilets jaunes (et des retraités) », *Le 1* n° 292, « Inégalités, l'autre crise », 15 avril 2020.

que nous avions des liens virtuels et que le printemps arrivait ! Le monde numérique nous a sauvés et a trouvé là le fondement de sa future domination culturelle et économique. Sa légitimité, ses outils techniques, nos nouvelles compétences aussi. Les GAFAM[1] ont pris le pouvoir sur le monde comme les pétroliers l'avaient fait après 1945. L'intelligence artificielle vint ensuite enflammer la partie.

Il a neigé sur le monde. Un lourd manteau blanc recouvre les débats d'hier, les attentes et les angoisses. Et les morts. Nous renaissons, égarés, plus barbares ou plus humains. Demain, peut-être, on parlera du début du XXIe siècle comme d'une nouvelle « Belle Époque ». Demain, on dira « avant le Grand Confinement » et « après le Grand Confinement », comme « après la Grande Dépression » ou « avant la Grande Dépression ». Nous avons changé de futur. Chacun et tous ensemble. La génération 2020 est née, et elle est citoyenne du monde.

Nous avons été près de cinq milliards à être confinés. Plus d'un milliard d'enfants ont quitté leurs écoles. Plus de vingt millions de personnes sont mortes. Des millions de gens ont été malades. Deux cent millions à trois cents millions ont été sauvés grâce à l'arrêt du monde et à notre enfermement. Plus de vingt millions ont été sauvés par les vaccins. Un événement inouï, intime et mondial, qui s'est développé en moins de trois mois sur la terre entière entre l'hiver 2019 et l'année 2020. La guerre de 14-18, l'arrivée de Hitler, on les avait vues venir. Là, une attaque brutale bouleverse tout. Un « petit » virus sur un marché de Chine capable de faire vaciller notre immense civilisation scientifique et technique. Tous les grands virus ont, dans l'histoire, causé des catastrophes mondiales, mais aucun n'avait, jusqu'alors, frappé tout le monde, partout, en même temps. Il fallait des années pour qu'ils fassent le tour du monde. La civilisation de l'avion renforce une instantanéité planétaire qui est devenue notre vitesse de croisière ordinaire. Attention, risque de répétition.

Dans le même temps, l'humanité a coopéré comme jamais pour se sauver. Par co-information continue, partage du travail de milliers de savants, gestes multiples de solidarité – avec, certes, des mises en scène et quelques mensonges, pas mal d'erreurs. Jadis, les pestes, les choléras, tuaient souvent la moitié des populations. La grippe dite « espagnole » a emporté quelque cinquante millions de personnes. Ici, on parle de vingt millions pour une humanité deux fois plus nombreuses. Beaucoup, beaucoup trop de morts évidemment, mais quel progrès ! Si on ose dire. Avec, aussi, le retour des

1. Google, Apple, Facebook, Amazon, Microsoft.

frontières – même entre la France et l'Allemagne ! L'invention de la « distanciation sociale », la culture du masque, la séparation des générations et des corps. Plus de baiser, plus de poignée de main. « Touche pas à mon corps. »

Un petit marché au cœur d'une des plus grandes et puissantes cités du monde, Wuhan – vous connaissiez ? et le pangolin ? Animal sauvage et délicieux, paraît-il, avec des écailles qui, lorsqu'on les pile, constituent un remède très efficace pour les messieurs un peu fatigués… –, semble donc avoir désorganisé le monde. Ou un laboratoire qui a raté une expérience. Peu probable. Mais, au fond, ce n'est pas l'essentiel. La pandémie est là. Accidentelle ou non, elle est « disruptive », comme il faut dire aujourd'hui. Une réunion religieuse en Alsace a accéléré la contamination chez nous et ailleurs. Une station de ski en Autriche… Le développement, l'éducation et la science ont été violemment rappelés à l'ordre.

Comme en 2001, quand quelques jeunes n'ayant appris qu'à faire décoller des avions ont détruit les Twin Towers et bousculé les valeurs américaines… et le monde. Après le temps des guerres mondiales des nations, puis celui des guérillas, le temps des bricolages assassins semble bien advenu. C'est cela, aussi, le monde global où est notre avenir – monde dorénavant numérique, en risque de pandémie et de virus, y compris informatiques. Ce monde où le commun est dominé par la crise climatique. Définitivement.

L'homme, aussi riche et puissant soit-il, n'est définitivement pas maître de la nature. On pourrait dire que Descartes a perdu face à Rousseau – mais ne pas oublier Voltaire –, Marx, face aux Romantiques. Peut-être le masculin productif face au féminin donneur de vie. On ne savait pas comment affronter le réchauffement climatique, même si on sentait bien que trier ses poubelles ne suffisait pas. Désormais, on a pris conscience, avec ce « petit virus venu d'un petit marché », que la créativité de la nature peut échapper à notre puissante civilisation scientifique et technique. Alors que nous n'avons jamais été aussi puissants, nous n'avons sans doute jamais été aussi vulnérables ! Mais nous avons pris conscience également, et c'est tout aussi important, que quand l'humanité se met en mouvement ensemble – « tous ensemble, tous ensemble » –, elle avance très vite. Les modèles pandémiques mathématiques pronostiquaient initialement de cinquante à cent millions de victimes potentielles. Le bilan final sera très en deçà. Merci à l'Humanité rassemblée. Même si nous devons garder comme une inquiétude salutaire les travaux de Michel Foucault, et notamment dans *Surveiller et punir*[1].

1. Michel Foucault, *Surveiller et punir*, Paris, Gallimard, 1975.

Parallèlement, au milieu des tumultes, nous avons été projetés sans préparation dans un stage radical d'immersion en zone non consommatoire. Nous avons été plongés en zone citoyenne. La natalité s'est effondrée. Stage intensif, familial, largement consenti, planétaire. Et réussi. Efficace. La mort a reculé. Le pic des courbes est devenu plateau, puis descente. Libération. Déconfinement. Un peu éblouis, nous sommes lentement ressortis, masqués et chevelus, mais vivants. Débordants de tendresse et d'amour, mais interdits de caresses. Un exercice de décroissance grandeur nature. Avec ses terribles inégalités. Cela sera-t-il suffisant pour réorienter peu à peu notre organisation politique et sociale ? Ou, au contraire, une fois l'épidémie passée, tout va-t-il redevenir comme avant ? Pire, les croyants du tout changer vont-ils gagner ? Les violences et les radicalités se multiplier ?

Chacun cherchait en famille de microrefuges isolés de la mort. « Des gestes barrières », on disait. Mais chacun cherchait aussi un commun, une aventure partagée, la fin d'une attente : un chaos grandiose et fou commence. Éternelle attente ainsi dénouée qui donne le sens d'une vie qui forcément a une fin. Demain, *les anciens* du Grand Confinement. Les récits des rescapés et des ressuscités. Et en face, bien des peurs, des souffrances. Des séries télévisées. Des films. Dany Boon a commencé à tourner, dit-on. De la politique aussi. La Chine, cause de tout, mais qui se tenta en sauveur. Les USA, abandonnant le monde. Des pays riches repliés sur eux-mêmes. Et tous ceux qui l'avaient « bien dit ». Ils savaient. Cela devait arriver ! Ah ! si on les avait écoutés ! Si on avait appliqué leur programme ! Des bureaucrates imprévoyants aussi, ceux qui avaient confondu gestion des stocks et santé publique, flux tendus et protection du peuple. Des piles de bureaucrates, avec tant de niveaux et de bureaux que personne ne se sent, aujourd'hui encore, responsable de rien. Et, là-haut, un président qui tient le manche à deux mains, mais le manche branle dans une machine enkystée de ces bureaux et bureaucrates innombrables. La France a vécu la fin du jacobinisme parisien et technocratique. Peut-être ne le sait-elle pas encore.

Nous nous sommes enfermés, privés, punis, exclus des joies de la vie et du printemps. Nous sommes ressortis, exigeants, assoiffés de transformation et de vérité. Radicalisés. Le brouhaha lamentable de la vie publique en est la triste illustration. Il nous faut un futur fort, puissant, coopératif, social et écologique. Arriverons-nous à construire ces nouvelles radicalités dont nous avons besoin et qui ne seraient pas celles des extrémismes politiques habituels ? Tout est possible, et nous serons vite fixés sur notre sort commun. Un besoin de changement est né. Radical. Mais lequel ? Nous avons un programme : celui de la COP 21. Mais quel en est le chemin ?

Et ne nous cachons pas: cette pandémie mondiale, quasi instantanément, a, pour la première fois dans l'histoire humaine, mis toutes les cultures, toutes les sociétés à égalité, pour traiter le même problème. Les écarts de compétences – et de moyens – dans les réponses sont apparus considérables. Permettons-nous le petit plaisir – intense pour quelqu'un de la génération de 68 – de rappeler que le Viêt-nam a beaucoup mieux réussi que les USA ! La richesse ne fait donc pas tout ! Mais elle aide souvent grandement. La culture du groupe, la place de l'individu, les savoir-faire – parfois bricolés… –, jouèrent un grand rôle. Et si on ne compare que les pays d'Europe qui partagent en grande partie une culture commune, le Nord a été plus performant que le Sud – excepté la Belgique –, et, définitivement, la France est plutôt au sud ! La lourdeur des bureaucraties, le poids d'une société de contrôle, d'une arrogance « du haut vis-à-vis du bas », l'empilement des strates de gestion et de décision, ont eu des effets délétères. La France, qui a les prélèvements obligatoires parmi les plus élevés au monde – certains disent les plus élevés –, a affiché sans pudeur le peu d'efficacité de son modèle et l'usure de sa rage d'innover. Notamment en matière de vaccin. Pauvre Pasteur. La France, inventrice des antivax ! Mais quel peuple ! Quelle capacité à suivre les consignes pandémiques, à se prendre en main et à sauver des vies à côté des codes et des règles, à afficher sa solidarité, et à faire fonctionner le système D.

Personne ne connaissait la durée de cette pandémie, ni sa capacité de répétition. En revanche, chacun voyait que les frontières ont fait leur retour, que les nations se sont livrées à des concurrences acharnées pour se procurer les produits médicaux indispensables, que l'Europe a réagi lentement, et, encore une fois, sans empathie ni panache — accordons-lui cependant que c'est ainsi qu'elle se bâtit, par tours et détours. Là encore, la proposition franco-allemande d'un financement solidaire de nature radicalement neuve marquera un grand pas dans la construction de l'Union. L'Europe avance sur le chemin de la puissance. L'Europe, rappelons-nous, qui préfigure « un nouvel ordre du monde », nous disait Václav Havel. Chacun voit aussi qu'on a coopéré à tous les niveaux – du plus local, les applaudissements, au plus global, avec la recherche de solutions médicales et de vaccins comme avec la fourniture, avec retard certes, du matériel de protection indispensable. Coopération, concurrence et frontières vont réorganiser le monde de demain. Vite, très vite, car nous aurons un immense désir de radicalité. Nous ne pouvons avoir souffert pour rien ! Nous n'avons pas eu peur pour rien ! En matière de radicalité, nous allons avoir le choix. Les nationalismes, eux, ont une longueur d'avance, car leurs pensées et leurs forces politiques sont déjà là, organisées, réductrices, prêtes au combat. Les gauches, les écologistes, les partisans du libéralisme, eux, sont morcelés, divisés, ennemis. Peut-on en faire une force, ouverte et fermée à la fois, sociale et écologiste, entrepreneuriale et adepte de services publics rénovés et puissants ? Des mois et des années de tumulte s'annoncent. Ce livre voudrait contribuer à un chemin écologique, entrepreneurial et démocratique. Car la Grande Pandémie va servir de date historique de rupture, de marqueur du passage du temps industriel de progrès au temps de la guerre climatique. 2019 comme nouvelle date de l'histoire humaine après 1789 ou 1989. Date repère, date valise où nous concentrons les ruptures d'une époque.

1.
La revanche de l'événement

Personne, honnêtement, n'avait vu arriver ce type de pandémie. Quelques rares spécialistes seulement en anticipaient le risque. Saluons ici Fred Vargas et Bill Gates. Même à la fin de l'année 2019, quand on s'est dit qu'en Chine, il y avait « quelque chose » qui n'allait pas, on n'a pas pris l'alerte au sérieux. Pour beaucoup, ce n'était jamais « qu'un virus localisé », « une grippette », dans une société asiatique totalitaire qui prenait un malin plaisir à confiner sa population. Un million d'Ouïghours ne sont-ils pas enfermés dans des camps ? Et les Tibétains ? Alors, on a mis un peu de temps à comprendre.

Cette nouvelle nous surprenait d'autant plus que nous étions convaincus de vivre dans une société scientifique et technologique apte à résoudre ce genre de problème. Qui aurait pu imaginer que nous nous retrouverions, comme lors des épidémies de peste et de choléra des siècles passés, dans une situation chaotique, pour ne pas dire apocalyptique ? Une maladie de masse qu'on ne soigne pas était quelque chose d'impensable, et donc un impensé. Cela nous renvoyait dans le passé, chez Camus ou chez Giono, faisant de nous des personnages de littérature. Un passé où le propre des sociétés était qu'il n'y avait pas d'antibiotiques, pas de pénicilline, pas nos formidables techniques médicales. Nous, nous nous racontions que nous étions très protégés. Collectivement. Individuellement. Et dans une société qui cachait la mort alors que, là, on s'est retrouvés à l'exhiber, jour après jour, à heure fixe. Bien sûr, il faut mourir pour que chaque vie ait une origine et une fin. Seulement, on espérait que ce n'était plus un acte collectif, imparable et aléatoire. Mais un petit secret privé. Brutalement, on s'est rendu compte que ce n'était plus vrai.

Certes, une prise de conscience avait commencé à s'opérer, « avant ». Depuis un moment, on se disait que la consommation d'antibiotiques était excessive ; certains en venaient à contester l'usage des vaccins ; tout le monde commençait à convenir que nos pratiques et habitudes devraient davantage respecter la nature. Certaines jeunes femmes refusaient la contraception hormonale. Les végans s'agitaient. On voyait que la machine se déréglait. Mais on disait : « Encore un instant, monsieur le bourreau », et on écoutait Greta Thunberg en frissonnant. On se sentait un peu lâches vis-à-vis de nos petits-enfants, à faire ainsi l'autruche. Cela ne pouvait pas continuer de la sorte, on le savait. Alors, on faisait des conférences ! COP 21, COP 22, COP 23, COP 24… 28. Tous ces « bas bruits », comme on dit aujourd'hui. Et tout d'un coup, on s'est rendu compte que ce pouvait être déjà là. Immédiatement. La nature désorganisant notre monde. Le seul monde que nous ayons. Bien sûr, on ne connaît pas de lien direct entre ce virus et le réchauffement climatique. Il n'y en a probablement aucun. Mais chacun a senti brutalement qu'un fait naturel, anodin, pouvait désorganiser notre univers, un événement aussi improbable, sans doute aussi banal que, non pas le battement de l'aile du papillon, mais la rencontre d'une chauve-souris, d'un pangolin et d'un Chinois. Là, l'humanité s'est cognée contre un micro événement naturel au cœur de la société hypertechnologique. Lacan disait : « Le réel, c'est quand je me cogne. » Assommée, sur ce coup-là !

Nous sommes face à la revanche de « l'événement », de l'accident, du petit fait générateur. Comme, en 1914, l'attentat de Sarajevo, contre un archiduc que peu de gens connaissaient, a déclenché une apocalypse qui a duré plus d'un demi-siècle. Cette dimension aléatoire, événementielle, qui vient télescoper les constructions les plus solides, les plus savantes, est sans doute l'aspect le plus passionnant de l'histoire. C'est comme le « coup de foudre » amoureux. Vous allez tranquillement à une réunion de travail, à la poste… et, brutalement, votre vie bascule. Il y a, certes, de grands mouvements – la métropolisation, l'autonomie des individus, l'allongement de l'espérance de vie, la société des loisirs, le réchauffement climatique, etc. Mais pour leur donner une signification, les inscrire dans un récit qui puisse faire sens et débat, il faut les mettre en cohésion, les emboîter ou les réemboîter. Et là, l'événement, la pandémie, peut être le catalyseur qui permette de structurer une nouvelle période historique. De sortir de cinquante ans d'hégémonie des règles du marché et des flux tendus. Retour de la politique en société d'individus ?

À l'origine, il y a un « petit » virus, né quelque part dans un marché où sont entassés en abondance animaux vivants et morts. Le politiste Bertrand Badie l'a très bien dit : « Un marché de "pauvres" a pu déstructurer la mondialisation que les riches croyaient maîtriser. » En France, le principal foyer de l'épidémie fut la réunion, près de Mulhouse, de trois mille évangélistes qui ont contaminé tout l'est du pays. De vieilles pratiques commerciales et de vieilles croyances religieuses ont additionné leurs effets pour déstabiliser notre mondialisation scientifique et technologique. Quel facétieux paradoxe ! Le réchauffement climatique ne semble pas y être pour grand-chose, même si la consommation par les humains de sols innombrables a bouleversé beaucoup d'équilibres anciens. Et puis, les Chinois étant à court de défenses d'éléphant et de cornes de rhinocéros pour stimuler leurs amours, les écailles de ce petit pangolin sont devenues très à la mode. Ils en tuent un million par an, paraît-il. J'espère que c'est efficace !

Ce virus n'est pas seulement un révélateur, c'est un accélérateur. La crise financière de 2008, déjà, illustrait le vacillement du cycle politique entamé au début des années 1980. Cycle qui avait été ouvert par Ronald Reagan et Margaret Thatcher, et par le choix, par la Chine communiste, du modèle économique du capitalisme. Dix-sept millions de jeunes gardes rouges envoyés faire les travaux des champs pour arrêter la Révolution culturelle s'en souviennent encore ! Comme les mineurs britanniques brisés par Mme Thatcher. Puissants films de Ken Loach. Un cycle fait d'ultralibéralisme, où l'économie de marché s'est imposée comme la solution à tous les problèmes pour achever la guerre froide « par le tiroir-caisse ». Et, pardon, mais à bien des égards, ce fut efficace : fin de la guerre froide, effondrement du totalitarisme en Europe, triomphe de la démocratie – même illibérale – en Europe de l'Est, en Amérique latine… C'est aussi le moment où la Chine a fait son Grand Bond en avant afin de plus en plus s'intégrer à la mondialisation, avec un résultat qui doit lui aussi nous réjouir : la fin de la pauvreté pour plus d'un milliard d'individus. Et le retour de la Chine dans le cercle des nations, fière d'elle-même. Cela est vrai pour toute l'Asie – l'Inde, bien sûr, pour partie ; le Viêt-nam qui a tant souffert… – et pour une partie croissante de l'Afrique. Le chemin à parcourir pour vaincre pauvreté et violence reste considérable, mais on ne peut nier la distance déjà franchie. Y compris avec comme conséquence la tendance à la sécession d'une poignée d'hyperriches dans un monde *hors-sol* de paradis fiscaux et de yachts gigantesques : un nouveau « peuple de la mer » est né !

Pour dépasser la faille immense que *la Grande Pandémie* a ouverte dans notre monde, chacun va devoir faire une part du chemin. Il faut solder les comptes de la période dont nous sortons. En particulier, les ennemis de Reagan, de Thatcher ou du totalitarisme chinois vont devoir mesurer les effets créatifs de cette période. Cela est pénible à écrire. Mais le refuser mène à la déraison. La domination du « tout-marché » sur le politique et les États a fauché nombre de régimes autoritaires et totalitaires. Elle en a renforcé d'autres, notamment la Chine et les principautés arabes. Puis ce système s'est fissuré avec la crise de 2008. La revanche des États a commencé là. Pour solder les comptes, les amis de Reagan, de Thatcher et du totalitarisme chinois ont aussi à faire une part du chemin. La coopération des nations pour lutter contre le réchauffement climatique et l'augmentation des inégalités est impérative. Le mariage du « tout-marché » et du totalitarisme chinois a abouti en cinquante ans à un système où l'économie guidait le monde – mais une économie mondialisée où « une main invisible » décidait où on fabriquait les médicaments, les voitures, les masques, les smartphones, etc., sans aucune régulation politique. On voit aujourd'hui le résultat. La crise financière de 2008 nous avait secoués, le virus est l'étincelle qui nous fait entrer dans une nouvelle période historique, faite de coopération et de frontières. D'un commun nécessaire surplombant nos conflits multiples.

2.
Un moment révolutionnaire

Ce virus a donc quelque chose de proprement révolutionnaire. Il va faire évoluer nos sociétés bien davantage que nombre de luttes sociales. Si les conflits sociaux de ces dernières années – les Gilets jaunes, la crise des retraites, etc. –, avaient du mal à déboucher sur des changements, on peut prévoir que ce petit virus va avoir, sur notre organisation sociale, sur nos politiques publiques, sur les stratégies des entrepreneurs, sur la construction européenne, bien plus d'impact que toutes les luttes sociales de ces vingt dernières années. On peut peut-être s'en réjouir, on doit assurément s'en émouvoir. Le futur advient souvent par les drames.

Ce qui nous est arrivé est « inouï ». Dans l'histoire de l'homme, il ne s'est jamais produit quelque chose qui ressemble à ce que nous vivons, où toute l'humanité se bat, non pas entre elle, comme « d'habitude », mais contre un virus. C'est extraordinaire. C'est si inouï qu'on ne sait pas encore le penser. On peut éventuellement le comparer. C'est vrai que cela rappelle la Grande Guerre, la Grande Dépression, la Résistance – un peu 1968 également, puisque là aussi tout s'est arrêté. On pouvait certes sortir dans la rue, mais on n'avait plus d'essence, plus de voiture, plus de travail. Plus de bac ! On s'est beaucoup amusés, j'étais au lycée, c'était parfait.

Ça rappelle donc 1914, 1929, 1939, 1968. 1989, à Berlin. Prague, bien sûr. C'est de cet ordre-là : une page blanche sur laquelle il faut remettre en route l'écriture de l'histoire.

Pour moi qui suis de la génération de Mai 68, le parallèle fait sens. C'est en effet un phénomène de même nature – international, radical, culturel et innovateur. Mais en beaucoup plus puissant et porté par le risque de mort pour chacun. En 1968, la guerre n'était « qu'au » Viêt-nam. Pour Claude Alphandéry, ancien résistant du Vercors avec qui j'ai longuement échangé, cela rappelle le maquis. Des milliers de jeunes n'ayant jamais vécu dehors – et sans travailler ! – se sont retrouvés devoir tout apprendre, brutalement confinés dans des montagnes peu hospitalières. Y compris passer du refus du STO à la Résistance. Ce sont des moments où il y a une cristallisation de ce qui était latent dans la société. Il se passe un événement, et les signaux faibles deviennent des signaux forts. Mai 68, on ne peut pas le séparer de tous les débats des années soixante – la contre-musique, Vatican II, « la » pilule, le refus de la guerre. C'était une période de plein développement économique et de conquête de nouvelles libertés, ce n'était pas du tout une révolte de la pauvreté – le taux de croissance était de 7 % en 1968, des chiffres dont on n'a même plus idée –, mais une révolte qui reposait sur une rupture culturelle gigantesque entre les générations, sur des conflits quant à la place des femmes dans la société, sur le début de la crise écologique, sur le refus de la guerre. Toutes ces ruptures étaient déjà là, Mai 68 les a accélérées, a eu un effet catalyseur. L'aventure du maquis, de ce point de vue, fut assez proche. Et souvenons-nous que le programme du Conseil national de la Résistance, comme le rappelait souvent Claude Alphandéry, avait omis de débattre de la place des femmes – qui n'avaient pas le droit de vote –, de celle des colonisés et de l'économie sociale, des coopératives, des mutuelles… Le paradis n'est décidément pas de ce monde.

Nous sommes face, à nouveau, à un événement inédit, inouï donc, mais beaucoup plus brutal et totalement planétaire. *Une planète à l'arrêt au cœur du système solaire*. S'il y a de la vie ailleurs dans l'univers, ils ont dû nous observer avec stupéfaction. Nous avons pour la première fois fait Humanité. Tous ensemble. Nous avons été confrontés en masse à l'idée de la mort. Comme dans le maquis, comme en 68, car n'oublions pas les millions de morts de la guerre du Viêt-Nam qui était la toile de fond de la « révolution de Mai », ni les tensions extrêmes que nous vivions avec le risque permanent de guerre nucléaire. Ni, bien sûr, la fusillade de l'université d'État de Kent[1], ni l'immolation de Jan Palach, place Venceslas[2].

Aujourd'hui, à nouveau, la mort de masse fut présente. Elle plana comme une menace invisible. Plus de morts aux États-Unis que durant la guerre du Viêt-nam ! On a vu mourir des gens qu'on « reconnaissait », et d'autres qu'on connaissait. Par exemple, le grand architecte italien Vittorio Gregotti qui a construit le Grand Théâtre de Provence à Aix-en-Provence et qui est décédé du coronavirus en 2020 – je ne l'ai jamais

1. Le 4 mai 1970, dans l'Ohio.
2. Le 16 janvier 1968, à Prague.

rencontré, mais je connais le théâtre, donc il meurt dans « mon monde ». Je savais qui était Nicolas Alfonsi, le sénateur de Corse qui est mort : je connaissais son nom, je ne l'avais jamais vu, mais c'est une mort qui existe pour moi. La liste n'est pas exhaustive. Des anonymes et des personnalités meurent. Par milliers, par centaines de milliers. Des philosophes comme Lucien Sève, des politiques comme Patrick Devedjian ou Henri Weber, grande figure de la gauche pleine d'humanité, des artistes comme l'écrivain Luis Sepúlveda ou le musicien Manu Durango. Des médecins, des élus locaux… Des amis aussi. C'est de mon âge. Ce fut une confrontation à la mort en direct sur les chaînes d'information en continu, répétée et ressassée sans fin. Trois membres de ma famille étaient âgés de plus de 90 ans, dont une parente en maison de retraite, confinée dans sa chambre. C'était très violent. Tout cela a bousculé nos vies, nos émotions et nos rapports sociaux. Des milliers de vieilles personnes ont été en partie abandonnées par leurs proches, « par sécurité ». La nôtre, évidemment. Rupture, choc traumatique. Comme après 1914, comme après 1945. Ensuite, il y eut un puissant désir de vivre. On eut tout à la fois envie et besoin de se toucher, et peur de le faire. On eut envie que l'histoire à nouveau avance. Il va falloir affirmer qu'on a gagné tous ensemble la bataille du Covid-19, et que cela annonce la maîtrise possible de l'effondrement climatique. La puissance d'une Humanité rassemblée en un même combat fut gigantesque. La guerre climatique qui là a commencé doit y puiser leçons et confiance. Même si « à côté » vont continuer les conflits privés ou les affrontements tragiques d'un monde multipolaire.

L'histoire avec un grand H s'est invitée à notre table, à notre table à tous. Mais les événements historiques, si on sait les qualifier comme tels quand ils arrivent, on n'en comprend la portée que bien plus tard, petit à petit, quand ils sont mis en récit, qu'ils sont organisés par des mots, racontés. Après la dernière guerre, on a construit la « Résistance ». La Résistance a existé dès juin 1940, bien entendu, mais la plupart des gens n'étaient pas résistants. Beaucoup de gens aidaient discrètement, ils laissaient faire, mais ils ne prenaient pas de risques directs. On a construit plus tard un mythe qui, par sa force et par le besoin collectif qui l'entourait, a écrasé tous les autres. On a pu réintégrer les fonctionnaires pétainistes, les juges, pour leurs compétences, en « oubliant » les diversités de l'histoire. C'est le propre d'un récit. Il fait histoire et rassemble, permet « la remise en route ». Aujourd'hui, n'ayons pas de doute sur le fait que nous avons vécu, ce qui est rare, un événement proprement historique. Un choc puissant et simultané pour l'humanité tout entière. Une arme pour demain.

Le sacre de l'humain

Notre humanité a fait corps en ayant besoin de communier tous les soirs derrière ses soignants. Tous les peuples ne l'ont pas fait de la même façon, mais tous l'ont manifesté. On a rompu nos liens, et on a eu besoin d'en inventer d'autres. On n'existe pas si on n'a pas de liens : un être humain tout seul dans un désert n'est rien. Chaque humain est une communauté. Nos vies humaines sont faites en moyenne, paraît-il, de quarante interactions par jour avec d'autres êtres humains. On ne le mesurait pas, on n'en avait pas conscience… et on le remesure pleinement et rudement quand cela nous est retiré. Brutalement, ces liens ont complètement disparu, et nous nous rendons compte que notre liberté, notre vie, n'ont de sens que parce qu'il y a les autres. Dans l'histoire des sociétés, de temps en temps on s'en ressouvient. C'est le rôle des guerres, des tragédies, de nous rappeler que nous sommes des animaux sociaux. Et papouilleurs.

Les traces seront profondes, et durables. Ce qui est frappant, c'est que, dans des sociétés obsédées par l'argent, on a accepté de mettre l'économie de côté au nom de la santé. On aurait pu penser que le réflexe dominant serait celui du président américain, qui a d'abord nié l'importance de l'épidémie pour éviter la mise en veille de l'économie américaine. Mais à part Jair Bolsonaro, presque personne ne l'a suivi, et Donald Trump lui-même a été rapidement rattrapé par la patrouille. En réalité, « au final », tous les gouvernements du monde ou presque, confrontés au même mal, ont placé la santé de leurs concitoyens, la vie humaine, au premier rang de l'échelle des valeurs. Certains militants avaient autrefois pour slogan : « Nos vies valent plus que leurs profits. » Ils doivent se réjouir, et nous aussi, car nous y étions. Jusqu'alors, l'humain était la variable d'ajustement de nos économies, avec ce que l'on appelait il n'y a pas si longtemps les « licenciements boursiers » : certaines entreprises gagnant beaucoup d'argent procédaient à de vastes plans sociaux pour encore augmenter leur rentabilité. On en a soupé pendant cinquante ans. Et là, d'un coup, on en était sortis. C'est un fait civilisationnel puissant dont nous n'avons pas fini de tirer les conséquences. Ce principe a été implicitement revendiqué par tout le monde – sauf par quelques esprits décalés –, partout, en même temps.

C'est la première fois que le monde parle d'une même voix, s'accorde sur une philosophie de l'action. Auparavant, les choses étaient désynchronisées. Même quand les pestes ou les choléras sévissaient, venant très souvent de Chine comme on l'a déjà dit, les pandémies mettaient très longtemps à se diffuser. Ce fut encore le cas avec le sida, entre l'apparition des premiers malades et le sentiment réel d'une épidémie. Cette fois-ci, au contraire, nous avons vécu un flash planétaire qui nous a tous jetés dans la même situation d'impréparation. Et malgré quelques frictions diplomatiques, malgré quelques bassesses entre pays autour de la fourniture de masques, l'humanité a montré qu'elle était capable de s'unir dans un combat commun. Les Martiens auraient débarqué pour nous envahir, on se serait probablement ligués contre eux de la même façon ; là, c'est un virus qui, pour la première fois, unifie l'humanité autour d'un commun – et pas n'importe lequel puisqu'il s'agit de la survie de ses membres.

C'est donc la première fois que l'humanité place sur la terre entière la vie au-dessus de l'économie. Il faut l'entendre. C'est inimaginable d'avoir fait un truc pareil. J'en suis encore surpris parce que, « normalement », on aurait dû dire : « On impose le port du masque dans les entreprises et on se débrouille. » Mais non, on a arrêté le monde pour le sauver. Même les pays qui avaient des masques en réserve. C'est mythologique comme message. Il faut l'entendre comme tel. Le choix de la vie, du vivant.

Pour y parvenir, on s'est d'ailleurs trouvés dans une situation assez paradoxale – philosophiquement et psychologiquement paradoxale – : il faut tous qu'on se confine, qu'on se terre, qu'on en fasse le moins possible, à part se laver les mains et respecter quelques règles extrêmement simples, pour atteindre notre but. Notre action la plus héroïque est une sorte d'inaction. D'habitude, quand on se bat, c'est pour gagner – gagner un match, gagner un marché, construire un mur, écrire un livre… On fabrique quelque chose que l'on voit ou que l'on entend. Là, le but, c'était qu'il ne se passe rien.

Les heureux birésidents

On a beaucoup critiqué ceux qui ont quitté les grandes villes à l'annonce du confinement. Ils en avaient pourtant le droit. Étudiants retournant dans leurs familles, amis se regroupant, propriétaires de résidence secondaire choisissant le confinement à la campagne… La liberté de circulation en France et en Europe était, à l'époque, heureusement totale ! D'ailleurs, 186 000 Français ont été rapatriés de 164 pays. Bien sûr, face à eux, la peur du virus était compréhensible. Et l'attitude de certains urbains adoptant des comportements de vacances a énervé, à juste titre, des habitants inquiets, surtout dans les îles où la densité sanitaire est faible. Mais certains élus, même si nous étions en période électorale, auraient pu essayer davantage de pacifier les tensions et de désamorcer les tentatives de recherche de boucs émissaires. Il y a, depuis quelques années, une tendance à dénigrer les touristes qui est inquiétante et qui renvoie à d'autres refus de migration.

Bien sûr, les élites ont toujours eu des refuges à la campagne. Les aristocrates avaient des châteaux, les bourgeois du XIXe avaient des villas au bord de la mer, ou dans la proche campagne autour des villes. Les Russes, des datchas. À Marseille, les bastides étaient en moyenne à une heure de cheval. Ce qu'on appelle aujourd'hui les « quartiers Nord », quartiers les plus populaires de la ville, sont autour de ces bastides, où les bourgeois, dès qu'il faisait chaud, allaient mettre leur famille à l'abri des odeurs de la ville – à l'époque elle sentait très mauvais l'été –, des maladies et des émeutes. Les élites sociales, dans toutes les civilisations – chez les Romains, chez les Chinois –, ont toujours eu un *pied-à-terre*. De plus, avant l'invention du Frigidaire, *une campagne* – comme on dit en Provence – assurait l'approvisionnement régulier de la maison de ville. Et le cabanon était un lieu de courts séjours et de bien des amours. Ou le pavillon de chasse.

Donc, la birésidence, y compris pour les millions de chasseurs ou de pêcheurs, est un phénomène traditionnel. En France, il y a trois millions de résidences secondaires déclarées. Beaucoup ne le sont pas. C'est une des particularités de ce pays, en partie liée à un exode rural tardif qui a favorisé la transformation de maisons de famille en maisons de vacances. Souvent, les familles propriétaires sont originaires du lieu ou y viennent de génération en génération, y célèbrent fêtes de famille et mariages. En outre, ils votent sur place et y seront probablement enterrés. Disons que ce sont des habitants à temps partiel. Avec Michel Marié, il y a cinquante ans, nous les appelions des « résidents temporaires[1] ». Une part des immigrés récents d'Afrique ont eux aussi gardé une maison dans leurs pays d'origine, où des centaines de milliers d'entre eux prendront leur retraite. Ce phénomène est également très visible au Portugal. En outre, la majorité des Parisiens, notamment chez les jeunes, ne sont pas des Parisiens « de souche », mais venus à Paris pour finir leurs études, ils y ont trouvé un travail. Souvent, ils repartent après 30 ans, avec le premier bébé. Paris comme les autres grandes métropoles sont d'énormes « machines » d'arrivée et de départ. Un Français sur deux ne vit plus dans son département de naissance. Paris a déjà perdu 59 000 habitants en dix ans, et une grande partie des Parisiens rêve de quitter la ville. Quarante-deux pour cent des Franciliens déclarent y penser très fort à l'été 2020. Il est urgent d'arrêter de voir la France comme

1. Michel Marié et Jean Viard, *La campagne inventée*, 1977, *op. cit.*

une société de natifs fixés à leurs terroirs. Nous parcourons sans cesse le corps charnel de la patrie en tous sens.

Bien sûr, moralement, l'exil des riches choque puisque, par définition, il est interdit aux pauvres. Cela met en lumière des inégalités terribles. Mais le fait qu'il y ait des gens qui quittent la ville, et donc qu'il y ait moins d'habitants dans la ville, n'a pas forcément été une mauvaise chose. Qu'environ 27 % des Parisiens aient quitté les lieux pour la campagne et les côtes relativement proches a contribué à ce que les capacités d'accueil dans les hôpitaux de Paris et de la Petite Couronne soient moins saturées. De ce point de vue, on ne peut rétrospectivement que remercier tous ces exilés d'avoir soulagé la tension sur le système hospitalier sans avoir pour autant répandu l'épidémie ailleurs. Si ce risque pouvait exister au début, force est de constater qu'il n'a pas été confirmé. Et nombreux parmi eux ont sauvé leur vie sans le savoir. Pour autant, la suite ne pourra s'orchestrer sans une logique de justice. Car il n'y a pas de cohésion sociale sans justice. Ces migrations, face aux travailleurs qui ont continué à aller sur leurs lieux de travail, ont mis en scène des inégalités insupportables, qui ont créé une dette qu'il va falloir solder. Enfin, il est à prévoir que la civilisation numérique dans laquelle nous venons brutalement de basculer va renforcer cette population birésidente. Plutôt que d'en faire un bouc émissaire, il va falloir mieux la connaître pour mieux comprendre notre société de mobilité. Si nous pouvions penser que nous sommes tous, pour une part, migrants, la vie serait plus simple.

Un temps nouveau

Nous entrons dans un temps nouveau. Nous avons vécu sans modèle préalable un confinement mondial, et aujourd'hui, il nous faut inventer une remise en route de nos sociétés – qui est aussi un *changement de route*. Une bifurcation, dit Pierre Veltz[1]. C'est extrêmement compliqué d'entrer dans un temps qu'on ne sait pas se représenter avant de le vivre. Car le temps est une plastique, un imaginaire avec des cheminements, des impasses et des traverses. Des formes.

Prenons un exemple que j'ai beaucoup étudié, celui des vacances. Pendant longtemps, dans nos sociétés, il n'y avait pas de congés payés. Le tourisme est une innovation du XIXe siècle qui s'est peu à peu diffusée dans le monde du travail après la guerre de 14-18. Les travailleurs connaissaient

1. Pierre Veltz, *Bifurcations…*, 2022, *op. cit.*

le dimanche, la maladie et le chômage, les carnavals et les fêtes de village – ou de corporation –, qui servaient à magnifier annuellement le groupe et à marier les jeunes. L'idée de journée de non-travail était donc présente, mais pas l'idée de journée payée ni de voyage. Quand on a « octroyé » les congés payés, en 1936, de nombreux travailleurs des milieux populaires n'avaient aucun imaginaire de ces quinze jours à vivre *en vacances* – dans le vide. Ils n'avaient pas de codes sociaux disponibles, et une grande partie d'entre eux ne surent pas ce qu'ils devaient en faire. Ils n'étaient même pas sûrs qu'ils seraient payés en revenant parce que ça ne leur était jamais arrivé de rester quinze jours à la maison et de toucher un salaire. On parlait alors de la semaine des « sept dimanches ». Aussi, les syndicats et les forces sociales diverses ont dû gérer ce vide, cette peur de l'inconnu. Par exemple, à Strasbourg, les « congés payés » sont montés au col de la Schlucht, dans les Vosges, avec en tête de cortège le responsable syndical et l'évêque. Tout le monde a suivi, c'était *les vacances*. On a fait pareil dans le Massif central et ailleurs. Ainsi, on a inventé un rituel pour occuper ce temps nouveau. Puis, après la guerre, petit à petit, on a structuré cette alternance travail/vacances, on a inventé le tourisme social, le camping, la natation, le bikini, les festivals... On a démocratisé le train puis la voiture, etc. On a ainsi créé, et appris, les codes des vacances – comment on s'habille, où on va, comment on se tient, ce qu'on fait – et on a très largement repris ceux inventés au siècle précédent par les aristocrates et les rentiers. Chaque temps nouveau a besoin d'être pensé avant d'être habité. Il y a des précurseurs, une « artialisation » par les artistes, les romanciers... Enfin, il y a imitation et submersion populaires. Ce sont souvent les élites sociales ou culturelles qui expérimentent les premières : elles prennent plus de risques parce qu'elles sont plus riches, et mieux protégées. Elles dessinent des chemins. Par exemple, aux XVIIIe et XIXe siècles, quand les aristocrates et les rentiers ont commencé à voyager, ils envoyaient l'année précédente leur valet faire le même voyage pour qu'il puisse leur expliquer : « Quand vous arrivez à Venise, voilà comment vous devez être équipé ; s'il y fait froid, vous aurez besoin de gros souliers ; et voilà comment s'habiller le soir si vous êtes invité dans un *palazzo*... » Puis, à la fin du XIXe, on a inventé les guides de voyage qui ont permis de démocratiser ces savoirs nécessaires en les codifiant. L'homme n'avance que dans des territoires repérés ; auparavant, seuls quelques explorateurs, quelques déments, ouvrent la voie. Quand on regarde des films sur l'Amérique au XIXe, on voit que la découverte du Far-West a reposé sur la même mécanique, où quelques individus isolés sont allés à la rencontre des Indiens – les coureurs des bois et les jésuites au Canada, par exemple. Les découvertes fonctionnent toujours ainsi : des aventuriers, des pionniers parfois un peu farfelus ouvrent la voie, progressivement les gens suivent, et cela devient une aventure collective et une nouvelle norme pour l'ensemble de la société. Pensons aussi au rôle de Savorgnan de Brazza en Afrique.

Or, aujourd'hui, rien. On a plongé dans ce confinement sans préparation ni précurseurs. On s'est retrouvé face à un vide. Car même si on était chez soi, même si on était connecté, on n'avait aucune représentation du moment qu'on allait vivre. On l'a inventé en temps réel. Et même aventure pour le déconfinement. On a dû affronter l'imprévu, l'inédit. La peur. Chacun s'est dit : il faut faire des projets, prévoir des activités, acheter de la farine, faire des gâteaux, rattraper des retards, ranger les placards, lire Albert Cohen, repeindre la salle à manger, tailler la haie… *Car je vis une aventure, je vis un moment de l'histoire du monde qui va me marquer jusqu'à ma mort ; j'en parlerai à mes petits-enfants, je le leur raconterai comme fut racontée la Grande Peste du XVe siècle et la bataille de Verdun.*

Ce vide, à codifier soi-même au niveau individuel, fut vécu différemment au niveau sociétal et politique. Nous avions vu en avant-garde les innovations radicales du régime totalitaire chinois. Nous avions donc un modèle, avec une efficacité « affichée » très forte. Quelques mois avant *le grand confinement planétaire*, lorsque nous observions la situation en Chine, personne ne pensait sérieusement à sa transposition chez nous. C'était bon pour une dictature ! Mais pas pour nous. On s'en gaussait. Même quand l'Italie a été atteinte, que n'a-t-on entendu sur la désorganisation transalpine ! Certains avaient bien oublié les légions de Rome. Puis on a plongé à notre tour des deux pieds dans la pandémie. Et sans hésitation, sans vrai débat, la France tout entière a été projetée dans le modèle assoupli de la Chine totalitaire. Modèle très efficace, certes, pour le confinement, la reconnaissance faciale, l'emprisonnement sans procès. Le président a pris ses risques, et le peuple a suivi avec une incroyable soumission. Plutôt la santé que la liberté ! Où étaient passés les Gaulois remuants ? Avons-nous bien fait ? Jamais nous n'aurons la réponse, bien sûr ; mais quand on voit les dégâts psychologiques, économiques, et en particulier auprès des plus pauvres et des plus fragiles, la question est lourde de sens. Si la pandémie avait commencé en Grande-Bretagne, quels choix auraient-ils été faits, et se seraient-ils imposés au monde ? Bonne question, non ? Les modèles sanitaires semblent estimer que si on n'avait rien fait, on aurait perdu au moins cinquante millions de vies en plus. Mais y avait-il d'autres solutions de protection ? Sans confinement, mais avec des masques, du gel hydroalcoolique, des hôpitaux prêts, la fermeture des écoles, l'isolement des plus de 65 ans… ? Possible ? On fera le bilan plus tard, mais il faudra le faire pour préparer la prochaine pandémie.

Donc, devant la puissance et la permanence de la menace, on s'est retrouvés face à un vide, qui est d'abord un vide de sens. Sans savoir combien de temps cette période allait durer, sans savoir qu'en faire, y compris dans notre sphère intime – c'est quoi, d'être un mois, ou deux, ou plus, en couple légal enfermé dans sa maison ? Ça a l'air simple, dit comme ça ; on imagine ce temps à venir joyeux et festif : eh bien non, d'autant plus qu'on est nombreux à télétravailler et ainsi à envahir l'espace familial. Sans compter les enfants. Et la ville ? On a vu des rues vides à la télévision, filmées par des drones. Les seules images de rues vides que j'avais en tête, c'était en 1939 : les Champs-Élysées quand les Allemands sont entrés dans Paris. « Normalement », ça n'arrive pas. Comment penser l'« anormal » ? Qui ne ressent pas d'angoisse face au vide ?

Six à sept Français sur dix vivent dans une maison avec jardin ; 10 % ou 15 % ont une résidence secondaire – où environ un tiers s'est rendu – et 24 % ont une terrasse ou un balcon. Des gens qui vivent dans un appartement, sans aucun espace extérieur, il y en a environ 15 %. La superficie moyenne des logements en confinement était de cent mètres carrés. Ce sont certes des moyennes, mais cela signifie que la partie de la population très « concentrée » était très minoritaire. Mais, bien sûr, quand vous n'avez pas une pièce à vous, quand vous n'avez pas la possibilité d'être tout seul de temps en temps autrement qu'aux toilettes, la vie devient extrêmement difficile… et même, en période de confinement, invivable. C'est d'ailleurs pour cette raison que les jeunes, souvent, occupent l'espace extérieur, les cages d'escalier. L'espace de la jeunesse, c'est en dehors du logement. Là, ils ont été privés de cette vie communautaire de bande qui est la vie même de la jeunesse.

En bout de chaîne, les SDF, les étudiants étrangers, les familles pour qui le principal repas de la journée se prend à l'école ou dans l'entreprise, les Restos du cœur, les personnes âgées isolées, les handicapés, les travailleurs au noir… Soit des millions de gens qui ont survécu grâce à l'entraide, aux maraudes, aux distributions de repas, aux microsolidarités. Et ailleurs dans le monde, la situation est parfois terrible pour des foules immenses. Arrêter le monde protège les plus aisés, mais se paie au prix fort pour les plus fragiles. C'est une leçon à ne pas oublier.

Nous avons, certes, vécu, les uns et les autres, des situations différentes. On devrait presque parler de « confinements au pluriel ». Car il y a eu autant de façons de vivre le confinement que de personnes confinées. Plus de 40 % des gens disent avoir été heureux, mais inquiets ; 60 % ont continué à travailler, chez eux ou dans « les métiers de la ville » et de la santé. Des milliers de femmes et d'enfants ont vécu des violences, des pressions pour faire les devoirs, les tâches domestiques, « du sexe ». La famille est le centre du bonheur, mais aussi le cœur des violences, des viols… Les solitaires et les couples sans enfant ont été d'ailleurs légèrement plus nombreux à se déclarer heureux.

Ne pas avoir peur de la peur

La peur est montée progressivement dans l'opinion publique au début de la pandémie ; et plus la peur montait, plus le pouvoir pouvait prendre des mesures restrictives. Quand un pourcentage de 63 % de la population a eu peur, le gouvernement a fermé les écoles. Quand le pourcentage est arrivé à 80 %, il a décidé le confinement. On demande parfois pourquoi le politique n'est pas allé plus vite. Mais c'est parce que le politique doit s'adapter aux attentes de la population. Pour « lâcher » cent mille policiers dans les rues et leur demander de dresser des P.-V. en cas de non-respect des règles de confinement, il fallait que la grande majorité des gens ait intériorisé le risque et le désir de ne pas transmettre la maladie. Ainsi, la peur n'est pas un mauvais guide quand elle engendre un minimum de discipline. La peur peut être source d'ordre là où la panique est source de désordre. Elle a sans doute joué, au moins un peu, favorablement. Mais si cette peur fut utile, le durcissement de la parole publique sur le sujet des masques et son abondant relais dans notre société hypermédiatisée ont sans doute accentué cette peur, au point que certains ont eu, ensuite, du mal à ressortir !

Pour préserver la santé des plus fragiles, nous avons accepté, rapidement et docilement, de renoncer à l'une de nos libertés les plus fondamentales, celle de se déplacer. Cela a duré plus de huit semaines. Et même s'il y a parfois eu un peu de laxisme et de relâchement au fil du temps – autant dans les quartiers bourgeois que dans les quartiers populaires, d'ailleurs –, globalement, il y a eu une très grande acceptabilité sociale de ce confinement. Mieux, il semble avoir été attendu : au lendemain de son annonce par le président – dans une allocution télévisée qui a atteint des records d'audience –, les Français ont exprimé leur très forte adhésion à cette mesure.

Les blouses blanches, et bien d'autres secteurs, se sont donnés à fond, parfois au péril de leurs vies. On s'est vite aperçu que la maladie ne frappait pas tout le monde de la même façon, faisant ses victimes très largement chez les hommes de plus de 65 ans. Si cela avait été une maladie attaquant les jeunes enfants, la panique aurait été bien plus considérable. Abréger de quelques mois, parfois de quelques années, la vie des personnes les plus âgées ou frapper de jeunes victimes, cela ne marque pas les consciences de la même façon, tant la mort des enfants – qui fut la règle jusqu'au XVIIIe siècle – est devenue quelque chose de totalement inadmissible dans nos sociétés. Je ne mésestime pas pour autant la violence des décès de nos anciens, notamment dans les Ehpad. Certains sont morts dans des conditions atroces, souvent dans l'isolement, sans que nous ayons été autorisés à leur témoigner de derniers gestes d'amour. Ce travail de deuil empêché, amputé, amplifie – et amplifiera dans la durée – le traumatisme vécu par les proches des personnes disparues.

Certains se sont construit des souvenirs nourris de la fierté de leur comportement. C'est comme dans les guerres : tu agis au présent, mais qu'est-ce que tu te raconteras de toi-même après ? Peut-être que personne ne le saura : ce n'est qu'avec toi-même, avec ta conscience que cela se jouera. Tu peux te débrouiller pour que ça ne se voie pas, mais ce n'est pas grave : ce n'est pas ce que les autres disent qui compte, c'est la vérité intime des gestes faits. Est-ce que j'ai été lâche ? Est-ce que j'ai aidé ? On a construit, en partie sans le savoir, la fierté qu'on aura plus tard de ce qu'on a vécu. Pour qu'un événement tragique ne soit pas en prime, individuellement et collectivement, un événement honteux. Ceux qui se sont battus « en première ligne » traverseront sans doute plus facilement la période et seront moins traumatisés. L'action protège.

Les politiques, appuyés sur l'expertise scientifique du monde médical, avaient décidé de tout arrêter. Confrontés à ce choc inouï, d'une ampleur et d'une complexité proprement « extra-ordinaires », ils ont eu à prendre en des délais très courts des décisions qui engageaient le présent et l'avenir dans des proportions rarement atteintes. De ce point de vue, la comparaison avec les deux guerres mondiales n'est pas absurde : en temps de paix, il est rarissime d'avoir à marquer des choix aussi lourds.

Bien sûr, cette autorité retrouvée du politique fut d'autant plus solide, au moins au début, qu'elle s'adossait à une parole scientifique et médicale elle-même bien plus respectée. Et à notre confrontation en masse à la mort. Même si les médecins se sont violemment affrontés : la culture populiste, comme l'explique fort bien l'historien Marc Lazar, a là pénétré le monde médical, comme tous les autres mondes – dont les médias bien entendu. Les médecins ont en outre changé de discours quant à l'inutilité, ou à la nécessité, de porter des masques, au fur et à mesure de leurs connaissances. Sans que l'on comprenne jamais si le manque de masques était la cause du flottement de la parole publique, ou si la conviction des spécialistes était, au départ, hésitante. Ce flou du discours scientifique a entraîné une indécision de la parole politique qui lui a été fatale, auprès de l'opinion, en matière de confiance : celle-ci semblait partiellement retrouvée au début de la crise, mais s'est très vite dilapidée.

Sans confiance ni adhésion, le pouvoir politique voit justement son pouvoir, sa capacité d'action, amoindris. Mais, ici, l'esprit de responsabilité des citoyens et la peur du virus ont permis que, malgré ce manque de confiance, les directives soient très bien respectées. Y compris pour limiter les libertés ! Surprenant à bien des égards. Cette discipline est restée majoritaire dans l'opinion publique alors même que certains pays n'avaient pas fait le choix du confinement et que d'autres solutions paraissaient possibles. On fera les comptes à la fin. Les Français auraient pu nourrir des doutes et de l'insoumission. Tel ne fut pas le cas. La parole scientifique, dans laquelle on a toujours une forte confiance, a été opératrice de la situation, avec une intense campagne de communication. Ce faisant, on a tous eu envie d'être citoyen – d'être derrière les caissières, les médecins et les paysans. Rester chez soi, c'était comme faire le *haka* dans un match, c'est-à-dire se serrer les coudes ensemble.

Ces efforts auront été légitimes et payants puisque les études médicales parues dès le mois de mai ont permis de confirmer que cette stratégie a été efficace. L'AP-HP a piloté des travaux évaluant le nombre de vies sauvées à plus de cent mille. Ce n'est quand même pas rien ! Cette même étude a établi que la poursuite du confinement n'aurait eu que peu d'efficacité sur le plan sanitaire, une fois la décrue opérée. Elle a également permis de fixer le cadre du déconfinement qui aura, disons-le franchement, été davantage un confinement allégé que la libération que nous espérions tous. Un déconfinement total, selon cette même étude, aurait ouvert un risque élevé de deuxième vague, encore plus forte que la première. On peut se réjouir de voir que les décisions prises et les attitudes adoptées ont produit d'incontestables résultats. On peut toujours critiquer la réactivité, les maladresses de communication, les discordances, mais retenons l'essentiel. Chez nous, aucun gouvernant n'aura vanté les vertus thérapeutiques d'une ingestion d'eau de Javel !

Paradoxalement, le déconfinement fut peut-être plus difficile à vivre que le confinement. Car le premier relevait de la médecine, sorte d'ordonnance collective de santé publique et privée, alors que le déconfinement était une décision politique, un arbitrage entre des informations médicales, des risques éducatifs ou économiques. Humainement, nous étions sans cesse confrontés à des prises de risque à évaluer – sortir ? voir sa famille ? assister à une réunion ? –, ce qui était finalement plus stressant qu'une obéissance stricte. Ah, que le troupeau facilement entre dans le pacage !

Plus tard, les peuples vont demander des comptes : on va chercher des boucs émissaires. Surtout en France où, les oppositions politiques ne captant pas les insatisfactions des citoyens, tant elles apparaissent encore plus fragiles que le pouvoir, le lieu d'expression des souffrances et des colères risque fort d'être les prétoires. On attaqua beaucoup les politiques sur le manque de stock de masques, et cette carence était vraiment stupéfiante ! Mais, depuis dix ans, on n'avait pas entendu l'Académie de médecine, les groupements médicaux, les associations, les syndicats, dire : « Attention : il va y avoir une pandémie, et vous n'êtes absolument pas prêts. » C'est facile de dire : « Personne n'a anticipé » ; mais les politiques, qui les conseille ? C'est le monde médical, le monde des pharmaciens. Est-ce que ces mondes-là ont tiré la sonnette d'alarme ? Est-ce qu'il y a eu des pétitions, par exemple sur les masques ? Presque personne n'avait rien dit. L'ensemble du système semble avoir cru qu'on pouvait se satisfaire d'un flux tendu afin d'économiser sur les stocks – sauf à fabriquer des masques non périssables *comme avant*. Je dirige une maison d'édition. J'ai vu d'année en année disparaître les stocks. On imprime de plus en plus au fur et à mesure. Les comptables nous disent : « Les stocks bloquent de la valeur, faites du flux tendu. » On a ainsi fait disparaître, au nom du flux tendu, l'idée de protection face aux risques et à l'aléatoire.

Tous les pays d'Europe ont été globalement confrontés à cette pénurie de masques, mais tous n'ont pas mis en place une même politique partout sur leur territoire. Ce manque de matériel de protection s'est traduit, dans un premier temps, par des surenchères et des captations de stocks lamentables. Seuls les pays asiatiques – parce qu'ils ont une culture du risque épidémiologique et un autre rapport que nous à la liberté individuelle et aux problématiques sanitaires – étaient prêts, en réalité. Mais il faut souligner que les masques en question sont fabriqués dans leurs usines, sans doute parce qu'ils connaissent mieux que nous les risques pandémiques et qu'ils n'ont pas laissé, comme nous, fermer des usines, comme celle de Plaintel après un rachat stratégique.

Surtout que si nous n'avions plus de masques, c'est parce que nous en avions stocké plus de deux milliards, à la fin des années 2000, qui n'avaient finalement – et heureusement – servi à rien. Roselyne Bachelot, alors ministre de la Santé, a été clouée au pilori, en 2009, pour cette dépense « inutile ». Tout le monde a dénoncé la gabegie, médias en tête, relayant une préoccupation, pas totalement illégitime, de l'opinion. Évidemment, s'il y avait alors eu trente mille morts, Mme Bachelot aurait été portée au pinacle… Absurde raisonnement d'une société où il n'y a plus d'experts légitimes, mais le tribunal de l'opinion agité par des médias qui se répètent en continu, dans une quête perpétuelle d'audience. On voit bien là que le principe de précaution, dont on nous rebat les oreilles, n'a pas été respecté, parce qu'on garde toujours en mémoire *la fois précédente* et qu'on peine à penser l'impensable et à accepter de le financer. Comme c'est inouï, c'est imprévisible ; donc, ce n'est pas prévu. CQFD. C'est trop facile de taper sur nos gouvernants quand ils stockent des quantités excessives de matériel de protection, puis de leur taper dessus parce qu'ils n'ont pas renouvelé les stocks qu'on leur avait reproché de constituer ! « Après moi, il n'y aura que des comptables », a dit François Mitterrand. Cette affaire n'est malheureusement pas pour lui donner tort. De piètres comptables, en l'occurrence.

En passant, je veux contester avec vigueur la notion de distanciation « sociale ». La distanciation a été physique, assurément, mais pas sociale. Qui a pu avoir une idée sémantique aussi absurde ? Surtout dans une période où nous avions tellement besoin de sociabilité, sociale et générationnelle.

En tout cas, parfois sans nous en rendre compte, nous avons en quelques jours changé de programme : le consommateur s'est effacé devant le citoyen, l'acte d'achat a été supplanté par l'acte civique du confinement. Et personne n'y a trouvé quoi que ce soit à redire. Pour protéger non pas toute la population, mais sa frange la plus fragile, tout le monde a accepté de renoncer à sa liberté première, fondamentale : celle de se déplacer librement. Et ce à un moment où d'autres pays n'imposaient pas ce type de restriction à leur population. Malgré cela, nous l'avons encaissé et nous l'avons globalement très bien respecté. C'est dire que nous sommes capables de nous contraindre, de nous restreindre, juste par égard pour autrui. Dans un monde de pur consumérisme, de pur égoïsme, l'altruisme l'a emporté. Certes, les gens avaient aussi peur pour eux-mêmes, mais avec une menace plus théorique que réelle : quand vous avez 40 ans et qu'on vous répète chaque jour à la télévision que 90 % des victimes ont plus de 70 ans, vous ne vous sentez pas très vulnérable. Le jeu collectif a primé sur les jeux individuels. De cela aussi, chacun peut être fier. Nous avons vécu un moment d'histoire et, grâce aux médias, nous en avons eu conscience en temps réel. L'Histoire, la grande, se jouait sur nos écrans de télévision et dans nos vies personnelles. BFM sous la couette. Ce fut un traumatisme au niveau de nos existences souvent assez routinières. Une tragédie, une grande peur et une aventure. Un inédit. Une première fois. Une machine à souvenirs et la fabrique d'un nouvel imaginaire. Un nouveau commun.

3.
Une si longue attente

Nous vivions sous l'emprise de l'idéologie du progrès, de la croissance du PIB et du principe de précaution. Pan ! Raté ! Nous nous sommes trouvés brutalement en danger de mort, et, du jour au lendemain, en risque de crise économique gigantesque, justement faute de précautions sur l'essentiel, la protection des vies. « De l'Humanité », aurait écrit Pierre Leroux ! Nous avons cru nécessaire de prendre le risque de la faillite de nos économies pour nous sauver. Nous avons cru nécessaire de prendre le risque de dépression de masse chez nos anciens et nos enfants. Nous avons cru nécessaire de prendre le risque de millions de séparations de couples, de ruptures au sein des familles. Nous avons cru nécessaire de prendre le risque de pénuries alimentaires – chez nous, mais surtout dans les pays du Sud. Nous avons cru nécessaire de prendre le risque que, de ces crises successives et prévisibles, naisse une vague de désespoir menant à des régimes *dits* forts. Disons tyranniques, voire totalitaires. Seulement 15 % des humains vivent aujourd'hui dans de véritables démocraties. Et la tendance est mauvaise.

La fin d'un monde

On attendait, « quelque part », un événement pour changer le cours du monde. On avait perdu le mythe révolutionnaire et il semblait n'y avoir plus qu'un seul chemin, économique et libéral, régi par « les lois naturelles du marché et de la finance ». Partout les peuples s'agitaient. Ils votaient pour des extrémistes, des populistes, des nationalistes. Ils développaient même des guérillas, souvent à base religieuse ou nationaliste. Les Gilets jaunes, en France, secouèrent la société, mais sans vrais projets d'avenir. Montrant un être-là désorienté. La pensée écologique, toute nimbée de ses origines protestantes et scientifiques, prêchait avec de plus en plus d'échos. Mais agir comment? Nicolas Hulot avait même démissionné de son poste de ministre, l'action sur le réel déstabilisant la position du prédicateur.

Dans l'histoire des sociétés, des famines, comme en 1789, des guerres, comme en 1917, poussèrent les peuples à la révolte et permirent la cristallisation de pensées politiques novatrices. L'architecture des villes a été transformée par les pandémies ou l'hygiénisme. Le futur du monde a d'abord été le paradis des religions, puis la promesse de prospérité du capitalisme en même temps que le rêve égalitaire du communisme – autant de systèmes qui nous promettaient des jours meilleurs, voire un homme meilleur. Mais depuis quelque temps, plus trivialement, nous avions rompu avec l'idée simple que nos enfants vivraient mieux que nous. Pire, nous avions le sentiment, et bientôt la certitude, que nous étions en train de leur léguer un monde mité, miné, piégé.

Avec la fin du mythe révolutionnaire, on avait perdu le dernier projet pour le futur en se libérant en Europe du despotisme russe. La chute du communisme entraîna à sa suite celle de sa sœur démocratique qu'était la social-démocratie. Peu à peu, le triomphe d'une société d'individus, la réussite progressive d'un monde d'éducation, de créativité, de soin, augmentaient les désirs de liberté contre les désirs de protection. Les plus fragiles, n'ayant pas encore atteint le nouveau port, se trouvèrent écartelés entre deux mondes qui s'éloignaient. Nous vivions de mieux en mieux, mais avec des inégalités criantes, et sans passion ni désir. Deux mondes s'écartaient, dont aucun ne faisait sens seul. Les plus aisés se protégeaient grâce à leur capital économique ou culturel. Les plus fragiles, les plus populaires, sans projet culturel, sans récit et sans appartenances fortes, se battaient pour reconstruire les appartenances d'hier: la nation ou la religion. L'ethnie, parfois. Les identités. On continuait à leur parler de promotion sociale, de démocratisation culturelle, d'égalité républicaine… Mais chacun voyait bien que suivant les quartiers ou les villages où l'on vivait, la couleur de la peau, l'origine des parents, la distance à la ville, créaient des suréloignements sociaux quasi infranchissables. Les attentes des générations successives s'éloignaient à nouveau. Rappelons-nous les enfants dans les « quartiers » qui, en 2015, se sentaient solidaires des terroristes islamistes, qui en 2022 se lancèrent dans des émeutes puissantes sans être entendus, rappelons-nous la carte des Gilets jaunes, répartis dans la diagonale du vide qui coupe la France en deux de Metz à Pau, ou dans la grande périphérie pavillonnaire des métropoles. Rappelons-nous que le vote RN double à vingt kilomètres d'une gare. En face, si l'on peut dire, rappelons-nous la majorité de Parisiens accompagnant la crise en télétravaillant et les 27 % qui ont quitté la ville pendant la pandémie. Rappelons-nous la majorité de Parisiens qui affirment vouloir quitter la ville. On n'est pas loin de l'exode de 1939. La lutte des classes était devenue une guerre des territoires, qui ne l'a ressenti durant le Grand Confinement ? Et ce n'est certainement qu'un début.

Avant ce Grand Confinement, le seul futur qui nous restait était une puissance scientifique et technologique, certes sans cesse en progrès, même si c'est avec des inégalités criantes, mais aussi sans cesse en tension de plus en plus forte avec la nature. Comme si l'humanité, espèce parmi les espèces, pouvait survivre à la destruction de cette nature qui est une part d'elle-même ! La réduction effrayante des abeilles, des oiseaux, des animaux sauvages, nous alertait pourtant. Les seules lignes d'horizon lisibles étaient la croissance du PIB, le réchauffement climatique, le vieillissement, l'invasion migratoire… Ce futur, jamais explicité comme un projet, n'avait plus de qualités positives ; au contraire, il créait un puissant effet repoussoir. En France, plus de 70 % des gens disaient préférer le passé, 3 % espéraient en l'avenir ! Quel passé ? Les Trente Glorieuses ? Quand la plupart des femmes étaient à la maison et que les hommes travaillaient soixante heures par semaine ? La guerre ? L'entre-deux-guerres ? La guerre d'avant ? La guerre de 1870 ? Quand on ne sait plus où on va, on ne regarde que d'où l'on croit venir. Mais on sait qu'à un moment, il y aura un mur ou un ravin. En 1945, on a fixé la retraite à 65 ans parce que l'espérance de vie moyenne de l'ouvrier était de soixante-six ans et quatre mois. Aujourd'hui, la retraite des femmes dure près de vingt-huit ans et demi. Non, ce n'était pas mieux avant.

Ce virus – mais cela aurait pu être autre chose – a libéré la violence, peut-être la jouissance, même, des élites individuées à détruire brutalement cette société de consommation qui était plaisir et prison, mais n'avait ni sens, ni direction, ni valeur. Fin d'une attente sans but dans un monde qui n'avait plus de futur. Ce virus nous offrit l'occasion de réhabiliter l'idée de combat partagé, de renouer avec l'idée d'un commun à l'humanité : nous manquions de projets collectifs, à l'échelle d'une planète reliée ; là, nous sommes sommés par les circonstances de nous en redonner un. Nous sommes inquiets face au vide, c'est bien normal, mais il est peu de périodes aussi cruciales et potentiellement fécondes que celle dans laquelle nous entrons, même si elle n'est pas sans danger. L'ancien maire de Marseille, le professeur de médecine Robert Vigouroux, parla un jour « d'autosuicide » de la ville (à Marseille, il est parfois utile de préciser…). L'humanité, en s'arrêtant pour sauver quelques dizaines de millions de vies, n'a-t-elle pas pris le risque de se suicider ? Pour repartir et reconstruire. Pour vivre et survivre. Mythe éternel de la régénération, de la purification par la mortification.

Nous ne sommes donc pas à la fin du monde. Mais à la fin d'un monde. Avec une rupture vécue sur quelques mois, peu dans une vie. Un *bug* puissant, porteur de menaces, qui fait que nous sommes subitement redevenus des petits enfants ou des hommes préhistoriques poursuivis par des ours. Cette parenthèse tragique nous oblige à réfléchir à notre système, et aux valeurs qui le fondent. Ce télescopage entre le monde primitif et le monde hypertechnologique a bousculé notre conscience du monde. C'est ce à quoi il faut être ouvert. Tout ne va évidemment pas changer : rien ne ressemblera autant au monde d'après que le monde d'avant, mais *le sens et le projet en seront autres*. Chaque fois, les grandes crises, *vues d'après*, sont créatrices. Elles sont d'autant plus fécondes que des leaders se lèvent pour porter une bannière et derrière elle fédérer, canaliser les énergies et les forces vitales à l'œuvre. Sinon, une longue période d'effondrement et d'affrontements est à craindre. La fin des empires aristocratiques et terriens en Europe a bien généré un XXe siècle terrifiant… mais à la fin, sans colonies, sans totalitarismes en Europe, et avec une place nouvelle accordée aux femmes et à la nature. Essayons de faire historiquement plus court pour infléchir à nouveau les chemins de l'humanité – et avec moins de victimes.

Nous avions un ministre de la Défense qui ne nous a pas défendus contre le virus, une OTAN qui ne nous a pas défendus. Nous n'avions pas de ministre de la Protection civile pour nous préparer aux risques de pandémie. Par exemple, un ministre chargé de gérer les stocks de masques et de planter notre part des trois milliards d'arbres qu'il est urgent d'enraciner en Europe pour rafraîchir les villes et les sols. Ainsi, en voulant ne pas prendre de risques – le risque de se transformer en fonction des changements écologiques et numériques du monde ; le risque, en France, de bousculer une organisation bureaucratisée ; le risque de se voir comme une humanité réunifiée où les virus font le tour du monde en vingt-quatre heures –, nous avons pris le risque de mourir par millions. Le budget militaire planétaire vient de remonter à presque 2 000 milliards de dollars par an. Nous nous préparions à une guerre. Nous nous sommes trompés d'adversaire. Les jouets de ces messieurs sont fatigués. Ces milliards seraient plus utiles ailleurs. L'Europe a besoin d'une puissante gendarmerie pour des interventions pacifiantes. Au-delà ? La grande guerre à mener est celle de l'Humanité rassemblée contre la nature affolée. Au-delà, se multiplient les conflits d'un monde multipolaire où l'Occident doit repenser sa place face à un Sud global qui se lève.

Chaque crise, chaque guerre, impose des opportunités d'avancer. Celle-ci, plus violente que les précédentes, ne fera pas exception. On préférerait progresser en faisant l'économie de conflits et de morts. Mais, périodiquement, les sociétés s'enkystent, tournent en rond ; les positions se figent, « les dominants » s'éloignent de leur propre société et en viennent à faire sécession. Alors, il y danger. Une société, c'est comme un couple. Il y a des moments de passion et des moments de tension. Des ruptures. Un couple peut-il être passionné tout le temps pendant une vie entière ? Au niveau sociétal, c'est la même question qui nous est collectivement posée. On a, aussi, besoin de crises pour avancer.

Le 1er juillet 1916, sur la Somme, périrent trente mille soldats anglais. La Deuxième Guerre mondiale, ce fut soixante millions de morts. Ces drames n'ont donc rien de comparable. Ici, nous parlons de quelques millions de victimes, mais pour toute la planète. Sauf que dans notre monde planétaire, les guerres tuent beaucoup moins, mais par l'amplification médiatique et notre actuel rapport sensible à la vie humaine, ces morts heurtent bien davantage nos consciences. Imaginez Verdun à l'heure de BFM TV ! La résonance médiatique est telle aujourd'hui qu'il suffit de quelques victimes pour que l'effet soit énorme. Ce fut la découverte principale des terroristes. Avec cette pandémie, nous fûmes face à un phénomène de même nature, puissance cent. Et c'est tant mieux. Nos sociétés de l'information en continu et de la dramatisation permanente n'ont pas que des défauts. Elles obligent à crier au feu dès les premières étincelles. Elles favorisent le terrorisme plutôt que les guerres de masse. Les arrêts brutaux contre les extinctions massives.

Les sociétés anciennes vivaient avec le risque pandémique. Surtout en Asie, ce qui y explique une culture de la précaution en santé plus efficace que la nôtre. En Europe, il faut se rappeler que, jadis, existaient les quarantaines, tout droit héritées du Déluge. Systématiquement, les bateaux étaient mis à l'isolement à leur arrivée dans un port. À Marseille, si la peste était avérée, les vaisseaux étaient isolés à l'île Jarre, au sud de la rade ; sinon, ils attendaient à l'île de Pomègues, où cinq hectares de terrain abritant quelques bâtiments ainsi qu'un petit port avaient été aménagés pour recevoir environ trente-cinq navires. Il en était de même dans tous les grands ports. Et on ne vivait pas sous la contrainte des « flux tendus » : le rapport au temps était différent. Pour partie, le shabbat et le ramadan, le refus de manger du porc, sont des rituels relevant de règles collectives de santé publique devenues petit à petit des rituels religieux, mais qui, à l'origine, ont une dimension hygiéniste.

Avec le Grand Confinement, nous avons inventé le rituel de l'enfermement chez soi. Et nous nous sommes rendu compte qu'on « peut le faire », qu'on « peut le vivre ». Si nous n'allons pas, tous les ans, nous enfermer de la même manière, nous avons néanmoins appris que nous pouvions modifier nos comportements, et ce, partout sur la Terre en même temps. Réécrivons cette phrase. *Partout sur la Terre en même temps.* Elle est historique.

La vengeance de la nature ?

La révolution industrielle a entraîné un tel rapport de force entre l'humanité et la nature que cela a bousculé de grands équilibres fondamentaux et déséquilibré le climat. Mais on ne le savait pas avant la deuxième moitié du XXe siècle ! Le ministère de l'Environnement n'a été créé en France qu'en 1973 : auparavant, le mot « environnement » n'existait même pas. On ne parlait que rarement d'écologie, et au début, ce fut un ministère de troisième division qui s'occupait des plantes vertes. La prise de conscience a été progressive et doit beaucoup à certaines figures pionnières, comme celle de René Dumont lors de l'élection présidentielle de 1974. Mais, pour être honnête, quand on l'a vu arriver avec son verre d'eau, disant : « L'avenir du monde est là », on l'a trouvé sympa sans vraiment le prendre au sérieux ! C'est pourtant lui qui a été le premier lanceur d'alerte et qui ouvert la ligne politique de l'écologie. À partir de là, en cinquante ans, on a pris une conscience aiguë des bouleversements que nous avons apportés à la nature. Ajoutons que l'accélération du réchauffement climatique, constatable par tous, précipitant les peurs, nous a encore fait beaucoup évoluer. Le risque, comme avec la pandémie, est que la solution qui l'emporte soit de tout casser, de démondialiser, de jouer la décroissance… Réactions de panique bien compréhensibles, plutôt portées par ceux qui possèdent un capital culturel important. Ou par ceux de l'autre bord de l'échiquier politique, qui ne possèdent rien et veulent retrouver les frontières murailles de la ligne Maginot. Réactions bien séduisantes et bien dangereuses à la fois. On peut mourir du désir de décroissance des enfants des classes supérieures, comme on peut mourir de la tentation nationaliste.

Mais chacun dit, en même temps, quelque chose d'important. Comme le vote nationaliste et populiste des milieux populaires nous révélait une faiblesse des souverainetés, les revendications des décroissants nous signalent un vent vigoureux et dangereux. Leur radicalité peut être destructrice, mais ils sont mieux placés que les possédants dominants pour regarder les évolutions du monde. Car une fois au pouvoir, économique, politique ou culturel, on sent davantage la machine et la dynamique de l'action que les changements du monde, et les papillons ou les oiseaux ne s'expriment pas dans les sondages qui influencent bien souvent les prises de décision. Cette crise sanitaire va réorganiser notre idée de la souveraineté et notre usage des frontières, sapant de fait une des bases des nationalistes. L'action que nous ne pouvions pas décider se libère donc avec cette crise. C'est évident avec le grand pas en avant fait par l'Union européenne vers une culture de la souveraineté de l'Union. Puis l'enjeu majeur de la sortie de cette crise pandémique, au-delà de la prise en compte neuve des souverainetés, va être de lier pandémie et respect de la nature. Non qu'il y ait un lien direct dans les causes, mais parce que nous établissons spontanément des liens entre ce que nous avons vécu, et appris, durant cette crise, et ce que la lutte contre le réchauffement climatique et l'épuisement de notre modèle productiviste imposent. Nous avons fait humanité dans le combat, nous avons eu peur, nous avons été plus citoyens que consommateurs. Nous pouvons continuer dans cette voie parce que, par de nombreux aspects, cette crise planétaire est un prélude à d'autres catastrophes naturelles, cette fois-ci climatiques. Peut-être est-ce même la dernière fois que la crise sera réversible.

Certes, il y a toujours eu de grandes pandémies. L'apparition d'un virus n'est en rien un élément nouveau. On découvre simplement qu'un virus peut encore trouver sa voie au cœur de notre société technologiquement et médicalement avancée. Là encore, prenons du recul : nous avons été pris de court par cette pandémie, mais nous y avons répondu par le confinement, limitant en cela son impact sur la vie humaine. On pensait, depuis la révolution industrielle, que notre puissance technologique permettait d'avoir réponse à toutes les questions, ce qui n'est pas vrai. Mais ce progrès construit depuis deux siècles n'est pas fictif, et la technique demeure bien la grande alliée de l'être humain : c'est grâce à elle que nous avons gagné vingt ans d'espérance de vie depuis la Seconde Guerre mondiale. Il n'est donc pas question de revenir en arrière, mais au contraire d'aller plus loin en admettant que la question qui nous est posée est celle d'un nouveau rapport entre l'homme et la nature, le fait que le « renouvelable » – le propre de la nature, la nature est par définition renouvelable et mutante – devient la valeur centrale du futur. Voilà un champ d'invention absolument gigantesque.

Parce que nous ne voudrons pas revivre ce que nous avons vécu en 2020, le présent peut nous ouvrir des perspectives beaucoup plus écologiques. Le libéralisme, le capitalisme, entrent dans une nouvelle phase, qui sera à la fois celle de souverainetés politiques beaucoup plus fortes, et ciblées, et celle d'une intégration de la dimension écologique au cœur même des logiques d'entreprise. Nous avons besoin de l'économie et de l'écologie pour survivre : les penser ensemble est une obligation. Chacune séparément, elles sont mortifères. L'écologie, stade suprême du capitalisme ? Certains lecteurs doivent déjà faire des bonds, mais moi, ancien néorural parti vivre à la campagne après 1968, je suis passionné par cette idée.

Entre pandémie et réchauffement climatique, il y a parfois confusion, souvent volontaire de la part d'acteurs qui veulent accélérer le mouvement de lutte contre le réchauffement climatique. On a vu aussi des liens s'établir entre pandémie et ISF… Chacun ressort de *sa boîte à outils idéologique et politique* ses vieilles antiennes. Or la réponse, c'est de se montrer beaucoup plus innovants. Car même si les activités humaines détruisent la biodiversité, aggravent la déforestation et font courir à toutes les espèces, dont la nôtre, de nouveaux risques sanitaires, les pandémies, comme nous l'avons dit, existent depuis toujours et étaient jadis plus graves et dévastatrices qu'aujourd'hui. Elles ont souvent été des moteurs d'évolution du monde. À l'époque de la Grande Peste, au XIVe siècle, qui a tout de même emporté près de la moitié de la population européenne, on ne pouvait pas incriminer le réchauffement climatique ! Par contre, notre société scientifique et technologique a été extrêmement efficace aujourd'hui pour nous sauver et limiter massivement les décès. Il ne faut donc pas regretter la puissance nouvelle donnée à l'humanité depuis la révolution industrielle, et notamment au XXe siècle, mais la valoriser, la transformer et la dépasser.

Pour autant, la convergence des deux phénomènes peut être féconde. Nous avions en effet conscience de la menace climatique, mais nous la pensions à moyen terme. Elle nous paraissait donc théorique. La pandémie, elle, nous expose à un danger qui, lui, est constatable. Menace sanitaire et menace climatique nous permettent ainsi de prendre la mesure de notre vulnérabilité, une sortie de vulnérabilité « au carré ».

Ce sentiment de vulnérabilité retrouvé donne un surcroît de valeur à des enjeux qui nous étaient déjà chers, mais qui deviennent à présent centraux : la santé, la solidarité, la souveraineté. La première n'est pas une nouveauté : elle est depuis des années en haut du classement des priorités des Français. Elle le fut déjà dans le programme du Conseil national de la Résistance, en 1945, qui impulsa la création de la Sécurité sociale. Nul doute qu'elle conserve sa *pole position* un moment !

La solidarité, elle, a repris corps : d'abord dans la gestion de la pandémie, qui frappe au premier chef des personnes âgées et fragiles, avec lesquelles l'ensemble de la population s'est montré solidaire. Puis cette solidarité s'est étendue bien sûr au monde médical, mais aussi à tous ceux qui durent partir travailler tous les matins pour faire tourner un minimum la société. Enfin, elle s'est élargie à l'ensemble de la société, avec la mise en place d'amortisseurs sociaux hors normes pour encaisser le choc de la mise à l'arrêt de l'économie. Pour combien de temps, on ne sait pas. Mais l'État, garant de la solidarité nationale et sociale, a ouvert, pour la première fois, un parapluie en titane au-dessus de nos têtes. Nous entrons de fait dans une nouvelle phase de cogestion économique entre les entreprises et les États – ou les Régions –, qui n'est pas sans rappeler le modèle économique d'outre-Rhin. Ajoutons enfin que la solidarité a été aussi internationale : malgré certaines tensions au début, la coopération a pris le dessus sur les postures de repli.

Enfin, la souveraineté n'est plus un gros mot : elle concerne donc toutes nos chaînes d'approvisionnement alimentaire et sanitaire, ainsi que la maîtrise de nos données. Les débats autour du tracking l'ont bien rappelé. Il y a tout à la fois une conscience universelle et une solidarité mondiale, où chacun a pu se rendre compte que la faiblesse d'un maillon menace l'ensemble de la chaîne. Un pays malade peut contaminer tous les autres. Une économie affaiblie peut entraîner toutes les autres dans sa chute. Nous sommes donc littéralement « solidaires », comme on dit en physique.

Ainsi, il n'y a pas vengeance de la nature – la vengeance étant une idée profondément humaine –, mais ouverture d'une voie nouvelle à notre action humaine sur cette petite Terre grâce à ce que la nature, avec la création de ce virus, nous a obligés à apprendre et à penser. L'homme n'est décidément pas maître et possesseur de la nature, mais à bien l'observer, il peut grandement améliorer son sort.

Un nouveau commun

Le confinement a mis en avant des images de solidarité, notamment à l'égard de nos soignants, des personnes âgées, des voisins, mais aussi à l'échelle planétaire. Et une fierté retrouvée – au moins passagère – pour ceux qui travaillaient dans des métiers modestes – éboueurs, caissières, livreurs… Nous avons eu besoin de figures positives. Nous nous sommes construit des héros. Jules Ferry avait mis en avant la figure de l'instituteur, héros de la République renaissante. Puis 14-18 a valorisé les militaires et les anciens combattants. Plus près de nous, regain de considération pour les forces de l'ordre. Celles que l'on conspuait en 1968 ont été réhabilitées après les attentats de 2015. La figure du « flic » était vue, il y a cinquante ans, comme une menace pour nos libertés individuelles. Elle fut considérée après 2015 comme une figure de protection face à une menace supérieure. Mais les cotes de popularité sont aussi fragiles que les cours de la Bourse : la gestion de l'ordre public face aux Gilets jaunes et dans les quartiers populaires d'immigration a profondément amputé, et divisé, notre empathie pour les hommes en uniforme. Pendant la pandémie, nous avons applaudi les blouses blanches, les médecins, tous les personnels qui nous ont protégés avec abnégation, courage et dévouement. Autant de valeurs que nous pensions évaporées dans un monde d'individualisme et de consumérisme.

Une société se structure autour de valeurs, autour de sa mémoire, autour de héros, autour de leaders – politiques, mais pas uniquement –, autour de récits collectifs. J'habite entre deux cimetières, chacun distant de deux dizaines de kilomètres, où reposent respectivement Camus à l'ouest et Giono à l'est. L'un a écrit *La Peste*[1], l'autre *Le Hussard sur le toit*[2], qui se passe au temps du choléra. Les faits deviennent récits et œuvres, art. Mémoire, aussi. Culture. Compagnons de lutte quand le drame revient. C'est pourquoi il faut dire aux gens : « Lisez, lisez Giono, lisez Camus, et rendez-vous compte que des créateurs ont mis en récit des événements qui font écho à celui qui nous embarque aujourd'hui, des auteurs qui leur ont donné de la beauté, qui ont sublimé la souffrance pour lui donner du sens ! »

Aujourd'hui, notre imaginaire du futur est vide, plutôt noir. Saisissons-le et remplissons-le de formes et de biens culturels pour nous aider à penser ce qui advient. Tournons des films, des séries, favorisons des créations dans tous les arts. Nous devons nous retrouver autour de références communes, autour d'un récit commun. Quand on est au bord de l'abîme, on invente, car on ne veut pas mourir. Cet instinct de survie nous rend en général créatifs et solidaires. Avec des lâches et des salauds aussi, heureusement minoritaires. Maintenant, il faudra « sortir de la tranchée », ensemble, pour un nouveau combat. Après la pandémie, on a commencé à réorganiser nos économies en les infléchissant vers la COP 21 et à penser l'espèce humaine comme espèce parmi les autres.

On vivait dans une société du bonheur privé et du malheur public. Nous nous déclarions heureux à plus de 60 % – entre 60 et 80 % selon les pays d'Europe –, dans nos familles, notre travail, et notre quartier. Le bonheur privé n'avait jamais été à un tel niveau. Vous étiez malade, on vous soignait ; vous aviez un enfant, on le prenait à l'école ; 60 à 70 % des gens partaient en vacances. 60 à 70 % avaient un jardin. Mais en même temps, on avait

1. Albert Camus, *La peste*, Paris, Gallimard, 1947.
2. Jean Giono, *Le hussard sur le toit*, Paris, Gallimard, 1951.

perdu le futur, la perspective : « le désir d'avenir » était en dessous des 5 %. Où allait le monde ? Réchauffement climatique, immigration, inégalités… On était envahis de toutes ces réalités, inscrites dans un récit négatif, et sans moyen d'agir. Le commun était cassé, les projets manquaient, on ne savait vers où pousser ses enfants. Même « en faire » pouvait se discuter. Nous étions inquiets de l'avenir du monde, de la nation. Ce n'était pas l'individu qui était en crise, c'était le commun, le futur. L'individu, lui, n'avait jamais été aussi libre et créatif – surtout dans nos démocraties.

Le besoin d'un commun à redéfinir s'exprimait de plus en plus. C'est une problématique qui montait dans les sciences sociales, chez les intellectuels, dans certaines sphères politiques. On avait perdu le mythe révolutionnaire. On a cru que le commun, c'était la mondialisation. Et donc on s'est dit : « On va vers un monde Un et on pourra circuler, partir en voyage, utiliser des objets fabriqués en Chine, en Inde, en Afrique noire, porter des pantalons qui viennent d'Érythrée. On leur vendra des avions et des voitures, des médicaments et des TGV. » On a cru que le commun, c'était un seul monde, à travers une globalisation de nos vies. Mais ce commun-là avait la particularité de n'être dirigé par personne – en tout cas, pas par le politique.

Ce commun ne pouvait réunir ceux qui pensaient dans l'ordre du religieux et ceux qui pensaient dans l'ordre des classes ou de la nation. Il ne réunissait pas non plus les gagnants et les perdants de la mondialisation, ni l'Occident et le Sud global, ni les anciens empires colonisateurs et les anciens colonisés. Il ne faisait pas « terre ensemble ». Ce monde régulé par le seul marché est devenu un monde efficace, mais totalement absurde – et inégalitaire au sein de chaque société. En effet, s'il multipliait les biens et les services, s'il arrachait à la pauvreté des millions et des millions d'êtres humains, il ne donnait à l'humanité qu'un destin matériel. En chemin, il écrasait les appartenances de genre, de nation, de culture, de continent… et obscurcissait chaque jour un peu plus l'horizon climatique en détruisant peu à peu le vivant lui-même. Univers du salariat généralisé et des couches moyennes majoritaires.

Or notre premier commun, c'est la vie et le vivant. « Femme, Vie, Liberté ! » disent les femmes d'Iran. La crise pandémique a eu le mérite de nous le rappeler. Ce vivant, on le saisit par la création et par la culture, qui nous font humains au sein de la communauté humaine et qui nous différencient du règne animal, sans pour autant nous en exclure. Comme dit mon maître et ami Edgar Morin, nous avions oublié notre appartenance à une espèce. Nous ne sommes pas maîtres et possesseurs de la nature :

nous sommes une espèce au milieu des autres espèces, dans la nature et non face à elle. Avec cette pandémie mortelle, on en revient à des choses essentielles qu'on avait presque perdues de vue : l'État doit d'abord nourrir son peuple, le soigner, l'éduquer, le protéger. On ne peut pas discuter là-dessus. Cela fonde un socle de souveraineté à reconstituer. Le monde vient de nous montrer qu'il n'était pas déshumanisé. Nous avons remis la vie au centre de nos actions. Aujourd'hui, on se retrouve autour d'un projet aussi simple que mobilisateur : se serrer les coudes pour survivre. D'abord contre la pandémie, puis contre l'effondrement climatique. La bataille est engagée, les forces se mobilisent, l'Europe se raffermit. On peut faire de ces drames successifs une chance si on sait dessiner un futur, poser des projets, galvaniser les peuples avec des valeurs et un sens renouvelé de la justice. Et si chaque nation a le courage de faire un diagnostic lucide, rapide et radical de ses forces et de ses faiblesses dans cette crise, car sans bilan honnête et partagé, nous ne pourrons que tourner en rond. La France est, là, face à un devoir d'inventaire.

En ayant eu, en 2020, à se désintoxiquer brutalement de la consommation, on a vécu une cure de citoyenneté inédite. On a passé deux, trois ou quatre mois à ne quasiment rien consommer, non pas parce qu'on n'avait pas d'argent, mais parce qu'on ne le pouvait pas. Sauf de l'alimentaire et du numérique. Avions-nous vraiment envie de consommer, d'ailleurs ?

D'une certaine manière, nous avons tous été acteurs d'une sorte de révolution citoyenne qui partit de l'individu pour s'adresser à la planète entière, parce que chacun d'entre nous, par les petits gestes qu'il a faits, espérait limiter la maladie pour lui, autour de lui mais aussi sur l'ensemble de la planète. C'était un lien direct entre le plus intime et le plus global, et c'est d'ailleurs le propre même de la lutte écologique.

Le confinement n'a pas signé la mort du lien social. Certes, il a créé un isolement. Un sentiment de mise à l'écart, « de distanciation physique » ! Les gestes barrières nous interdisaient de nous rapprocher et de nous toucher, mais pas d'interagir. Le désir de lien social s'est reporté, temporairement, sur l'usage d'outils numériques et a nourri un très fort besoin de se retrouver à la levée du confinement. Ce besoin est très humain : aimer, aller au restaurant, faire la fête, voir ses amis, partir en vacances ou en week-end ensemble, retrouver le goût des apéros et des barbecues. Comme toujours dans les grandes périodes de drame, il y a ensuite une période de joie festive parce qu'on veut rattraper son désir de vie. Pendant le confinement, certains disaient sur les réseaux sociaux que même les gens qu'ils n'aimaient pas leur manquaient ! Parce que, oui, cette crise nous l'a rappelé, au cas où nous l'aurions oublié, fonçant tête baissée dans nos sociétés individualistes et consuméristes : nous ne sommes rien les uns sans les autres ni sans les lieux que nous aimons. Cette crise fut aussi une façon de retrouver le sens des choses et le goût des autres.

Car il y a d'abord eu de la solidarité. Les gens qui applaudissent au balcon tous les soirs à 20 heures, ils habitent dans le même immeuble, mais ils se parlent rarement dans l'ascenseur – on sait que celui-là habite « au douzième », mais on ne sait pas qui il est. Là, ils applaudissent tous ensemble, et ils se regardent enfin d'un balcon à l'autre. Ils créent du local, de la proximité, ce qui est une des grandes demandes de nos sociétés. De l'autre côté, il y a effectivement des gens qui ont eu peur, des gens qui sont des salauds, des gens qui se prennent pour le prolongement de la police, qui appellent les flics si un type fait son jogging. De même qu'il y a des femmes et des enfants battus.

Dans les quartiers les plus populaires, notamment dans les milieux immigrés, on garde les anciens à la maison parce qu'on n'a pas les moyens – ni le désir – de les mettre dans un Ehpad. Ainsi, les jeunes protègent leur grand-mère « à eux » quand ils ne sortent pas, alors que dans les milieux plus aisés, les anciens ne sont pas à la maison. Ils sont dans un autre appartement ou dans un Ehpad. Les salauds ordinaires qui n'ont respecté aucune règle durant la pandémie, bien sûr que cela a existé, mais c'est une catégorie statistique trop étroite pour qu'on en fasse un critère d'analyse de la société. Massivement, autour de notre peur et de notre sidération s'est noué un nouveau commun. Ce nouveau commun a eu besoin, pour fonctionner, de revaloriser des idées déjà là mais minorées – la solidarité, la fraternité, la fierté du travail fait, du suivi des consignes… La société des individus-rois a dû laisser passer sous ses fourches caudines un commun qui lui a un peu raboté les ailes. Essayons de garder cette double dimension, l'individu comme valeur et le commun comme projet.

4.
Le triomphe du numérique

La guerre de 1940 a vu, par la suite, triompher l'automobile individuelle, les industriels du secteur et les pétroliers. Une page du monde a été tournée, les enjeux géostratégiques ont été redéfinis, avec une importance inédite pour les pays pétroliers, avec des guerres pour le pétrole... Pensons aux guerres du Koweït et de l'Irak. Des régimes pétroliers totalitaires à base religieuse ont été protégés, en particulier dans le golfe Persique. Les États-Unis en ont tiré une force nouvelle... ravivée ensuite par le pétrole de schiste. Mais si ce qui reliait les hommes pendant soixante-dix ans fut d'abord l'automobile, et à un moindre degré l'avion, on peut parier sans risque de se tromper beaucoup que le numérique a pris en 2020 la place comme cœur du lien entre les humains. Pas lien unique bien sûr, mais lien premier qui va bouleverser nos existences, notre temps et notre espace, nos voyages et nos rencontres.

Le monde numérique était déjà là. Mais les voitures aussi avaient joué un rôle avant 1945. Par exemple, les taxis de la Marne, en 1914. Néanmoins, ce n'était pas un objet courant, répandu, populaire. Le peuple se déplaçait à pied, à vélo, en train et à cheval. Mon père, sous-officier d'artillerie en 1939, reçut à diriger... un canon de 75, un cheval et des hommes à vélo. Équipage un peu lent face aux Panzers allemands... De Gaulle l'avait assez dénoncé. Donc, nous avions déjà remplacé nos machines à écrire par des ordinateurs, nous avions découvert l'internet, le commerce en ligne s'était développé. Pourtant, sur les bureaux des présidents Chirac et Hollande lors de leurs passages à la télévision, pas d'ordinateur. Outil de secrétariat ? Aujourd'hui, parler de Skype, de FaceTime ou de Zoom est devenu banal, la moitié des Français les ont utilisés durant le Grand Confinement. Trente-huit millions de Français achètent par l'e-commerce. 2,4 millions de plus durant le Grand Confinement ; et ce, malgré le blocage d'Amazon France par la CGT, blocage qui a coûté très cher aux éditeurs et privé nombre de lecteurs de livres à un moment où ils en avaient bien envie. L'ancien monde résiste, et la culture souvent en souffre. Pensons aussi à Presstalis.

Je ne m'étais jamais servi de Zoom avant le Grand Confinement. Ni de Skype. Nous étions nombreux à vivre ainsi. Il n'y a pas si longtemps encore, l'État tenta d'imposer *son* Minitel. Notre premier fax, très utile dans mon métier pour moi qui vis à la campagne, j'ai dû l'importer de Chine ! Aujourd'hui, FaceTime est devenu un membre de la famille. On est désormais totalement immergés dans le chaudron numérique. Twitter a été inventé en 2007, et Facebook a été réorganisé la même année. Cela ne fait même pas quinze ans. C'est à présent la double peau du monde. Il va y avoir bataille pour la possession de ces réseaux, pour leur régulation, pour leur débit, pour leur contrôle. Pour l'instant, il n'y a quasiment aucun contrôle. Face aux questions que pose le tracking en matière de liberté individuelle, il est temps de réfléchir aux outils à se donner. Pourquoi n'y a-t-il pas une Cour de contrôle du numérique comme il y a une Cour des comptes ? Au niveau européen peut-être ? Alors que le numérique nous contrôle nous, individus, de plus en plus, qui contrôle le numérique ? Où est l'instance dédiée qui interdit certaines choses, en autorise d'autres, les encadre ? Comme pour toute révolution technologique majeure, il est absurde de se demander si c'est bien ou pas. Cela est ! Partant, il faut accélérer la construction de protections et de digues, de moyens de régulation et de contrôle. Il faut un code de la Toile mondial, avec l'équivalent d'un permis de conduire pour les gérants de ce monde nouveau issus bien souvent de pensées postpolitiques, individualistes et anti-État d'origine américaine, ou, de plus en plus, chinoise. Un monde de la liberté amorale des forts dominant les faibles contre un monde policier totalitaire ! Le totalitarisme du marché face au totalitarisme communiste ? Beau programme.

Après la guerre de 1940, la voiture et, donc, le pétrole ont pris le pouvoir, avec les Anglais, puis les Américains, qui furent les grands maîtres du jeu. On a peu à peu généralisé le permis de conduire. Tardivement même, en Belgique. Aujourd'hui, les GAFAM vont être l'équivalent des grandes sociétés pétrolières des années 1950 en matière de capitalisation, et de pouvoir – avec évidemment, en plus, un risque d'influence sur les contenus, les valeurs, la démocratie elle-même. La bataille pour la 5G, la place des Chinois dans ce monde nouveau, tout cela est devant nous – et violemment. L'Europe peut encore contre-attaquer, mais il est bien tard. Cependant, l'humanité, l'espèce humaine, est d'abord une communauté des corps. On a des odeurs, des regards, des sourires, des attentions les uns pour les autres, qui n'existent que quand on est ensemble. « Pourquoi a-t-il eu ce regard ? Pourquoi il a mis ces chaussettes rouges ? Là il a décroché. Drôle de décolleté. » Etc. On a des *trucs* qu'on ne dit à personne, mais qui sont la façon dont on se « renifle » – pour le dire de façon un peu triviale –, même avec les gens qu'on ne connaît pas bien, mais qu'on croise, qu'on salue discrètement… Rien ne remplace ces échanges.

Le monde numérique devient donc le lieu premier du lien. Ça n'enlève pas le fait qu'il y aura toujours d'autres liens à côté, mais cela veut dire qu'une grande partie des déplacements physiques seront remplacés par des déplacements numériques. Remplacés parfois, complétés souvent. Déjà, avant le Grand Confinement, les gens qui se promenaient beaucoup sur la Toile étaient aussi les gens qui voyageaient le plus. Il y a en réalité une synergie entre la mobilité physique et la mobilité virtuelle, qui va s'accélérer. On aura peut-être cinq contacts par le numérique avant d'avoir un rendez-vous physique. Le rapport entre les deux va changer, de même qu'une grande partie des gens qui sont en télétravail aujourd'hui vont prendre l'habitude de rester un jour ou deux chez eux, ou à côté de chez eux, dans des lieux de coworking. Les télétravailleurs apprécient souvent d'aller travailler à côté de chez eux, de prendre leur ordinateur et de se rendre dans un endroit où il y a d'autres personnes, une machine à café, du papier, une imprimante, des services adaptés. C'est une façon de faire communauté localement. Le numérique peut ainsi créer du local : il n'y a pas que l'agriculture de proximité. De cette façon, le numérique ne déshumanise pas : au contraire, il ré-humanise. Il n'éloigne pas, il rapproche. Tous ceux dont la fonction s'y prête auront ainsi un *bureau secondaire,* de quartier ou de village. Si l'opération 1 000 cafés pour revitaliser certains territoires est positive, cinq mille lieux de coworking associés à des tiers lieux seraient la première pierre d'un réaménagement massif du territoire.

Maintenant, après deux mois de formation continue et accélérée, gratuite et populaire, les salariés comme les parents et les grands-parents, les enseignants comme les enfants, les copines comme les copains, sont devenus les rois du numérique. En France, en Europe et dans le monde. Un milliard d'élèves ont tenté de garder un lien avec l'école grâce à l'internet – du moins dans les familles équipées d'un ordinateur. La majorité des Parisiens ont été en télétravail, plus de 30 % des salariés français, dont des centaines de milliers de fonctionnaires. On va très vite être face à un puissant mouvement d'innovation et de création de *start-up* pour favoriser et adapter ce mouvement, en partie contraint à l'origine. Des dizaines de milliers de gens vont déménager pour suivre ce lien nouveau qui ne connaît pas la distance. On peut aussi, attention !, délocaliser des milliers d'emplois dans des pays à bas coût de main-d'œuvre, mais parlant anglais ou français. En recrutant des salariés tout autour du monde, nombre d'entreprises vont pouvoir travailler vingt-quatre heures sur vingt-quatre… Il suffit de laisser la terre tourner !

Une crise comme celle que nous avons vécue est un phénomène complexe qui conjugue des ruptures et des éléments de continuité – mais de continuité accélérée par la crise. Parfois, d'ailleurs, la rupture repose sur cet effet d'accélération, d'amplification. C'est exactement ce qui se passe en matière numérique. La transition était là, à l'œuvre. La crise joue comme un accélérateur de particules qui transforme la transition en révolution.

Il y a, comme le dit Daniel Cohen, un capitalisme numérique qui avait pris ses marques et prend aujourd'hui position, de façon dominante et irréversible. Mais plus profondément encore, cette crise signe l'avènement d'une société numérique. À double titre : d'abord parce que c'est le numérique qui nous a sauvés du chaos. On le percevait souvent comme un facteur de déshumanisation du monde, de déségrégation de la société, de décérébration des esprits. Nous avons au contraire observé que les interactions numériques sont venues se substituer aux interactions physiques qui nous étaient brutalement interdites. Le numérique ne remplace pas l'humain dans cette affaire. Il permet à l'humain de rester humain, en lien avec ses semblables. C'est en outre le numérique qui a permis la continuité économique – avec tout de même un tiers de télétravailleurs, mais deux tiers chez les cadres et la majorité des actifs à Paris –, en nous évitant l'effondrement total ; la continuité « pédagogique » pour l'Éducation nationale – qui a su bouger en un temps record – ; la continuité des services publics. Tout n'a pas été parfait, mais télétravail, télémédecine, téléenseignement, téléadministration sont les facettes d'une même réalité, et celle-ci est irréversible. C'est maintenant au cœur des organisations que la révolution numérique va s'importer.

Le travail va être repensé. Les lieux de travail aussi. L'usage des domiciles est questionné. Le rapport entre le lien physique et le numérique va être redéfini. On va s'apercevoir qu'on peut avoir recours au télétravail et aller à Paris, à Genève, à Rotterdam ou ailleurs, deux jours par semaine. Des millions d'Européens le font déjà. Même chose pour les cours. Pourquoi ne pas les filmer, les redistribuer, le professeur prolongeant ensuite les explications et pouvant ouvrir le dialogue ? Pourquoi n'y a-t-il pas de télé éducative ? Ça vaut aussi pour la médecine, l'art. Tout peut être bousculé, scanné et repensé à l'aune des usages numériques qu'on peut à chaque fois en faire. De ce point de vue, le concept d'intelligence « augmentée » n'est pas aberrant : grâce au numérique, nous avons été plus forts dans la crise, plus créatifs, plus intelligents. Le numérique était vu, comme presque tous les éléments de progrès technologique dans notre histoire récente, comme une menace : il a constitué notre planche de salut.

Pensons aux enseignants. Croyez-vous que l'école va redevenir comme avant ? D'abord, nous avons redécouvert combien les enseignants sont méritants de prendre en charge nos gamins toute la journée ! Nous avons découvert qu'enseigner est un métier difficile, que la pédagogie, ce n'est pas des… hurlements excédés. D'ailleurs, les plus heureux dans le confinement, ce furent les couples sans enfant… Quand vous avez vos enfants à la maison pendant un mois, deux mois, vous n'avez qu'une envie (et eux aussi), c'est qu'ils retrouvent enfin leur école ! Mais au-delà de cette boutade, qui n'en est pas une, est-ce que tous les professeurs sont vraiment obligés de rédiger chacun son cours, le même jour dans toutes les écoles ? Est-ce qu'on ne peut pas avoir un cours très bien fait et puis des enseignants qui l'utilisent chacun à sa manière, le commentent avec leurs élèves ? Peut-être que le jeu entre le numérique et l'enseignant physique va commencer à se bousculer – notamment dans les universités, mais pas uniquement. Ce que nous expérimentons va ouvrir des portes vers de nouvelles pédagogies. Partout il y aura des modifications de rapports entre le réel et le virtuel.

On est déjà 5 milliards reliés à l'internet – internet qui n'a été généralisé qu'au début du XXIe siècle. On est 5 milliards reliés à l'internet et on a vendu 6 milliards de téléphones portables sur cette planète. Dans le monde d'hier, ce lien virtuel commençait à écraser le monde. Là, d'un coup, il nous donne la survie. Il nous donne de l'air, des sentiments… Certains se vantaient, encore hier, de ne pas avoir de téléphone portable. Pas sûr qu'ils continuent ! Quels sont les premiers sites à avoir été surutilisés ? Les sites porno, bien sûr, qui aussitôt se sont mis à la gratuité pour gagner de nouvelles parts de marché. Meetic, par contre, a dû souffrir. La gratuité du porno a entraîné une explosion de connexions. Il a fallu ralentir leur débit, car elles saturaient les réseaux. Canal+ a suivi. Les meilleures émissions de la télévision ou de la radio ont dépassé leur plafond. Triomphe de l'éducation populaire numérique. Certes, comme toujours, dans ces moments exceptionnels, des mouvements d'intelligence, d'amour, d'humanisme, des mouvements de tendresse, se développent à côté de mouvements d'égocentrisme, de fausses nouvelles, d'injures imbéciles, etc. Tout le jeu – et c'est là le propre du politique –, c'est la régulation pour que la partie humaniste et créative soit plus forte que la partie négative. Sans pour autant tomber dans un puritanisme abêtissant. Et souvent menteur.

Mais l'entrée en civilisation numérique est un enjeu bien plus large. Le petit commerce, la librairie, les restaurants, la pharmacie vont se mettre à la livraison, acte complémentaire à la visite en magasin. Chaque entreprise va se poser la question de laisser travailler, ne fût-ce que qu'un jour par semaine, les salariés chez eux. L'enseignement pourra se poser la même question. Le monde de la télévision va garder une part de ses invités par Skype, permettant enfin de limiter le parisianisme des médias. D'Alger, de New York ou de Marseille, on pourra participer facilement à *C dans l'air*, à *L'Info du vrai*, à *C Politique*, à *28 minutes*… Une télévision aussi mondiale que les radios. Immense évolution pour nos amis parisianocentrés. Le travail des techniciens pour s'adapter à cette nouvelle réalité a été difficile, mais en deux mois, presque toutes les télévisions s'y sont mises. Économie des frais de transport, gain de temps, choix des meilleurs spécialistes partout dans le monde, sélection des sujets plus tardive… Que de gains de qualité et de productivité ! Mais ce n'est qu'un exemple parmi des milliers.

Nous avions augmenté l'intelligence de nos machines à écrire et nous les avions mises en réseau. Maintenant, l'intelligence augmentée pénètre le monde numérique et le bouleverse. La France, premier pays touristique au monde en nombre de visiteurs, mais pas en emplois ni en chiffre d'affaires, doit construire une France numérique pour attirer de nouveaux visiteurs et enrichir les offres et les pratiques vis-à-vis des Français et des Européens comme des Terriens en général ; car là est le cœur de notre attractivité planétaire – entre culture, patrimoine, activités de loisirs. Mais ce qui est vrai dans ce domaine va l'être dans l'ensemble des secteurs. Le but n'étant pas de limiter les contacts physiques, mais de les densifier et de diminuer les temps répétitifs pauvres – l'attente chez le médecin, la visite hebdomadaire au supermarché (en tout cas pour ceux qui n'aiment pas cela…). Le monde numérique va remonter dans les organisations, les entreprises, les associations et les services publics. Le but n'est pas de supprimer le face-à-face usager/employé ou client/employé comme on l'a trop fait ces dernières années, mais de rationaliser la partie interne pour favoriser le lien humain. Par exemple, pour aposter dans un tiers lieu un fonctionnaire de référence, que vous connaissez, apte à répondre à toutes vos questions administratives – impôts, santé, retraite, chèques vacances, papiers, bourses… Sorte *d'épicerie de quartier du service public.* Quels que soient l'administration ou le niveau politique concernés.

L'entrée en civilisation numérique peut devenir une domination incontrôlable et cachée, un univers de surveillance et de moralisation, une déshumanisation du monde, une prise de pouvoir économique et idéologique des grands patrons des GAFAM. IBM a d'ailleurs décidé en juin 2020 d'abandonner tout projet de logiciel de reconnaissance faciale. Mais ce monde peut aussi être une surhumanisation en supprimant à nouveau une strate des tâches répétitives et épuisantes, comme la machine à vapeur, puis le moteur à explosion et enfin l'électricité l'ont réussi depuis deux siècles. Qui a eu un cheval de travail voit immédiatement l'avantage considérable du véhicule à moteur… La question qui nous est posée en ce début du XXIe siècle est de même nature.

Cela dit, les majors numériques ne sont pas invincibles. Ils accélèrent le jeu, et des entreprises sont devenues des empires en un temps record. Mais le gigantisme des GAFAM ne doit pas occulter le fait que ces sociétés sont des bébés. Et des bébés fragiles. Regardez Airbnb, qui incarnait parfaitement cette nouvelle économie de plates-formes : qu'en restera-t-il dans quelques mois ? Ils n'ont pas attendu longtemps pour licencier un quart de leurs collaborateurs. Uber non plus. Le capitalisme rebat les cartes en permanence, et le capitalisme numérique accélère le rythme du jeu. Personne n'est donc épargné par le choc présent et à venir. D'autre part, la réglementation sur la responsabilité des GAFAM quant aux contenus qui circulent dans leurs « tuyaux » peut changer. Les GAFAM doivent-ils continuer à être pensés comme le fil de cuivre de mon téléphone, ou être regardés comme un coproducteur de messages soumis aux lois sur la presse ? Et les lois seront-elles les mêmes aux USA, en Europe, en Chine… ? Les GAFAM, en voulant créer leur propre monnaie, sont-ils allés trop loin ? Les États vont-ils défendre un des fondements de leur souveraineté, ou le marché va-t-il surmonter la crise pandémique et accélérer sa prise de pouvoir sur le monde ? Allons-nous vers un affrontement entre le modèle totalitaire chinois élargi à ses affidés par les Routes de la soie contre les GAFAM capitalistes postpolitiques ? Les réponses que nous donnerons pour sortir de la crise où nous sommes risquent de décider de la réponse définitive à ces questions.

Bien sûr, nous sommes « des animaux à papouilles ». Nous le resterons. Et c'est cela qui nous attire dans les villes et sur les plages – dans les cimetières, peut-être, aussi. La foule. L'autre. Celui qui nous a tant manqué pendant le Grand Confinement. L'habitude de la corporalité ne se perdra pas. Elle reviendra après le masque. Un peu différente sans doute. Elle peut changer. Il y a trente ans, on ne se faisait pas la bise entre garçons. À présent, c'est systématique. Avec le masque, interdit ! On va sans doute garder l'habitude du masque, l'hiver en cas de grippe, au printemps contre les pollens. Nouvel élément de costume. On a bien réinventé le bikini ! Mais le masque reste problématique à bien des égards. Il est discriminatoire pour les personnes malentendantes, par exemple. Or plus les gens sont âgés, plus ils ont des problèmes d'audition. Certes, en deux mois, on a déjà changé nos habitudes. C'est un grand acquis. La vie de 80 % de la population mondiale a été modifiée en même temps par ce virus. Acte citoyen, sans doute. Résilience d'une espèce qui veut survivre. Nous allons certainement être plus tolérants aux contraintes. En cela, le Covid-19 est une sorte de répétition générale du conflit avec le climat. On est nombreux à dire qu'il faut changer de direction devant ce qui nous attend. Maintenant, on sait qu'on peut le faire. Auparavant, le mur paraissait trop haut. Il est toujours très haut, mais notre volonté a été trempée, durcie dans la crise. La rupture culturelle est faite : reste aux entrepreneurs, aux chercheurs et aux politiques à en dégager les possibilités.

La révolution numérique où le Grand Confinement nous a plongés a donc modifié nos habitudes, développé le télétravail, sûrement augmenté notre attrait pour la nature, la campagne. Numérique et nature forment couple, car ils se complètent, nous désurbanisent et nous amènent à faire des choix différents dans l'attente de la prochaine pandémie. En effet, nous avons compris que la science ne nous protège pas de ce type de risque, contrairement à ce que nous croyions. Nous avons compris que la civilisation de l'avion accélère la circulation des virus, et que le lien numérique et l'habitat peu dense sont des remèdes efficaces. Le village, ici, triomphe contre la ville. À côté de la ville, plutôt. C'est le village qui rend libre, et pas la ville. Pensée émue pour Georges Duby. Un village posé sur la Toile, en pleine nature et avec une vie locale forte. Un village à côté de la ville… La ville ne va pas disparaître, bien sûr, car elle offre bien des attraits et des moyens d'accélérer créations économiques et artistiques, rencontres, apprentissages… Et parce qu'elle est la plus belle œuvre des humains. Leur plus belle œuvre d'art. Allons-nous vers des villes à temps partiel, *hubs* influents de la révolution numérique ? Lieux d'habitat des plus modestes, qui sont à son service ? Lieux d'initiation de la jeunesse à nos sociétés complexes ? Des villes-étapes, alors, qui deviennent des nécessités, pas des rêves. Sauf à n'y faire que passer et séjourner, par âge ou par période.

5.
Le grand réaménagement du temps et du territoire

La pandémie a été mondiale, et ce à la vitesse de l'avion. Nous avions déjà connu cela avec le sida – mais nous avions mis longtemps à l'identifier. Hier, les pestes circulaient à la vitesse des bateaux à voile et des chameaux. Acceptons que nous ne quitterons plus ce temps quasi instantané, ni l'unité planétaire de son parcours. Cet espace-temps immédiat, et global, est définitif. Nous le savions, mais là, nous l'avons vécu dans notre chair, calfeutrés chacun chez soi, observant en continu l'avancée de la pandémie sur nos petits écrans. Jamais aucun humain n'aurait pu écrire ces phrases il y a encore six mois ! Jamais. Nous sommes donc entrés de plain-pied dans un espace-temps nouveau, et ce, définitivement. Un espace-temps à dresser comme nouveau territoire des humains, et comme arme face au réchauffement climatique et autres destructions écologiques. Comme terrain d'innovation, de création, de défense des valeurs, de conflits et de lutte. Vouloir le nier ou tenter d'en sortir est aussi absurde que de vouloir faire voler une mobylette.

Il y a d'abord un temps nouveau. Notre vie passe dorénavant dans un temps instantanément planétaire qui file à la vitesse de la lumière. Dès lors, le temps de la prise de pouvoir possible par la lenteur est venu. *Du bon usage de la lenteur*[1], écrit Pierre Sansot, *La presse est un combat de rue*[2], écrit le journaliste Éric Fottorino, qui fait l'éloge de la presse papier à lire lentement face aux informations numériques qui défilent à la vitesse du monde. Marcher à pied, pratiquer le yoga, la méditation, le jardinage, le vélo… La prise de pouvoir sur son temps peut permettre de décrocher de l'urgence

1. Pierre Sansot, *Du bon usage de la lenteur*, Paris, Payot, 1998.
2. Éric Fottorino, *La presse est un combat de rue*, La Tour-d'Aigues, l'Aube, 2020.

permanente, en tout cas par moments, pour savourer le passage du temps. Car à la fin, de toutes les manières, il n'en restera plus... C'est pourquoi j'ai toujours préféré à l'expression « Le temps passe », celle de « Je passe dans le temps ». Car le temps ne passe pas, c'est moi qui passe et qui veux garder le pouvoir de choisir mes vitesses de passage.

En outre, plus on a développé la société numérique, plus on a mélangé les usages du temps. Pendant le travail, on a aussi des activités personnelles sur son ordinateur : des jeux, l'organisation des vacances, la consultation de sites de rencontres, un achat sur le Bon Coin, une réservation de billet de train ou de chambre d'hôtel, etc. Certaines activités se font d'ailleurs plutôt au bureau qu'à la maison – à la maison, c'est difficile d'aller sur Meetic quand on vit en couple ! Mais cette porosité marche dans les deux sens. Si certaines activités privées entrent dans l'entreprise, à l'inverse, l'entreprise peut entrer chez vous en vous envoyant un mail, un SMS, etc. On a beau dire, mais si votre patron vous envoie un SMS à 21 heures et que vous ne lui répondez pas... D'ailleurs, on commence à négocier des accords avec les syndicats pour encadrer cette fusion, parfois dangereuse, des usages du temps. On a même instauré dans la loi un « droit à la déconnexion ». À l'inverse, un logiciel spécifique peut permettre à votre employeur de savoir combien d'heures vous avez effectivement travaillé – ce logiciel espion capte les mouvements de la souris ! Et qui doit payer l'ordinateur portable – par exemple celui des professeurs –, le fauteuil, la table, la connexion ?

Les usages des moments différents de nos vies se chevauchent donc de plus en plus, et cela va s'accentuer avec l'ère numérique où nous sommes entrés. Cependant, il faut se rappeler que le temps de travail, dans la vie d'un humain moderne, c'est 10 % de son existence alors que c'était 60 % il y a cent cinquante ans. L'essentiel du temps de la vie des femmes et des hommes aujourd'hui n'est plus consacré au travail. C'est ce qui construit nos sociétés modernes nourries d'éducation, de culture, de loisirs, de jardinage, de mobilité, de shopping... La part temporelle du travail a tellement diminué que si quelques bordures se chevauchent parfois dans les usages, cela reste à la marge. La question importante, par contre, c'est le respect de la vie privée. Avec un temps mondial instantané, la vitesse de la circulation des informations et des échanges étant encore accentuée par notre basculement récent dans un monde numérique dominant, notre futur va devenir très vite comme un présent augmenté.

Tout cela bouleverse ce que nous appelions ville et campagne, mais aussi nation, entreprise ou administration. Domicile, travail. La voiture déjà, puis les RER et les TGV avaient diffusé la ville autour de la ville depuis un demi-siècle. Soixante à soixante-dix pour cent des Français – mais c'est vrai partout, aux États-Unis, en Angleterre, en Catalogne… – vivent déjà dans une maison avec jardin, et environ 20 à 30 % d'entre eux usent de deux logements – un appartement de ville et une maison en dehors de celle-ci. Trente pour cent des habitants d'Île-de-France vivent même dans une maison individuelle. C'est pourquoi il faut penser la ville comme un nuage urbain superposé, de plus en plus, au nuage numérique. Ce nuage a un centre principal, mais il peut, notamment pour les mégamétropoles de rang mondial comme Paris – les *global cities*, comme les appelle la sociologue Saskia Sassen[1] –, intégrer des centralités secondaires dans son système mobile. Une centralité donc, et d'intenses mouvements qui suivent nos parcours physiques ou numériques. La période que nous venons de vivre avec cette pandémie, prise en étau entre la lutte contre les pollutions des déplacements automobiles et la révolution numérique où nous avons basculé, ouvre à de nouvelles stratégies individuelles, familiales, professionnelles et résidentielles. Considérer la très grande ville comme *son lieu secondaire, son deuxième bureau*, où l'on séjourne régulièrement, avec peut-être un pied-à-terre, va sans doute se développer, comme les résidences secondaires se sont développées, après la dernière guerre, vers le Sud et vers les régions littorales.

Ce que l'on appelait la ville était un territoire d'urbanisation quasi continu fait pour être parcouru à pied et à cheval, puis à vélo et en métro, et, dans l'entre-deux-guerres, par quelques véhicules à moteur de livraison ou de direction. La distinction entre territoire des vacances et vie urbaine ordinaire a ensuite été favorisée par la société de la voiture populaire. L'idéal bourgeois, ici, étant la double résidence, ou pour le moins un lieu de séjour annuel de vacances, soit dans sa région d'origine, soit dans des régions dédiées aux vacances – souvent « découvertes » par le biais du tourisme social ou du camping. Peu à peu, l'habitat populaire a profité de « la voiture de vacances » pour diffuser la ville des lotissements le long du réseau autoroutier, à moins de deux heures de la ville-centre. Autour d'un rond-point qui deviendra symbole politique au début du XXIe siècle. Cette maison avec jardin en propriété ayant un double usage : être la résidence « urbaine » de la semaine, après des trajets longs et fatigants, et devenir résidence secondaire le week-end et même maison de vacances l'été. D'où l'importance de la piscine. Maison à double face donc, côté appartement

1. Saskia Sassen, *La ville globale ; New York, Londres, Tokyo*, Paris, Descartes, 1996 [1991].

HLM, côté villa. Économique comme un couteau suisse. C'est ce mode de vie là qui est en crise depuis vingt ans à cause de la rupture culturelle évoquée plus haut, de l'absence de politique d'aménagement de cet immense territoire là, et de l'augmentation des coûts de déplacement. Ici, la question qui nous est posée est de bâtir une ville-jardin sur ce tissu périurbain peu dense. Redécoupage politique, densification de l'urbanisme, gestion en archipel des sols pour mixer fermes, logements, espaces publics, bois, écoles, lieux de sport et de culture, panoramas…

Le passage aujourd'hui renforcé du nuage urbain numérique redessine ces territoires. D'une part, certains habitants de ce périurbain-là peuvent faire un ou deux jours de télétravail, se retrouver dans des lieux de coworking, créer sur place des microentreprises numériques ou de services. D'autre part, les populations d'encadrement de la société, dans le privé comme dans le public, vont pouvoir s'éloigner du centre de l'immense métropole pour ne plus s'y rendre que de temps en temps. Eux iront plutôt vivre dans des communes à image touristique et culturelle où, éventuellement, leurs familles possèdent déjà une résidence secondaire. Ils peuvent être attirés par des villes moyennes ou petites qui étaient en partie en déshérence. Mais toujours plutôt vers le sud, vers la mer, et là où « l'esprit des lieux a été respecté ». Ici, ce n'est pas le prix du foncier qui est premier ni la durée du trajet d'accès à la métropole, mais l'image patrimoniale, l'école, la vie culturelle et l'accès confortable aux mégamétropoles, peut-être par TGV ou train rapide, sans doute en première classe et avec son vélo électrique plié avec soi – cela dit pour faire caricature. On peut aussi aller près de Lille, de Nantes, de Bordeaux ou même de Lyon. Rouen, Rennes, la vallée de la Loire, peut-être. Pour un Aixois-Marseillais, on montera à Manosque, à Cavaillon, à Draguignan, à La Ciotat, à Arles aussi. Un Lyonnais peut hésiter entre Annecy, la région de Grenoble, Thiers, Valence et même Clermont-Ferrand.

Ces mouvements sont déjà engagés. Paris a perdu 59000 habitants entre 2011 et 2016. Trente et un pour cent des Parisiens déclarent rêver de quitter la capitale[1], à la recherche d'un art de vivre que la métropole offre difficilement, surtout aux familles avec enfants. Les grandes métropoles sont le cœur de l'emploi, de la création, de la culture, des études de haut niveau… Les dix premières métropoles, en France, pèsent 61 % du PIB. Mais enrichir n'est pas être aimé… ni être habitable ! Les grandes métropoles

1. Martin Omhovère, « Confinement: seuls ou en famille, comment les Franciliens s'adaptent-ils ? », *www.institutparisregion.fr*, 26 mars 2020.

sont des lieux exceptionnels pour qui n'y vit pas en continu – soit y venant régulièrement, soit en sortant souvent, soit y passant quelques années pour commencer sa vie « de grand ». La vie familiale quotidienne après 30 ans y est plus difficile, sauf à avoir intégré *la haute administration de cour*, privée ou publique, qui peuple la cité capitale avec des revenus importants.

Mais ce qui nous intéresse ici, ce sont les effets de la révolution numérique sur les usages des lieux. La complémentarité entre le nuage urbain automobile – actuellement en crise faute de structuration sociale et politique – et le nuage numérique qui se développe autour de villages et de villes moyennes, de communes valorisées, et donc dans le cadre politique du local, doit nous faire réfléchir. La ville-centre devient en réalité un lieu d'accélération des rencontres, de la créativité, où la Toile croise la densité des interactions humaines. Mais la Toile est sans frontières ni limites, et le télélien ouvre des perspectives nouvelles considérables.

Nous avions déjà approché ces problématiques avec la crise des Gilets jaunes et le vote de rupture nationaliste, qui est de plus en plus celui des territoires hors métropoles, ruraux ou périurbains, couverts récemment de lotissements. Ces territoires étaient, en France celui des Gilets jaunes, ailleurs celui des électeurs de Trump ou de Johnson, des indépendantistes catalans. Les Gilets jaunes étaient souvent salariés ou petits patrons « des petits métiers », part de ceux qui ont fait tourner la ville pendant la pandémie, qui habitent dans le périurbain et qui avaient l'impression d'être en promotion sociale parce qu'ils étaient passés du HLM à la petite maison individuelle avec jardin. Et aussi, comme l'a bien montré Hervé Le Bras, des ruraux du lointain, des oubliés de l'exode rural. C'étaient des couples généralement biactifs, pour la première fois propriétaires. Travaillant pour la plupart en ville, ou retraités. Nicolas Sarkozy parlait « des gens qui se lèvent tôt ». Tout à fait eux. « Ces gens-là », aurait dit Jacques Brel avec son accent inimitable, avaient acheté une maison là où ils le pouvaient en fonction du prix du terrain, sans vraiment avoir choisi la commune, située à une ou deux heures de la grande ville, avec un rond-point, un supermarché et l'école des deux enfants. Pour se déplacer, deux voitures, dont une plus vieille que l'autre (souvent celle de Madame). Une société de rond-pointomanes. Habituellement éloignés de la politique, abstentionnistes, ou extrémistes. Ils étaient sur ce modèle-là, celui de la promotion sociale par le pavillon périurbain ou rural. Et de l'oubli au vert (d'ailleurs, durant ce Grand Confinement, ils étaient plutôt bien lotis : un jardin, certes petit, du bricolage à faire, moins de manque puisque moins de consommation, et moins de déplacements). Mais peu à peu, au fil des premières années du XXIe siècle, ce modèle est devenu anachronique. L'État concentrait ses services qui ne rendaient plus service, les petits hôpitaux fermaient, les mairies ne délivraient plus les papiers… Les services publics, de plus en plus numériques, supprimaient les derniers contacts humains – la poste, l'Urssaf, Pôle emploi, la caisse d'allocations familiales… Parfois, bars et petits commerces de proximité fermaient à leur tour. Surtout, toute la journée, dans les médias, on parlait d'écologie, de la ville, du vélo, des nouveaux métiers : et eux, ils roulaient avec leurs deux diesels – quand ils n'avaient pas divorcé –, leur petite maison était mal isolée… et le coût des trajets ne cessait d'augmenter. Alors, ces travailleurs des milieux populaires en promotion sociale, qui avaient le sentiment d'avoir fait un chemin par rapport à leurs parents et à leurs grands-parents – souvent originaires, eux, de la campagne, d'Arménie, d'Italie –, tout d'un coup on leur disait : « Votre modèle est absurde ! » Et ces populations étaient fréquemment en concurrence pour l'emploi avec les habitants « des quartiers » dans les métiers du *care*, du bâtiment, de la propreté, de la sécurité… La lutte des territoires et la lutte des places se chevauchent ici bien des fois, ce qui explique le côté très « blanc » des Gilets jaunes.

Il y a donc des formes de concurrence entre le périurbain et le rural « face » aux banlieues de la ville. Cela est d'autant plus fort que le monde industriel a lui aussi quitté massivement les villes et que la plupart des ouvriers sont aujourd'hui des ruraux. Or sans cesse, depuis le début du XXIe siècle, le discours culturellement et médiatiquement dominant est favorable à la ville, à la densité, aux transports en commun, aux vélos… alors que 70 % des travailleurs ne peuvent aller travailler qu'en voiture et que près de 70 % des Français ont un jardin, avec pour 40 % d'entre eux un potager ! Danger de rupture. La représentation de la société dans les élites parisiennes médiatiques est de plus en plus éloignée de la vie du monde des travailleurs modestes et de celle des provinces ! Ce discours pro-urbain, les Gilets jaunes l'entendaient dans leur propre famille, où bien souvent leurs enfants disaient : « Je n'ai pas du tout envie d'habiter à une heure de Paris, de Lyon ou de Nantes ! J'ai envie d'habiter dans la ville, j'ai envie de sortir le soir à pied, j'ai envie d'avoir un vélo et une tablette. » Ce qui était la réussite d'une vie, cette petite maison qui allait faire héritage, n'avait plus aucune valeur – ni symbolique ni, à terme, économique. Les saccages des Champs-Élysées ou du cœur de Bordeaux la bourgeoise l'ont assez illustré. Et par endroits, déjà, on voit le peuplement suivant arriver : quittant leurs HLM à leur tour, les enfants de la dernière immigration achètent des maisons en lotissement et… les prix s'effondrent car la cohabitation hier refusée dans les HLM ne fait pas plus sens aujourd'hui ! On ne vote pas RN pour rien. Ainsi, la rupture économique croise la rupture culturelle, profonde, qui est renforcée par l'instabilité des couples – et donc du rêve propriétaire, largement marital. Ce peuple de la ville installé hors la ville ne fait pas groupe, ne fait pas classe sociale, n'a pas de solidarité avec les habitants des banlieues. Dès lors, faute de rapport de force suffisant, nos sociétés ont délaissé la rémunération de tous ces petits métiers qui font la ville et le social, ceux qu'on a vus travailler pendant la pandémie : les infirmières, les caissières, les chauffeurs, les paysans, les éboueurs, les policiers… Au nom de la concurrence internationale du coût du travail, ces travailleurs, pourtant non soumis directement à la concurrence internationale, ont été mal traités. Surtout que ne faisant pas groupe ni classe, ils n'ont pas su s'imposer dans le débat public, du moins avant la crise des Gilets jaunes.

Ces petits métiers se trouvèrent à affronter le virus pendant que l'essentiel des élites sociales étaient en télétravail chez elles ou à la campagne. Se crée là un écart social dangereux, aveuglant, entre la partie de la société qui va pouvoir utiliser le télétravail, qui va prendre l'habitude de ne pas aller tous les jours à son bureau, et peut-être ne plus habiter dans les grandes métropoles, mais dans des communes à forte image culturelle et touristique, bien différentes des lotissements périurbains des Gilets jaunes ou des bourgs désertés de la diagonale du vide. Le nuage urbain des petites mains de la ville est régi par le prix du foncier. Le nuage de la ville du télétravail est, et sera, régi par la qualité des sites, l'accès confortable à une grande métropole, un bon lycée, une vie culturelle riche. Neuilly et Bondy ne se mélangent pas. Hors les murs, le phénomène est absolument semblable, même si sans doute, aujourd'hui, une vigoureuse politique d'aménagement du territoire peut encore limiter cette sécession réciproque entre les uns et les autres.

Deux nuages urbains, donc; deux groupes sociaux, deux types de sociabilité. Avec des chevauchements, des complémentarités, bien sûr. Et entourés d'un monde encore dit « rural » qui héberge agriculteurs, industries agroalimentaires, ouvriers et usines, retraités modestes et emplois publics locaux. Dans une cohabitation parfois difficile. Ayons ici une pensée pour l'île d'Oléron et son coq Maurice sauvé de la casserole par un juge. Le territoire des millions de maisons avec jardin, surtout en lotissements, a été bousculé par la crise des Gilets jaunes. Il faut espérer aujourd'hui qu'enfin ces métiers du service à la ville vont obtenir reconnaissance et revenus. Une dette a été créée, des discours, tenus. Mais pour ce faire, il faut traiter ces métiers-là pour leur utilité – *faire tourner la ville et le social* – et les distinguer des métiers de production soumis, eux, à la concurrence internationale directe – là, la prime d'activité a toute sa logique, car elle n'est pas intégrée dans les coûts de production. La crise des Gilets jaunes peut trouver une réponse grâce à la crise sanitaire que nous venons de vivre si nous savons mener pour eux une politique de la fiche de paye.

Il serait d'ailleurs logique d'aider ceux qui, dans ces territoires-là, ces métiers-là, voudraient revenir vivre dans la ville où ils doivent venir travailler quasi tous les jours. Il devrait y avoir, dans le parc social, une priorité géographique qui complète la priorité sociale. Donner ce privilège à tous les petits métiers de la ville et du social les repositionnerait dans la société. N'était-ce pas l'idée des services publics de la Troisième République, qui logeait instituteurs, percepteurs, gendarmes près de leur travail, en liant emplois publics et droit au logement social de proximité ? Ce serait normal que les infirmières aient un logement dans le HLM du quartier de leur hôpital, comme les enseignants à proximité de leur école. Ce type de politique, pas seulement de revenus, mais aussi géographique, serait à la fois un retour à des choix anciens et, au fond, très « en même temps ». Parce que le territoire a toujours été un élément culturel de la droite – l'idée de territoire est associée à la propriété foncière, à la paysannerie, à l'armée, aux possédants, aux religions, qui induisent plutôt des pensées politiques de droite –, alors que la gauche, s'étant toujours définie comme le camp de ceux qui ne possèdent « rien », appelle droits sociaux, éducation, culture… L'avoir et le territoire contre le social et la promotion par l'école et le mérite. Présentation un peu schématique bien sûr, mais encore en arrière-plan des pensées politiques, même si, de plus en plus, c'est vrai, la très grande majorité des Français possèdent leur logement, une assurance-vie et de l'épargne – et même si le capital intellectuel est moins taxable que le patrimoine. L'alliance aujourd'hui possible des *avoirs* intellectuels et financiers n'est-elle pas l'exacte définition des bobos, ou du « en même temps » macronien – laissant à nouveau au bord de la route ceux qui ne possèdent rien et qui se tournent dès lors vers le RN ou vers « les barbus » ?

Attention, dans ce tableau, à ne pas oublier le territoire de l'usine ! Il a certes largement quitté la ville, s'est concentré dans certaines régions, comme les Hauts-de-France et l'Est, où être ouvrier reste une fierté. Ce n'est pas vrai partout. Le monde de l'industrie est porteur d'enjeux considérables. Un enjeu robotisé de plus en plus, un enjeu de création de richesse, mais aussi un enjeu d'indépendance nationale. La logique des flux tendus et des prix les plus bas ne va pas disparaître, car elle est d'une efficacité considérable pour permettre une démocratisation de l'accès aux objets. Mais dans certains domaines, comme les médicaments, le juste prix ne doit pas être le tout de la décision. La sécurité des approvisionnements, la proximité de la fabrication, la lutte contre les positions de monopole, la constitution de majors européens, seront demain des sujets majeurs de débat. Une mondialisation plus régionale peut se dessiner. Autour de la Chine, autour des USA, autour de l'Europe entre Londres, Moscou, Istanbul et Alger. Sans doute. Les usines se robotisent, elles travaillent de plus en plus à la demande : redévelopper l'industrie, ce n'est pas forcément recréer une classe ouvrière. Comme l'a justement écrit Pierre Veltz :

> De nouvelles architectures productives se dessinent, qui combineront sans doute diverses tendances : une moindre circulation des flux physiques de composants, qui pourront être dupliqués localement ; une intégration globale renforcée par les données ; la possibilité de customiser les produits finis à proximité immédiate des marchés. Le numérique ouvre à cet égard d'immenses possibilités, en permettant des économies d'échelle distribuées, en réseau. Et les progrès de la robotisation permettront de faire revenir de nombreuses productions dans les pays à coûts élevés de main-d'œuvre. (Une bonne nouvelle pour nous, mais pas pour le Bangladesh…) Tout cela va globalement dans le sens d'une « relocalisation ». Mais on voit qu'il serait bien préférable de parler de « développement » ou de « redéveloppement ». Le but n'est pas de rembobiner le film, ou de pleurer sur les erreurs passées. Il est de devenir acteur d'un monde nouveau, qui n'est pas écrit[1].

Entre la métropole, le nuage automobile populaire, le nuage numérique des emplois d'encadrement, il ne faut donc pas oublier le territoire de l'usine et de ses salariés. Un territoire régionalisé, mais qui peut être transformé par des usines plus automatiques, plus proches de la clientèle et de ses attentes, plus proches de leurs marchés finals. Et un territoire de l'industrie pendant d'une augmentation considérable des petites entreprises, des artisanats, des autoentrepreneurs… La campagne entre dans la ville avec des forêts urbaines et des fermes sur les toits, la ville se déploie dans la campagne avec l'automobile et le numérique, l'usine et la microentreprise répondent au désir du sur-mesure et de liens entre des humains par l'objet. La société de consommation dominée par l'anonymat de l'objet, la grande série, l'obsolescence rapide et le prix le plus bas possible est en train de prendre un tournant plus humain, plus écologique. L'achat d'occasion est devenu une élégance. La pandémie va accentuer ces évolutions.

Le territoire est en train de devenir une catégorie universelle et transversale, y compris parce qu'on a unifié la planète et que le réchauffement

1. *Les Échos*, 30 mai 2020.

climatique est sans frontières. Souvent les pensées de gauche en souffrent, parce qu'elles n'ont pas une grande pensée politique du territoire, sauf à la chercher dans le corpus écologiste, qui est une vision d'un territoire largement préhumain. Historiquement, le territoire faisait réac ou plouc. C'est une image assez négative. Or, aujourd'hui, on pense de plus en plus territoire de proximité, lieu de culture et de mémoire, de solidarité et d'entraide. On pense les communs, on pense local comme national, européen et global. Nous sommes aujourd'hui, en chaque lieu, habitants de ces quatre échelles en même temps et instantanément. Il y a donc une forte dimension territoriale multiéchelles dans les sociétés qui sont en train de naître. Les gens parlent de local et confondent souvent bio et local, comme si les deux étaient interchangeables alors que le local n'est pas forcément bio ! Mais on associe les deux à un mode de vie sain, à un entre-soi, à un lien entre humains vivants et connus. À un art de vivre qu'on a profondément, et plus qu'hier, envie de mettre au-dessus d'un art de produire. Attention aussi au désamour du travail et au triomphe des tire-au-flanc ! Aussi ne prenons pas ce récit pour une réalité exacte, ne croyons pas que nous allons tout changer ! N'oublions pas que le « consommer local » durant la crise fut inséparable des chauffeurs polonais ou autres qui roulaient la nuit pour réapprovisionner sans cesse les chaînes de commerce. Nous changeons de récit, de perspective et d'espérance. Mais le monde n'est pas à reconstruire : il se prolonge, cherche une suite, peut-être un peu plus protectrice, plus respectueuse de la nature, et un poil plus humaniste. Un plus de fraternité et d'esprit des lieux, certes, mais rationnel et à moindre coût. Surtout, cette pandémie achève brutalement la dernière étape de la guerre froide, celle ouverte par Ronald Reagan pour faire tomber le communisme en Europe de l'Est. Mais pour aller où ?

Ce que l'on dit ici sur les évolutions des usages des territoires, sous la poussée de la révolution numérique, vaut tout autant au niveau européen et mondial. Il ne s'agit pas de revenir à la France du village ni à la France gaulliste d'une économie nationale. Mais de réguler plus nos souverainetés par le politique et le libre choix de nos arts de vivre favorisés par la révolution numérique. L'industrie de demain doit rester mondiale, car le monde est un, la pollution est une, l'humanité est une. Mais nous devons mieux définir nos souverainetés de base – nourrir, soigner, éduquer, protéger –, comme nous devons favoriser le local quand cela correspond aux attentes des populations. Et protéger nos frontières des produits issus de sociétés ne respectant pas les accords de la COP 21.

La France est un pays organisé en silos verticaux – la commune, le département, la région, l'État. Un pays d'aménageurs verticaux. Cette verticalité étanche n'est plus adaptée à cette société où les nuages urbains se différencient et se télescopent, et où les populations sont massivement mobiles. Nous l'avons vu pendant la pandémie, où un État autoritaire et peu efficace fut heureusement complété par des hôpitaux en motivation révolutionnaire et par des collectivités communales et régionales pugnaces. Il fallut pour se défendre sortir de cette pensée en silos, car ce n'est plus ainsi que nous vivons ! Une partie de la crise démocratique que nous traversons trouve là sa source. Les gens ont des vies horizontales : 1,5 milliard d'humains voyagent dans un autre pays que le leur chaque année. En France, 64 % des gens ne travaillent pas dans la commune où ils habitent, 60 % partent en vacances, 50 % n'habitent pas dans le département où ils sont nés, 90 % ne meurent pas dans la commune de leur naissance, et on parcourt en moyenne, par Français de plus de 6 ans, 60 kilomètres par jour, près de 80 aux États-Unis ! Ne surtout pas penser uniquement la France du local, du piéton et du vélo, une part de France qui oublie facilement les kilomètres qu'elle parcourt le week-end, durant les vacances et pendant les déplacements professionnels. Tout cela en liens virtuels demain ? Attention, secousses prévisibles.

Nos cadres de pensée sont statiques comme les chiffres de l'Insee alors que nous vivons des vies très mobiles. Par exemple, dans mon village, est-ce qu'il y a un système pour emmener les gosses à un match de l'OM ? Non, on favorise le club de foot local. C'est très bien, le club de foot local, mais les gosses ont aussi envie d'aller voir l'OM ! Faire le pass Culture sans y inclure les transports, c'est du même ordre. Merci la métropole ! Ça marche très bien pour le petit Parisien, mais pas pour celui qui habite en banlieue ou à la campagne… Intégrer l'idée que la société est devenue mobile et horizontale nécessite un énorme et complexe travail mental pour la puissance publique. Or dans le monde d'aujourd'hui, il faut être local et horizontal. Il faut arriver à ce nouveau modèle de conception du lien, et donc par là même de l'organisation, y compris dans nos vies privées. On fait entre 4 000 et 5 000 fois l'amour pour engendrer à peu près deux enfants : on voit bien que sous la couette aussi, on a changé. Autrefois, on était en silo, ça s'appelait le mariage. Aujourd'hui, 60 % des enfants naissent hors mariage et resteront hors mariage, 30 % des enfants vivent entre deux familles – FaceTime et Skype sont ici très utiles – et ils vont être à 50 % très vite ; de plus, il est clair que nos 5 000 relations érotiques, on ne les a pas toutes avec le même partenaire ! L'avenir est-il d'avoir ses enfants une semaine sur deux ? Une semaine on les a, on se concentre sur eux ; et la semaine d'après on ne les a pas : on peut sortir, draguer, travailler. Se séparer après les enfants, n'est-ce pas vivre deux vies différentes et complémentaires ? Bien sûr, je provoque un peu, mais la concurrence entre mobilité et construction bouleverse y compris nos vies privées. Et plus encore demain, avec l'introduction du télétravail dans nos domiciles et du téléamour dans nos familles.

Alors, comment, dans cette horizontalité, construire des « nous » locaux, des « nous » ouverts, qui font à la fois qu'on soit de tel territoire – on va à tel marché –, et que, lorsqu'on tombe malade, on aille se faire soigner dans la métropole ? Pourquoi les conseils départementaux ne construisent-ils pas des cités universitaires pour les enfants de leur département près des grandes universités ? Pourquoi un gamin des Hautes-Alpes n'a-t-il pas une chambre à la cité universitaire à Marseille, près de la fac de médecine ? Pourquoi n'y a-t-il pas une cité des Régions à Paris en face de la Cité internationale ? Pourquoi un jeune de Provence qui va finir ses études à Paris n'a pas une chambre en cité comme un Tchèque ou un Chilien ? Pourquoi à chaque niveau ne pense-t-on pas horizontalité, mais seulement verticalité ? On vit dans une société mobile, avec des entreprises dont le siège social se trouve très souvent à Paris ou dans une grande métropole parce que c'est prestigieux et que cela accélère les rencontres, mais dont l'essentiel des services et des bureaux est à l'extérieur de la métropole parce que c'est beaucoup moins cher au mètre carré et que le personnel y vit mieux. Les entreprises s'horizontalisent, mais le monde politique et administratif est resté vertical. Combien de dizaines de milliers d'emplois publics pourraient, à moindre coût, aller dynamiser des villes de province ? Comment passer d'une pensée verticale de la politique, d'une gestion de la société en silos, à une gestion de la société horizontale, agile, souple ? Sans doute en supprimant des niveaux ; sans doute, parce que la santé et l'éducation se règlent au plus près du terrain et des gens, en les confiant dès lors aux Régions. Sans doute en anticipant les effets de la pandémie sur les liens domicile/travail, deuxième bureau, télétravail, métropole carrefour plus que lieu résidentiel…

Faire-pousser, je crois à l'amour généralisé du « faire-pousser ». Soixante pour cent des maisons ont déjà un jardin et cela devrait s'accentuer malgré la longue plainte des urbanistes et de nombre d'élus. Les tendances existantes vont être renforcées et vont s'accélérer : le désir de produits locaux, bio, celui de quitter les métropoles, celui de jardiner, de voir des arbres, des animaux, des paysages… On peut développer les fermes liées aux écoles. Toutes les communes devraient disposer d'une exploitation agricole pour alimenter leurs écoles, comme à Mouans-Sartoux. Je trouve extrêmement intéressante l'idée que dans la production alimentaire, une place exceptionnelle soit faite aux enfants. C'est important qu'il y ait des fermes qui appartiennent aux communes, que les enfants aillent voir pousser les carottes, grandir les poulets, qu'ils connaissent la nature, et qu'en même temps on ait une garantie de qualité – pas forcément du bio à cent pour cent, mais si on peut l'avoir, c'est encore mieux ! C'est ce type de rapports qu'il faut favoriser, en revenant aux liens entre le champ et l'assiette pour redonner du sens à des choses qui en ont perdu, comme se nourrir : du sens par le rapprochement entre le travailleur qui les produit, celui qui les cuisine et ceux qui les mangent. Chaque geste est important par les interactions qu'il nous crée avec les autres humains. Idée oubliée par nombre d'administrations qui traitent les relations avec les usagers par le numérique plutôt que de l'utiliser pour la gestion interne et de se concentrer sur le contact avec les usagers.

Plus largement, certains vont continuer à aller vers la campagne. Certaines campagnes ou des petites villes. Plutôt vers le sud et vers la mer, plutôt à moins de deux heures d'une métropole. Comme après chaque grande pandémie, la ville change. L'architecte Corinne Vezzoni expliquait récemment que les dômes ont été bâtis sur les églises pour en faciliter l'aération et que les maladies circulent moins à l'horizontale. Quand on a fait la ville haussmannienne, c'était par hygiénisme. Cela ne veut pas dire qu'on va tous s'acheter une maison avec jardin. On peut aussi modifier l'usage des lieux. Rajouter des terrasses aux tours urbaines. Végétaliser la ville de millions d'arbres. L'Union européenne veut en planter 3 milliards pour lutter contre le réchauffement climatique. En France, on recense 3 millions de résidences secondaires. Certains citadins vont les transformer en résidence principale et garder un petit pied-à-terre à Paris, à Lyon ou à Marseille. Le prix de l'immobilier de bureaux va sans doute baisser, car le télétravail va s'accentuer et le besoin de surface de bureaux dans les grandes villes diminuer. À l'inverse, les espaces de coworking vont fleurir partout. Les tiers lieux. Le désir des gens est souvent de travailler à côté de chez eux, dans un cadre dédié, avec du haut débit, de la lumière… et d'aller au siège de l'entreprise de temps en temps. Mais de séparer vie privée et travail. Cela va engendrer un nouveau mode, plus local, de sociabilité du territoire. Il faut penser la France du TGV et de l'internet comme une grande cité accessible en tous lieux quasiment partout en moins de trois heures. La cité France est à bâtir. *Global city*, New York de l'Union européenne. Il n'y a aucune autre métropole de plus de 10 millions d'habitants dans l'Union, et de surcroît relativement centrée géographiquement.

Libre aux élus de saisir cette chance pour leurs communes. Ou de la gâter. On assistera sans doute à un renforcement des villes moyennes et de nombre de bourgs. Ils vont se développer, surtout s'ils offrent une image touristique et culturelle et possèdent de bonnes infrastructures… et évidemment le haut débit illimité ! N'y voyons pas la fin des grandes métropoles, qui continueront à être les *hubs* de la mondialisation, mais on y viendra un peu moins souvent physiquement. D'autant que cette crise aura des conséquences négatives sur les transports urbains, notamment souterrains. On ne sait pas quand se terminera cette pandémie, ni quels conflits sociaux peuvent bloquer les villes par la suite. De ce fait, la pression automobile dans les villes augmentera, avec les conflits, les tensions que cela suppose. On ne peut pas miser uniquement sur les voies piétonnes et cyclables, même si la révolution vélo est irréversible. Les gens ne sont pas tous jeunes et dynamiques ! Il y a aussi des personnes âgées, des personnes handicapées, des parents avec enfants. Surtout, la ville vit de l'énergie de ceux qui la traversent. Paris, particulièrement, est une vaste gare où l'on séjourne quelque temps. Or on a bien vu, dans la campagne électorale des municipales de 2020, que les discours sur la qualité de vie des habitants priment presque partout sur les fonctions sociales, culturelles et économiques qui font la richesse même de la ville. Une métropole « municipaliste » glisse en fait vers son propre déclin, et entraîne le nôtre, car, sans leur moteur, nos sociétés s'étiolent. Les métropoles sont nos mines modernes, bâties non sur le charbon et le fer, mais sur la culture, l'éducation, la santé, l'entreprise, la démocratie, la citoyenneté, la créativité… Il nous faut les organiser dans un territoire pensé horizontalement, pour une société de mobilité numérique et physique. L'avenir de la métropole n'est pas l'habitat, mais la rencontre, le travail, l'amour, la culture, l'éducation, le voyage.

6.
Un besoin de radicalité

Déménager, se séparer, changer de métier, licencier du personnel, quitter son patron, fermer des usines, voter pour des solutions extrêmes, acheter un vélo, prendre un chien, porter plainte « contre les responsables »… Voter Macron ? Ah non, faut pas exagérer ! Mélenchon ? Le Pen ? Nous allons être face à des désirs multiples de radicalité. Contradictoires. Car chacun commence une nouvelle vie. Va saisir une nouvelle chance. Parce que, après tout, « la première vie », on ne l'avait pas tellement choisie. Les événements se sont succédé… Aujourd'hui, on ne peut avoir souffert pour rien ! On ne peut être des survivants sans appétit de vivre.

Il va falloir entendre ce désir vital de radicalité, de soleil, de joie, d'efforts et de nature. Entendre une demande de mesures rapides, fortes. Pour la santé d'abord, bien sûr. Mais pas seulement. Et si on ne porte pas ce désir de radicalité positivement, d'autres sont en embuscade pour faire valoir leurs solutions dangereuses. Ils ont leurs discours déjà prêts – aux accents de frontières, de fermeture, de boucs émissaires. Comment répondre à cette énorme demande après le traumatisme que nous avons vécu ? Moins de deux ans après les Gilets jaunes, le terrain demeure extrêmement glissant. Il va falloir apprendre à faire des compromis pour gérer une société aussi fortement bousculée et en demande de radicalité. Mais on ne peut pas gérer des situations radicales avec des positions radicales. En période de grands traumatismes, de perte de repères, de bifurcation brutale, il faut serrer les rangs grâce à des palabres et à des compromis. C'est ce que nous avons voulu montrer, avec Laurent Berger, dans *Pour une société du compromis*[1].

1. Laurent Berger et Jean Viard, *Pour une société du compromis*, La Tour-d'Aigues, l'Aube, 2024.

Dans cette radicalité, la demande de justice occupera une grande part, justement parce que le virus était injuste, que nous avions tous peur – pour nous, ou pour nos proches. Forcément, on avait bien dû nous tromper, puisque nous nous sentions en sécurité et que nous ne l'étions pas ! Où étaient passés la puissance de la science, le savoir des médecins – qui s'injuriaient sur les ondes comme dans une comédie de Molière –, le meilleur système de santé du monde ? Attention à ce virus de la vengeance, attention au tribunal de l'incompétence, qui peuvent nous entraîner aux pires extrémités. La chute risque d'être à la hauteur des mythes construits pour nous survaloriser face aux autres, pour vanter une *sur*-France qui s'étouffe lentement depuis des années dans sa bureaucratie, son inaptitude à l'effort, ses jalousies multiples, et son impuissance à partager des projets de réformes et à entrer dans un siècle planétaire, écologique, européen et numérique. Allons-nous vraiment repenser en deux mois la question de la santé en France ? Reconsidérer les liens hôpitaux/villes, la place des Ehpad, les hiérarchies, la gestion et les budgets, les urgences et la culture du service gratuit, les études, la prévention, la veille, la régionalisation… Peut-on y croire sérieusement ? La pauvreté des contre-propositions ou des oppositions aux actes du gouvernement glace le sang. La seule préconisation qui émerge, c'est « commission d'enquête » ! « Comme des cabris », aurait dit le grand Charles !

Certes, il faut préparer la prochaine pandémie, et les commissions d'enquête seront bien utiles pour améliorer notre organisation, nos dispositifs, nos systèmes d'alerte… et faire la comparaison avec nos voisins et nos partenaires pour diagnostiquer l'efficacité des actions de chacun. Un bilan pour le futur, oui, mais le but est-il de trouver des coupables ? De voir s'affronter des camps politiques goulus de place ? Est-ce l'urgence, alors même que la pandémie n'est pas terminée et que la crise économique et sociale progresse ? Depuis vingt ans, on entendait : « Suppression des 35 heures, suppression des 35 heures, suppression des 35 heures. » Depuis deux ans, avec les Gilets jaunes, on entendait : « RIC, RIC, RIC[1]. » Maintenant, c'est : « ISF, ISF, ISF. » Il ne se serait donc rien passé avec cette pandémie ? Pas de morts, pas de peur, pas d'échec, pas de héros, pas de questions sur notre jacobinisme bancal et usé, sur ce *laissez-passer* « à compléter soi-même » chaque fois qu'on allait chercher le pain, dans une société où nos téléphones portables sont suivis en permanence, où nos cartes bancaires sans contact sont tracées ? Le retour de Courteline ! Pourquoi ne

1. Référendum d'initiative citoyenne.

nous a-t-on pas demandé plutôt de fabriquer nous-mêmes des masques ? Allons-nous supporter longtemps d'être traités comme un peuple enfant, irresponsable, et d'être encadrés par une police dont on nous menace sans arrêt ? Je croyais que les fessées avaient été interdites…

Alors, non seulement il y aura un désir de radicalité, mais ce désir risque fort de se tourner contre le pouvoir, contre l'État. Danger à entendre et à prévenir. Le temps de la grande politique est arrivé. Ou celui des affrontements. Surtout en France, où la crise ne fit pas soutien aux dirigeants, où elle ne déplaça pas l'opinion vers l'opposition, où elle induisit acceptation surprenante et crise de confiance…

Qui peut garantir qu'il n'y a aucun lien entre les immenses manifestations partout dans le monde contre l'épouvantable assassinat de George Floyd et ce désir de radicalité ? Qui peut dire que, comme en 1968, nous n'avons pas d'abord besoin de dire non, de hurler, de casser, de bousculer l'état des choses ? Mai 68 : la fin d'un ordre du monde pour pouvoir entrer dans le dortoir des filles à Nanterre ! Merci, Dany. Les impressionnantes manifestations antiracistes de 2020 sont, elles aussi, la suite du maintien de l'ordre musclé durant la pandémie dans les quartiers populaires, comme l'analyse Michel Wieviorka. Au bord du canal Saint-Martin, c'était nettement plus cool ! L'éditorialiste Thomas Legrand y ajoute un parallèle saisissant avec le mouvement MeToo[1]. 2024 a été une année populiste, violente, où les forces démocratiques ont été en risque de sombrer aussi bien en Inde qu'aux USA et qu'en Europe. Nc parlons ni de la Chine, ni de la Russie, ni de l'Afrique !

Avant la pandémie, une partie de la jeunesse s'était déjà soulevée face à la catastrophe climatique annoncée. Aujourd'hui, la même jeunesse, autour de jeunes de milieux plus populaires issus des *minorités visibles*, a secoué à nouveau le monde. Une jeunesse antiraciste, anticoloniale, saturée des formes archaïques d'autorité, libérale, écolo, joyeuse malgré les drames. De nouvelles alliances se nouent entre minorités et étudiants, militants libéraux et écologistes. La Grande Pandémie, une fois encore, accélère les mouvements déjà existants. Il y a un air de 68 là-dedans. Un air mondial, avec ou sans masque. L'ultralibéralisme n'est plus l'acteur de référence. Les campus se soulèvent pour Gaza, oubliant souvent l'horrible pogrom du 7 octobre 2024.

---

1. Thomas Legrand, « Le mouvement contre le racisme et les violences policières ressemble au mouvement MeToo », *franceinter.fr*, 9 juin 2020.

Ce virus nous a emprisonnés. Mais il a aussi préparé la grande panique face au réchauffement climatique et le refus des autorités qui enferment et contraignent : des mouvements qui ne seront pas solubles dans le débat sur la chloroquine ! Qui peut dire ce qui s'est passé dans les profondeurs de la Chine ou de l'Inde, du monde musulman ou africain ? De la Russie ? Et *notre Europe*, comme disait Charles Péguy, où va-t-elle nous mener ? Le rôle d'Emmanuel Macron dans cette affaire ? À voir. L'Europe avance à grands pas. Libérée du Royaume-Uni. Obligée de soutenir l'Ukraine contre l'attaque russe. Les guerres fondent les nations et dessinent les frontières. C'est leur rôle. Rôle tragique. Elles rassemblent les peuples aussi.

Onze pour cent des Chinois de Wuhan ont, paraît-il, divorcé depuis la pandémie. En France, un million de séparations. À ajouter aux millions de chômeurs. Que de désordre ! « Je l'ai assez vu. » « Si on faisait un break ? » Combien de fois allons-nous entendre cette phrase ? Et de qui s'agit-il ? Mon conjoint ? Mon métro ? Mon entreprise ? Ma rue ? Ma ville ou mon village ? Mon parti ou mon église aussi ? Boris Jonhson a proposé de donner des passeports à trois millions de Hongkongais. Radicalité, déjà, hier, des manifestants placés au pied du mur, et la dictature chinoise profite du chaos apporté par le Covid-19 pour avancer ses pions. S'il y a migration de masse, perspective d'une extraordinaire nouvelle puissance pour Londres : des anglophones surdiplômés, surmotivés, parlant et comprenant la Chine. De la politique, de la vraie, humaniste et tactique. Changement de pied génial face aux tergiversations de Bruxelles ? Chance pour l'Union d'avoir au bout de son tunnel sous le Channel une île britannico-chinoise ? Cela ne se fera pas ? On verra. Ce serait une chance immense, un déplacement de la carte du monde, une réponse à la Route de la soie par une démocratie prête aux échanges, mais aussi au combat pacifique. Pour l'instant, une démocratie déprimée sur une île qui regrette son choix anti-Union.

Tout doit être énorme dans cette époque pour faire sens et donner satisfaction à des citoyens survivants d'un confinement extraordinaire. Brexit, référendum, Trump bis… C'est pourquoi il aurait été juste, et prudent, de lancer rapidement un Grenelle des *petits métiers de la ville et du social* – ceux qui ont vraiment fait tourner l'hôpital, les Ehpad et la ville. Le *care* fut la grande invention du XXe siècle, après un XIXe industriel. Éduquer, soigner, protéger, divertir, accompagner, cajoler…, les métiers du *care* ont largement participé à allonger la vie de vingt ans ! Avant, c'était le *non-travail des femmes* : les enfants, la maison, les vieux parents, les devoirs, la propreté, les courses, les maris, même… Ajoutons maintenant à la liste de ces métiers les soins à la nature. C'est le premier secteur d'emploi de nos sociétés, avant la bureaucratie, l'industrie, la culture, le voyage, la guerre, les transports, l'agriculture, la politique… Soit environ 40 % des actifs – des femmes, beaucoup d'étrangers. Cette pandémie nous oblige à regarder autrement notre propre société, nos propres couples. Les partages intimes qui ont questionné chacun ne sont que le reflet des partages sociétaux. Le *care* n'existe pas comme confédération syndicale, comme politique publique, comme imaginaire social. Mais là, on les a vus, les agents du *care*. Ils sont passés à la télévision – infirmières, femmes de salle, caissières, éboueurs, chauffeurs de camion… Inquiets, mais fiers. Il faut inventer, pour ces métiers, des mots pour les dire, des organisations pour les rassembler, les représenter, un salaire minimum correct, *un salaire minimum social*, dédié aux travailleurs de l'intérieur non soumis à la concurrence internationale qui ne les concerne pas directement. Base à 1 600 euros nets pour démarrer dans tous ces postes ? Chiche ! En écho à ce besoin de radicalité, je pense qu'il aurait fallu faire un geste symbolique puissant. Ou on nourrit le vote RN comme en 2024. Je connais tous les défauts économiques de ce genre de mesure, mais il ne faut pas finasser, il faut des actes forts qui parlent à chacun. Les patrons hurleront… Cela voudra dire que les « petits » auront vraiment gagné quelque chose. Après les Gilets jaunes, qu'a fait le gouvernement ? Il a augmenté la prime d'activité, c'était sans doute très bien, mais c'était trop subtil, trop technocratique – cela ne donnait pas la fierté de l'augmentation. Elle offrait un complément de revenu non négligeable à ceux qui en avaient vraiment besoin, c'est vrai, mais elle ne donnait pas la fierté de dire : « Moi, je démarre enfin à 1 800 euros par mois. » Ne soyons pas malins, mais politiques et justes. L'argent a trop coulé à flots pour qu'il soit compréhensible « de compter ses sous » pour « ces gens-là ». Ah ! Brel !

La justice. Il en faut. Plus, beaucoup plus. Car les inégalités ont sauté aux yeux de chacun. Malgré les choix positifs en matière de chômage partiel, de prêts aux entreprises, de déblocage de fonds européens… Mais on ne se sent pas guéri d'une maladie qu'on a évitée ! Confiné payé ! *Top*, comme les congés payés en 1936. On s'y habitue vite. Quatre-vingt-trois pour cent des habitants d'Île-de-France ont bien vécu cette situation[1]. Surtout les télétravailleurs et les couples sans enfant. Logique : éviter les transports, le réveil, le stress, parfois un travail dur, dangereux, ennuyeux… Paresser au lit à deux, écouter les oiseaux, regarder la télé, jardiner… c'est loin de l'enfer. Et « ils en ont du pognon, là-haut » ! Mais demeurent la peur, le

1. *Les Franciliens et le Covid-19*, étude, Paris, *institutparisregion.fr*, juin 2020.

ressentiment, le désir d'*une nouvelle voie,* comme l'annonce Edgar Morin[1]. Nous sommes tous, comme les jeunes, au seuil de notre vie. La nouvelle, bien entendu. Tous jeunes. Attention aux turbulences.

Le choix que nous avons est entre deux révolutions mentales. Comme en 1918, comme en 1945. Une révolution qui casse, portée par les forces du changement brutal, le désir de pouvoir des sans-pouvoir, ou plutôt de ceux qui s'instituent en leur nom ; ou une révolution portée de l'intérieur du pouvoir. *Lénine contre Roosevelt, en somme.* Là est la question. Partout, dès 2020. L'été 2020, passé sans doute en France, en Belgique, en Italie ; l'automne, aux États-Unis ; l'hiver, à Londres et à Moscou, ou à Ankara... ? Pékin, attendons. Il n'y a pas de choix possible du *statu quo*. Pas après cette grande peur, pas avec un chômage qui monte, des jeunes qui débarquent en septembre sur le marché du travail, des séparations par milliers, des déménagements. Il n'y a le choix qu'entre deux révolutions : celle des casseurs et celle des bâtisseurs. Ces derniers ont la main, mais seront-ils assez créatifs, décidés, volontaires et novateurs ? À Paris, à l'Élysée et à Bruxelles ? Il faut, régulièrement, briser les « machines » pour retrouver le sens et les impulsions qui les ont créées. Comme dans nos vies privées, ça marche par périodes : on vit des moments de tension, des moments de rupture, des articulations pour passer d'une séquence à une autre, des retrouvailles et, peu à peu, un vieillir-ensemble qui apaise. Même si un mariage sur deux à Paris se défait avant cinq ans. Beaucoup le voient comme un échec, mais c'est aussi une réalité vivifiante : l'amour se démultiplie. Le fait qu'on soit dans des modèles de discontinuité est le propre même des sociétés modernes. La mobilité est là, partout. On se bat pour la continuité parce qu'elle nous rassure, là où la discontinuité est synonyme d'incertitude : on construit des projets de vie, on achète des maisons pour que ça dure. Mais, dans la vraie vie, ça change. Évidemment, chaque fois, on sait ce qu'on perd, mais on ne sait pas à l'avance ce qu'on va gagner. On le découvre.

Une société qui avait connu la paix depuis soixante-quinze ans – chose absolument exceptionnelle, inédite – avait besoin d'un *coup de sac*. Comme au loto. Sinon les positions acquises se transmettent de génération en génération, et la société devient figée, inefficace et injuste. Lorsque les élites se reproduisent, c'est une part de la société qui fait sécession et pilote la vie collective pour préserver sa place. Elles sont brillantes, intelligentes, mais l'ascenseur social se défait et ceux qui sont « en bas » ont le sentiment qu'ils ne peuvent plus monter, et ceux qui sont « en bas et loin » – loin de la

1. Edgar Morin, *Changeons de voie*, Paris, Denoël, 2020.

ville, les jeunes des campagnes, des petites villes –, éprouvent encore plus fort ce sentiment. Alors, ils se disent : « Ce n'est pas pour moi. » Aussi, de temps en temps, il faut redistribuer les places. La Grande Pandémie en a ouvert la séquence. Saura-t-on proposer autre chose que la répression et la réaction ?

La tragédie de la Grande Pandémie n'est pas terminée. La maladie poursuit son chemin. Elle continue à tuer. Mais les vaccins, les médicaments, les progrès des soins et les mesures collectives de précaution ont diminué son rôle social et politique. Elle est devenue une maladie grave parmi d'autres. Des rappels seront nécessaires pour renforcer les gestes barrières ou le renouvellement des vaccins. En France, fin juillet 2022, les mesures restrictives ont été levées, mais on incite toujours les plus de 60 ans à des rappels. La Chine a encore confiné Shanghai, son poumon économique, en 2022. Un nouveau vaccin a été disponible à l'automne 2022 pour contrer le nouveau variant. Il y en aura d'autres. Pour l'instant, les derniers variants ont été plus transmissibles et moins dangereux. En septembre 2022, on avait administré 12,6 milliards de vaccins sur la planète, 4,93 milliards d'humains étant complètement vaccinés, soit 63,2 % de la population mondiale adulte. L'Afrique reste en retard, avec un taux de vaccination de 21,1 %. Mais, heureusement, sa population est plus jeune.

Nous avons mené tous ensemble un combat gigantesque. Des millions d'hommes en ont secouru des milliards : 12,6 milliards d'épaules offertes à la piqûre. Nous fûmes des milliards à suivre les consignes pour nous sauver et sauver des dizaines de millions de vies. La science est redevenue notre espoir, la médecine, notre Graal, mais aussi les échanges commerciaux, des masques transportés en tous sens sur la planète, des supermarchés toujours approvisionnés, des forces de sécurité sans cesse sur le pont, des paysans travaillant sans relâche, des radios et des télévisions informant en continu, des réseaux sociaux très actifs – souvent complotistes, aussi.

Engagement inouï dans l'histoire humaine, victoire rapide sur une mort probable pour des dizaines de millions de vies. Alors oui, honorons les morts. Et chantons victoire. Sinon, le nez collé sur la face tragique, sans vision de la créativité libérée pour se sauver, on va occulter l'essentiel : l'énergie vitale retrouvée, les forces de la solidarité et du travail – celui des savants comme celui des caissières – revivifiées, et on va laisser les micros, comme après chaque catastrophe, à des gourous illuminés, de nouveaux christs, à des chansonniers de *Ma cabane au Canada* et autres retours à la vie sauvage ! C'est le travail, la solidarité, les changements de comportement et la science qui nous ont fait gagner ce combat, c'est le travail, la solidarité, les changements de comportement et la science qui nous feront gagner le combat encore plus difficile que nous annoncent les changements du climat.

Construire rapidement un monde décarboné et récupérer le carbone que nous avons libéré en trop dans l'atmosphère est l'immense chantier qui nous attend. Si la sobriété en fait partie, dans certains domaines de l'action humaine, il faut manier croissance et décroissance. Bâtir un nouveau monde énergétique va entraîner une immense croissance, créer des opportunités inconnues, des richesses considérables, avec création de majors mondiales dans de nouveaux domaines énergétiques. Les majors du pétrole et du charbon sauront-elles se reconvertir ou seront-elles doublées par des innovants transgressifs ? Un peu des deux sans doute, comme on l'a observé avec les vaccins, où l'innovation se fit dans les *start-up*, la fabrication et la commercialisation étant reprises par d'énormes machines.

Le monde décarboné où l'économie circulaire aura triomphé sera à nouveau un monde possible d'expansion, de création et de lutte pour l'égalité et la solidarité. Bien sûr, le soin de la terre, de chacune de ses parcelles, ne va pas se faire facilement. La sobriété, la réutilisation, le respect, devront être ses valeurs. Mais la recherche, l'innovation, le désir de vaincre, aussi. Le communisme à l'œuvre nous a malheureusement appris la funeste tristesse et l'impuissance des sociétés grises. Plus : leurs mensonges, avec des élites cachées gorgées d'argent public. Bien sûr, la régulation de notre prédation humaine sur une nature vivante, et donc mortelle, va être complexe et difficile à tenir tous ensemble. Mais c'est là que le nouveau commun que l'humanité a découvert durant cette Grande Pandémie pourra servir de toile de fond à l'action humaine, comme le commun du progrès a tenu notre monde depuis deux siècles, en a organisé les conflits, les créations, les amours et les haines. L'énergie dégagée du charbon et du pétrole a permis la révolution industrielle. Le temps est venu de les remercier et de tourner la page. Ces énergies ont été le chaînon nécessaire et tragique entre les sociétés préindustrielles et la civilisation écologique et numérique que nous devons construire. Le soin de la terre, qui était l'obsession des peuples premiers et des communautés villageoises, doit redevenir notre obsession, mais demain sur la planète entière, pensée comme totalité écologique.

Cette pandémie nous a aussi beaucoup appris, en matière scientifique, sur l'ARN messager, sur le rôle du masque dans la protection des maladies, sur notre capacité à modifier nos modes de vie, sur la place de l'information, du numérique, du télétravail, sur la réactivité des services publics et hospitaliers, sur l'importance des grandes entreprises dans la marche des sociétés ou la place des anciens dans le fonctionnement du tissu social. Dans les démocraties, le politique a plutôt été à la hauteur et la confiance dans les élus progresse un peu[1]. Nous avons expérimenté dans nos corps que de nouveaux enjeux bouleversaient notre monde. Nous avons réévalué nos modes de vie, de logement, de travail et d'amour. La prise de conscience du dérèglement de la nature par l'humanité et du rôle décisif du changement climatique sort plus forte de cette pandémie et fera peu à peu évoluer nos décisions, privées comme publiques. La France, en retard pour remplir les obligations d'adaptation définies par la COP 21 et l'Union européenne, cherchera plus vite à modifier son destin, même si nos politiques, issus de grandes écoles de gestion ou d'ingénieurs, peinent à penser les évolutions. Ils n'ont pas appris la nature et l'écologie sur les bancs prestigieux qu'ils ont fréquentés. Il leur a été plus facile de dépenser cinq cents milliards de dettes nouvelles pour nous aider à vivre pendant la pandémie ou de relancer le programme nucléaire que d'imaginer une société qui limite sa prédation sur la nature et qui invente – pour nous, et pour les autres moins dotés en sciences et en technologie. Mais eux aussi ont vécu la pandémie, en ont été modifiés, blessés, bouleversés. Alors, ce à quoi nous allons croire demain, ce que nous allons pouvoir faire, les forces que nous serons capables de convoquer, tout cela doit rester ouvert.

La pandémie nous a fait redécouvrir la famille, génératrice de services, de solidarité et de sentiments salvateurs ; l'école, « maison des enfants », lieu de valeurs et de liens ; le travail, moteur de sens et de plaisir ; la santé publique, enfin, fierté française hier, qui doit être réorganisée et repensée profondément. Cette crise engendre des transformations, des faillites, des suicides, des déménagements, qui nécessiteront des réponses, de la prévention, des changements politiques, sous peine de susciter chez certains groupes frustration et agressivité. Cette crise a bousculé nos imaginaires des territoires, valorisant les villes moyennes et l'habitat avec jardin. Elle a induit un mouvement des sociétés et du monde qui, même s'il va être masqué par la violence permanente de l'actualité, continuera à nous transformer et à transformer le monde. Tâchons de ne pas en perdre le fil.

---

1. Sondage Ipsos/Sopra Steria pour *Le Monde*, La Fondation Jean-Jaurès et le Cevipof, [Brice Teinturier, Mathieu Gallard, Salomé Quetier-Parent], *Fractures françaises, 10e édition*, octobre 2022, p. 14 et 17-20.

La génération Covid

Une génération est née en 2020. Elle portera ce nouveau commun extrêmement puissant, l'avènement d'une civilisation numérique et écologique, tout au long du XXIe siècle. Toute leur vie, quand ils circuleront dans le monde, ces jeunes de 2020 se demanderont les uns aux autres : « Qu'est-ce que tu faisais en 2020 ? » Que ce soit en Chine, en Inde, en Afrique, en Amérique ou en Europe. Les jeunesses, en vérité. Il y a une jeunesse populaire, qui se débat souvent dans des questions d'identité, nationales ou religieuses, avec les affrontements que l'on connaît. Il y a une jeunesse qui va à l'université, très sensible à l'écologie. Mais tous ces jeunes ont l'impression qu'un mur très haut se dresse devant eux. C'est peut-être ce qui les rassemble, que les uns soient obsédés par le mythe du grand remplacement, que les autres soient écoanxieux. Cette situation va faire monter les antagonismes entre les générations et les origines. Chacun a le sentiment que les gouvernements n'en font pas assez pour assurer leur survie et celle de leurs descendants. Trente pour cent des jeunes filles déclarent ne pas vouloir d'enfant. Je ne dis pas qu'elles n'en auront pas, je dis que c'est considérable. Soixante-dix-neuf pour cent des Français rêvent d'un chef puissant[1] pour que les décisions aillent plus vite et soient plus fortes. Quarante-trois pour cent des jeunes n'ont pas fait l'amour depuis deux ans. On est sur des chiffres extrêmement importants de modifications, d'attentes. Cette jeunesse s'engage beaucoup, mais sur des causes directes, sur des causes immédiates.

Par contre, leur rapport à la politique « officielle » en dit beaucoup, qu'on ne veut pas écouter. Soixante-sept pour cent des jeunes Français ont voté à la présidentielle, 24 % aux législatives, 15 % aux régionales et aux départementales. En matière électorale, ils comprennent une chose : la présidentielle. *Événement numérique présent dans leur monde numérique*, leader visible, enjeu vital pour leur propre avenir. Les régionales, les départementales, ils ne s'y intéressent pas, et… ils ne sont pas les seuls. Pourquoi les collèges et les lycées ne sont-ils pas tenus par les mêmes services techniques, où sont les limites de ces territoires, pourquoi tous ces élus ? Quel sens cela a-t-il, dans une culture politique aussi jacobine, d'empiler autant de strates électives finalement dominées par un fonctionnaire d'État, le préfet ? A-t-on décentralisé la France ou simplement multiplié le nombre d'élus pour faire une place aux dames sans priver les messieurs ? Il faut écouter le retrait

1. Sondage Ipsos/Sopra Steria pour *Le Monde*, La Fondation Jean-Jaurès et le Cevipof, 2022, sondage cité, p. 38.

des jeunes. Ils entrent dans un monde qu'on a construit récemment, mais qui est déjà archaïque. C'est important d'entendre le bruit de leur retrait. Ils veulent un monde apte à la lutte, à l'application immédiate et réelle des décisions. Et ce n'est pas un phénomène franco-français. L'Europe aussi a besoin d'incarnation et de lisibilité. Une vague immense change les demandes politiques de la jeunesse. Il faut simplifier la démocratie et en rendre les leaders visibles et accessibles, car nous avons basculé en société numérique, et, dans ce type de société, les liens sont directs et peuvent relier des dizaines de millions de gens. La démocratie doit découvrir le numérique. La jeunesse, groupe le plus numérique, l'a senti en premier, puis la pandémie nous a tous fait basculer dans ce monde-là.

Les jeunes sont beaucoup plus tolérants que leurs aînés parce qu'ils ont été élevés ensemble jusqu'au niveau du bac et que leur culture étant essentiellement numérique, elle est largement mondiale, dominée par les structures culturelles des GAFAM et de leurs réseaux d'interconnaissances, et par TikTok. Il n'y avait pas, dans mon lycée public, avant 68, d'enfants d'immigrés, alors que j'habitais à Marseille. Aussi les jeunes d'aujourd'hui, sur ces questions du métissage social et culturel, ont un rapport différent de celui des générations précédentes. On n'est plus dans une société de devoirs. C'est exactement comme le devoir conjugal. On peut être marié, mais la relation sentimentale est liée au désir, pas au droit. Le vote d'une loi sur le viol entre conjoints le dit nettement. Il en va de même pour la citoyenneté : on peut très bien être favorable à la démocratie et ne pas aller voter, faute d'intérêt pour l'enjeu, alors que les générations précédentes votaient par devoir. Les jeunes n'utilisent pas forcément le mot « valeurs » pour définir leurs engagements, mais le mot importe peu, ils sont motivés par la quête de sens pour eux-mêmes et pour l'inscription dans la bataille climatique. Ils sont mus par ce que j'appellerais des valeurs de solidarité, mais je ne pense pas qu'ils le diraient de cette façon. Et par une volonté urgente de survie de l'humanité. Leur survie. Y compris au sens culturel du terme.

On vit une époque où l'art de vivre, le confort de l'existence, le sens de ses engagements priment et vont primer de plus en plus. Avec le risque du recul de l'audace, de la volonté de combattre. L'étude Value & Values 2022 le montre clairement[1]. Cela accompagne la recherche du proche, y compris de la famille. Pendant la pandémie, le respect des anciens a été

1. Cinquième Baromètre Value&Values, réalisé par l'institut Iligo en partenariat avec FranceTV Publicité, JCDecaux, Les Échos, Le Parisien Médias, Radio France Publicité et Values.media, septembre 2022.

renforcé. La pandémie n'a pas augmenté aux fêtes de Noël alors qu'à Noël on a réuni les familles. Les jeunes se sont protégés, ont fait attention à leurs anciens. Cela montre bien que la famille a repris un rôle central, alors que c'était une notion un peu réactionnaire. Mais ce n'est pas la famille d'hier. C'est une famille tribu, souple et discontinue.

Cela signifie que le rapport aux normes et aux institutions a changé. Nous sommes devenus des individus libres et autonomes. Les jeunes n'ont plus besoin, comme la génération précédente, de s'arracher à des contraintes, les contraintes ont reculé. Le travail a-institutionnel a été fait par la tranche d'âge précédente, celle de Mai 68. Deleuze et Guattari sont passés par là. Mais cette jeunesse qui cherche le confort et le sens de ses vies individuelles a été bousculée par la pandémie. Elle a l'impression d'avoir raté son entrée dans l'âge adulte pour protéger les anciens. Trente pour cent des jeunes Français placent déjà le combat écologique en tête de leurs préoccupations en 2024. Peu à peu, elle va découvrir la force de « faire génération » et du devoir que cela leur impose. Les jeunes Ukrainiens ne sont-ils pas, d'une certaine façon, en train de nous impressionner pour cette raison ? Mais en qui a-t-on confiance pour mener ce combat ? les entreprises ? les corps intermédiaires ? ce que l'on appelait hier la politique avec des partis et des camps ? des chefs ? un repli sur soi et le dénigrement des autres ? Vaste chantier.

7.
Que reste-t-il de la politique ?

Notre lecture de la société a été bouleversée par cette crise. Aussi bien la lecture par âges que par groupes sociaux. Brutalement, les plus de 70 ans sont devenus « les vieux ». Depuis 1946, c'était à 60 ans que commençait le troisième âge, âge de la retraite revendiqué et obtenu, puis perdu. Entre-temps, on a gagné vingt ans d'espérance de vie, espérance que justement ce fichu virus a tenté de raccourcir. Là, on a gagné, ou perdu, dix ans. Chacun sentait bien depuis quelques années que la retraite à 60 ans, puis à 65, c'était fini. Soixante-dix ans devient le nouvel *âge vieux*. Parions que, demain, les cartes de réduction senior SNCF et avion vont s'adapter. Ensuite, l'âge de la cessation du salariat lui-même, du moins à plein temps, va peu à peu tendre vers cette nouvelle limite sociale. *Les vieux,* comme disait Jacques Brel, on avait déjà tenté d'augmenter leur CSG après 2017. On a encore récemment voté une réforme des retraites. C'est un problème, ces vieux de plus en plus nombreux, fragiles, propriétaires, avec des pensions plutôt légèrement supérieures aux revenus des jeunes actifs ! Des vieux qui, souvent, veulent, pendant leur retraite, fonder un nouveau couple (pour les messieurs plutôt), migrer vers le Sud ou « retourner au pays » afin de vivre les deux ou trois décennies qui leur sont encore octroyées sur le modèle de l'enfance ou de très grandes vacances. Voire, pour d'autres, se lancer dans la vie publique locale, déléguant le gouvernement de la France à leurs enfants. Et aux femmes. Retraités, générations démocratiques ?

Seulement, là, ces vieux ont beaucoup souffert. Ce virus ne les aime pas. Surtout s'ils résident en Ehpad. Ceux qui vivent chez eux s'en sont mieux sortis. L'hécatombe dans les maisons de retraite est un traumatisme collectif. Imposé pour des raisons sanitaires, cet isolement a été vécu comme un abandon, nos anciens enfermés dans leur chambre comme des enfants punis, mourant souvent seuls. La solidarité territoriale de la santé entre médecine de ville, hôpitaux et Ehpad, se pose avec force. La question de l'encadrement par des infirmiers dans les maisons de retraite, également.

Enfin, il est temps que le logement social s'interroge sur ses choix. Dans les milieux aisés, les parents arrivés dans le grand âge sont souvent logés à proximité des enfants. Le parc social ne connaît pas ce droit au voisinage. Ni pour les mamans isolées, qui occupent pourtant 30 % des logements du parc HLM, ni pour les très anciens. Pourquoi ne pas généraliser des « Ehpad ouverts » ? Imaginons que dans les bâtiments HLM soient aménagés des petits appartements disposant d'un personnel commun, partagé, spécialisé. Pensons enfin que la solidarité et le social sont d'abord une géographie avant d'être un transfert financier.

Au-delà de cette nouvelle lecture sociétale par génération, nous avons vu apparaître au grand jour trois groupes de travailleurs.

Les *télétravailleurs*. D'après les premières enquêtes, 30 % des salariés, 60 % des cadres, 52 % des Parisiens.

Les *chômages partiels* restés à la maison, la plupart avec les enfants, métiers de l'industrie, du tourisme et de la culture. Là naît le débat sur la semaine de quatre jours.

Enfin, les *soignants et les petites mains de la ville, des champs et du social,* qui partaient tous les jours au boulot, souvent la peur au ventre, souvent, aussi, avec la fierté de leur utilité sociale retrouvée.

Nos lectures en classes sociales ou en primaire, secondaire et tertiaire se sont, là, effondrées. Le confinement a été une immense et rapide trieuse sociale entre les actifs mobilisés au front, les télétravailleurs de l'arrière et ceux mis en chômage partiel. On a tous vu, concentrés par la contrainte sur l'essentiel, que certaines activités et certaines fonctions étaient vitales, et d'autres pas. Cela induit deux effets puissants. D'abord, replacer au centre des positions sociales le critère d'utilité : certains ont raison de se sentir fiers d'avoir été utiles ; les autres doivent-ils pour autant avoir honte de ne pas l'avoir été ou de moins l'avoir été ?

Deuxième élément fort : ceux qui se sont révélés utiles, pour ne pas dire indispensables, sont ceux que la société, en général, gratifie d'une faible reconnaissance symbolique et matérielle. Comme l'a formulé la Fondation Jean-Jaurès dans l'une de ses notes, les « premiers de corvée », l'espace du confinement, sont devenus les premiers de cordée[1]. Ce sont les travail-

1. Chloé Morin, Jérôme Fourquet, Marie Le Vern, « Premiers de corvée et premiers de cordée, quel avenir pour le travail déconfiné », *jean-jaures.org*, 8 avril 2020.

leurs de l'ombre, urbains des quartiers, mais aussi ruraux et périurbains, hier Gilets jaunes, avec une grande proportion de femmes, d'immigrés récents. Et après ? Que fait-on d'eux ? On leur demande de retourner dans l'invisibilité antérieure ? Non, on ne reconstruira pas sans justice, sans morale, sans se souvenir. Les émeutes américaines suite à la mort par étouffement d'un Afro-Américain sous le genou d'un représentant des forces de l'ordre risquent de n'en être que le premier signal. Les petites mains, *les gens de peu*, comme disait Pierre Sansot[1], ont conquis là un droit à une reconnaissance, à un nouveau statut et à un meilleur revenu. Au-delà de la prime. Le discours de la concurrence internationale des salaires pour ne pas les payer plus ne sera plus jamais recevable.

Une nouvelle lecture du social est donc à l'œuvre – lecture générationnelle, lecture tripolaire, lecture par genre, lecture identitaire. Une nouvelle lecture pour un pouvoir politique qui, à travers le choc de cette crise, a retrouvé un moment une part de l'acceptation de son autorité perdue. Depuis un demi-siècle, peu à peu, sa parole s'était dévalorisée, sa légitimité était contestée, sa capacité d'action amputée face à un marché de plus en plus puissant, mais surtout de plus en plus légitime. Les prélèvements obligatoires, les services publics, étaient sans cesse remis en question. La révolution conservatrice de Donald Reagan et de Margaret Thatcher, le capitalisme totalitaire chinois se donnaient la main pour porter ces évolutions – à leur propre bénéfice d'abord, bien entendu. Mais ce jeu favorisant une croissance constante, et une baisse des prix, chacun, au fond, s'y retrouvait. Les chaînes de valeurs s'étaient archipélisées, chacun cherchant à tenir un maillon où il était *mieux-disant*. Le résultat a été une « efficacité prix » maximum pour le consommateur et un développement pour les pays ayant su saisir un maillon d'une chaîne de valeurs, comme l'analyse très clairement Isabelle Méjean[2]. Sauf que ce système laissa sur le bord du développement les pays n'ayant pas su saisir « leur maillon » ou n'ayant pas de matières premières, et contribua à déstructurer des pans entiers de notre industrie qui n'était plus compétitifs dans ce jeu-là.

En outre, en période de crise, ce système est fragile, car certains tiennent des maillons quasi seuls et, en cas de crise mondiale ou locale, la chaîne se brise. La question est alors d'appliquer le principe de précaution à ces

1. Pierre Sansot, *Les gens de peu*, Paris, PUF, 1992.
2. Philippe Escande et Julien Bouissou, « Isabelle Méjean : « La relocalisation est une fausse bonne idée » », *Le Monde*, 26 mai 2020.

chaînes de valeurs, soit en ayant des stocks minimums, soit en refusant le monopole sur chacun des maillons de la chaîne. C'est ce que nous avons découvert avec cette crise. Le marché doit être régulé par le politique ! Mais non pour diriger l'économie comme le crurent les régimes communistes, ni même pour avoir un puissant secteur d'économie publique. Non, le politique doit imposer des normes, des protections et le refus de systèmes monopolistiques inaptes à réagir à l'aléatoire. L'exemple de l'absurdité du monopole chinois sur les masques, ou sur les batteries des voitures, est ici frappant. En 2008, ce modèle du tout-marché en flux tendu commença à être ébranlé. La crise financière, qui induisit une crise économique majeure, bouscula le monde. Les banques durent être renflouées par les États, autrement dit par « notre » argent.

En 2020, la crise pandémique a rendu aveuglante l'absence de principe de précaution face aux chaînes de valeurs monopolistiques. Plus que de frontières entre États, il y est question de frontières nécessaires à l'intérieur de chaque chaîne de valeurs, de chaque processus de fabrication, de chaque produit. En tenant compte, bien sûr, de l'immense désir populaire de maîtriser le secteur de la santé qui, en beaucoup de lieux, ne protège plus. Mais sans oublier que les citoyens ont bien plus confiance dans les entreprises privées que dans les services publics, d'où le succès croissant des hôpitaux et des écoles privés.

Les milieux populaires de divers pays avaient bien senti que les évolutions des quarante dernières années les marginalisaient comme producteurs, tout en les favorisant comme consommateurs grâce à des produits importés peu chers. Surtout, cette légitimation par le marché des choix et des stratégies détruisait peu à peu les univers culturels dans lesquels chacun se sentait protégé. Les luttes sociales, les corps intermédiaires, les politiques qui avaient porté le progrès social depuis la révolution industrielle, et surtout après 1945, paraissaient sans prises et sans projets.

Alors on vit le politique – comme avant lui les religions –, les mairies – comme avant elles les églises et les temples – se vider petit à petit au profit des ronds-points, de l'abstention et des réseaux sociaux, les acteurs politiques paraissant alors occuper sans motif ni légitimation des fonctions symboliques et sociales favorisées. Les peuples pensaient de plus en plus que les élus travaillaient davantage pour eux-mêmes que pour l'intérêt général. La social-démocratie, dont la raison d'être était de se battre pour un partage continu des progrès économiques et sociaux, perdit ses appuis. Globalement, nos gouvernants se virent de jour en jour déconsidérés, tenus comme ne servant pas à grand-chose, voire réputés, au lieu d'améliorer la situation, contribuer par leur défaillance à l'aggraver. Le populisme a fait de ce diagnostic son terreau, rompant souvent, même au sein des familles, la possibilité du débat sur les choix et les stratégies. Ce aussi bien aux États-Unis, en Angleterre, en Catalogne qu'au sein de la gauche française. Les populismes surent agréger et amplifier toutes les colères et les diriger contre les élites et les étrangers, là où les églises, ou le rêve révolutionnaire, les avaient canalisées comme forces tendues vers le futur, dans l'au-delà ou l'ici-bas. Les analyses de Guiliano da Empoli sont ici très éclairantes[1].

En France – il y a là une exception française –, le socle de confiance était encore plus fragile qu'ailleurs. Le travail de sape du FN depuis cinquante ans, la puissance traditionnelle d'un modèle social très protecteur remis en cause de manière continue pour suivre une logique très libérale nous firent vivre dans des projets permanents de réformes qui, au final, pour beaucoup, signifiaient recul et perte des acquis sociaux. Surtout, dix ans de cette politique, s'ils eurent des effets très positifs de réindustrialisation et de création d'emploi – plus de 2,3 millions –, ne donnèrent pas « du blé à moudre » sensible et visible à ceux qui travaillaient déjà. Leur vie semblait à l'arrêt avant même la grande période d'inflation des années postcovid et guerre en Ukraine. Partant, toutes les réformes étaient violemment refusées, et les tentatives de décentralisation du modèle jacobin multiplièrent les strates de décision et les niveaux bureaucratiques sans améliorer le quotidien des citoyens. Portée par une survalorisation de la réussite, des métropoles et des nouvelles technologies, des nouvelles énergies, la période fut marquée par l'oubli du peuple des temps modernes, habitants pavillonnaires, provinciaux, gens modestes ayant plus appris « sur le tas » que dans les écoles. Eux voulaient un médecin proche, une école publique qui marche, une gendarmerie, une salle des fêtes, y compris pour les mariages et les anniversaires, des services de transport, une maison des services publics pour être face à des vrais gens-fonctionnaires. Eux n'étaient pas contre la lutte climatique ou le soutien aux Ukrainiens, mais ce n'était pas la peine d'en parler toute la journée. Les voitures électriques, pareil. Ils roulent en véhicule d'occasion, et pour eux la fin des moteurs à explosion, c'est 2045 ou 2055. La plupart seront alors morts. Parlons plutôt de la vie aujourd'hui. Ce que le RN fait le mieux, car il est le réceptacle des colères du présent. Organisons une société robuste dans la proximité. Entre nous.

Faute de cette politique du quotidien, quand il y a des élections, et parmi ceux qui s'y rendent encore, beaucoup votent pour des partis tribunitiens et populistes. Par trois fois, en 2002 puis en 2017 et 2022, le parti d'extrême

1. Giuliano da Empoli, *Les ingénieurs du chaos*, 2023 [2019], *op. cit.*

droite fut le challenger du candidat démocrate au second tour de l'élection présidentielle. Emmanuel Macron, qui se fit élire en attirant des électeurs « et de droite et de gauche », n'arriva pas à rétablir la confiance, attaqué sans cesse par son extrême droite et son extrême gauche, qui, au fond, contestaient sa légitimité depuis le lendemain de son élection parce qu'il n'était pas l'émanation d'un grand parti. Il s'enlisait dans une réforme de fond du système des retraites au moment de l'apparition du virus. Sa réélection en 2022 fut encore un refus du RN, et les élections européennes de 2024 où le RN triompha vit surtout les gauches divisées stagner globalement et le camp d'un président usé par sept ans de pouvoir subir une défaite prévisible. On sait ce qu'il advint suite à la dissolution immédiate de l'Assemble nationale et « l'appel au peuple » !

En réalité, depuis un demi-siècle, « le progrès » n'était plus le fruit de batailles politiques pour plus de justice. Pour les milieux populaires, il était encore rendu possible par l'offre sans cesse croissante d'objets de moins en moins chers et de connexions multiples par internet. Ils s'équipèrent ainsi, comme les bourgeois avant eux, de deuxième voiture d'occasion, de maison en propriété, de télévision, de vacances, de smartphone, d'abonnements divers… Mais cette promotion sociale par la baisse du prix des objets ne faisait pas sens comme hier les batailles pour l'école, les 40 heures, la retraite, l'accès à la culture ou les congés payés, car elle n'incorporait pas dans l'objet autre chose qu'une valeur d'usage. Il n'était pas question d'art de vivre, d'esprit des lieux et des choses, d'ouverture à la création, d'artialisation de la vie, de justice, ni de fraternité. Réduite à sa matérialité, la vie peu à peu se déshumanisait. En outre, cette course vers des objets sans cesse renouvelés par leur obsolescence creusait sous les pieds de l'humanité un gouffre de plus en plus profond par les déséquilibres qu'elle engendrait dans la nature même. Cette déshumanisation du progrès social, les milieux populaires qui possèdent le moins l'ont ressentie en premier. Et au fond ils y ont vu du mépris. « Du pain et des jeux », disait-on jadis. « Pavillon et Internet », dit-on maintenant.

Jusqu'au virus ! Brutalement, cette ronde des objets tout autour de la planète et dans nos Caddie prit fin. Hébétés, nous ouvrîmes nos fenêtres et nous nous félicitâmes du retour du chant des oiseaux dans les villes. La nature était revenue. Ou plutôt elle avait toujours été là, mais nous ne l'entendions plus derrière les moteurs à explosion qui encombraient les rues. Car, en réalité, il y a fort longtemps que les oiseaux désertent les campagnes cultivées pour les villes et leurs jardins aux arbres fruitiers peu traités et peu ramassés.

Dans ce contexte de pandémie, nous avons écouté avec passion et angoisse les politiques. Les interventions du président de la République furent un triomphe, le Premier ministre réussit des conférences de presse extraordinaires à l'heure du thé et du goûter. Nous avons été les acteurs involontaires d'une révolution citoyenne où on a réécouté et appliqué les stratégies des politiques. Des stratégies qui partaient de l'individu pour s'adresser à l'humanité parce que chacun d'entre nous, par les petits gestes qu'il faisait, espérait limiter la maladie autour de lui comme sur l'ensemble de la planète. Un lien direct s'établit entre le plus intime et le plus global.

Cette attention nouvelle à la parole publique n'entraîna pas adhésion ni reconnaissance. Il y a eu un effet *crise et peur*, pas un nouveau rapport au politique. Valorisons le sens intelligent du danger. D'ailleurs, quand on regarde l'histoire, les leaders efficaces et populaires en période de crise furent généralement rapidement remerciés quand « la paix fut venue ». De Gaulle lui-même ne tint que jusqu'en 1946, pour ne revenir que douze ans plus tard à la faveur « d'un coup d'État démocratique ». Peut-être craint-on, sainement, que le sauveur ne devienne *caudillo* si on lui doit trop ? Pensons aussi à la vie de Churchill.

Par contre, chacun voit que la légitimité hégémonique du marché et du flux tendu tire à sa fin. Et la question qui est apparue manifeste à un observateur rural et provincial comme moi, c'est l'efficacité « moyenne » du modèle centralisé et hiérarchique français. Aussi bien à l'intérieur des hôpitaux – où c'est une révolution cogestionnaire qui a amélioré les choses – que dans la gestion moniste de la crise à coups de « cent mille policiers vont faire respecter le confinement ». Vraiment ? Nous voulions mourir, tuer nos parents, nos voisins, nos amis ? Nous n'avions pas le sens du devoir de solidarité avec les hospitaliers, les caissières, le personnel des Ehpad, les éboueurs, les livreurs… ? Vraiment, la Lozère devait subir les mêmes lois que l'Île-de-France ? Vraiment, on ne pouvait pas faire un appel au peuple pour autoproduire des masques partout dans le pays ? Vraiment, les règles du confinement devaient être seulement imposées, sans mobilisation du *peuple combattant* ? Gagne-t-on vraiment les guerres sans l'engagement personnel de chaque soldat ? Ne venons-nous pas de commémorer les cent ans de la Grande Guerre et de réhabiliter les milliers de fusillés *pour l'exemple* ?

La France impériale et militaire, napoléonienne dans l'âme et les institutions, la France réorganisée en pleine guerre d'Algérie avec un général président – utile, certes, à l'époque, pour reprendre l'armée en main après la défaite de Diên Biên Phu –, est-elle vraiment le cadre politique apte à gouverner un pays numérique, éduqué, intégré dans l'Union européenne et dans la mondialisation ? Comment gouverner une société où la majorité des gens ont l'impression de ne plus progresser ? Seulement vieillir. Comment donner de la puissance à la société française, comment casser les carcans de son histoire et de ses grands corps, brillants mais pétrifiés, de ses syndicats corporatistes, de ses élites parisiennes si éloignées de son peuple ?

Ce qui a sauvé nombre de Français en 2020, ce fut la révolte hospitalière, un dévouement extraordinaire partout, et un charroi incessant de camions et d'avions de livraison, au moins autant que le culte du local et de la micro-exploitation de voisinage ! Les urbains partis vers les champs furent très vite découragés : « Putain que c'est dur, l'agriculture ! » Retour des immigrés. Merci, chauffeurs roumains et pilotes russes ; merci, infirmières et médecins étrangers au travail dans nos hôpitaux (environ 20 % des soignants ont un diplôme obtenu à l'étranger, sans parler des infirmières et autres emplois moins valorisés !) ; merci, immigrés ramasseurs des poubelles et des masques contaminés jetés au sol ; merci, saisonniers cueillant et ramassant dans nos champs par tous les temps. Merci à cette part du monde qui travaille pour nous, chez nous, souvent sans papiers et sans respect.

C'est cela qui devrait faire débat. C'est le refus, par le peuple, de ceux qui gouvernent et qui décident qui porte populisme et nationalisme. Et ce refus est pour le moins symétrique. *Le haut n'estime pas plus le bas que le bas n'estime le haut.* Dans les courses de chevaux, il y a des handicaps pour rétablir les chances – pas dans la course aux statuts et aux revenus publics. La France des ronds-points et des provinces lointaines, cette France qui n'a pas fait les grandes écoles, cette France des résidences secondaires *si typiques et avec des vues imprenables*, cette France-là s'éloigne, et le regard qu'elle porte sur son avenir devrait inquiéter dans les palais. *Il y a du Versailles 1789 dans le Paris d'aujourd'hui* où la majorité des habitants est en télétravail avec une culture de cour, où la proximité des décideurs privés ou publics semble rendre chacun plus intelligent et plus créatif. Déplacer le siège de son parti à l'extérieur de la boucle du périphérique comme le fit le PS n'était pas une garantie suffisante… et a d'ailleurs été rapidement abandonné.

Cette ville-là, cultivée, piétonne et cycliste, birésidente presque majoritairement, veut le bien d'un peuple qu'elle méconnaît. Elle est pour la démocratisation d'une culture dont elle est la première consommatrice, pour la promotion sociale sans lâcher ses places, pour une écologie de la ferme urbaine. Rappelons en passant que Paris mangeant chaque jour 1,2 million d'œufs, un grand projet de poulailler municipal serait le bienvenu. Bien sûr, je me moque ! Mais après la crise des Gilets jaunes, le Grand Confinement a, de manière encore plus crue, mis en lumière l'archaïsme de la structure politique de ce pays. On y multiplie les élections depuis 1981, mais on y concentre le pouvoir. Un préfet fonctionnaire a le pas sur un élu du peuple, l'ouverture des bistrots à Guéret est décidée de la rive droite de la Seine, celle des parcs et des jardins de Paris, de la place Beauvau. *Sont cons, ces ploucs! Non, ils votent de plus en plus RN! Le mépris se paie cash.*

Nous allons entrer dans une nouvelle période politique. Au niveau mondial, face à l'effondrement climatique dont les conséquences sont de plus en plus visibles et difficiles à vivre, mais où les espaces d'innovations et de création sont immenses. En France, nous pouvons connaître une véritable Renaissance intérieure si nous le voulons – si nous lâchons la bride aux choix individuels, aux Régions, si nous lançons une politique des territoires qui tienne compte des mobilités, de la révolution numérique et de la guerre climatique, si nous remettons la culture au centre en y intégrant notre modernité de voyageurs et en sachant lier le culte des œuvres de l'homme au culte des œuvres de la nature. Car la nature est entrée dans l'artialisation du monde, et l'homme se pense à nouveau comme une espèce parmi les espèces. Prêt alors à défendre son habitat ici-bas. D'une certaine manière, il faut dire merci à ce petit pangolin qui, en nous obligeant à un combat commun planétaire, nous a préparés au grand combat qui vient : la Grande Guerre climatique.

Mon argument central est donc : dans une société d'individus libérés des appartenances contraintes de croyance ou de classe, la Grande Pandémie a augmenté nos chances de résoudre les problèmes de notre Terre, car elle nous a donné un commun universel. Le commun d'un combat planétaire unique dans l'histoire de l'humanité. Nous avons su nous rassembler à cinq milliards dans ce combat, faire travailler nos savants et nos laboratoires, modifier nos modes de vie, accepter des restrictions de liberté inimaginables. Certes, la coopération des hommes a accompagné la fermeture des sociétés, le repli des couples, le désarroi de la jeunesse. Certes, les réactions face à la pandémie n'ont pas été les mêmes partout, les Chinois ont protégé les travailleurs, les populistes autoritaires se sont peu mobilisés, seules les démocraties ont montré un humanisme remarquable, en luttant d'abord pour sauver « les gros, les vieux et les malades ».

Trois chemins vers le futur se sont là dessinés, trois systèmes de valeurs, trois hiérarchies des enjeux. Notre chemin européen y a puisé une force et une efficacité à nulle autre pareilles. Tout en mettant en scène bien des problèmes à corriger. Mais rappelons sans cesse la beauté du combat mené par les démocraties et dénonçons les morts des pays populistes et nationalistes. L'amour de la vie ne se divise pas, il commence par l'amour et le respect des femmes. Quant à la Chine, empêtrée dans son trop-plein de vieux non vaccinés, nul ne sait comment elle pourra un jour sortir de son goulag pandémique.

Mais au-delà de ces différences, la génération Covid-19 est universelle. Huit milliards d'humains ont vécu la même aventure, sur toute la planète, en Chine, en Inde, en Afrique noire, en Europe, aux Amériques. On a tous su, quasi au même instant, qu'il y avait une pandémie dangereuse, pour la première fois dans l'histoire humaine, parce que, les fois précédentes, on le savait (éventuellement) après. Là, on l'a su tout de suite, en deux, trois mois. Et on a tous adopté les mêmes comportements : on s'est enfermés chez nous, ça nous a obligés à réfléchir, à réévaluer nos vies. Ensuite, on a eu des pratiques différentes, port du masque, droit de sortie, chaque pays l'a fait dans ses propres formes politiques, mais c'était toujours la même politique. En s'observant et en se demandant : « Que font les gens en Corée, en Italie, en Chine ? » Et on a remis la science au milieu de la société en investissant énormément sur les vaccins. Cette science qui peut sauver demain, comme elle a su sauver hier.

La Grande Pandémie est un accélérateur de tendances extraordinaire. Retenons que c'est une tragédie créatrice. C'est la plus grande victoire de l'histoire de l'humanité sur la mort. Il faut se le répéter tous les matins, dans un univers médiatique et politique qui ne parle qu'échecs et inégalités. On peut le dire comme ça, même si chaque régime a réagi différemment. On a eu des lectures politiques différentes des solutions à la tragédie, mais on a tous vécu la même histoire, on a créé un commun du combat qui ouvre à celui que l'on va mener ensuite pour essayer de sauver la Terre en cours de réchauffement de son climat. Notre Terre. Notre climat. C'est cela qui est important.

La Grande Pandémie est le lanceur d'alerte dont nous avions besoin pour façonner un nouveau commun entre tous les humains – tout en marquant les frontières, les limites et les tensions, voire les guerres –, dont nous avons besoin pour construire des groupes et des communautés d'action dans cette nouvelle totalité. Il aurait pu y avoir un lanceur d'alerte moins tragique, certes, mais l'histoire a donné celui-ci. « Ne ratons pas les effets d'une bonne crise », disait Winston Churchill[1]. Bien sûr, le monde qui émerge de la brume pandémique est en tension. Repli sur soi, agressions. Dans les couples, les entreprises, les quartiers. Entre pays. Pensons au martyre ukrainien et à l'extraordinaire combativité de son peuple, mais aussi

1. Andrew Roberts, *Churchill*, Paris, Perrin, 2020 [2018].

à l'Éthiopie, à la Birmanie, à Taïwan, et même aux USA où une nouvelle guerre civile n'est pas impossible. Dix pour cent des habitants de Wuhan se sont séparés, quarante-huit millions d'Américains ont quitté leur emploi, sans doute deux millions de Français ont déménagé. Mais combien ont été sauvées dans cette gigantesque bataille de l'humanité pour la vie ?

Ce lanceur d'alerte mondial et traumatisant ouvre à une époque où l'histoire nous échappe chaque jour davantage : ce ne sont plus d'abord les humains qui feront l'histoire, c'est la nature dans sa mutation accélérée. Notre héritage. La révolution industrielle a entraîné un processus de transformation de la nature qui fait que notre prédation sur elle, comme d'ailleurs sur les femmes et sur les colonies, doit cesser. Voire, nous devons reconstituer ce qui peut l'être. Ces trois grandes prédations ne sont plus possibles. Elles nous reviennent en effet boomerang avec des revendications multiples, une haine parfois féroce, des incendies énormes, des manques d'eau et des océans dont le niveau monte. Il va falloir avancer ensemble, avec parfois de la repentance pour les actes des générations précédentes, parfois des digues provisoires, parfois des armées de Canadair. Avec l'exigence nouvelle, pour notre propre survie, de ne plus vouloir faire seuls l'histoire, mais de voir que l'histoire est faite dorénavant d'abord par la nature déréglée, et que les humains doivent se battre pour se protéger et, ensemble, innover pour « guérir » la Terre et prendre soin d'elle. Ce culte primitif du soin de son territoire redevient le projet nécessaire de l'humanité.

Il va falloir restreindre notre imaginaire – et notre projet – d'un monde sans limites au désir du mâle blanc occidental, et valoriser l'extraordinaire aventure que représentera, pour les huit milliards d'humains que nous sommes aujourd'hui, ce gardiennage d'un bien commun que nous devons réparer et transmettre à nos enfants en meilleur état. Nous sommes dans ce basculement historique, absolument passionnant, mais très dangereux parce que nous avons perdu le pouvoir sur l'histoire et qu'il y aura des paniques, des peurs. Le constat que 30 % des jeunes filles ne veulent pas faire d'enfant, que 43 % des moins de 25 ans n'ont pas eu de rapport érotique depuis un an, que des millions de salariés démissionnent ou déménagent tous les mois et tous les jours, nous révèle un immense brassage d'attentes, de craintes et de désirs. Certains vont se retirer sous leurs tentes et vivre en Robinson. Qu'ils servent d'exemples, comme hier les ermites et autres stylites. Mais d'autres, les plus nombreux, vont chercher à agir, à souhaiter ce monde du soin, à inventer les formes et les manières de reprendre la main sur notre monde. Car personne ne voudra condamner ses propres enfants.

Là est la toile de fond du changement qui nous est imposé, et c'est la première fois dans l'histoire de l'homme. Auparavant, que ce soient les religions, les empires, les capitalistes, les révolutionnaires, chacun d'entre eux avait l'impression d'être le moteur du changement. Chacun avait l'impression de faire l'histoire. Aujourd'hui, l'humanité va continuer à faire la petite histoire, la sienne, mais la grande histoire, celle de la planète, nous a échappé. Il faut lancer la course pour la rattraper. Ou mourir. En cela, la Grande Pandémie peut être pensée comme une annonce faite au futur. La Grande Pandémie, en nous confinant chez nous, a mis en scène le premier combat mondial d'une humanité réunifiée. Il y a là un événement-monde que nous allons mettre des années à mesurer, à penser et à comprendre ; un événement-monde qui ouvre le combat que nous allons chaque jour davantage mener pour tenter de sauver les humains. Car la Terre, elle, peut bien continuer son aventure sans nous.

La pandémie m'a redonné espoir. Un espoir combatif. Car j'ai vu des millions d'humains être solidaires, organisés, innovants, créatifs. J'ai vu la science remise au centre du village, les grands trusts montrer une redoutable efficacité, les États et l'Union européenne réagir fortement et savoir sortir des évidences héritées. J'ai observé nos codes culturels, nos habitudes, bousculés. Alors, oui, aujourd'hui je pense que le temps est venu, pour chacun, de se demander ce qu'il peut faire pour favoriser une civilisation bas carbone et d'économie circulaire qui prenne soin de la Terre[1], redevenue une *domus* unique et commune. Gorbatchev disait que le monde est notre maison commune et il avait raison, même si la folie d'un ancien empire et d'une dictature y porte aujourd'hui guerre, destructions, massacres, viols et malheur. Il faudra gagner cette guerre et reprendre le chemin commun. Surtout, il faudra faire du soin de notre Terre notre très grande maison commune. Et ce combat-là, on a appris de ces deux années terribles qu'on pouvait le gagner. C'est un message considérable.

Sans doute, un jour, on dira que la Troisième gGuerre mondiale a été lancé par un petit pangolin misérable sur un marché en Chine, pangolin qui avait croisé une chauve-souris dans la colline ou dans un laboratoire. Là, la nature, par un de ses membres mineurs, a ouvert le compte d'un combat pour la survie même de l'humanité. Une humanité contre laquelle se dresse une nature déréglée par elle, qui chauffe et s'affaiblit. Après la Première Guerre mondiale, qui fut celle des Empires européens en cours de mondialisation et qui se déclencha après l'assassinat d'un archiduc autrichien,

1. Joëlle Zask, *Écologie et démocratie*, Paris, Premier Parallèle, 2022.

après la Seconde Guerre mondiale qui fut celle des affrontements des idéologies fasciste, nazie, communiste et démocratique nées dans les ruines de la guerre précédente, nous voilà au seuil d'une troisième guerre, cette fois-ci vraiment planétaire. Les bouleversements autonomes et accélérés de la nature obligeant l'humanité à une immense révolution culturelle, mais aussi scientifique, technologique et industrielle, portée par un repensé des rapports entre l'espèce humaine et « sa » Terre au sein d'un univers en cours de découverte. Une humanité rassemblant des individus innombrables, de plus en plus uniques et créatifs, partant de plus en plus difficile à organiser dans des religions, des genres, des nations ou des classes. Mais de plus en plus unifiés par une vie commune sur une Terre commune, réunis par la même aventure climatique. Saurons-nous valoriser nos différences pour embellir nos « nous » tout en renforçant cette aventure définitivement insécable ? Ce n'est pas impossible.

Conclusion

L'énergie accumulée pendant le Grand Confinement est considérable. Par chacun d'entre nous, dans nos couples et nos familles, nos quartiers et nos entreprises. Comme un ressort que l'on tend, nous abordons la page blanche de la vie qui s'ouvre sous nos yeux avec peurs, gourmandise, questionnements. Se séparer ? Déménager ? Changer de vie ? Démissionner ? Licencier ? Être plus entreprenant, plus méchant ? Ralentir ? Le futur est devant nous, disponible après plusieurs mois où la mort a été l'information principale de chaque journal télévisé. Et quand on regarde l'histoire, on se rend compte qu'après chaque grande pandémie, chaque grande crise, les sociétés bougent, se révoltent ou innovent, s'affrontent ou coopèrent.

Cette situation générale concerne en particulier la France. Car la page blanche est d'abord celle de cette grande nation qui a étalé au grand jour les écarts gigantesques entre sa satisfaction suffisante et la réalité de son organisation. Non, notre système de santé n'est pas le meilleur du monde. Non, un jacobinisme autoritaire n'est pas le plus efficace des systèmes. Non, nous n'étions pas prêts, trop confiants dans la science et notre arrogance. Non, les grands corps qui trustent et boursouflent l'État n'ont su ni anticiper cette pandémie ni se montrer réactifs face au danger – et pour avoir joué un petit rôle dans la décision de supprimer l'ENA, je réitère ma proposition et je l'élargis. Et non, enfin, la montée d'une culture populiste dans tous les secteurs, y compris dans le monde de la médecine et celui des médias, n'aide pas au débat démocratique. Le journalisme inquisiteur et les prêcheurs de l'antenne ne remplacent ni la compétence, ni le travail d'enquête, ni le respect dû à ceux qui agissent. Passer en boucle des élus marginaux, des syndicalistes minoritaires, des citoyens protestataires, ne représente pas l'opinion publique, mais tente de la façonner pour mettre le feu. Et attirer alors ensuite des auditeurs, car la crise comme l'accident appellent la foule.

L'existence de chaînes d'information en continu et de journalistes présents sur toutes les lucarnes, trustant les plateaux des émissions d'éducation populaire, n'enrichit pas le débat. Espérons que l'utilisation de Skype par tous nos grands médias permettra un jour enfin une ouverture géographique nationale, européenne et mondiale à nos débats d'idées massivement parisiano-centrés. Et que le correspondant permanent à Bruxelles, généralisé à toutes les antennes, s'exprimera régulièrement. Cessons de faire comme si le populisme était un phénomène de génération spontanée né uniquement dans d'obscures campagnes ou de brunes officines. On ne peut pas demander des comptes à ceux qui gouvernent ou à ceux qui pilotent l'économie si on n'incarne pas soi-même les valeurs professionnelles et républicaines nécessaires. Il serait temps, dans la période violente où nous sommes entrés, chacun pour ce qui le concerne, de faire d'abord son propre examen. La course à l'Audimat est devenue la petite sœur d'une culture du volume de production ou d'une obsession du flux tendu.

Mais retenons que toutes les anciennes capitales des grands empires du XIXe siècle – Londres, Moscou, Istanbul ou Paris, et même Washington – sont en crise de désir et de projet, et qu'elles « se gonflent ». Le siècle peut chanter leurs grandeurs passées et la beauté du patrimoine qui leur reste, elles ne sont plus les leaders du monde. Le monde est multipolaire, et la Chine est devenue l'acteur de référence avec sa méthode de capitalisme totalitaire. Moscou et Istanbul sont tragiques avec leurs armées de mercenaires qu'ils déplacent au gré des erreurs et des abandons des Occidentaux. Ni les janissaires ni le tsar de toutes les Russies ne vont ressusciter. Mais ni Paris ni Londres ne sont encore des pôles de référence – seulement les capitales magnifiques de pays de grande culture qui doivent se consacrer à l'éducation, à la santé, à l'alimentation et à la protection de leurs peuples. Et à la défense des valeurs humanistes et démocratiques que nous avons apprises dans la douleur. L'éducation, la santé, la sécurité, l'alimentation, la beauté ne sont pas seulement des marchés, mais d'abord des droits. Le respect des équilibres naturels, que nous avions perdu, s'impose maintenant à nous avec la douleur de cette pandémie, de ses victimes directes et indirectes. La proximité de la mort enrichit celui qui sait la saisir et la comprendre. Sinon, elle n'est que putréfaction.

À l'occasion de cette pandémie, l'horizon, pour nous autres mortels, ne s'est pas resserré : il s'est ouvert, élargi, démultiplié. Nous avions aimé le futur : celui des religions d'abord, celui des révolutions ensuite. Celui qui promettait le salut éternel, puis celui qui nous faisait miroiter le bonheur ici et maintenant. Religieux ou idéologique, le futur nous guidait, il nous aimantait, il nous enchantait même. Puis nous nous sommes fâchés avec lui. Fin des religions, fin des idéologies, fin des rêves. Fin de l'histoire. Point de salut ? Alors, tout, ici et maintenant. Les églises étaient vides, la politique était finie, ne pesait rien, ou si peu, face à un pouvoir économique, mondial, tentaculaire, aveugle à tout et à tous sauf à ses dividendes. Nous nous étions réfugiés dans notre espace privé, accrochés à nos smartphones, achetant compulsivement et futilement, confondant interconnexion et interaction, nous projetant dans une réalité virtuelle.

Pire, le futur, nous avions fini par le fuir tant il nous faisait horreur. Pour nous, Français, il était perçu comme une promesse de déclassement continu. L'affaire était ancienne – notre grandeur perdue est notre fantasme et notre boulet depuis le xxe siècle au moins –, mais elle était loin d'être classée. Pour nous, citoyens du monde Un, ce futur avait en prime un goût de cendres, celui du réchauffement climatique : nous avions fini de croire en tout, mais nous savions désormais que notre modèle était condamné. Après l'avoir longtemps ignoré, nous avions commencé à l'admettre, timidement mais sûrement. Certes le péril était vu comme lointain, théorique, mais plus personne n'en contestait vraiment le caractère inéluctable. Greta Thunberg était devenue notre Jiminy Cricket, la pythie de notre suicide collectif.

Alors, pour avancer, acceptons que cette crise a épuisé notre désir de modernité. Demain devrait être une recherche d'équilibre entre tradition et innovation, patrimoine et création, rupture culturelle et nostalgie, esprit des lieux et novations scientifique et technologique. L'horizon a changé, la vie de la cité en est bouleversée, les anciens camps politiques se sont autodissous du changement du monde. Nous sommes dans l'entre-deux de leur réinvention, sans doute comme lorsque, le roi décapité, le peuple chercha la République. Cela dura plus d'un siècle. 1789, 1870. Mais nous n'avons plus le temps.

Texte deux

Des sociétés en révolution

Avant-propos

La déchirure dans l'histoire du monde que la Grande Pandémie a tracée sur le chemin de l'homme a rendu visible, et a renforcé, des révolutions de notre humaine condition. La double rupture anthropologique que nous vivions, triomphe de l'individu acteur et libre sur le couple masculin/féminin et prise de pouvoir d'une nature endiablée (j'utilise l'image à dessein) sur notre histoire humaine, bouleverse nos sociétés à la fois de l'intérieur et de l'extérieur. C'est une double rupture dans l'histoire de nos civilisations où l'humain a longtemps été petit dans une nature immense et où la domination du masculin héroïque sur le féminin était un fondement millénaire renforcé par la révolution industrielle, civilisation du masculin machine et dominateur.

Nous savions l'unité nouvelle des sociétés humaines reliées en permanence par l'information, les marchés et les voyages. Nous sentions la nouvelle injonction à penser la Terre comme unité écosystémique au destin nécessairement commun et insécable. Mais jamais nous ne l'avions vécue tous ensemble, enfermés chez nous partout et reliés par une angoisse de mort imprévisible n'importe où. Il n'y avait pas de front, il n'y avait pas d'arrière.

Chacun dans sa civilisation, sa culture, son organisation politique, économique et sociale, nous avons vécu le même enjeu et en même temps. Et ce en étant tous informés en continu de l'avancée et des mutations de ce virus visqueux. Une guerre généralisée des hommes, non contre d'autres hommes, mais contre un virus mal connu à l'origine. Le temps des replis sur soi pour se protéger est alors définitivement terminé, on ne peut plus se réfugier sous son béret identitaire symbolique, ni derrière un rideau de fer ou une ligne Maginot. Le plus sophistiqué des abris antiatomiques ne peut rien contre un virus ni contre un effondrement climatique tel que celui que nous connaissons. Nous nous trouvions comme en 1939, ridicules avec notre mur de béton quand il suffit aux Allemands de passer par la Belgique.

Tous les milieux, tous les territoires et toutes les cultures ne réagissent pas de même manière à ces injonctions radicales. Et les institutions, les services publics, les décideurs politiques ne savent répondre à cette société qui leur échappe, une société qui leur en veut parce que l'offre sociale et la demande sociétale sont en décalage, ouvrant la voie à des discours d'effondrement et d'impuissance, à des offres politiques quasi surréalistes, mais sans art, à des populismes xénophobes et destructeurs, à des complotistes de mort.

Il est temps, urgent même, de comprendre la nouvelle civilisation naissante centrée sur l'individu acteur libre en butte à l'effondrement climatique et écologique, de dresser un état des lieux des bouleversements portés par l'individu et sapant les bases mêmes du politique tel que nous l'avons connu, qui était largement l'expression du jeu des classes sociales. Civilisation difficile à habiter, car chaque individu acteur porte ses espoirs et son destin lui-même, face à des institutions déboussolées et à une guerre climatique terrorisante. Civilisation difficile à appréhender par ceux qui, ne regardant la société qu'au travers de sondages, ne sentent pas la radicalité des transformations ni le niveau élevé de bonheur des habitants d'une société pourtant angoissée. Car la réponse à un sondage est beaucoup plus l'image du déjà-connu que de l'inconnu à découvrir et à façonner. Aussi nous allons tenter dans cette partie de « dire » la société dans laquelle nous sommes, et ses transformations, aujourd'hui, dans le passage que nous vivons entre des civilisations dominées par la révolution industrielle et scientifique et une civilisation dominée par des individus et une prise de pouvoir de la nature sur notre histoire. Double rupture anthropologique dans l'histoire de l'espèce humaine.

1.
La fin de l'idéologie du progrès

Le progrès ? Disons que c'est une vision du monde où le présent devient plus important que le passé et fait espérer en l'avenir. Vision de la vie qui pousse à la création, à l'innovation, à l'éducation, à la natalité. Vision qui a porté nos sociétés depuis deux siècles, depuis la révolution de 1789 et la révolution industrielle. Vision qui dit que l'histoire a un sens et que la vie s'améliore de génération en génération. Vision que partageaient nos parents et nos grands-parents de tous les milieux, même s'ils se disputaient le partage des « fruits du progrès ». Bien sûr. Là était le débat, là était le combat. D'où une dynamique des sociétés marquée par l'affrontement de classes sociales renvoyant à l'opposition capital/travail, patrons/ouvriers. La vérité n'est plus alors dans le passé, les anciens, les textes fondateurs. Mais dans la science et les arts, l'innovation, la technique, la découverte…

Cette idée, qui suivit la rupture radicale de 1789 où la tradition fut rejetée – en France, mais aussi aux USA, à la même époque, d'une autre manière –, puis la révolution industrielle anglaise, ouvre à un monde en mouvement sous l'impulsion du développement scientifique, technologique et industriel, en pensant, et en désirant, pouvoir sans cesse aller plus vite, plus haut, plus loin, vivre plus longtemps. Progrès considérable de l'humain sur sa propre condition.

Mais, problème : cette conception du progrès où l'homme est « comme maître et possesseur de la nature », disait Descartes, a eu des conséquences terribles sur la nature. Au XIXe siècle, les romantiques nous avaient prévenus, sans être écoutés. René Dumont encore, lors de l'élection présidentielle de 1974. Mais la France, pays d'ingénieurs et de fonctionnaires, n'entendait pas. Et le monde poursuivait sa course sans limites au développement. Les lanceurs d'alerte se sont alors multipliés, associations, ONG, écologistes.

Jusqu'à la COP 21, dont nous fûmes fiers, car elle était… en France. Mais lenteur des actes. Comment garder, des progrès, ceux qui améliorent l'humaine condition ou qui limitent sa prédation sur la nature à ce qui lui est supportable, sans pour autant faire du nouveau une valeur en soi, du plus grand, du plus fort, du plus rapide, un éternel positif ? Comment marcher à pied, voler moins vite, rouler dans des véhicules plus légers, manger moins de viande, peuvent être les changements culturels désirables d'un monde qui continue à croire à la science, à la technologie, à l'innovation, au travail… et à la folie créatrice de l'humaine condition, en somme ?

La crise sanitaire, de ce point de vue, nous a fait accomplir un saut imaginaire majeur. D'abord en nous montrant que, pangolin ou pas pangolin, la pandémie relevait d'un dérèglement des écosystèmes et que, désormais, santé et environnement auraient partie indissociablement liée. Nous avons (presque) gagné cette bataille contre le Covid-19 en alliant innovation – le vaccin – et modification de nos modes de vie : masques, limitation des déplacements, restauration de l'usage des frontières, retour au local, usage massif d'internet pour les relations humaines, le travail, la commande de biens et de services, la culture, le sport même.

Face à l'idéologie du progrès qui, s'effondrant d'année en année, cédait la place à des quêtes identitaires et aux populismes, avec le covid, un nouveau et immense commun s'est créé, nous confrontant tous à la peur de la mort – la nôtre et celle de nos proches – et de l'affolement de la nature dont nous nous sommes « toujours » nourris. L'accélération du réchauffement climatique et de la destruction de nombreuses espèces et écosystème a renforcé la prise de conscience planétaire que la prédation humaine sur la nature n'était pas sans limites. Même si elle a permis à l'Humanité de prendre en main son propre destin, de démultiplier son espérance de vie et… de marcher sur la Lune ! Alors, la quête d'un incessant progrès qui fut le commun de l'humanité depuis deux siècles et qui s'étiolait trouve là un nouveau commun à partager et à proposer à nos descendants : la guerre climatique. Telle est donc notre nouveau commun, notre nécessité et notre aventure pour le XXIe siècle. Il va falloir en faire un désir pour nous-mêmes, nos descendants et les autres humains.

Sauf que, maintenant, nous se cessons de le répéter, ce ne sont plus les hommes qui vont faire l'histoire, mais l'emballement déréglé d'une nature que nous avons bouleversée. Nous devons courir après les conséquences de nos propres actes. Et pour ce faire, chambouler nos sociétés, modifier nos modes de vie, déplacer nos budgets, transformer nos sources d'énergie et investir dans la recherche, la science et la technologie. Tout cela en même temps. On estime que la France doit investir 6 % de son PIB d'ici 2030 dans ce combat – 700 milliards, alors que nous ne sommes qu'à 2 %, moitié public, moitié privé. Mais à la condition extrême que chaque innovation écologique ne soit pas annihilée par une explosion de la demande qui, au final, augmenterait la pression humaine sur la nature. Voiture électrique, oui, mais pas si on roule plus !

Chacun, et le monde ensemble, fut renvoyé, une fois le virus maîtrisé, comme après un cancer vaincu, à cette question existentielle : que faire du temps qu'il nous/me reste ? Recommencer comme avant, avec les mêmes amours, les mêmes lieux, le même travail, les mêmes engagements ?... Est-ce que je reste avec la même femme ou le même mari, dans la même ville, avec le même métier, le même cartable, ou est-ce le moment pour moi de faire autre chose, autrement, avec d'autres personnes ? Réaliser ces rêves qui me taraudent depuis longtemps, réévaluer ma vie à l'aune du confinement ? Partout, la réponse a été changement et rupture. Précisément au moment où la Nature prend sa revanche sur l'Homme et où chacun rêve d'y habiter. Le covid a fonctionné comme un accélérateur de tendances remettant en cause nos choix, bouleversant le travail et les territoires. Partout, la qualité de vie, y compris au travail, devient une force dominante.

Le confinement, que personne n'aurait cru pensable quelques semaines seulement avant qu'il ne nous soit imposé, aura consisté à mettre l'économie mondiale sur pause, à placer la vie avant l'économie, à prouver que l'art de vivre est plus important que l'art de produire. D'ailleurs, la qualité de vie au travail est devenue une préoccupation centrale depuis un moment. C'est ce qui fait que tant d'entre nous quittent leur entreprise s'ils ne s'y sentent pas assez bien, créent la leur pour avoir davantage de liberté, quittent la ville puisque le télétravail le permet désormais. C'est une révolution profonde pour le monde du travail, organisationnelle et culturelle. Seulement un quart des gens qui ont quitté les grandes villes sont en télétravail. Des centaines de milliers d'autres ont créé leur entreprise, librairie, ébénisterie, services divers – dont numériques –, petits commerces de proximité, tiers lieux..., mais d'abord la liberté et l'autonomie ! Un jardin, moins de bruit, un chien... Cela achève la culture fordiste, l'organisation répétitive et l'ordre hiérarchique. Grâce au numérique, l'horizontalité s'invite dans le monde du travail, jusqu'alors régi par une verticalité anachronique. Même le conformisme vestimentaire a reculé puisqu'on peut aujourd'hui être habillé de la même façon les jours de travail et le week-end. Le costume cravate n'est plus porté que par les financiers et les politiques – et le RN. Ces bouleversements accélérés par la pandémie nous ont démontré que nous pouvions changer de mode de vie, de lieu, de travail, d'objectifs, rapidement. Utile leçon, même si nous ne voulons pas être enfermés pendant trente ans !

Tout cela a été rendu possible par la place prise par le numérique, devenu le lien premier entre les hommes. S'il nous isole parfois, il nous relie surtout les uns aux autres. C'est une rupture essentielle, car jusqu'alors, depuis la Deuxième Guerre mondiale en tout cas, le lien entre les hommes, c'était le pétrole, au cœur du système productif et de notre organisation collective. Maintenant, ce que le monde a en partage, c'est Zoom, Skype, les mails et les smartphones. Grâce à tous ces outils, ce n'est pas seulement le télétravail qui a été possible pendant la pandémie, c'est aussi l'école à distance, le sport ou la culture en ligne, la télémédecine, ainsi que la cohésion familiale, avec des liens maintenus entre les générations pendant ces semaines d'enfermement et d'éloignement. Il y a aujourd'hui moins de monde dans les cinémas et les théâtres, et même si on a raison de s'en inquiéter, il faut aussi se réjouir de voir le numérique faire entrer la culture chez les gens, devenus consommateurs de séries, de films, de documentaires et de musique, de débats d'idées, chez eux et au quotidien. Dans un pays où 67 % des gens habitent dans des maisons avec jardin, à l'extérieur et autour des métropoles, la culture ne peut pas se penser uniquement au centre des villes dans des lieux physiques.

Le numérique permet ainsi d'investir ou de réinvestir de nouveaux espaces. L'objectif n'est plus la modernité, mais l'esprit des lieux, considérés comme authentiques, combiné à la technologie numérique. Ainsi se développe un modèle de néo-urbains qui peuvent conjuguer les avantages de la vie à la campagne avec certains attraits de la vie urbaine, importés à la maison grâce au numérique et aux livraisons d'Amazon ou d'autres. Nous sommes devenus des urbains numériques, si possible avec des fenêtres donnant sur la campagne ou la nature – ou le patrimoine architectural. Un nouveau modèle se met ainsi en place après celui de la France pavillonnaire articulée autour de ses soixante-trois mille ronds-points – alors que l'Allemagne n'en compte que cinq mille – et de ses interminables zones commerciales qui ont tant défiguré les abords des villes. On avait donc conçu le progrès sans la nature et même contre cette dernière ; il faut désormais le repenser avec celle-ci, comme un moment d'une société en guerre climatique.

Enfin, peut-être même la pandémie nous fera-t-elle progresser, de façon inattendue, sur un autre sujet : a-t-on bien en tête que l'ARN messager a été découvert par deux immigrés turcs réfugiés en Allemagne ? Découverte décisive, pour peut-être soigner, demain, le cancer ou le sida. Ce qui rappelle l'apport de l'immigration, y compris aux pays développés. C'est dire si l'on progresse par l'ouverture, le mouvement et la rencontre, là où, au contraire, les sociétés fermées sont bien davantage exposées au risque de régression par la passion pour un passé souvent mystifié – pensons à l'Afghanistan, à l'Iran, à la Russie… Le passé n'est pas l'avenir du monde. Faut-il voir comme une alerte le fait que la France, qui succombe de plus en plus à la tentation de la fermeture, est le seul pays membre du Conseil de sécurité de l'ONU à ne pas avoir su inventer un vaccin dans des délais raisonnables ? Nous avons besoin de « cerveaux rares », d'où qu'ils viennent, en leur promettant éducation, liberté, démocratie, respect et une Europe écologique. Les Américains du Nord l'ont compris depuis longtemps.

Les migrations sont ainsi synonymes de mouvement dans la société, d'une mobilité géographique et culturelle qui permet une mobilité sociale et culturelle. Souvenons-nous que l'homme a, jusqu'aux années 1950 en France, inscrit son existence dans un rayon de cinq kilomètres autour de chez lui alors que nous en accomplissons en moyenne soixante par jour aujourd'hui, et même quatre-vingts aux États-Unis. Nous avions donc pensé notre liberté comme une possibilité de s'éloigner, de nous affranchir de la proximité – et de l'entre-soi dont elle est synonyme –, et nous sommes en train de redécouvrir les joies et les vertus du « local ». Mais attention, cette proximité réhabilitée doit demeurer une proximité ouverte – ce que permet justement le numérique –, et non devenir une proximité fermée, excluante de tout ce qui se situe à l'extérieur, au loin. La proximité fermée, si j'ose dire, c'est Poutine et le retour d'un hypernationalisme.

Les recherches de nouveaux modes de vie ne sont que les traces matérielles et individuelles d'un nouveau commun dorénavant partagé, celui d'un humain dans la nature, membre à part entière du monde animal et lancé dans l'héroïque combat de restaurer les équilibres naturels abîmés. Elles renvoient aux corons et aux logements ouvriers autour des immenses usines du monde d'hier qui hébergeaient les enfants des campagnes cherchant la société du progrès et de la liberté en ville. Nous, nous restons des urbains, mais renaturés, légèrement culpabilisés, aussi, comme on peut l'être quand on pense à la période coloniale. La Grande Pandémie fut ainsi une tragédie créatrice qui augmente nos chances de gagner la bataille climatique et écologique. Car nous sommes massivement entrés dans le combat.

Ce faisant, des progrès restent indispensables pour surmonter les deux peurs – dont la première, contrairement à la seconde, fantasmatique, constitue bien une menace – qui nous taraudent aujourd'hui : le « grand effondrement », lié à la crise climatique, et le « grand remplacement », lié à une prétendue invasion migratoire. Mais pour surmonter ces peurs, ne cassons pas systématiquement ce qui est joyeux, ce qui nous donne du plaisir et du rêve. On dénonce en permanence la pollution née de l'industrie du divertissement, du sport ou du tourisme, mais disons-le : les vacances, c'est génial, les Jeux olympiques, la Coupe du monde de foot, c'est génial. Cela aurait été encore plus génial ailleurs qu'au Qatar, mais ne boudons pas ces temps d'évasion et d'émotions collectives. Ne nous trompons pas de bataille si nous voulons gagner la guerre climatique. Immense défi pour la démocratie, qui va devoir faire la démonstration qu'elle est assez agile, assez rapide et efficace pour encadrer ce changement de modèle. Car notre culture serait bel et bien morte si nous ne parvenions pas à sauvegarder ces deux biens communs essentiels que sont la planète et la démocratie. Le risque est le repli sur un passé même très ancien, l'obsession pour un mode de vie dépassé en réaction apeurée à un avenir dangereux et potentiellement mortel. Comme la Grande Pandémie nous l'a montré, c'est l'alliance de l'innovation et du repli qui permet de gagner les batailles de notre siècle, celle du virus comme celle du réchauffement climatique. Mais nous avons changé de commun, nous sommes en position de défense, ne nous trompons pas d'époque. L'alliance du numérique, de l'industrie du vivant et de l'écologie est notre avenir pour cette bataille-là dans un monde féminisé.

2.
Des temps nouveaux

Attends-toi à l'inattendu

Je reprends ici ce titre d'un récent ouvrage de mon vieux maître Edgar Morin[1]. Une grande pandémie, comme une guerre, est à la fois un accélérateur des tendances qui étaient déjà là et le moment d'éclosion, d'émergence, de nouvelles mouvances que nous ne voyons pas encore. Pour prendre un exemple, Mai 68 a lancé le féminisme et l'écologie, mais en 1968, en réalité, on n'en parlait pas. Ces sujets ne figuraient pas sur la table de nos grands meetings révolutionnaires endiablés. Aujourd'hui, nous vivons un incontestable renforcement des valeurs qui étaient déjà là, la demande de respect, en particulier l'égalité femme-homme, la quête de sens, le rapport à la nature, la place de la famille, le rôle des proches, le désir de local. Il y a des valeurs émergentes, je ne les connais pas encore, mais elles sont là et vont bousculer notre monde.

Récemment, dans un club de réflexion[2], je débattais avec le patron du groupe Renault, Jean-Dominique Sénard, qui a raconté l'anecdote suivante : les dirigeants du groupe voulaient avoir une réflexion sur les conséquences de l'intelligence artificielle sur nos sociétés et les entreprises. Ils ont fait venir un spécialiste américain. Celui-ci est arrivé en short et chemise à fleurs, et il a chanté toute son intervention. Que voulait-il dire ? Il voulait

1. Edgar Morin, avec Nicolas Truong, *Attends-toi à l'inattendu*, La Tour-d'Aigues, l'Aube, 2021.

2. Programme Anticipations initié par le Forum de l'universel, www.anticipations.org. Voir aussi Jean Viard, Jean-Dominique Sénard et Jean-Christophe Fromantin, « Le retour des échelles humaines », *Les Échos*, 21 octobre 2022.

dire : « Attention, rupture, je ne suis pas forcément capable de vous la décrire ni vous de la comprendre, mais elle est là. » Cela a évidemment marqué les esprits, plus peut-être que l'exposé lui-même. Les dirigeants réunis là se sont dit alors : « Il se passe vraiment quelque chose. »

C'est dans cette disposition d'esprit que nous devons nous mettre. Car, bien sûr, le désir de vivre une vie « comme hier » et d'occulter ce que nous avons vécu pendant la pandémie ou de voir « ce qui arrive » va d'abord dominer. Et on dira : le monde « d'après » sera comme le monde d'« avant », en pire. En réalité, le travail souterrain des valeurs et des désirs émergents sera à l'œuvre, y compris dans les mondes artistique et scientifique, chez les entrepreneurs, les politiques et en chaque citoyen du monde. Le tsunami ne fait que commencer. Aussi, et cela me semble très important, il faut laisser une place à cet inattendu auquel nous devons être ouverts. Tout en suivant l'accélération des tendances du « déjà-là ». Un mot revient sans cesse : le proche et les proches. On se replie sur le proche géographique, sur le proche familial, et on y est heureux. C'est pour cette raison qu'on est, plus qu'hier, une société du bonheur privé et du malheur public. Le bonheur privé a augmenté pendant la pandémie. Mais dans le même temps, nous sommes plus qu'hier dans le malheur public : où vont la France, le monde, la guerre russe en Ukraine, les massacres en Israël et à Gaza, le climat ?

Nous sortons d'un moment historique exceptionnel où cinq milliards d'humains ont fait la même chose, s'enfermer, pour sauver leur vie. Et la vie des autres. Ce n'était jamais arrivé dans l'histoire humaine. On a modifié le rapport au travail, au télétravail, au numérique, au logement, à la ville. C'est tellement énorme qu'il faudra du temps pour qu'on le pense, le développe, en fasse une force. L'événement phénoménal que fut cette pandémie mondiale nous a traumatisés et nous avons d'abord envie de l'oublier. Mais peu à peu, il refera surface comme ont refait surface d'autres drames, inaudibles, au début, à leurs contemporains. Peut-être que, dans deux cents ans, il ne restera de notre époque que cette pandémie. Elle sera la date clé de la fin des sociétés industrielles dominatrices et le moment du retournement des rapports entre la nature et l'humanité.

À court terme, nos sociétés vont se lancer dans une course au changement rapide : voiture électrique, vélo en ville, forêts urbaines, nucléaire, énergies renouvelables, droits des télétravailleurs, remise en cause du modèle des maisons des anciens, droits des femmes et respect des différences, recherche scientifique, construction européenne, réorganisation des circuits économiques, développement d'une culture de protection civile, réserves d'eau. *La révolution que l'on attendait est arrivée*, pour reprendre le titre de mon essai précédent[1], l'attente s'achève, la mise en ordre d'une société apte à mener la bataille climatique a commencé. Soyons prêts à être surpris. Mais attention aux attentes des milieux populaires qui veulent d'abord une société robuste autour d'eux – la paix, la santé, l'école, le travail, la fête.

Reconnaissons d'abord les progrès du monde depuis la révolution industrielle. L'Humanité vit aujourd'hui beaucoup mieux, beaucoup plus longtemps qu'en 1850 ! Ne nous enfermons pas dans des idées de mort et d'échec. Les dégâts majeurs causés par cette révolution et ses conséquences ne doivent pas en cacher les bienfaits. Il ne faut pas nier le travail de ceux qui nous ont précédés. Ils ont été pour l'essentiel de bons ancêtres, mais leur volonté de domination a outrepassé la capacité de la nature à supporter notre activité et notre avidité, notre folie créatrice et destructrice. La compréhension de ce dépassement dangereux a été moins rapide que les progrès induits par l'idéologie du progrès et ses effets transformatifs.

Il faut développer une croissance « sélective », « qualitative », plus qu'une décroissance générale. *La décroissance est une idée de riches si on la sépare de la croissance.* Cessons de penser la crise climatique et écologique dans les cadres intellectuels de l'anticapitalisme. Le recyclage des vieux dogmes repeints en vert doit s'achever avec cette crise considérable. Pour tout le monde. Gratter la peinture pour voir dessous. De même que la question des souverainetés ne doit pas être laissée aux extrêmes droites. Aucun projet politique n'appartient à un camp particulier. Raymond Aron l'a souvent répété. Suivant les époques et les conjonctures, les projets changent de camp. Parfois, les lanceurs d'alerte sont des extrémistes qui, de là où ils sont, voient les problèmes avant les autres ; mais rien n'indique qu'ils sont les plus à même de les traiter, ni n'impose de s'allier avec eux pour le faire.

On n'est pas plus obligés de s'associer avec les populistes d'extrême droite pour parler souveraineté que de se rapprocher des écologistes anticapitalistes pour affronter la crise climatique. Avoir alerté le premier est respectable, mais ce n'est pas une garantie de compétence ni d'efficacité. En France, l'écologie doit intégrer la culture d'entreprise. Et la culture d'entreprise doit intégrer l'écologie et le désir profond des populations de redonner du sens à leur vie, à leur travail, à leurs liens sociaux. Aux forces démocratiques et entrepreneuriales de s'en saisir. Il n'y a pas de société démocratique sans

1. Jean Viard, *La révolution que l'on attendait est arrivée*, La Tour-d'Aigues, l'Aube, 2021 ; rééd. « Mikrós Essai », 2022.

marché. Mais il peut y avoir un marché écologique ! Pensons surtout que l'écologie, comme les autres systèmes idéologiques, a été changée par cette Grande Pandémie, même si les partis verts n'en ont pas pris conscience partout. C'est de cette idée neuve qu'il faut partir pour avancer. On a besoin de principes, de valeurs, de mémoire, mais aussi de pragmatisme. On peut très bien avoir de la croissance économique. Certaines choses doivent croître, et d'autres, décroître. Mais attendons-nous à l'inattendu et soyons prêts à saisir ce qui arrive.

Parlons décivilisation

Ouvrons une parenthèse sur la « décivilisation ». Quel mot dangereux quand il est employé aujourd'hui ! Ce terme, c'est l'analyste politique Jérôme Fourquet qui l'a employé, après des penseurs d'extrême droite, en particulier Renaud Camus. Il a été repris à la volée par le président de la République, en 2023, lors d'un déjeuner que le journal *Le Monde* a relaté. À l'origine, « décivilisation » est un terme utilisé par Norbert Elias pour penser l'arrivée du nazisme, c'est-à-dire décrire une société qui, se défaisant, cesse son évolution continue vers plus de civilisation – ce qui était la vision du sociologue allemand. Plus même : qui régressait. Sommes-nous en train de nous déciviliser ? Comme l'Allemagne des années trente ?

Dans notre société, oui, les bébés naissent hors mariage. Oui, les couples sont recomposés. Oui, on s'abstient aux élections, parfois à plus de 50 %. Oui, le CDI ou l'emploi garanti à vie de la fonction publique font moins rêver. Oui, 10 % des gens seulement meurent dans la commune où ils sont nés. Oui, l'Église catholique ne structure plus les campagnes et les élites sociales. Oui, la culture communiste ne structure plus les milieux populaires avec au centre le PC et ses ramifications (CGT, Union des femmes françaises, Mouvement de la paix...). Autrement dit, les bases de la stabilité issues de la révolution industrielle et de la France paysanne – commune, mariage, travail, religion ou PCF – se sont effondrées. Il n'y a plus de devoir conjugal ou électoral, de devoir travailleur ou guerrier, de devoir nataliste. Il y a une société de désirs, de peurs, d'espérances, à gouverner avec empathie et attention. Difficile pour des gestionnaires qui s'affrontent entre anciens de l'École alsacienne et anciens du collège Stanislas ! Voire de l'ENA et de Polytechnique.

Que faire de nous, les enfants de la communale publique, du lycée de quartier, de la faculté de proximité, de la province ? D'abord dire que nous sommes très majoritaires à être nés « petits », et à ne rêver que d'une modeste progression – à laquelle, malheureusement, nombreux sont ceux qui pensent ne plus avoir accès. La peur, alors, c'est davantage un déclassement qu'une progression trop lente. La peur, c'est pour les enfants. Mais la peur, aussi, c'est ce qui se passe au bout de la rue, ou plus loin, et qu'on ne connaît pas, ou uniquement par les médias et les réseaux sociaux. La peur, c'est qu'on ne voit plus de chemin. Partout, des culs-de-sac avec les échos lancinants des tam-tams médiatiques.

Or le rôle des élites et des intellectuels devrait être d'ouvrir des perspectives, de ne jamais parler de décivilisation sans, dans la même phrase, annoncer une recivilisation ! Si on ne veut pas le voir, on favorise une panique et une extrême droite qui est aliénation ressentie comme protectrice, mais sans avenir. Décivilisation, employé aujourd'hui, est un concept-valise dans un discours où on ne parle que de ce qui se perd et où on masque la radicale bifurcation à l'œuvre dans nos liens interpersonnels, les nouvelles révolutions industrielles qui émergent, la bataille du climat. Cette occultation de ce qui naît est extrêmement dangereuse et jette les citoyens dans des mouvements de panique que récupèrent les extrémismes. Nous sommes en train de construire une société d'individus, d'autonomie, qui va être la base du combat pour sa survie que l'humanité a commencé à mener.

Le pavillon avec jardin est son symbole, ou pour les plus riches, la double résidence. On a construit des familles tribus très solides, mais a-institutionnelles, une société du proche et de la livraison se tenant loin des élections sauf enjeu majeur et explicite, une société des relations amoureuses choisies et multiples, une société des associations et des réseaux, des mobilités et du numérique, de la confiance dans les entreprises et les municipalités. Une société robuste dans la proximité, le tissu associatif, les solidarités du quotidien, mais invisible à ceux qui gouvernent avec des règles à calcul, des sondages, des moyennes. On est massivement connectés par internet, 25 % des Français sont en télétravail. La culture circule d'abord sur internet dans la jeunesse. L'alliance du numérique et du local est en plein développement. Les familles tribus sont d'une force extrême : elles ne sont pas mariées, mais sont le premier réseau, par exemple, pour trouver un travail. Jamais chacun, dans une vie aussi longue, n'a été aussi libre de choisir ses appartenances et ses réseaux, ses lieux, ses ruptures, ses amours, ses aventures de vie.

Même si, en même temps, il y a toujours une forte reproduction sociale, et donc des limitations à nos possibilités d'action et de découverte. Bien sûr. Des différenciations par groupes sociaux, générations, cultures et territoires. La société est beaucoup plus proche du modèle rhizomique analysé par

Deleuze et Guattari[1] ou de la société de Max Stirner[2] que de celle de Karl Marx. Mais pris entre les angoisses identitaires portées par les droites et la nostalgie des bonnes vieilles classes sociales de la révolution industrielle qui taraude une gauche qui a perdu le peuple, comment porter positivement une autre représentation de la société ? Comment dire la joie des libertés nouvelles de notre époque, puis, mais seulement après, les angoisses neuves que cela nous crée ?

Car il faut savoir dire les bonnes nouvelles. Bonnes nouvelles, du moins, si notre aventure extraordinaire de vivre dans la liberté de l'acteur individu trouve un nouveau cadre pour pouvoir faire société et territoire. Un nouveau commun. Si on ne trouve pas un autre cadre, ce sont de mauvaises nouvelles. On passe d'une société rigide pensée par des appartenances de classes, qui construisait du politique avec des partis et des Églises, à une société d'individus multiappartenants menant des vies discontinues, des aventures multiples, inattendues et imprévisibles. Que cela désoriente les tenants d'une société du mariage, du CDI, du vote de masse, de la religion (dans l'ici-bas ou l'au-delà), c'est bien compréhensible. Que les bureaucraties publiques n'arrivent pas à insérer cette société-là dans leurs grilles de lecture, quoi de plus normal, malgré une augmentation constante de la bureaucratie ?

Mais la vraie question est la recivilisation autour de l'individu, de vies longues vécues par séquences courtes, du monde du numérique, de l'éducation longue, de la société du proche, de la société des clubs de sport, du voyage, de la famille tribu, du monde des femmes… Oui, nos vies sont discontinues, avec des aventures amoureuses, professionnelles, géographiques, etc., successives. Ce modèle de la discontinuité, lié au fait que *plus la vie est longue, plus on la vit par séquences courtes*, ce modèle-là, qui est celui du départ en vacances, des week-ends, du numérique, de l'école pour tous, de la santé « gratuite », ce modèle-là, tout le monde en a envie. Les Gilets jaunes, *grosso modo*, incarnent le peuple des périphéries urbaines, des lotissements et des petites villes. Soixante-sept pour cent des Français habitent dans des maisons avec jardin. Triomphe du pavillon populaire, du jardin, de l'animal, de la clôture et du petit portail, du bricolage, de l'auto-entretien… Les « quartiers », que je préfère appeler « faubourgs », sont massivement passés de la culture communiste à la culture musulmane. Il y a le groupe des gens qui pratiquent du sport. Il y a ceux qui adorent partir en vacances… On est multiappartenant et on en joue. Ce ne sont

1. Gilles Deleuze et Félix Guattari, *L'anti-Œdipe*, Paris, Minuit, 1972.
2. Max Stirner, *L'unique et sa propriété*, Paris, La Table ronde, 2018 [1845].

plus les appartenances d'hier, ce sont de nouvelles appartenances, mouvantes, changeantes, individuées et a-institutionnelles. Le peuple a changé sa vie ; l'État, lui, cherche le peuple d'hier dans les églises vides, dans les élections sans électeurs…

La jeunesse a pris une force nouvelle : de 16 à 26-29 ans, la décennie des apprentissages. Les enfants des colonies installés en Europe par millions hésitent entre l'enfermement dans les ghettos des faubourgs ou la diffusion dans la société. Les femmes se sont constituées en groupe social et politique. Révolutionnaire, même. « La vie et le vivant » succède au produire et à son ordre politique. Le xxe siècle fut celui des hommes guerriers, politiques, et productifs. Les nations s'affrontèrent comme jamais, les idéologies, les classes, les trusts également. Le xxie siècle est celui du vivant, vivant féminin qui donne la vie, vivant de la nature qui « prend ses droits » sur l'humanité. Le producteur devient second, le patriarcat recule, la politique s'étiole. D'autres liens naissent, qui désarçonnent le monde des hommes forts, les Églises, les institutions. Progrès immense de la civilisation, saut ultime de l'humanisation du monde. Complexité nouvelle où le modèle militaire et fordiste cède au profit de sociétés multipolaires baignant dans le vivant et se lançant dans le combat magnifique de sa sauvegarde.

Donc, oui, les cadres institutionnels et symboliques qui ont accompagné la révolution industrielle et succédé à l'ordre du religieux achèvent de se défaire sous nos yeux, mais de nouvelles formes politiques émergent, mobiles, souples, aléatoires et discontinues… Alors, si on dit « décivilisation », il faut dire immédiatement « recivilisation », il faut dire « bifurcation » – le terme que Pierre Veltz utilise[1]. La civilisation du progrès, qui nous a menés depuis cent cinquante ans, a été fantastique. On est passé, par exemple, de cinq cent mille à sept cent mille heures d'espérance de vie, soit un gain de vingt ans de vie en un seul siècle, ce qui n'était jamais arrivé dans l'histoire humaine – y compris pour la moyenne planétaire, qui s'est élevée de 59 ans à 69 ans, un saut gigantesque. Mais on est allé beaucoup trop loin. L'Occident s'est cru maître et possesseur de la nature. Maître des autres aussi, techniquement, culturellement et militairement ! Colonisés, matière, femmes, nature : quatre dominations aujourd'hui insupportables.

Alors, après les décolonisations, la révolution féminine, le combat climatique, on est de l'autre côté du mur de l'utopie, tragique et créatrice, du progrès. C'est le vivant qui prend la main sur l'histoire et sur les

1. Pierre Veltz, *Bifurcations…*, 2022, *op. cit.*

technologies, sur la culture et l'espérance. Si Dieu est toujours vivant – ce qui est peu probable –, il est devenu une femme !

Nous sommes entrés dans un tourbillon créatif qui va nous aider à gagner la bataille du climat et nous permettra de vivre dans un monde où c'est donc la nature qui dorénavant fait l'histoire. Les sociétés religieuses attendaient le retour du fils de Dieu, elles avaient peu l'idée de progresser. Ensuite, on a découvert l'idée que demain pouvait être meilleur, si on faisait plus d'études, si on vivait plus longtemps, etc. On l'a fait. Puis on a commencé à ralentir – abandon du Concorde, réduction de la vitesse sur autoroute. Puis… on ne savait plus trop où on allait.

Mais la Grande Pandémie nous a montré qu'on peut mener un combat mondial commun pour se sauver. Un combat mondial n'empêche pas de se faire des guerres et des abominations comme l'attaque de l'Ukraine, le massacre du 7 octobre en Israël, les bombardements déments sur Gaza, les guerres au Soudan. Mais nous avons gagné contre cette Grande Pandémie, et maintenant nous affrontons la Grande Guerre climatique, un commun de l'humanité qui nous rassemble.

C'est à partir de là qu'il faut reconstruire des projets et des camps politiques. C'est à partir de là qu'il faut éclairer la civilisation émergente, s'interroger sur la place nouvelle du politique quand c'est la nature qui fait l'histoire et que chaque humain est un individu autonome. C'est là qu'il faut écrire le récit de la France hybride, selon le mot de la philosophe Gabrielle Halpern[1], c'est là que doit se légitimer la place d'une nouvelle religion en Europe, d'une jeunesse brune biculturelle, d'un engagement puissant du Nord vers le Sud – mais cette fois-ci avec le Sud. C'est en quittant les vieux cadres de la civilisation du progrès, en parlant de la décivilisation comme d'une voie vers une recivilisation que le politique peut retrouver sa puissance et son utopie mobilisatrice. Avec chacun, Noir, Blanc ou Brun. Homme et femme. Hétéro ou non. Croyant ou incroyant.

1. Gabrille Halpern, *Tous centaures; éloge de l'hybridation*, Paris, Le Pommier, 2020.

3.
Une rupture anthropologique fondatrice

En juin 2024, à Châteauvallon, nous débattions du travail avec Boris Cyrulnik et, nous sommes arrivés sur la natalité. Pourquoi ? Parce qu'on vit un processus de rupture anthropologique des genres chez les humains avec le bouleversement de la place de la femme – et, en conséquence, de celle de l'homme – qui ébranle la position de chacun, y compris la valeur attachée au travail. Disons que depuis toujours, et surtout avec la révolution industrielle, les sociétés ont partagé les rôles féminin/masculin suivant ce que les féministes appellent une culture patriarcale. En gros, la société a dit à l'homme : « Tu vas être héroïque, tu vas travailler beaucoup, tu vas te battre, tu vas être violent, tu seras l'autorité, tu seras soldat [partageant ainsi le "risque du sang" historiquement aristocratique], et quand les enfants auront un problème, ne seront pas sages, la femme dira : "Attention, j'appelle papa". » De l'autre côté, on disait aux dames : « Tu dois tenir ta famille, tu dois tenir ton homme [ce qui voulait dire lui donner aussi sexuellement ce qu'il faut pour qu'il n'aille pas "voir" les autres femmes, d'où le devoir conjugal], tu dois tenir tes enfants et tu dois tenir le budget familial. » Il y avait deux modèles complémentaire et hiérarchisés, l'un héroïque, l'autre d'assignation. Celui de l'homme qui travaillait, qui était un combattant, qui détenait l'autorité, et celui de la femme qui tenait, qui transmettait, qui était respectable.

Longtemps le modèle héroïque était surtout celui des aristocraties. Y échappait le clergé bien sûr, toujours représenté rond et dodu, mais aussi le monde paysan culturellement issu du servage. Combien de romans ou de films illustrent ce paysan non combattant ? Pensons aux *Sept Mercenaires*. Modèle, j'allais écrire non désirant, peu attirant pour les femmes, soumis au rythme de la nature jusqu'à la révolution industrielle. Avec la révolution industrielle, tous les hommes devinrent des héros du travail – et du combat, avec le service militaire obligatoire créé par la Révolution française, abandonné par la Restauration, puis généralisé en 1872 par les républicains. Modèle du paysan, travailleur, chef de famille, conseiller municipal et soldat que nous avons exploré avec Bertrand Hervieu[1]. Modèle que virilisèrent l'usine et l'ouvrier, les luttes sociales urbaines, les jacqueries étant devenues combat de rue, révolutions en armes. Modèle masculin désirant qui facilita l'exode rural des garçons, mais aussi celui des filles…

L'avènement de l'individu comme acteur central des sociétés conduit à sortir peu à peu de ces « rôles ». Fin du devoir d'obéissance de l'épouse en 1938, droit de vote des femmes accordé en avril 1944 par le général de Gaulle, fin du statut de chef de famille en 1970, loi Veil sur l'avortement en 1975, loi sur le viol conjugal en 1980… Peu à peu la femme devient un adulte comme « les autres », pour reprendre l'expression du philosophe Pierre-Henri Tavoillot[2]. L'immense révolution féminine qui traverse le XXe siècle a peu à peu cassé ces modèles. Rupture culturelle, mais aussi éducative, partant salariale. Car les femmes, grâce à l'éducation – le plus souvent donnée par des femmes –, grâce à leurs luttes pour le droit d'étudier puis de travailler, ont acquis leur autonomie économique et leur autonomie politique avec des batailles constantes et difficiles pour la parité. La progression des populismes de droite est d'ailleurs inséparable du refus masculin de ces évolutions. Jordan Bardella est le seul, en 2024, à avoir encore fait une intervention adressée « aux filles et aux femmes » dans la campagne législative. Partout, les filles votent de plus en plus à gauche – notamment parce qu'elles font plus d'études –, les hommes à droite, souvent très à droite.

L'avenir du couple n'est pas assuré, ni la natalité – 60 % des femmes demandant une procréation médicalement assistée vivent seules aujourd'hui. On est là face à une rupture anthropologique fondamentale, insiste Boris Cyrulnik, et je crois qu'il a raison. Les femmes se battent à l'école pour réussir, puis au travail et dans la sphère publique pour être les meilleures – et, souvent, la réussite sociale entraîne une baisse du désir d'enfant. Les hommes, eux, sont alors désinvestis du devoir héroïque de protéger la femme, le couple, le ménage et la société par leur autorité, leur force et leur revenu. Cela était très net au moment du vote des 35 heures : les femmes

1. Bertrand Hervieu et Jean Viard, *L'archipel paysan ; la fin de la république agricole*, La Tour-d'Aigues, l'Aube, 2011, repris dans Jean Viard, Bertrand Hervieu et Michel Marié, *Le sacre de la terre*, La Tour-d'Aigues, l'Aube, 2020.
2. Pierre Henri Tavoillot, *Qui doit gouverner ?*, Paris, Grasset, 2011.

se demandaient comment répartir le temps gagné entre elles-mêmes, les enfants ou les loisirs. Chez les cadres, la télévision et les soins esthétiques avaient progressé. Les hommes, eux hésitaient entre course à pied et vélo[1]... Dans un couple biactif aujourd'hui, la somme de la durée du travail salarié des deux membres du couple est presque du même ordre que la durée du travail du seul homme en 1945. Les messieurs travaillent moins que leur père et surinvestissent les temps libres, car ils sont encore moins en charge que les dames « du domestique » et des enfants – même si 15 millions d'entre eux jardinent. Les hommes s'impliquent alors moins dans le travail, plus dans les loisirs, dans un renouveau de l'amour courtois (presque 50 % d'entre nous avons eu une aventure sur notre lieu de travail, dont 20 % sont à leur tour devenus des couples[2]), et surtout dans l'amour des enfants. Il est temps de changer le nom des *écoles maternelles* en *maisons des enfants*.

Il y a là une inversion profonde des schémas fondamentaux qui relient le féminin et le masculin. C'est ici que la question du travail et la question de la natalité se rejoignent, parce que c'est la fin de la double injonction qui a porté les sociétés, et en particulier depuis nos révolutions industrielles. Nous sommes alors plus nombreux à travailler entre 14 et 64 ans, 73,9 %, chiffre jamais atteint antérieurement, mais pour une durée moindre par salarié – ce qui est faux pour les non-salariés qui travaillent en moyenne 40 % de plus que les salariés. On est dans une nouvelle civilisation bâtie sur la liberté de l'individu ; on fait beaucoup plus l'amour, mais l'amour est devenu un loisir et on fait beaucoup moins d'enfants. De plus en plus de gens vivent seuls et les jeunes ne s'installent souvent en couple qu'après 30 ans, pour entourer une naissance, mais sans mariage. Même pendant la pandémie, on a fait beaucoup l'amour, mais peu d'enfants – les chiffres sont là, l'avenir était trop imprévisible.

On est dans le moment de l'histoire où les femmes se libèrent d'une domination grâce au travail, grâce aux études où elles sont meilleures que les hommes, et où les hommes se disent alors : « Je ne suis plus obligé de faire " tourner le foyer" ». On voit se multiplier les décohabitations, et la crise du logement est en partie due à ces processus de décohabitation. C'est fondamentalement une rupture anthropologique de la société, le féminin et le masculin ont dorénavant le même statut d'individu.

Le monde n'est pas en train de s'effondrer. On ne va pas revenir aux injonctions hier faites à l'homme et à la femme. On est en train de sortir

1. Jean Viard, *Le sacre du temps libre*, La Tour-d'Aigues, l'Aube, 2004.
2. Jean-François Amadieu, *Le poids des apparences*, Paris, Odile Jacob, 2022.

d'une situation, on va dans une autre. Les jeunes filles issues de l'immigration sont au même niveau d'étude que les autres en deux générations, ce qui n'est pas le cas des garçons. Et le problème que nous avons, c'est non seulement la natalité, mais c'est aussi le fait qu'environ 18 à 20 % des enfants sont issus des anciennes colonies : l'immigration arrive plus en France par la couette que par la frontière[1]. Or ces enfants-là, qui vont être le cœur de la jeunesse de demain – c'est presque un jeune sur cinq – on ne leur donne pas des conditions d'études suffisantes. Il y a peu de crèches, peu d'encadrement, et 40 % des logements des quartiers populaires sont occupés par des femmes seules avec enfants. C'est-à-dire que non seulement on a moins d'enfants, mais qu'une partie de cette génération, on s'en occupe mal au lieu d'investir plus sur une jeunesse plus rare. Mais ils n'ont souvent ni la bonne couleur de peau ni la bonne religion !

Qu'y a-t-il de positif dans tout cela ? Une double liberté, nouvelle pour le féminin, d'abord, mais aussi pour le masculin, on ne le dit pas assez. Dans le rapport entre les pères et les enfants, aussi. C'est un sujet majeur parce que les pères ne s'occupaient pas des enfants. Le père était l'autorité qui rentrait le soir et qui, de temps en temps, filait deux claques si on n'avait pas travaillé à l'école. Ce n'était pas un lien direct. C'est en train de devenir un lien direct. On ne s'adresse qu'aux mères pour les enfants, je pense que c'est une erreur profonde. On voit bien un début de prise de conscience avec « les mille jours » qu'on donne maintenant au père à la naissance et le développement des gardes alternées. Les messieurs ont découvert le plaisir de s'occuper des enfants, alors qu'avant, c'était un plaisir qui était réservé aux dames. Ce n'est pas qu'un plaisir, c'est aussi une charge bien sûr, mais c'est quelque chose, il me semble, de tout à fait nouveau. Un nouveau rapport à la vie et au vivant.

La deuxième chose positive, la seule mesure intelligente depuis des décennies, que les économistes n'ont pas aimée pour des raisons d'équilibre financier, c'était les 35 heures. Cette idée venait des milieux catholiques de la CFDT, et reposait sur le constat que si on travaille à deux dans un couple, il faut garder du temps pour être disponible pour les enfants durant la semaine, les amener au foot, à la piscine, chez le dentiste, etc. C'était : on fait deux fois 35 heures de travail, alors qu'on faisait une fois 70 heures à la Libération. Au fond, l'homme et la femme ont partagé le temps de travail. Il faut donc du temps libre dans la semaine. On a souvent rajouté cela en semaines de vacances dans l'administration, ce qui n'a pas de sens.

1. Jean Viard, *Une émeute est le langage de ceux qui ne sont pas entendus*, 2024, *op. cit.*

Comment, dans cette société, augmenter la « productivité bébé » ? D'une part, dans les quartiers populaires, il y a des jeunes femmes issues de l'immigration qui font plus d'enfants. Effet deuxième génération d'immigration à prendre en compte. Il y a une « ressource bébé », si on peut dire, que l'on pourrait augmenter si on développait les crèches, la formation, les systèmes de transport dans les faubourgs de nos villes. Il y a une autre « ressource » : le couple recomposé. Le couple recomposé est un moment de naissances tardives. On pourrait aussi, comme les Japonais, développer une culture du robot pour remplacer les berceaux vides ou investir dans les entreprises à l'étranger pour vivre du travail des pays à forte natalité…

Dans les milieux aisés, cultivés, c'est devenu le jeu normal de la vie de reconstruire les couples, de changer de partenaire, etc. Mais ce n'est pas vrai dans les milieux populaires. La natalité est un vrai sujet dans une société d'individus. Elle pourrait aussi être une solution à la crise écologique, car si l'humanité revient à 3 milliards d'habitants, les pollutions baisseront – mais il se posera d'autres problèmes, dont le passage par une société de vieux sur le modèle chinois. Il faut parler de tous ces sujets, comprendre le nouveau rapport masculin/féminin, les différenciations sociales, voire territoriales, valoriser les pères. Mais ne pas militariser le sujet, ne pas en faire un sujet économique. Les femmes désireraient des enfants – 2,4 enfants en moyenne, quand on leur pose la question –, si elles avaient des conditions qui leur conviennent. Mais la solution n'est pas, sur ce sujet comme sur d'autres, de revenir au temps d'avant.

Dans cette civilisation de l'individu, il va falloir réfléchir à la liberté de sa reproduction. Je suis libre de ma reproduction, que ce soit de faire un enfant, de ne pas en faire, de me faire avorter… et de porter un enfant pour quelqu'un d'autre. La réflexion sur la propriété de sa reproduction est très en avance aux USA par rapport à l'Europe. Le plus important, c'est d'écouter les attentes dans la société. Ne soyons pas réactionnaires par peur, accueillons la société qui émerge. Entendons « la poutre qui travaille » et vivons la rupture anthropologique fondatrice des nouveaux rapports humains.

Et le travail ? Le sentiment de dévalorisation du travail renvoie-t-il comme en miroir à l'effondrement de la natalité ? Le primat du moi qui pousse les femmes vers le travail et fait refluer la natalité joue-t-il un effet parallèle, mais inversé, chez les hommes, en désinvestissant le travail au profit des temps libres, des loisirs et des enfants ? Le travail, pour les femmes comme pour les hommes, a-t-il quitté la sphère héroïque pour devenir une tâche nécessaire, une contrainte supportable, le plaisir de créer et d'être utile aux autres, mais plus le lieu central du sens, une place qu'il avait confisquée à la religion avec la révolution industrielle ? On comprend mieux le refus profond et massif de déplacer l'âge unique de la prise de retraite alors même que l'allongement de la vie aurait dû être valorisé comme le grand succès de la civilisation industrielle. Le travail est devenu une période dans la vie d'un homme, comme le service militaire jadis, que chacun cherche à réduire ou contourner. Jacques Chirac aurait peut-être dû abolir le travail en même temps que le service militaire !

Les seules réformes de la durée du travail que peuvent accepter les populations, c'est la création d'une nouvelle égalité en comptant les années dues au travail en fonction de la pénibilité des métiers. Lier espérance de vie et années de labeur est acceptable, même si c'est désagréable. Fixer un âge pour tous pour avoir droit à la retraite est insupportable, car une fois effacé l'héroïsme du dur labeur, il ne reste que la contrainte sans valeur et sens. Au fond, on revient alors aux valeurs des corvées dues au seigneur chaque année. On est complètement à contre-emploi des valeurs de l'individu acteur libre. On revient aux cadres de la société fordiste que nous avons quittée et on ne valorise pas l'extraordinaire potentiel d'une société de la créativité individuelle. Comme pour la baisse de la natalité, la baisse d'engagement au travail dont se plaignent sans cesse les patrons ne pourra être contournée par des rappels à l'ordre et des logiques de contraintes. Le seul chemin qui nous est ouvert, outre des conditions de travail dignes et rémunératrices, c'est une extrême attention à la vie des gens, à leurs attentes, à leurs désirs, et à partir de là, on pourra reconstruire un désir du travail au cœur de la civilisation de l'individu acteur libre. Le chemin sera escarpé. La Grande Guerre climatique où nous entrons va nécessiter d'énormes efforts, du travail, de la volonté pour les femmes comme pour les hommes. La fin du patriarcat, ce n'est pas Paris Plages.

4.
Le triomphe des archipels individuels

La génération *Peace and Love* prend sa retraite, de tous côtés montent des logiques de tribus, microtribus ou macrotribus qui remplacent les appartenances de classe de la période industrielle. Le rejet radical des sociétés capitalistes est derrière nous, le socialisme réel a fini en tragédie. Marx a été dévoré par Max Stirner. L'illibéralisme se renforce partout, nouvel opium du peuple au service des plus aisés, des réacs, rêve à nouveau de sociétés homogènes, clôturées, enracinées dans un passé souvent réinventé, nationaliste, machiste, religieux ou révolutionnaire. Illibéralisme d'extrême droite ou néobolchevique. Marche arrière toute : avortement, retraite à 60 ans, couleur de peau… Où est passé le rêve universel ? Le dépassement des assignations aux origines, la passion des hybridités ? Mais où est passée, aussi, la capacité du politique à ouvrir des chemins aux plus fragiles, aux « gens de peu », comme disait Pierre Sansot[1], et à leur promettre avenir et espérance, pour eux et leurs enfants ?

Il faut donc essayer de comprendre les évolutions de la sphère politique en regard des évolutions de la société – autonomie des citoyens, mobilité, vies discontinues, reconstitution de tribu identitaire –, et ce en face-à-face, pourrait-on dire, avec les bouleversements considérables qu'induisent le numérique – changements continus, à chaque fois imprévisibles – et le tsunami climatique qui se dresse devant nous telle une vague en forme de muraille déferlante et effrayante qui paraît infranchissable. Les humains qui faisaient l'histoire par leurs croyances et leurs inventions sont devenus les sujets d'une histoire dont ils sont responsables, mais bien involontairement. Ils ont bousculé le feu sacré

1. Pierre Sansot, *Les gens de peu*, 1992, *op. cit.*

du climat, lié des milliards d'humains entre eux par Internet sans en maîtriser les réseaux. Hier, les croyances, qui touchaient autant de gens, étaient administrées par des prêtres, des philosophes, puis par des instituteurs et des héros républicains. Qui maîtrise la Toile ? Qui est légitime à la réguler, à dire le bien et le mal ? Le « vrai » ? Et qui peut décider de ralentir le réchauffement du climat, que les humains ont libéré de ces cadres régulateurs naturels ? L'humanité a induit un grand réchauffement dont nul ne connaît les limites et qui peut nous faire disparaître comme ont disparu les dinosaures.

La question n'est pas seulement de nous adapter à une transformation de notre Terre, elle est de porter la culpabilité de cette dégradation et de vivre, en même temps, son extraordinaire rapidité. On parle ici en années, là où les évolutions précédentes, sauf les cataclysmes, se développaient sur des siècles, voire des milliers d'années. Comme le serveur dont le plateau vacille et qui court pour le rattraper avant qu'il ne touche le sol, l'humanité tente de modifier sa trajectoire avant les cataclysmes annoncés – qui sont, en fait, largement déjà là. Qui, aujourd'hui, fait l'histoire ? L'homme n'est-il plus qu'en position de défense face à un monde qui lui échappe ? D'où un désir de tout freiner chez certains – ils parlent de décroissance – pour retrouver un équilibre entre l'humanité et la nature. Est-ce possible quand nous sommes huit milliards d'humains ? Et, surtout, peut-on brider l'immense créativité humaine, cette folie à créer, innover et construire, planter, faire reculer la mort par l'action et le projet ? Une espèce qui se sait mortelle peut-elle vivre au ralenti ? Ne lui faut-il pas plutôt engager une course de vitesse avec le réchauffement climatique, essayer de faire de l'univers numérique l'arme de ce combat ?

Historiquement, on se sentait appartenir à une classe sociale et à un clan politique. Même si vous trouviez votre leader incapable, vous ne le disiez pas et vous critiquiez le leader adverse. Actuellement, on a des partis de supporteurs, l'adhésion des électeurs est éphémère. On vote pour quelqu'un, deux ans après on veut changer. On vit dans une radicalité postpandémie qui n'est pas forcément une expression de colère. La colère sociale était plus forte au moment des Gilets jaunes. Aujourd'hui, les gens ont besoin de solutions immédiates et rapides. Parce qu'ils vivent l'inflation, la guerre en Ukraine. D'un autre côté, on est une majorité à avoir compris, avec la pandémie, que le réchauffement climatique allait menacer l'avenir de l'humanité. Donc, on aimerait bien que les politiques nous dirigent plutôt que de discuter. La majorité des Français aimeraient un régime plus fort, avec un « vrai chef pour remettre de l'ordre ». C'est paradoxal, car les gens veulent aussi plus de débats ! Il faudrait un chef qui soit d'accord avec chacun d'entre eux. C'est pour cela que la France a choisi de faire une effraction dans le modèle majoritaire français en imposant une Assemblée à la proportionnelle. Mais la vraie proportionnelle suppose que les partis se disent : « Avec qui vais-je cogérer ? » Or les forces en présence ont été élues dans une logique d'affrontement.

Nos démocraties sont en grand danger, car la société numérique post-classes sociales n'est pas une société naturellement démocratique. C'est une société « du refus ». En soi, ce n'est pas négatif. Mais après, que fait-on ? Trump a été élu grâce aux réseaux évangélistes. De justesse. Il a été battu ensuite, mais il avait entre-temps gagné des voix. Au Brésil, Bolsonaro a gagné 1,8 million de voix lors de sa défaite par rapport à sa première élection. Pourquoi ? Parce que les systèmes numériques renforcent ceux qui injurient et parlent fort dans les médias. Pourquoi Sandrine Rousseau est-elle tout le temps dans les médias ? Parce qu'elle est extrêmement agressive. Le numérique l'adore pour ses petites phrases. Sa cote finit par monter, comme une mayonnaise.

En Italie, on dit que Mme Meloni a gagné, mais elle n'a eu que 26 % des votes exprimés. On est dans des paysages politiques éclatés de sociétés morcelées, de sociétés en archipel[1]. C'est le problème du président Macron. Il ne pèse, lui aussi, que 25 à 26 % et ne peut rien sans alliés. Cette transformation des sociétés appelle un modèle proportionnel. C'est, en France, une urgence absolue. Ce qui faisait le fondement de notre société – le vote, le mariage, le CDI – est de moins en moins structurant, car nous voulons sans cesse pouvoir changer de travail, de région, de divertissement, de partenaire, de vote ou de non-vote. La nouvelle société, pour l'instant, n'a pas de structure. L'heure est à la montée des grands leaders populistes autoritaires. Il y a un populisme soit nationaliste, soit religieux – les deux souvent associés, d'ailleurs. Trump ou Bolsonaro, sans les évangélistes, n'auraient pas été élus. C'est l'association du religieux et des politiques qui fait ces leaders populistes. Que ce populisme l'emporte en France, c'est la chose la plus vraisemblable. Sauf à espérer qu'on construise un modèle plus proportionnel, une société plus capable de négocier. Mais peu sûr qu'on y arrive. Il est très possible qu'on connaisse une période autoritaire après le mandat du président Macron. Disons que c'est le plus probable. Mais, comme toujours, ce qui est probable n'est pas certain.

1. Jean Viard, *La société d'archipel*, 1994, *op. cit.* Repris p. 143 du présent ouvrage.

« Heureusement » (si on ose l'écrire), la guerre en Ukraine consolide l'Union européenne. La pandémie nous avait renforcés déjà, l'Union avait été capable de garantir plus de cinq cents milliards d'euros vers les États membres. On s'était sentis soutenus par l'Europe. Comme on se sent protégés par l'Europe face à la Russie. On peut, certes, recevoir une bombe atomique ! Mais le plus plausible, c'est que l'Union s'affermisse pour aller vers une Europe puissante, une Europe écologique et démocratique qui devienne attractive pour les cerveaux rares de la planète. On peut s'en sortir par là. Sinon, elle risque d'éclater en régimes autoritaires qui, très vite, s'affronteraient.

Je travaillais à l'écriture de ce livre pendant la campagne présidentielle de 2022. J'y ai entendu des arguments envoyés à la matraque, une guerre de six cents sondages et d'infinis micros-trottoirs, des journalistes surfant sur le buzz de candidats successifs. Peu, en vérité, de débats de fond pour trouver des solutions pour l'école, la santé, les retraites, la sécurité, la dette, la guerre. Pas de grands échanges sur les moyens d'une égalité femme-homme réelle, et surtout peu sur la lutte contre le réchauffement climatique, sur la généralisation d'une économie circulaire, la révolution verte de l'agriculture, la défense de la laïcité et de la République. Des positions des uns et des autres, certes, radicales souvent, mais les liens entre diagnostics affirmés et solutions proposées ? Les corrélations entre propositions et financements, délais ? Des analyses des conséquences de la Grande Pandémie sur nos vies, nos désirs, notre moral ?

Quand on ne commentait pas les sondages, on se lamentait sur l'abstention, passée ou future. Remise en cause de la démocratie, disait-on. Problème avec la jeunesse. A-t-on comparé avec nos voisins, avec les autres démocraties ? A-t-on interrogé les modes de socialisation de la jeunesse et les outils concrets du vote ? A-t-on cherché des solutions dans « leur » monde numérique pour faire évoluer l'acte citoyen du vote ? Bureau de vote numérique ? Vote par internet ? Vote sur leurs lieux de rencontre ? Vote sur trois jours, comme en Hollande ? Vote par correspondance des plus de 70 ans ? Ce fut pourtant efficace aux Pays-Bas. À savoir parler de tout, on construit une pensée moyenne, terne, sans aspérité ni utopie. Alors que nous avons besoin d'une nouvelle vision, celle de la victoire sur le réchauffement climatique et de l'espérance de plus de justice grâce à la maîtrise du climat.

Concomitamment, jamais nous n'avons été autant liés par l'école, la télévision, le numérique, les voyages, les objets de marque et les pratiques sociales les plus diverses. Chaque jour, plusieurs millions de Français sont devant leurs postes pour regarder *C dans l'air* ou *C à vous*, *C ce soir*, *C politique* ou le journal d'Arte. Que sont loin les réunions d'éducation populaire où mon père m'emmenait dans les salles des fêtes du quartier de l'Estaque ou à Saint-Henri, à Marseille, pour, devant un public souvent encore en tenue de travail, parler de l'*Iliade* et de l'*Odyssée* ou de la pensée romantique ! Ou pour dénoncer la torture en Algérie. Cela étant d'ailleurs surtout le sujet de l'abbé Combaluzier à la messe du dimanche à Vaugines – messe de 9 heures.

Nous n'avons peut-être ni la même religion ni la même couleur de peau, mais nous avons les mêmes baskets, les mêmes marques chères à Raphaël LLorca, les mêmes idoles (enfin, chacun son club de foot, quand même !). Après l'évacuation des migrants de Calais, nous avons reçu une cinquantaine de jeunes Érythréens à côté de notre village. Les gens amenèrent gentiment les vieilles affaires gardées pour « on ne sait jamais », mais ces jeunes du fin fond de l'Afrique voulaient des baskets de marque, plutôt rouge, et des portables ! Cela pour dire que ce qui nous rapproche, aussi bien dans le temps que dans l'espace, est bien plus puissant que ce qui nous sépare, même si je connais aussi les réseaux complotistes, l'islam politique, les cultures du mensonge, la violence de Twitter et les paradis artificiels des drogues ou des super-riches.

Surtout, il faut tenir compte que nous avons perdu le pouvoir sur le temps. Le temps du réchauffement climatique ne sera pas celui du politique, des élections et des programmes – du moins en société démocratique. L'urgence climatique et la durée prévisible des actions nécessaires sont-elles compatibles avec le modèle démocratique et ne vont-elles pas plutôt privilégier des régimes autoritaires ? Sans doute va-t-il falloir favoriser une démocratie locale réorganisée et trouver des voies d'une simplification du pouvoir national et européen. Ce, de manière urgente.

François Dubet écrit :

> Notre conception des inégalités en termes de classes sociales, d'opposition entre syndicats et patrons qui structuraient la vie politique avec une droite et avec une gauche s'est petit à petit transformée. Les inégalités sont désormais perçues comme des épreuves individuelles. Elles sont devenues des inégalités d'accès. Là où je vis il n'y pas d'hôpital, d'établissement scolaire […] Les inégalités se vivent davantage en termes de discrimination que d'exploitation sociale […] jusqu'aux années 1980, […] les inégalités de classe structuraient les conflits, la vie politique, les identités collectives, les principes de la solidarité.

> Aujourd'hui, on se sent discriminé en tant que rural, pauvre, blanc, femme, immigré… la liste est infinie[1].

Il poursuit :

> Avant, [l'adversaire,] c'était le patron ; aujourd'hui, c'est « le système », « l'Europe », « le mépris du président », « les médias qui disent n'importent quoi ». […] Nous sommes grosso modo dans une société de reproduction. En revanche, le sentiment de déclassement est extrêmement fort. […] Dans les Trente Glorieuses, il suffisait de faire un peu plus d'études qu'eux [ses parents] pour obtenir une position sociale supérieure. Aujourd'hui, même si vous en faites beaucoup plus, ce n'est plus forcément le cas. Vous avez alors un sentiment de déclassement généralisé même s'il n'y a pas de déclassement réel. […] Le commun devient l'identité, il n'est plus la classe sociale. On se pense de plus en plus en termes culturels, en tant que « gens de la campagne », « vrais Français », « immigrés » […].

On vit donc les inégalités, le sentiment d'exclusion, de manière individuelle, et c'est pourquoi tant de gens sont perdus, comme égarés : auparavant on se rassemblait face aux mêmes inégalités. On pouvait être pauvres, mais, ensemble, on participait à de grandes manifestations, on passait au local du syndicat, du parti communiste ou à l'église. C'était une société où le langage du territoire, ses monuments et ses noms de rue, les marqueurs du temps, 1936, 1945, 1968, 1981, nous inscrivaient dans une communauté de destin. Les difficultés de l'individu n'étaient pas les mêmes et relevaient du prêtre ou du psy. L'espace du quartier était tenu par la robustesse des liens sociaux et des combats partagés. On disait « un quartier ouvrier » et les enfants pouvaient jouer sous le contrôle du groupe comme dans un village ou une tribu africaine. Aujourd'hui, les souffrances étant individuelles, l'espace public s'est vidé et on est lié par l'écran numérique dans le domicile. Le dehors est maintenant dedans et le dehors est livré aux dealers ou aux touristes, suivant les lieux.

L'effacement des communautés de croyants et des classes sociales laisse donc chacun de ces individus libres en responsabilité de son propre destin et en devoir de trouver un responsable dans sa propre histoire. Hier, le destin de « notre » classe sociale nous rassemblait dans nos ressentiments ; aujourd'hui, les inégalités sont vécues dans des histoires individuelles. Autrement dit, les souffrances et les colères ne sont plus rassemblées dans

---

1. Aude Carasco, « François Dubet, "L'idée de contrat social s'est complètement délitée" », *La Croix*, 19 juin 2024.

des communautés de destin, vers le paradis ou la révolution, mais elles sont captées et maximisées contre « les coupables » : élites, étrangers, musulmans, juifs, hommes…, selon les cas.

Paradoxalement, les entreprises et les syndicats sont devenus des lieux de rapprochement et de confiance, du fait de l'éloignement de la lecture en termes de classes sociales antagonistes – et des résultats très positifs en Europe des conflits sociaux du xxe siècle. Quatre-vingt-dix pour cent des accords d'entreprise sont alors signés par tous les syndicats, et la confiance dans les entreprises, par exemple pour mener la bataille du climat, est très, très supérieure à la confiance dans les politiques. Osera-t-on annoncer la fin de la lutte entre capital et travail dans l'entreprise privée, mais, par contre, la montée des tensions dans les entreprises publiques et parapubliques, dans des services publics qui sont, à l'inverse, le cœur des conflits sociaux – pensons à la SNCF, aux aiguilleurs du ciel, aux mondes hospitaliers ou éducatifs… ? Comme si ces secteurs, où la hausse de prélèvements obligatoires a permis de gérer les tensions depuis des décennies, se trouvaient en limite de renouvellement. Là, les agents protégés par leur statut sont souvent mal payés, notamment parce que le statut empêche une gestion réelle du personnel modèle DRH et des politiques de productivité, et donc des transformations du travail par la révolution numérique à la même vitesse que dans l'économie privée. Ce à un moment où les prélèvements obligatoires dans de nombreux pays semblent avoir atteint leurs limites supportables. En conséquence, les citoyens ont le sentiment de payer trop d'impôts pour des services publics fonctionnant mal. Les agents publics, eux, vivent ces dysfonctionnements de leur outil de travail comme une critique personnelle, ce qui les dévalorise, y compris dans leur entourage. D'où d'énormes difficultés de recrutement. On pourrait réfléchir à des liens entre cette position inconfortable et des votes de plus en plus radicaux dans cet électorat.

On a poussé nos sociétés vers la réussite, vers la Start-up Nation, vers les gens qui gagnent, qui réussissent dans les affaires, le foot, les médias, le cinéma. Certes, il faut valoriser les grands artistes, les grands industriels, les grands chercheurs, mais la plupart des gens ont envie d'une société robuste : une salle des fêtes pour leurs anniversaires, une école où l'association de parents d'élèves est un lieu amical, un médecin disponible, une gendarmerie. Ils ont envie de cette proximité. Les grands succès, ce n'est pas leur souci, ils peuvent même vivre cette glorification du succès comme une mise à distance qui les renvoie dans l'obscurité. Les grands succès, c'est pour la presse qu'on lit chez le coiffeur. En France, on a créé 2 millions d'emplois en sept ans. Oui, mais les autres ? Ils n'ont pas de mouvement, ils n'ont pas de récit, ils se sentent stagner. Ils n'ont pas de projet et ils se sentent de plus en plus éloignés de la lumière. Les inégalités en sont accrues, accentuées par la situation du double proche où nous projette l'écart entre notre réel proche et le proche numérique. Chacun, alors, voudrait recevoir plus. Plus de quoi ? D'amour, d'attention, de santé, d'argent… Désir sans fin qui déstructure nos sociétés devant un insondable de l'insatisfaction où se glissent les populismes. Hier, les églises proposaient la solution du paradis et de l'éternité dans l'au-delà céleste, puis les révolutionnaires ont ouvert à un paradis des travailleurs dans l'ici-bas terrestre. Aujourd'hui, les populistes présentent la joie dans le rejet des gagnants et des « différents », en lieu et place de la bataille pour apprendre, progresser, innover, produire, créer… La joie par l'aliénation totalitaire plutôt que par le travail, l'effort, l'amour.

Pourtant, nous avons arrêté nos vies en 2020, non pour protéger nos enfants, non pour protéger la richesse, non pour protéger le travail, non pour protéger la démocratie, mais pour protéger les plus anciens et les plus fragiles. D'un point de vue humaniste, c'est un événement absolument considérable.

Il faut maintenant penser la question des personnes âgées après la Grande Pandémie. Celle-ci a permis de voir leur utilité sociale du fait même de leur retrait par sécurité : leur utilité familiale, leur utilité dans la solidarité, dans la démocratie. À cause du virus, les retraités s'étant retirés, il a fallu aller chercher des étudiants et des jeunes pour assurer les maraudes à leur place. On a vu aussi que la majorité des élus locaux et des responsables d'associations qui furent si utiles durant la pandémie étaient des retraités. On peut dire que, dans nos sociétés, la retraite est l'âge démocratique au niveau local. Beaucoup des dix millions de Français qui donnent du temps bénévolement sont des retraités. Ceux qui votent aussi.

Ce rôle social essentiel, les retraités le jouent également au niveau familial. Même si on a créé des crèches pour les très jeunes et des maisons de retraite pour les très anciens, le rôle des grands-parents est décisif dans les années qui suivent leur arrêt du travail salarié. De même que celui des jeunes retraités vis-à-vis des plus anciens. On est dans une société de discontinuité des liens privés, professionnels, politiques, et cette discontinuité est une liberté, mais cela nécessite que se mettent en place des systèmes de rattrapage pour ceux qui en sont fragilisés. Notamment les femmes seules avec enfants, parce que c'est le cœur de la pauvreté française, et les personnes du grand âge, qui veulent massivement rester à domicile. Tout cela, nous l'avons vu durant la pandémie par les problèmes causés par l'arrêt des mobilités et la peur des contaminations. Par contre, pendant la pandémie, le rôle des réseaux sociaux numériques dans les familles s'est renforcé. Ils ont joué un rôle considérable dans la diffusion des consignes qui ont été données, pour lutter contre l'isolement des personnes âgées et des jeunes.

Avions-nous assez pris conscience, avant la pandémie, du rôle des anciens dans le fonctionnement démocratique et la solidarité ? On parle sans cesse des problèmes de l'âge du départ à la retraite, comme si l'utilité sociale disparaissait avec la prise de sa « pension ». Comme si les retraités étaient le nouveau mammouth des charges publiques. La pandémie nous a montré leur rôle essentiel dans les liens sociaux. La famille est une géographie, la famille est un territoire, et la pandémie a renforcé la demande du proche. Il me semble que c'est à partir de là qu'il faut réfléchir, ce qui renvoie d'ailleurs au désir des anciens de vieillir chez eux et au fait que les Ehpad ne sont plus des maisons de retraite, mais des maisons de fin de vie. On devrait pouvoir définir un droit à la proximité familiale aussi bien dans la nomination des fonctionnaires que dans l'attribution des logements sociaux. Au-delà, la mise à l'écart des anciens est-elle un projet humaniste de société ? Après la Grande Pandémie, la question va se reposer. Il va falloir construire une société avec les anciens. Comme, après la guerre, on a construit une société en faisant une place progressive à la jeunesse. Oui, les vieux ont une place à trouver dans un monde qui évolue tellement vite du point de vue de la technologie et des grands enjeux. Mais il ne faut pas croire que les anciens sont toujours archaïques. Ils passent un temps important à s'informer, à écouter la télévision et la radio, à lire, à voyager. Les anciens pensent pour leurs petits-enfants et leurs arrière-petits-enfants avec l'expérience que procure une vie longue. Les jeunes qui croient qu'ils sont les seuls à penser le monde sont dangereux. La bataille climatique sera celle d'une solidarité nouvelle, pas celle d'un affrontement des générations, des genres, des origines, des religions ou des couleurs de peau.

Certes, souvent, on ne pense pas les objets techniques pour des gens d'une autre génération. C'est l'une des causes de l'avance du Japon, société de personnes âgées, dans l'invention des robots domestiques. Nous devons dire que les gens âgés ont une forme de sagesse, qu'ils sont des témoins, des témoins de la dernière guerre, des témoins de situations différentes, qu'ils sont des transmetteurs de culture, et il y a là un vrai enjeu de valorisation des diversités. Le président de la République aurait pu faire un cercle de conseil de centenaires pour réfléchir au monde de demain : ce serait passionnant de voir ce que des gens qui ont vécu un siècle se représentent du monde à venir.

Il va falloir reconstruire l'idée que les anciens ont une dimension de sage, de gardien de la mémoire. Bâtir l'âge vieux comme un âge démocratique, comme un âge social des solidarités, est un enjeu important. La retraite ne doit plus être vue comme un couperet, ni pour le travail, ni pour l'utilité démocratique et familiale. Ni pour l'amour.

La pandémie a montré l'importance que nous attachons à nos anciens, et nous a rappelé qu'ils sont utiles, et pas simplement coûteux. Elle a reposé la question de la vieillesse. C'est un groupe qui tient la société, qui tient les liens familiaux, c'est un groupe qui assume la solidarité, dans un contexte où les ménages des jeunes sont très discontinus, sans parler même du fait qu'un mariage sur deux à Paris se défait avant cinq ans. Les anciens sont le lien continu d'une société discontinue. Leur rôle dans la bataille climatique va être essentiel, car génération cœur du modèle démocratique, ils vont devoir porter la conviction climatique, et ce au nom de leurs descendants, comme nous avons porté le combat pandémique au nom de nos ascendants. L'erreur dramatique souvent faite par certains écologistes est de penser que l'approche de la fin de leur vie rend les personnes âgées indifférentes aux effondrements de la nature. Alors même que la lutte pandémique nous a montré que les valeurs humanistes sont plus fortes que les intérêts directs, notamment économiques. Nous avons arrêté le monde pour sauver les anciens, comme les anciens vont s'investir pour sauver l'écosystème Terre – appelons cela le paradis. Aussi nous devons mettre les anciens au centre de la bataille pour la nouvelle civilisation écologique car ils détiennent de nombreuses clés pour faire advenir les solutions, y compris un immense savoir du passé et la majorité du pouvoir économique.

5.
Le triomphe culturel de la civilisation d'une vie à soi

François de Singly écrivait, à propos de la Révolution française :

> La Révolution française a déboulonné les statues du roi et de Dieu pour célébrer le culte suprême d'une nouvelle idole, l'individu. Sans Dieu ni maître, les hommes ont pu commencer à faire leur histoire. En conséquence, ils se sont tournés vers l'avenir et le progrès qu'ils devaient bâtir, portés à oublier les leçons du passé, synonyme d'oppression, de coutume, de répétition[1].

Aujourd'hui, il nous revient de quitter le dieu Progrès comme nos anciens ont quitté le dieu de l'au-delà. Non en le détruisant, mais en le décentrant comme moteur de l'ordre collectif et de sa légitimité. L'homme – comme individu et comme humanité – va devenir le seul projet de l'homme, ce qui est à la fois libérateur et terrifiant. Libre à lui de garder ou non une religion, libre à lui de continuer à investir, ici et là, dans des progrès toujours possibles et importants. Le progrès fut la valeur mythique qui favorisa peu à peu le renversement de l'ordre religieux. Valeur du lendemain pour les damnés de la terre, valeur d'une religion laïcisée qui espérait dans l'ici-bas ce que le monde chrétien postulait pour l'au-delà, le progrès nous a sans conteste guidés vers un futur de l'ici-bas enchanteur, pour nous quitter irrémédiablement le jour où Gorbatchev arriva au pouvoir et annonça au monde l'avènement de la perestroïka. Depuis, l'idée de progrès est intellectuellement morte comme sens central du fait social ; le mot lui-même fait horreur à la moitié de l'Europe, de l'Atlantique à l'Oural, à la hauteur des espérances et des joies qu'il a portées, parce qu'il a perdu son sens et rempli son temps.

1. François de Singly, *Les uns avec les autres,* 2003, *op. cit.*

Il représente pourtant un mouvement d'ensemble qui nous a happés depuis le Quattrocento, ne cessant d'élargir nos perspectives spatiales et scientifiques. Le compte d'un temps tourné vers le futur s'était ouvert à l'aune de la durée de la traversée de ce qui n'était pas encore l'Atlantique. L'Occident est, depuis, entraîné dans une course fantastique, grandiose et terrible, qui lui a permis de soumettre l'espace planétaire et la nature. Les inventions du futur devaient sans fin compenser les problèmes du présent, car la créativité de l'homme était sans limites, l'utopie politique prolongeant dans le domaine social cette conviction scientifique.

Même quand on a marché sur la Lune, nous n'avons pas su voir que, sous l'apparence de la similitude, Armstrong était comme une antifigure de Christophe Colomb. Là où l'un avait ouvert discrètement le compte d'un espace-temps nouveau, l'autre nous renvoyait à notre radicale petitesse face à l'infini – et certainement pour longtemps. Intellectuellement, le cheminement est certes le même, mais l'imaginaire ne peut s'en saisir pareillement pour penser le monde et nous dedans... Ce jour-là, nous aurions dû comprendre que nous étions enfermés dans un espace borné, condamnés à y demeurer, sans projet collectif de nouvelle conquête, et ce peut-être à jamais. Il nous a fallu quelques petites décennies pour atteindre à cette conscience et accepter que l'épopée conquérante de l'Occident était achevée, de façon plus définitive qu'au moment où nous avions dû quitter « nos » colonies, achevée cette fois-ci au cœur de notre propre message, au cœur de notre désir collectif.

C'est donc le soubassement même de nos valeurs qui s'est transformé et nous avons à découvrir les voies du désir de ce monde qui nous contraint à la coresponsabilité planétaire. Dorénavant, notre destin tragique ne peut plus être évité, nous nous enfonçons dans la nuit de l'infini sans projet collectif, sauf celui, potentiellement fantastique, de vivre. Mais quelle œuvre immense que de construire un objectif d'être et non de devenir ! Quel difficile projet de civilisation également !

Les cultures du mouvement n'ont pas encore su quitter le monde obsolète des valeurs du progrès pour refondre les valeurs de l'humanisme ; face aux forces qui risquent de les broyer dans la remontée des territoires, elles n'ont pas su repenser les frontières, valoriser le local – et non chanter le natif –, penser, avec l'écrivain portugais Miguel Torga, que « l'universel, c'est le local moins les murs[1] ». Elles ont continué à vivre sur l'idée de l'arrachement à la

1. Miguel Torga, *Le local, c'est l'universel moins les murs*, conférence prononcée en 1954, Bordeaux, William Blake and Co, 1986.

glèbe qui a marqué leur naissance il y a deux siècles, sans penser l'arrachement au mythe du futur terrestre, qui est le « dernier opium du peuple ».

La chute du communisme comme les défaites des gauches idéologiques sont aussi des dépassements théoriques. En France, l'usure des hommes, l'oubli des « dix ans, ça suffit » de notre jeunesse, la captation de la *polis* par des énarques peu aptes au maniement du sens, le poids du chômage, le développement de la violence, tout cela est évidemment décisif pour que l'espérance de gauche se soit brisée trois fois en vingt ans à l'issue d'une seule législature. Mais la perte de sens y est, plus que tout, capitale. Dès l'avènement de l'extrême droite, et plus encore avec la montée de l'ethnocentrisme et des nationalismes en Europe, il apparaissait que seule une autre aventure pouvait s'opposer à celles-ci, une aventure non répétitive de celles plus ou moins liées au mythe révolutionnaire, l'aventure de la citoyenneté dans la maison commune aujourd'hui planétaire, avec ses différents paliers protecteurs des stocks culturels et naturels accumulés ; mais avec la conscience que l'universel est partout dans le local et le particulier, et que le maintenir est l'enjeu du présent.

La défaite de ces valeurs, si elle est théorique, n'est pas pour autant, nous l'avons dit dès l'introduction, une victoire de leurs anciens adversaires : rebâtir le lien social dans un projet éthique, local et planétaire à la fois, est l'objectif de qui veut recréer du politique. Ce n'est l'apanage *a priori* d'aucun camp, même si à terme l'ancien clivage entre droite et gauche – au niveau culturel comme au niveau politique – doit trouver à s'y refonder, car les sociétés se jouent toujours des nécessités de l'ordre et du désordre, de l'être et de l'avoir ; hier pour rêver à transformer le monde, aujourd'hui pour apprendre à l'habiter.

Quand l'ici-bas, ou le présent, ne puise plus dans un imaginaire du futur, ce n'est pas pour autant que la vie n'a plus de sens. Cela pose simplement que le sens de la vie de chacun ne découle plus d'abord d'une inscription dans le mouvement collectif, mais en soi, dans cette vie unique même. Max Stirner avait déjà exploré cette idée au siècle dernier[1]. Idée qui n'est pas sans rapport avec celle des droits de l'homme et du droit d'ingérence humanitaire en ce qu'elle exprime une force de chaque sujet sur toute forme d'organisation. C'est également l'idée que l'on retrouve en filigrane dans l'œuvre majeure de l'écrivain chinois Gao Xingjian, prix Nobel de littérature[2].

1. Max Stirner, *L'unique et sa propriété*, 1977, *op. cit.*
2. Gao Xingjian, *La montagne de l'âme*, La Tour-d'Aigues, l'Aube, 1998.

Au fond, le rêve des Lumières d'un homme libre et responsable de son destin, d'un citoyen formé et informé, est en train de se réaliser, du moins dans les pays occidentaux. Nous ne sommes plus pris dans les rets de nos communautés, de nos origines, de nos destins prétracés, de nos constructions de l'au-delà. Nous accédons au statut d'électrons libres, dotés pour la plupart d'entre nous (même si nous ne nous en servons pas) de moyens de communiquer avec la terre entière et d'y être mobiles. Cette liberté extraordinaire du sujet est au cœur de nos sociétés occidentales, du bonheur d'y vivre, mais aussi de la difficulté à s'y localiser. Vue sous l'angle politique, elle est au cœur de la crise du lien social, de la citoyenneté et de la solidarité.

Le contrecoup de cet avènement est un risque extraordinaire de solitude et l'invisibilité sociale de tous ceux qui ne fonctionnent pas dans ce nouveau cadre. Mais ce n'est pas pour cela qu'il faut dénoncer la montée de l'individuation, comme si nous ne l'avions pas voulue et espérée ! Nous avons à penser le lien social dans cette société atomisée, comme avant-hier on l'a cherché avec la religion, hier avec la Révolution.

Ajoutons, avec Gilles Lipovetsky, que « les pensées et les opinions elles-mêmes sont emportées dans le processus d'autonomisation individualiste : les croyances communes s'effritent, les dogmes s'éclipsent, ouvrant au libre-service généralisé des opinions ». Il y a là, au niveau de l'individu, un fantastique espace de liberté et un recul du poids des valeurs constituées. La longue complainte de leurs fondateurs, Églises, États et institutions, ne doit pas cacher le sens profond du mouvement. Aussi conclut-il :

> Quelles que soient les inquiétudes que peut faire naître le néo-individualisme, il a eu le mérite [...] de nous réconcilier avec les institutions et l'économie libérale, de rendre possible le dépassement des frontières nationales, de relever les défis d'une démocratie élargie et d'une responsabilité collective de l'avenir de notre planète[1].

Mais cet individualisme positif doit bien être perçu comme le moment d'une aventure collective qui change de nature et d'échelle, comme le fruit de politiques d'éducation et de procès de travail inscrits dans une nouvelle perspective générale qui a perdu son but collectif de maîtrise du monde. Ou encore, la limitation peut être dite comme passant du niveau individuel au collectif, avec la difficulté croissante de s'engager dans sa propre vie, tant la latitude individuelle est grande et, par conséquent, risquée, alors que la collectivité doit, elle, apprendre la limitation.

1. Gilles Lipovetsky, « Espace privé, espace public... », 1991, *article cité*.

Le triomphe culturel de la société des loisirs

La Grande Pandémie nous a aussi montré que si on cesse de sortir pour le plaisir, de dîner dehors, de voyager, de prendre des vacances, alors la ville est vide, la culture, somnolente, l'amour, prévisible, la citoyenneté, absente. Car toutes ces pratiques sociales, inventées en deux siècles, sont devenues comme la double peau du monde. Des sociétés peu à peu urbanisées et industrialisées ont quitté les rythmes agraires des temps et des lieux pour inventer un nouvel espace-temps, celui des voyages et des vacances, des loisirs urbains et des rencontres multiples. En chemin, ce nouvel ordre du vivre a incorporé les anciennes fêtes, processions et pèlerinages. Il y a aujourd'hui plus de monde sur une plage ou à un festival que dans les églises ou à Billancourt. Les grands rassemblements de nos sociétés, en Chine comme en France ou ailleurs, ont lieu dorénavant sur des autoroutes éternellement saturées quand Bison futé pointe le nez.

Cette nouvelle civilisation du lien, ce double d'une planète salariale, n'a jamais été un projet en soi. Le projet était la production, l'éducation, le progrès, la puissance. Seulement, les anciennes élites aristocratiques, peu douées pour le travail, ont continué à *faire cour* après la mort du roi, les nouvelles élites cultivées ont voulu voir les lieux magiques de leurs livres d'histoire et les peuples ont voulu diminuer la pression du travail et de l'exploitation. C'est ainsi que peu à peu on a inventé les plaisirs de la mer et de la neige, l'amour de la campagne et les voyages en ville, les festivals et les parcs de loisirs. La ville elle-même s'est transformée en immense centre de loisirs où habitants et voyageurs se sont mis à voisiner, à aller au Louvre ou à Paris Plages, dans les brasseries, les théâtres, les cinémas, les kebabs et les McDo. Alors, les adultes sont devenus de grands enfants équipés de jouets multiples : jardins, voitures, motos, vélos, écrans plats, résidences secondaires (quatre millions)

Nos vies privées ont aussi été révolutionnées. Cela avait commencé avant la pandémie, des vies plus longues de vingt ans en une seule génération, un âge jeune qui dure presque une décennie[1]. La France, pays très conservateur en matière de mœurs, avait quand même fini par inventer le Pacs, le mariage pour tous, la PMA. Mais après combien de défilés et de reculs ? Ces changements ont encore été stimulés avec le million de séparations liés à la crise du covid, et le débat sur la fin de vie relancé par la mort tragique de tant de personnes âgées. L'accélération des évolutions intimes va

1. Jean Viard, *Un nouvel âge jeune ?*, La Tour-d'Aigues, l'Aube, 2019.

parallèlement hâter les évolutions sociétales, car nous ne vivons qu'une seule norme culturelle à la fois. Or ces gains de libre choix, cette discontinuité des vies plus longues, ce retrait des règles institutionnelles, ne se retrouvent pas dans les règles civiques et professionnelles. Il y a toujours des emplois à vie, une incompréhension devant des zappeurs électoraux, des pensions de réversion réservées aux couples mariés. Il va falloir unifier les modes de vie que nous modifions sous nos couettes et ceux qui stagnent dans l'espace public et professionnel. Le taux d'abstention électorale est souvent du même ordre que celui des enfants nés hors mariage : rapprochement douteux ou signal d'une même distance face aux institutions ?

Cette nouvelle civilisation du lien est devenue le moteur même du fait social et de la production des choses. Les régions touristiques se peuplèrent alors plus vite que les autres, on passa de 60 millions de touristes internationaux en 1968 à 1,5 milliard en 2019. Le poids économique du secteur (difficile à mesurer) est estimé à 8 % du PIB français. Beaucoup plus dans certains pays du Sud à l'économie fragile. La France est le seul pays au monde, avec la Thaïlande, à accueillir plus de visiteurs qu'il ne compte d'habitants, 60 % des Français au moins et 90 % des enfants partant eux-mêmes en vacances – souvent en France. Parallèlement, la part du temps consacrée directement au travail dans une vie éveillée est passée de 70 % sous Napoléon à moins de 30 % aujourd'hui. Soixante-huit mille heures de travail sur une vie entière de 700 000 heures pour avoir droit à la retraite. Et rappelons-nous que si on groupe tourisme et culture, on est, de loin, devant le premier secteur économique du pays. Les deux sont devenus inséparables. C'est notre nouvelle religion. Là est le cœur du lien aujourd'hui entre les humains, le cœur des économies, le cœur, aussi, de la guerre climatique à mener.

Mais ce court labeur, et sa créativité nécessaire, va dorénavant se faire dans une société où la « grande vacance » due au confinement a bouleversé la hiérarchie de nos valeurs et achevé de faire triompher la société des loisirs et du temps pour soi. Il n'est pas question de la fin du travail, il est question de ce qui structure les faits sociaux et hiérarchise nos temps et nos territoires. La société des loisirs, des études longues, des voyages, de la culture et de l'urbanité triomphante, y compris hors des murs de la cité, a pris le pas sur la société du travail où l'ordre de l'usine puis du bureau était devenu l'ordre social même. Après les sociétés agraires rythmées par les récits religieux, le temps de la production reine succombe sous celui de l'être roi. Quand le travail n'occupe plus directement que 10 % d'une vie, son hégémonie lentement s'effrite. Avec le grand confinement, les digues ont définitivement cédé et chacun se demande le sens de ses actions, de son travail, des relations de respect entre les humains autour de lui. L'art de vivre domine ainsi l'art de produire et le travail va devoir trouver sa place dans ce nouvel ordre. Bonne nouvelle au niveau individuel, cette révolution-là permet aussi des hausses de productivité, car elle mobilise plus l'intelligence et l'ardeur que la contrainte et la domination. La longue vacance forcée que cette pandémie nous a imposée est le moment où le travail a dû se glisser dans les cadres d'une société de non-travail. Nous y étions presque avant la Pandémie. Le confinement a mis en scène une société urbaine vide, car sans temps libre. Paradoxe étrange.

Tout a disparu avec la Grande Pandémie. Tout. Silence dans la ville, les gares et les aéroports. On a pu alors voir ce que serait une société sans tourisme ni loisirs. Sans rencontres, sorties, spectacles, week-ends et vacances. Les critiques du surtourisme se sont interrogés, les anti-voyage aérien ont refait leurs calculs. Chacun aussi a réfléchi, peut-être mieux compris la guerre climatique qui commence. Mais le travail industriel qui avait tant contribué à former nos codes sociaux modernes a perdu là sa dernière bataille culturelle. Nous avons achevé de changer d'uniforme.

Nous sommes donc dans la position mentale de ceux qui ont traversé les épreuves d'une grave maladie et qui, une fois guéris, se demandent ce qu'ils vont faire du reste de leur existence. Nous vivons une vague de bouleversements intimes et collectifs, une vague d'interrogations des individus sur le sens de leur vie, le sens de leurs désirs, et bien sûr le sens de leur activité professionnelle. Le télétravail vient alimenter cette vague, c'est la plus grande révolution contemporaine que le monde du travail ait connue depuis l'invention du travail à la chaîne, et il s'est imposé à nous sans qu'on puisse prendre le temps d'y réfléchir. D'autant plus que la France était très en retard sur le sujet, les patrons comme les syndicats n'y étant pas vraiment favorables. Avant la crise sanitaire, le télétravail ne concernait que 4 % des salariés en France contre presque 30 % aujourd'hui. Dans certains pays, on estime que 50 à 60 % des postes sont potentiellement adaptables au télétravail, même s'il ne s'agit que d'une journée par semaine.

C'est un nouveau marché de l'emploi qui se dessine, au sein duquel le télétravail, en qualifiant l'offre, devient un critère de choix pour les candidats ; un marché parallèle qui capte les compétences. Cette concurrence pourrait devenir préjudiciable pour l'administration publique, qui a longtemps été réticente sur le sujet. Le sens du travail et la qualité de vie, à savoir bénéficier de conditions qui permettent de préserver sa vie privée et de partager des moments privilégiés avec ses proches, sont deux exigences qui ont modifié le rapport à l'emploi des jeunes générations et sont en passe d'inverser le rapport de force entre les employeurs et les employés. Il faut y voir la recherche d'une société plus locale nourrie de livraisons culturelles, de services et de biens, de travail donc.

Faire en sorte que les gens continuent à se croiser est un des enjeux majeurs du télétravail. Faut-il fixer des jours où tout le monde est présent, sachant qu'il y aura toujours des absents le mercredi (jour des enfants), le vendredi et le lundi (jours des départs et des retours de week-end) ? Faut-il réduire le nombre de réunions et multiplier les moments conviviaux comme les repas d'entreprise ? Faut-il définir une semaine par mois de « vie commune » ? Pour remplacer « la machine à café », chaque entreprise doit inventer un nouveau modèle afin de créer du lien *intuitu personæ* à côté, ou en plus, du lien de travail.

Le rapport à la hiérarchie et le rôle du manager ont déjà évolué, d'une part pour s'adapter à ce nouveau rythme, mais aussi parce que la pandémie et le télétravail ont effacé les frontières et que diriger des salariés dont on connaît la vie privée n'est pas simple. Cette pénétration dans l'intimité, qui a démarré quand tout le monde prenait des nouvelles de tout le monde au moment de la circulation active du virus, a modifié le rapport à la hiérarchie au profit d'une relation d'une autre nature, d'humain à humain. Aujourd'hui, pour discuter avec un de ses salariés télétravailleurs, un patron a certainement intérêt à proposer une balade en forêt plutôt qu'un face-à-face dans son bureau, assis dans son fauteuil de dirigeant.

Autre bouleversement, qui fut immédiat, l'imposition du travail dans la vie d'une maison, lieu de tensions, d'amour, d'éducation et de conflits. Travailler chez soi nécessite de pouvoir cohabiter, de bénéficier d'un espace au calme et de savoir ériger des cloisons entre le temps professionnel et le temps familial. Pour les femmes, le télétravail à domicile comporte un risque, celui d'accentuer la prise en charge des tâches domestiques et l'organisation liée aux enfants, quitte à modifier leurs horaires de travail afin de tout combiner. Le danger est celui d'une surcharge mentale, mais aussi d'un recul sur le marché du travail, d'autant plus lorsque les familles décident d'aller vivre à Blois ou à Tours ; compte tenu des écarts de rémunération, ce sont plus souvent les femmes qui renoncent à leur emploi lorsque le couple décide de déménager. Par ailleurs, pour ceux qui habitent seuls, le télétravail peut être synonyme d'isolement et de souffrance liée à la solitude, quand le bureau leur permettait des interactions sociales quotidiennes.

Pour toutes ces raisons, il faut favoriser des tiers lieux, car le télétravail idéal, ce n'est pas à la maison, mais à côté de la maison. Il y en a 2600 en

France, visons 10000 en 2030. Le télétravail risque cependant d'accentuer les clivages de notre société, particulièrement envers le groupe des gens du *care* et du service, qui habitent souvent loin de leur lieu de travail et qui sont obligés de s'y rendre, à savoir les employés des hôpitaux, les chauffeurs, les livreurs, ou encore les caissières – des travailleurs peu rémunérés qui, pour beaucoup, ont fait partie des Gilets jaunes. La révolution du télétravail ne peut pas exclure tout un pan de la population qui est au service de la collectivité et sans qui la société ne peut pas fonctionner. Cette question de l'égalité de traitement est un vrai sujet. Une partie de la réponse se trouve dans le « droit à la proximité » et l'accès prioritaire au logement social pour la part de la population qui ne peut télétravailler ou qui n'habite pas à côté de son lieu d'emploi.

La société du double proche

Aujourd'hui, nous circulons sur la Toile, qui est devenue la deuxième peau du monde. Elle est partout. En 1968, nous n'avions que rarement le téléphone, s'installer à la campagne était une aventure. Désormais, on peut vivre loin d'une métropole et ne jamais être déconnecté des réseaux. Les smartphones ont tout changé, mais ces évolutions sont très récentes à l'échelle de l'histoire humaine puisque les liens numériques de masse n'ont pas quinze ans d'âge. La pandémie nous a tous plongés dans le bain du numérique. Nous savons tous, à présent, nous servir de Zoom ou de Skype. Nous avons fait des progrès techniques considérables, toutes générations confondues. Les sphères familiale et professionnelle ont été heurtées de plein fouet par le numérique pendant la crise. Il s'est créé une toile de santé privée qui était un véritable levier d'efficacité des politiques publiques : dans les familles, on s'incitait mutuellement à la prudence, au port du masque.

Sur cette Toile-monde, les *hubs* numériques sont les grandes métropoles. Il y en a deux cents sur la planète, dix en France, dont Paris/Île-de-France, qui est le premier lieu scientifique mondial. Ce sont des lieux qui articulent les pouvoirs – économique, politique, culturel – avec la Toile. Avec la pandémie, on a pris conscience que même s'il faut être un usager de ces *hubs*, on n'est pas obligé d'y habiter en permanence. Les technologies numériques ont montré aux salariés qu'avec le télétravail, ils n'étaient pas contraints à vivre en ville. Les territoires sont ainsi en profonde transformation d'usage et d'organisation autour des métropoles, lieux physiques et numériques où se croisent la densité des « cerveaux », la compétence, le pouvoir, l'argent, et qui ont restructuré l'économie planétaire. En France, les métropoles représentent 40 % de la population et 61 % du produit intérieur brut (PIB). À côté, 80 % du sol sont des terres arables et forestières, dont 53 % sont entretenues par les agriculteurs. Ces terres produiront l'essentiel d'une société écologique : énergie, nourriture, matières premières. Nous devrons repenser notre organisation démocratique autour de ces trois logiques, métropoles, terres arables et zones d'habitats intermédiaires. Nous sommes loin des communes et des cantons uniformes de la France du piéton et du cheval de 1789.

Après la Grande Pandémie, la société apparaît alors divisée en trois groupes sociogéographiques, loin de la vieille distinction « primaire, secondaire et tertiaire ». Très loin de l'idée de France périphérique. D'abord, la catégorie, émergente, des télétravailleurs, soit environ 30 % de la population. Des gens dont la productivité a augmenté et qui ne connaissent pas les heures supplémentaires. Soixante pour cent des télétravailleurs contraints de la pandémie cherchent à continuer à télétravailler au moins un ou deux jours par semaine, 20 % veulent retrouver l'ordre ancien et 20 % ne sont jamais revenus en entreprise. Comment structurer géographiquement cet ensemble ? Compte tenu de sa culture plutôt bobo-écologiste, ce groupe flottant qui tend à quitter les métropoles vers 30, 35 ans, se déplace en priorité « le long » des lignes de train, souvent les trains à grande vitesse. Pour ces travailleurs numériques, les métropoles sont en passe de devenir le « lieu secondaire » dans lequel il est nécessaire de garder « un pied », mais seulement un pied. On y conserve son travail et… son salaire ! C'est une France inversée de la France des résidences secondaires : mêmes régions patrimoniales, même usage de son nouveau lieu de résidence comme signe d'appartenance positif. On s'inscrit sur les listes électorales, on modifie la plaque d'immatriculation, on va au marché… et on se fait livrer par Amazon ou un de ses concurrents. On estime que deux à trois millions de Français se sont déplacés pendant la première phase de la pandémie, mais on ignore combien sont revenus en ville. Certains n'ont fait qu'inverser leur logement : ils ont transformé leur résidence secondaire en résidence principale. Mais des centaines de milliers continuent à migrer.

Car les télétravailleurs, appartenant plutôt aux classes moyennes et supérieures, ont aujourd'hui l'occasion de recréer « une vie du proche », de tisser des liens de proximité autour de l'école, du marché, de la salle de sport ou du tiers lieu. Ce local n'existe que parce qu'il est innervé, il repose sur la livraison – celles du travail à domicile, des biens culturels numérisés et des biens de consommation – et sur une présence dense de la nature vivante. Logiquement, alors, les métropoles vont contre-attaquer et se transformer en forêts urbaines, la nature va y reprendre vie, cesser d'être un décor pour être puits à carbone et à fraîcheur dans une ville du quart d'heure qui devient le nouveau rêve. La frontière urbain/rural devrait en partie s'estomper, la ville-jardin croisant la forêt urbaine pour remettre l'humain dans la nature en bordure des terres arables. Mais attention au fait que la ville du quart d'heure, le renforcement du local et du proche fassent couple avec toutes sortes de mobilités. Sinon, nous allons vers la ville de la ségrégation sociale et du repli communautaire.

Cependant, si ces télétravailleurs bobos cherchent à se rapprocher de la nature, ils veulent un minimum d'urbanité, autrement dit de services : un lycée, une librairie, un cinéma, des commerces. Ils se dirigent donc vers des villes petites ou moyennes, souvent situées à environ une heure de Paris ou des autres métropoles, et connectées par du haut débit. Ce phénomène de fond, qui n'a rien d'éphémère, a commencé autour de 2015 et la pandémie lui a donné un élan extraordinaire. Ces Français mobiles n'ont pas seulement besoin d'un logement : ils ont aussi besoin d'incorporer l'identité d'un territoire. Ils veulent un rapport plus étroit avec la nature et le patrimoine. Pour eux, le lieu agit comme une marque. La pandémie a donc modifié notre rapport au travail, et le télétravail, notre rapport au temps et à la distance : il permet de concrétiser nos aspirations à une vie du proche plus intense et à moins de déplacements. Les résidences secondaires sont souvent investies du jeudi au lundi, jusqu'à devenir des résidences principales pour certains. Les prix immobiliers stagnent à Paris alors qu'ils augmentent en province, tout comme le nombre de ventes. Une nouvelle géographie des migrations se dessine, motivée par un nouvel « art de vivre et de travailler au pays », comme on disait il y a un demi-siècle. Ce phénomène s'observe autour de New York, et même en Chine.

Il y a une autre France périurbaine : celle des Gilets jaunes populaires. C'est la France de ceux qui achètent à une heure de la ville en voiture, c'est la culture des lotissements et des petites villes éloignées devenus villes-dortoirs. Les deux critères de choix de la localisation de ces milieux populaires en accession à la propriété depuis la guerre sont le prix du terrain et l'accès à un rond-point. Ces milieux populaires se vivant comme extérieurs à la ville s'inscrivent très peu sur les listes électorales car, s'ils devaient voter, ils le feraient dans la métropole, pas là où ils dorment. Partout dans le monde, la crise de nos démocraties, c'est la crise de ce périurbain-là, ne nous trompons pas. Dans toutes nos grandes démocraties, nous avons construit un immense périurbain. En France, seize millions de maisons individuelles, souvent avec jardin, abritent plus de 60 % de la population.

Il n'y a que treize millions d'appartements, dont une forte partie est occupée par les dix millions de Français qui vivent seuls ou par des familles possédant une résidence secondaire. Sans oublier bien sûr les quartiers HLM de la deuxième moitié du XXe siècle, où se serrent les populations récentes, souvent immigrées, parfois françaises d'origine rurale. Partout, aux USA comme en Angleterre ou en Espagne, ces immenses périphéries sont des zones de non-vote ou de vote populiste d'extrême droite. Personne n'a pensé la démocratie du périurbain, où le territoire des communes a peu de sens et où on est un citoyen de l'extérieur privé du vote dans sa métropole de référence. On vit entre deux voitures, un rond-point, un supermarché, un collège et, si possible, deux emplois dans la grande ville.

Fier de posséder enfin un bien immobilier, on ne vote plus à gauche, mais du côté de ceux qui peuvent empêcher l'arrivée du « HLM horizontal », autrement dit celle d'immigrés en promotion sociale qui veulent reproduire le même schéma d'intégration par la propriété privée dans le même quartier. Si le grignotage du lotissement commence, souvent les prix des maisons s'effondrent et tout le travail d'une vie de labeur à deux est effacé. Et le vote glisse définitivement vers l'extrême droite. Ces populations, comme les immigrés récents des immeubles hauts de la banlieue – qui, eux, ont voté massivement LFI en 2022 –, n'ont pas cessé de travailler durant la pandémie (aides-soignantes, caissières, policiers, enseignants). La priorité donnée à ces travailleurs dans les attributions des HLM à côté de leur travail, pour réduire la distance entre logement et travail, peut leur permettre de découvrir comme les autres une société du proche. Couplées à un redécoupage radical de l'espace communal périurbain, ces politiques pourraient reconstruire une citoyenneté positive pour ces populations dont la vie était une réussite et qui se sentent aujourd'hui rejetées culturellement et économiquement – limitation de vitesse à 80 km/heure, ville vélo, abandon des vieux diesels, prix des carburants, hégémonie des modèles culturels urbains.

Enfin, entreprises et fermes tirent de cette pandémie une valorisation. Pour des raisons de place, de pollution, de bruit, les usines ont été éloignées des villes et installées dans certaines régions ou en bordure des métropoles. La plupart des ouvriers de l'industrie habitent dans un lotissement proche de leur usine – d'où les drames quand l'usine ferme, car la maison si chèrement acquise n'a plus de sens ni de valeur. Les paysans français, eux, qui ont alimenté le pays pendant la pandémie, habitent aussi à côté de leurs terres. Ces deux populations ont une culture politique et syndicale qui les intègre plus facilement à la vie locale des communes. Assez souvent par les pompiers bénévoles. Ce ne sont pas des « citoyens de l'extérieur », mais des citoyens du terroir communal.

Le périurbain francilien, en particulier, est au cœur d'une tension entre télétravailleurs bobos, lotissements de Gilets jaunes et préservation des terres agricoles et forestières. Or il devrait être pensé et organisé politiquement comme une ville-jardin. En premier lieu, le changement d'affectation de ses terres doit revenir à la justice, et non aux politiques. Ensuite, la réponse réside en partie dans la densification – des jardins plus petits, mais une intimité préservée, des petits collectifs pour les jeunes et les personnes âgées, notamment en réhabilitant le bâti non utilisé – et des services de proximité. Un gros travail nous attend, en impliquant les habitants des lotissements existants, dont les règles de droit privé sont un obstacle à la densification ; en les autorisant, par exemple, à vendre un bout de jardin comme terrain constructible et à financer des capteurs solaires qui permettraient de faire rouler la voiture. Il faut penser une société du voisinage basée sur l'interconnaissance et l'entraide. Une société du périurbain qui ne soit plus celle des *citoyens de l'extérieur*, d'une périphérie dépourvue d'identité qui a alimenté la crise des Gilets jaunes. Les couronnes périurbaines ont historiquement accueilli des ménages modestes désireux d'accéder à la propriété, des ménages fragilisés par le coût de l'énergie et par les séparations – qui ont particulièrement impacté les femmes, compte tenu des écarts de rémunération. La remise sur l'ouvrage démocratique de la carte politique de la ville-jardin périurbaine est une urgence démocratique.

Partout, s'installent des gens qui changent de vie parce qu'ils veulent voir de la nature, du patrimoine et, surtout, veulent une société du proche. La grande gagnante de la pandémie, c'est la société du proche. Ça vaut dans beaucoup de quartiers, y compris dans les quartiers populaires. Cette société du proche, comment la réfléchit-on ? Comment l'organise-t-on ? Prenons un exemple simple : la question de la solidarité entre les générations est centrale. Qui garde les enfants des 1 800 000 femmes seules ? Les parents. Qui aide les très vieux parents ? Les jeunes retraités. Est-ce qu'on a une politique publique ? Quand arrêtera-t-on de nommer les fonctionnaires loin de leurs parents ? Quand demandera-t-on, quand on nomme un fonctionnaire, où résident ses parents, s'ils ont besoin d'assistance ? Décidera-t-on un jour que le HLM, le logement social, donne priorité à la structure familiale ? Qu'une femme seule avec enfant a le droit d'habiter dans le même grand ensemble que ses parents ? Que des vieux parents ont le droit d'habiter dans le même grand ensemble que les parents ? Est-ce que ce sera une priorité ?

Les gens aisés le font. Quand une des dames de la famille se retrouve seule, on gère des solidarités, on déplace, on loue un logement. Les milieux populaires ne peuvent pas le faire. Le problème, ce sont les carcans de la culture administrative. Quand j'ai dit cela dans un congrès des HLM, on m'a rétorqué : « Tu veux un habitat communautaire. » Je ne veux pas un habitat communautaire, je veux qu'on comprenne que le lien social le plus dense, c'est la famille. L'objectif est d'aider chaque famille à vivre ce qu'elle a envie de vivre – si les gens n'ont pas envie de se voir, ça ne nous regarde pas. Les milieux aisés ont des stratégies résidentielles, des stratégies d'emploi. Le premier « serveur d'emplois », ce sont les réseaux familiaux. Cette société de la famille s'est renforcée avec la pandémie. La question de reconstruire une culture administrative de la famille territoriale me semble une question importante. La favoriser, pas l'obliger. Je ne suis pas pour un retour à la famille archaïque, ce n'est pas mon sujet. La famille aujourd'hui, c'est hors mariage, ce sont des tribus, des familles recomposées, des enfants de différents lits. Trente pour cent des enfants vivent entre deux familles et ça ne fait qu'augmenter. Il faut observer ces bouleversements pour se demander comment les différents groupes sociaux peuvent y trouver une activité.

Il nous faut intégrer les métropoles et leurs couronnes de « citoyens de l'extérieur », protéger le monde traditionnel dans la France rurale et forestière traditionnelle, et sans doute regrouper les présidents de métropole et ceux des départements ruraux, « maintenus » dans ce qui pourrait être une direction des Régions. À méditer, mais vite, si on veut lutter contre la crise démocratique. Nous assistons depuis la pandémie à une congruence entre la France des résidences secondaires et celle du télétravail. C'est la logique de la métropole utilisée comme espace secondaire, qui consiste à avoir un pied dans la métropole, pour des raisons professionnelles, mais sans que cela force la résidence. À partir de l'analyse de ces phénomènes, on peut faire l'hypothèse d'une dualité des moteurs dans la société que nous sommes en train de reconstruire : la métropole et les terres arables. Là sont les deux forces d'une société numérique et écologique. La majorité des gens vont habiter entre les deux, dans une vaste ville-jardin périurbaine. Et si une remise à plat du territoire citoyen s'impose, ailleurs, plutôt que de vouloir toujours changer les cadres politiques, s'intéresser plutôt aux deux territoires de la crise sociale que sont l'Île-de-France et les Bouches-du-Rhône. « Marseille en grand » est un début de réponse pour la cité du Sud ; reste l'enjeu de l'Île-de-France/Grand Paris, cœur de la puissance française et cœur de sa crise sociale.

Avoir la capacité de gouverner ces logiques territoriales est l'enjeu de demain, du point de vue de la cohésion bien sûr, en répondant au sentiment d'exclusion, mais aussi sous l'angle de la transition écologique, en faisant de la proximité un levier social et environnemental. Mais une proximité ouverte sur la société et le monde, prise dans de multiples réseaux de mobilité, car nous vivons une société de flux. Une proximité organisée dans une société structurée à la fois par les métropoles et les terres arables, une société du proche et du local associée à la livraison et aux voyages. Une société de métropole numérique présente partout.

6.
La Grande Guerre climatique redéfinit le politique

Nous portions haut le projet démocratique et l'émancipation de chaque individu, les droits de l'homme. Nous semblions enfin arriver à une étape de l'histoire humaine où ces deux idées étaient devenues insécables et on pouvait, d'année en année, compter ceux qui s'y ralliaient. La fin de la guerre du Viêt-nam, les reculs des dictatures d'Amérique latine, l'effondrement du communisme en Europe, la lente évolution des anciennes colonies d'Afrique… Le vent soufflait, cherchant des passages sur tous les continents. La tragédie de Tian'anmen semblait dire que le passage de la Chine vers la démocratie était nécessaire à son développement… même si le chemin était encore long. Nous étions le camp du bien, du savoir, du développement, de l'humain libre créateur. Nous ne doutions pas du modèle des démocraties et des luttes pour les droits humains. Nos convictions étaient nourries du camp des vainqueurs de 1945 – et d'ailleurs, il était souvent difficile, en France, de critiquer l'URSS, qui faisait, bien sûr, partie de ce camp-là… même si !

Aux avant-gardes minoritaires, mais flamboyantes, qui animaient le débat public depuis 1789 se sont substituées sur la scène dorénavant numérique des arrière-gardes lourdes, complotistes et peu maniables. Les peuples qui continuent de regarder vers l'avant, pensant à l'avenir de leurs enfants, ne comprennent pas ce renversement, qui paraît bien souvent imposer des régressions à leur mode de vie et à leurs espérances. Les débats sur le retour de l'âge de la retraite à 65 ans, le retour en grâce du nucléaire, les limitations de vitesse, la baisse de la température dans les logements, le vélo en ville, les éoliennes, même, en sont de vibrants exemples. Cela est particulièrement puissant en France, pays profondément politique, historiquement peu sensible aux cultes de la nature issus du protestantisme ou des pensées du sacré d'Afrique ou d'Asie. Pays si profondément politique que ses habitants vivent cette dépossession du pouvoir sur l'histoire comme un effondrement interne, à la surprise et à l'incompréhension des autres habitants de la planète.

Les générations de l'après-guerre, qui ont largement pensé, induit et développé les innovations qui ont permis d'apercevoir le mouvement du climat, d'en analyser les causes, de développer l'énergie nucléaire ou les énergies alternatives, de favoriser la décolonisation et la place nouvelle des femmes, de créer le monde numérique, les médicaments et les modes de vie qui ont permis l'allongement considérable de l'espérance de vie, ces générations doivent alors encore porter le dépassement du politique comme moteur du changement social que les conséquences de ces compréhensions et inventions imposent. Nous avons à redonner confiance aux populations en analysant le besoin de ce retournement et les meilleures chances qu'il nous donne. Car nous avons à courir après les effets de nos actions et innovations là où, depuis des siècles, les mutations étaient plus lentes que nos vies et induites pas à pas par de petits progrès technologiques ou de faibles innovations culturelles et politiques, voire des succès militaires localisés et des découvertes de nouveaux territoires par surprise, pourrait-on dire, quand, cherchant l'Inde, on trouva l'Amérique.

L'accélération des progrès scientifiques et technologiques depuis la révolution industrielle a fait exploser ces lentes mues au profit de bouleversements rapides et gigantesques, aux conséquences parfois désastreuses dont on a pris conscience peu à peu depuis le dernier quart du XXe siècle. La Grande Pandémie déclarée en 2020 sur l'ensemble de la planète a accéléré une prise de conscience mondiale et individuelle, qui radicalise les sociétés vers la peur de la destruction ou vers le masquage du risque. En mobilisant cinq milliards d'humains en même temps, partout sur la planète, pour un combat contre un ennemi commun, le virus nous a transformés. Puis le conflit en Ukraine, qui est la première guerre mondialisée au sens où, même loin des zones de combats, tous sont concernés, remet la guerre au cœur des sociétés comme action humaine. Drame effroyable, renvoyant au célèbre « Nous sommes en guerre » du président Macron au début de la pandémie, le 17 mars 2020.

Mais les peuples, habitués par les religions, puis par le politique, à penser le futur, voire l'éternité, doivent alors modifier leurs visions de l'ordre chronologique des sociétés, car ils doivent se battre, et avec un fort sentiment de culpabilité, contre les conséquences de leurs propres actions passées. Sauver le futur des conséquences du passé ! Perdre les clés de l'histoire pour laisser la nature s'en emparer. Préparer le monde pour les générations futures plus que pour eux-mêmes et apprendre à se protéger et à contenir les effets de ses propres œuvres et de celles des générations précédentes. Mais comment, même si on a compris cela, créer les rapports de force nécessaires quand nous sommes devenus d'abord des individus libres et autonomes, isolés et mobiles, et que se dresse face à nous le tsunami gigantesque du réchauffement climatique ? Où est passée la force immense des processions religieuses ou des défilés de masse ? Comment l'extraordinaire créativité d'une société d'individus libres et éduqués peut-elle devenir coalition combattante, guerrière, même ? Comment inventer une nouvelle manière de faire de la politique qui ne soit ni celle des mondes religieux, ni celle des mondes idéologiques des sociétés industrielles et postindustrielles ? Autrement dit, comment refaire peuple de foules qui ne se mobilisent souvent que contre des ennemis intérieurs ou extérieurs ? Comment refaire projet quand on n'est plus maître de l'histoire humaine ?

Certes, les églises se sont vidées. Dieu a-t-il disparu ? Et notre besoin de foi, de valeurs, de communauté s'est-il perdu ? N'est-ce pas, au fond, la question que l'on peut se poser aujourd'hui avec la politique ? Les partis sont vides, les classes sociales indistinctes, les citoyens absents ou révoltés : la politique en a-t-elle disparu pour autant ? La croyance dans l'engagement politique comme sens de l'existence, lieu des amours et des dangers, la croyance dans l'adhésion à un parti, les réunions enfumées, la fierté des luttes partagées, des acquis sociaux, le culte des chefs mémoriels, Jaurès, Clemenceau, de Gaulle, Mitterrand… Vingt ans sans grand 1er Mai. Nous étions plus d'un million en 2002 à dire non au FN. Nous fûmes aussi tous Charlie. Ou presque. Deux fois pour dire : non ! Le culte de la politique, enfant laïcisé de la mort de Dieu, figure symbolique du roi décapité qui est au cœur de la culture française, est-il en voie de disparition ? À court de projets et d'utopies au profit de gestionnaires et de comptables, de partis, de marques, de leaders éphémères captant un public comme un rocker ou un saltimbanque ? N'est-ce pas ce que pensait François Mitterrand, lui, dernier roi guerrier, collaborateur, résistant et séducteur ?

Mais la France, qui est une nation construite par le pouvoir politique central pour assembler par bribes et morceaux des conquêtes successives autour d'un corps politique qui se spatialise ainsi peu à peu, peut-elle se passer de récit épique sur son rôle universel pour vivre en cohésion ? Autrement dit, peut-on vivre longtemps ensemble sans récit rassembleur, sans projet démocrate et humain pour les autres Européens, et ce sans céder à des forces du pessimisme et du désespoir, de l'effondrement et de la mort ?

Ou alors une autre France peut-elle naître, enracinée dans ses régions et ses métropoles, et seulement coordonnée par le centre, style modèle allemand post-1945 ? Qui peut vraiment le croire et en être fier ? Et qui peut croire maintenant que l'Union européenne puisse faire nation commune nouvelle se substituant aux anciennes nations qui la composent ? Cette idée a existé, mais aujourd'hui où on sent de tous côtés monter des demandes identitaires multiples, cette piste semble de peu de poids.

Aussi faut-il comprendre la mort de la politique au sens héroïque du terme, à un moment où nous sommes gouvernés rationnellement, mais sans passion, sans grand récit épique, pour essayer d'éclairer le fait de savoir si cela est une étape dans une mue, ou un statut modeste nouveau. C'est en sociologue que je pose cette question, autrement dit en analyseur des mutations sociales et sociétales des trente dernières années, reprises, bousculés par la Grande Pandémie et la réémergence de la guerre en Europe.

Alors que nous avons besoin d'une nouvelle utopie, celle de la victoire sur le réchauffement climatique et de l'espérance de plus de justice grâce à la maîtrise du climat. On ne peut pas considérer la fonte des glaces, la montée du niveau des mers et des océans, la disparition des peuples de delta et des déserts, comme la part du feu de notre propre survie. La disparition des deux milliards d'êtres humaine qui n'aspirent qu'à l'eau courant dans leurs maisons ne peut être une solution car nous disparaîtrions de l'effondrement des valeurs qui nous ont fait aussi combatif et créatif. La nature fait aujourd'hui l'histoire, l'humanité n'a pas d'autre voie que de reprendre la situation en main ou de disparaître. C'est la question centrale du politique à réinventer. Pour l'instant, comme dit l'ancien ministre André Chandernagor, le plus probable est la multiplication des « petits fachos » ou la destruction de notre civilisation, ajouterait Edgar Morin. Nous écoutions aussi l'économiste Claude Alphandéry, récemment disparu. Saura-t-on démentir les prévisions de ces centenaires ? Écoutons les centenaires ! Ils vont être de plus en plus nombreux.

Depuis un quart de siècle je tente de penser une société de plus en plus individuée, mobile où chacun sort des cadres hérités familiaux, sociaux, professionnels ou géographiques. Et ce que j'observe, c'est le face-à-face difficile entre une société d'individus aux appartenances multiples, mais assez lâches, périodiques, et un retournement de la dynamique des sociétés où la révolution féminine, la révolution numérique et le réchauffement climatique sont devenus les moteurs fous et autonomes des changements sociétaux. Climat et numérique, intelligence artificielle, crise écologique au sens large : ces œuvres humaines nous ont échappé et elles orientent aujourd'hui notre destin, notre survie même. Les évolutions des sociétés ne sont plus d'abord affaires de programmes et de révolutions, mais sont impulsées par des bouleversements du cadre de nos vies, sécheresses, feux, inondations, fonte des glaces, montée des eaux, disparitions d'oiseaux et d'abeilles…, et ce dans un monde interconnecté comme jamais où tout se sait – et même au-delà ! Et l'arrivée de l'intelligence artificielle accélère encore la numérisation en cours du monde. Nous avons tous vécu pendant la Grande Pandémie le rôle indispensable d'internet pour nous lier, nous informer, nous divertir et travailler. Mais aussi pour nous désinformer, enfermer comme jamais des peuples entiers dans des vérités alternatives et contrôler chaque individu dans le moindre geste de sa vie.

Ainsi nous observons des individus de plus en plus autonomes en face-à-face avec un monde qui change de plus en plus indépendamment des volontés humaines. C'est dans ce nouvel entre-deux que se pose la question du politique, de ses fonctions intégratives, de sa capacité à nous entraîner et à créer de la confiance. Les grandes appartenances religieuses ont porté les évolutions du monde puis les grands affrontements de classe ont pris le relais, après 1789 et jusqu'à 1989 avec l'effondrement de l'économie du socialisme réel. Le modèle chinois perdure parce qu'il est devenu économiquement capitaliste. La question qui est maintenant posée est de penser en même temps cette société d'individus libres et éduqués, inégaux mais plus proches qu'on ne le dit souvent, et un nouveau commun planétaire, national et européen, après la Grande Pandémie que je pense comme le lanceur d'alerte tragique, mais nécessaire, de la guerre qui commence contre le réchauffement climatique.

Ce nouveau commun peut prendre la place de celui que nous avons perdu un soir, à Berlin, quand le mythe révolutionnaire s'est effondré. Nouveau commun par où nous pourrons nous réunir à nouveau dans un corps politique porté par un projet salvateur, refondant alors en peuple une population redevenue foule prête à toutes les dérives illibérales disponibles. C'est à partir de ce nouveau commun – un commun non choisi, imposé, vital – que nous pourrons rassembler les humains pour les grands combats qui les attendent et redonner confiance à ces dix milliards d'individus « individus »

Cela dit, mon travail de plus en plus est de remettre sur l'ouvrage, de reprendre et de fignoler, d'approfondir des pistes de travail ouvertes depuis des années. Je travaille la masse informe de la glaise de ma pensée toujours gardée sous un linge humide pour pouvoir être reprise, et je suis moi-même surpris des chemins et des ouvertures que j'avais ouverts hier sans vraiment les voir. Aussi ce texte est moitié neuf, moitié ancien, partout repris. Par contre, est radicalement nouvelle la perspective générale qui est née après la Grande Pandémie. Car la guerre climatique y devient gagnable. La Grande Pandémie devant être alors pensée comme le prologue à une révolution imposée à l'Humanité par les conséquences tragiques de ses propres œuvres.

La pandémie a agi comme un élastique que l'on tend et qui revient vers vous à grande vitesse quand on le lâche. Violences conjugales, bagarres dans les stades, excès de grande vitesse, guerres même. D'avoir été désocialisés, isolés, repliés sur soi, les siens et le proche, partout naissent des formes de violence renforcées. Effet minoritaire, mais capable de galvaniser les foules pour donner du sens à un présent sans futur. Bien sûr, les mouvements majoritaires sont plutôt des interrogations sur l'existence, son sens, l'art de vivre, d'aimer et de produire. Mais dans cette immense démission de l'audace et du projet, certains en profitent pour passer à l'offensive en rachetant des entreprises, pour maximiser les profits, pour galvaniser leurs sociétés par la guerre.

Les Russes auraient-ils attaqué l'Ukraine en 2022 sans la pandémie ? L'Europe aurait-elle su plus tôt se poser en médiatrice de voisinage ? Impossible de répondre à ces questions, mais partout les partis du rejet des pouvoirs en place, la montée des extrêmes profitent de la démission et de l'abstention massive des citoyens lors des élections pour se rapprocher du pouvoir ou le gagner. Le repli des uns sur le proche laisse la porte ouverte aux autres. L'Amérique latine pousse partout des partis d'opposition vers le pouvoir – souvent de gauche, mais la vague précédente étant de droite, il y avait peu de choix autre. Le modèle politique chinois du pouvoir fort allié à un développement capitaliste rude et rapide gagne de nombreux adeptes partout dans le monde, de l'Afrique à l'Asie – et même en Europe. Attention à ne pas lire avec les yeux du passé la montée des partis populistes en Europe. Leurs succès pointent plus, à mon sens, l'inefficacité relative des démocraties à s'adapter au monde qui émerge qu'une volonté de restaurer les totalitarismes des années 1920. Et plus le réchauffement climatique, les incendies, les manques d'eau, etc., vont bouleverser les sociétés, plus cet appel de l'autorité sauveuse va augmenter – sauf si les démocraties, et d'abord les démocraties européennes, et l'Union sortent des bourbiers des palabres infinies et des demi-mesures.

Le lien qui nous semblait évident entre démocratie et développement est rompu. Autoritarisme, identitarisme et développement forment désormais couple, et les démocraties sont renvoyées à leur passé colonial ou de soumission à l'impérialisme américain. Ce mouvement, apparent avant la pandémie, s'accélère de jour en jour. Les pays qui refusent l'alignement soit sur les démocraties, soit sur les régimes autoritaires russe ou chinois sont devenus majoritaires. Cela a été très clair dans les votes à l'ONU sur l'intervention russe en Ukraine. Les non-alignés d'hier sont devenus des puissances qui s'interrogent sur leurs modèles politiques pour accélérer leur croissance et la modifier pour lutter contre le réchauffement climatique. Et clairement la démocrate n'est plus le modèle qui paraît nécessaire, surtout à des dirigeants en place et qui désirent y rester ! Trump lui-même n'a-t-il pas favorisé, ou profité d'une tentative de coup d'État ? Mais n'est pas de Gaulle qui veut.

Conclusion du livre deux
La Troisième Guerre mondiale a commencé

Un petit pangolin, ou son voisin, dans un marché de pauvres en Chine est donc venu bousculer l'humanité à l'hiver 2019. Transmettant à un humain son covid, il nous a rappelé notre animale condition, que nous mettons tant d'effort à cacher sous des couches épaisses de culture, de vêtements et de mises en scène. Ce faisant, il nous a astreint à un combat commun, tous les humains ensemble, ouvrant à une nouvelle étape de l'aventure de notre extraordinaire espèce.

J'ai déjà dit que, paradoxalement, nous avons augmenté là nos chances de gagner la Grande Guerre climatique, car la victoire sur le covid permet d'espérer des voies pour un autre combat, nous, les Terriens rassemblés. Or il n'y a pas de victoire possible sans que, certains au moins, croient cette victoire possible. Pas de défaite du nazisme sans l'appel du 18 Juin et tant d'autres engagements parallèles.

Mais si le succès de cette première « escarmouche » ouvre des perspectives de réussite et de confiance, ce n'est d'évidence pas suffisant. Car nous avions basculé, comme nous l'analysons dans la première partie de cet ouvrage, dans une société d'individus très autonomes, reliés par tribus et rhizomes, multiappartenances et discontinuitées multiples. La renaissance d'un commun avec le grand combat climatique n'est pas retour aux formes d'hier en matière de liens, de religions, de classes ou de nations. Or sans liens, ni réseau, ni alliance, comment bâtir des projets, des luttes, des horizons ? Comment construire de l'histoire ?

D'abord, il faut caractériser l'époque. La caractériser comme Époque. Troisième Guerre mondiale répond à cet objectif. Nouvelle civilisation est encore plus englobant. Après la guerre mondiale des Empires et des colonisateurs, après celle des idéologies qui se termine en 1989 à Berlin, la Grande

Pandémie ouvre à une guerre encore plus terrible dont les victimes vont être innombrables et dont l'issue est incertaine et difficile même à définir. Une Terre vivable ? Où ? Sur quels standards de vie ? Au milieu de quelle nature ? Avec des oiseaux ? Nous ne pouvons définir ce projet, car ce n'est plus nous qui menons le jeu ! Nous sommes engagés dans une immense révolution culturelle, scientifique, technologique et industrielle pour tenter d'ouvrir les voies de notre survie au sein d'une nature déchaînée. Et partout en même temps. Sans pouvoir comme en 14-18 ou en 39-45 s'appuyer sur l'extérieur de la zone centrale de conflits pour puiser de nouvelles forces – point d'Afrique à disposition, point de Chine ou d'Empire britannique. La Lune et Mars restent loin.

Les moyens de la guerre entamée contre le virus constituent une formidable opportunité pour préparer notre engagement dans la guerre contre le réchauffement climatique puisque les deux sont liés, au moins dans notre imaginaire. À la fin de mon livre *Le Sacre de la terre*, j'appelais déjà à entrer dans la guerre climatique. Pour la mener et la gagner. Et pour cela il faut une vraie culture militaire de la guerre afin de rassembler les gens autour d'une cause supérieure et commune, et de convaincre chacun à accepter de se hisser au-dessus de lui-même.

Au regard des ruptures antérieures, la pandémie peut produire deux effets opposés : la cohésion ou l'éclatement. Ou sans doute la cohésion et l'éclatement en même temps. Grâce à la crise, les dirigeants européens du G7 se sont concertés en visioconférence. Cette pratique évidente n'a aucune raison de ne pas se reproduire. Pourquoi pas un G7 ou un G20 tous les mois dans ces conditions ? Un point sur les dossiers du monde tous les premiers mardis du mois ! Ce serait, en matière de gouvernance mondiale, un progrès majeur. On n'est pas obligé de déplacer dix mille policiers, de bloquer des villes entières, de dépenser des centaines de millions pour des grand-messes formelles. On peut très bien arriver à des formes de gouvernance en partie virtuelles, mais efficaces. Version plus pessimiste : on peut aussi renforcer les totalitarismes et connaître une période d'affrontement entre un totalitarisme chinois et un ultracapitalisme américain tous deux numérisés.

La pandémie de 2019 nous a renvoyé vers nous-mêmes, notre couple, notre famille, notre société, et vers la communauté humaine en même temps. C'est une expérience qui touche au plus intime. Quant aux conséquences économiques, financières et sociales, passé la sidération initiale, tout le monde a pris conscience de l'ampleur de la vague, des soubresauts violents dans chacune de nos vies et dans le monde, mais aussi de l'incapacité humaine à maîtriser le réchauffement climatique à court terme et confortablement. Car il n'y a pas de vaccin contre l'effondrement climatique ! Il est alors possible que *la COP 21 devienne un souvenir des jours heureux*.

Plus largement encore, la grande guerre planétaire n'aura pas lieu avec des peuples organisés en grands corps combattants liés par des religions ou des appartenances de classe, de genre ou de nation. La profonde rupture anthropologique que marque l'avènement de l'individu, en surplomb, si l'on peut dire, des différences entre le féminin et le masculin, change la donne. Le rapport de force humanité/nature aussi. Chaque engagement dans ce combat vital sera individuel, motivé par des choix privés, certes poussé par une pensée humaniste mondialisée porté par certains camps politiques, certaines organisations – et pas par d'autres, qui prôneront le repli national, local ou religieux. Ce qui veut dire qu'en permanence il faudra rendre des comptes, évaluer les actions et leurs résultats, faire des projets à l'échelle de nos vies individuelles aussi bien dans l'espace – le proche – que le temps – le nôtre et celui de nos enfants à naître.

C'est par un engagement constant à éclairer les évolutions de nos sociétés à partir de ma propre vie que, pas à pas, j'ai suivi depuis plus de cinquante ans l'évolution de nos liens sociaux, l'effondrement des appartenances de classe, de religion aussi, sauf chez certains nouveaux arrivants. J'ai vu se construire cette société d'individus, que j'ai nommée, il y a trente ans, « société d'archipel » pour dessiner cette unicité de chacun. Au fur et à mesure que je découvrais la société rurale où j'avais décidé de venir vivre, je développais une vision de la cité et de la politique par observation extérieure, mais aussi par engagement dans la métamorphose de Marseille, ma ville de cœur. J'y ai été élu, j'y ai porté le projet, puis la réalisation, de la transformation du Vieux-Port en agora vivante de la cité et j'ai participé au long combat pour créer une métropole entre Marseille et le cœur de la Provence. J'y ai, encore une fois, renforcé ma conviction qu'il faut faire pour dire.

J'étais, là, bien placé pour observer le délitement du combat politique appuyé sur des consciences de classe et la montée des appartenances souples et identitaires rassemblant des colères individuelles – c'est pour cela que j'ai rejoint l'équipe du CEVIPOF. Organisateur, avec l'homme de théâtre Gérard Paquet, des grandes rencontres de réflexion, à Châteauvallon, sur la montée de l'extrême droite après la prise de Toulon par le FN en 1995, j'étais au plus près des lieux du drame[1]. Le mouvement Me Too en 2017

1. Jean Viard (dir.), *La nation ébranlée*, La Tour-d'Aigues, l'Aube, 1996 ; Jean Viard (dir.), *Aux sources du populisme nationaliste*, La Tour-d'Aigues, l'Aube, 1996.

est venu mettre au centre des débats les violences faites aux femmes, que je connaissais, mais aussi l'instrumentalisation masculine perverse des rapports entre les genres. Pour un homme, il y avait là un questionnement de soi-même, dans ses désirs et dans ses actes, qui renforçait la compréhension de la révolution anthropologique qui fait de chacun de nous un individu devant trouver sa voie loin des injonctions du modèle social dominant. C'était au fond le même éloignement du modèle dominant que celui qui m'avait fait quitter la ville après 1968.

L'arrivée, fin 2019, de ce que j'ai appelé la Grande Pandémie a éclairé les immenses capacités de lutte politique, culturelle et scientifique d'une humanité interconnectée. Comme tout le monde, j'ai été transformé par cet événement extraordinaire et j'ai cherché mon utilité sociale à cette période en proposant du sens à cette tragédie quotidiennement dans les médias puis dans deux ouvrages de réflexion[1]. Lecteur de Giono et de Camus, mes deux futurs voisins en cimetière, le questionnement sur les effets multiples des pandémies ne m'était pas étranger. C'est là que, peu à peu, se sont liées dans mon analyse la révolution anthropologique des rôles entre le masculin et le féminin, la montée de l'individu acteur libre, source d'autonomie mais aussi d'isolement et de solitude, voire base des populismes, et la Grande Guerre climatique dont la pandémie fut un combat d'avant-garde, ce nouvel « objet » commun pouvant relier ces individus autonomisés et donner force à leurs combats dans des formes que nous ne connaissons pas encore.

Ici, l'IA et la révolution industrielle du vivant sont créatrices de chances. L'idée de nouvelle civilisation qui émerge peu à peu de ce livre propose de relier ces deux logiques, l'une qui part du sujet individuel, l'autre de l'unité écologique de la Terre comme totalité, liant ainsi le plus petit au plus global. Ce lien permet une vision positive du combat qui s'engage. Et dessine un chemin pour sortir de la période des populismes nationalistes, qui sont pour l'instant la seule réponse forte de nos sociétés angoissées à la fin des appartenances de religion et de classe qui rassemblaient hier face aux difficultés de la vie. La nouvelle unité contrainte que nous vivons face à une planète qui chauffe prend alors la place hier occupée par de précédents adversaires, l'enfer ou le capitalisme. Valoriser, et articuler, l'individu dans sa créativité autonome et le rôle de la nature comme pilote de notre histoire ouvre une autre voie que le repli nationaliste ou réactionnaire. Celle du combat commun pour se protéger et se transformer. Là, peut être le chemin d'une

1. Jean Viard, *La page blanche*, 2020, *op. cit.*; *La révolution qu'on attendait…*, 2022 [2021], *op. cit.*

victoire pour organiser nos sociétés et défendre les valeurs humanistes pour gagner la guerre climatique. Car nous gagnerons.

L'époque n'est pas à gloser sans cesse sur les responsabilités des uns et des autres. L'effondrement climatique ne nous laisse pas le temps de ces jeux qui n'amusent même plus les politiciens – mais trop souvent les médias. Nous devons nous renforcer, chacun d'entre nous, la France mais aussi l'Europe, par des valeurs partagés, humanistes, laïques, démocratiques, féministes, solidaires. Par des frontières dessinées. Par une pensée des liens robustes entre les habitants, l'éloge du village, du pavillon, du proche. Les liens robustes de proximité doivent devenir le pendant nécessaire du combat de première ligne, de la force de l'innovation, des révolutions industrielles, celle de l'IA et celle de l'industrie du vivant. On ne gagne les guerres que si l'arrière tient, ; or, là, on a lâché l'arrière par indifférence au peuple et par survalorisation des gagnants et des rêves de grandeur accéléré. À trop s'aventurer, l'avant-garde est détruite.

Conclusion générale
Serons-nous de bons ancêtres[1] ?

Une aventure passionnante s'ouvre donc devant nous. Il y faut inventer de nouveaux modes de vie, de nouvelles technologies, de nouveaux savoirs scientifiques, des œuvres multiples, une nouvelle fusion charnelle avec la nature. Il y a à réinventer une agriculture nourricière productrice d'énergie et de matières premières, de paysages. Comme je le disais en introduction, il nous faut donc penser le monde à partir du futur et non du passé. Il nous faut le penser à partir d'un lien nouveau avec le vivant. Faire entrer l'industrie en son sein et non plus tenter de dominer le vivant. Maîtriser l'IA pour développer de nouveaux savoirs et une nouvelle productivité. Augmenter notre puissance pour ralentir le monde. Et pour ce faire, dans chacune de nos actions, il faut se demander comment être, demain, de bons ancêtres. J'aime beaucoup cette manière de se poser des questions[2].

Depuis la révolution industrielle du XIXe siècle, nous avons transformé le monde et nos vies. Nous avons gagné 50 % d'espérance de vie par des systèmes de domination sur la matière, la nature, les femmes et les colonies. Cette civilisation de domination, où les hommes devaient être héroïques à la guerre, en travaillant beaucoup et en étant l'autorité dans la famille, a permis d'être totalement interconnectés, de fonder l'humanité comme unité, et en même temps, elle nous a fait franchir la ligne rouge du rapport entre ce que la planète peut supporter et l'humanité. Il faut accepter l'ambivalence de

1. Ce texte est issu d'un entretien accordé à la revue *Octave* n° 5, 2e semestre 2024, pour l'Agence Bergamote, à l'intention des salariés de la Matmut.
2. Voir *programmeoctave.com* : « Le Programme OCTAVE est un programme de leadership intergénérationnel qui traite des nécessaires adaptations digitales, sociétales et environnementales pour faire face à une époque instable. »

cette période, c'est-à-dire ce résultat inouï dans l'histoire humaine – puisque la même augmentation de l'espérance de vie avait été acquise sur les deux mille ans précédents –, et la façon dont, pour l'atteindre, nous sommes devenus des prédateurs dangereux pour notre propre planète – et pour les colonies et les femmes.

Nous vivons aujourd'hui le triomphe des révoltes qui ont cassé cet ordre créatif et dominateur – révoltes postcoloniales, écologiques, féministes – révoltes qui nous obligent à accélérer la rupture avec cette période et qui nous font passer dans une autre époque. Nous vivons la plus grande bifurcation de l'Humanité sur un temps aussi court et avec une urgence existentielle. Au cœur de ce tournant civilisationnel, nos sociétés hésitent, car suivant la formule consacrée, certains sont « plus tournés vers la fin du mois que vers la fin du monde » – notamment ceux pour qui la fin du mois est difficile, les jeunes ruraux ou les plus âgés. Les populismes se nourrissent de ces refus, ils minorent l'urgence climatique, la dette coloniale et la légitime révolution féminine.

Or il faut maintenant affirmer que si nous continuons tout droit, nous sommes face à une catastrophe immaîtrisable. Et même si on bifurque, cela va être un combat éprouvant, il va y avoir des victimes, des catastrophes – feux, inondations, sécheresses, guerres… Mais il faut se convaincre, les uns les autres, que nous arriverons, ensuite, à une situation à nouveau vivable. Nous ne sommes pas certains des difficultés de ce passage vers ce nouveau vivable, mais nous découvrons chaque jour un peu plus son extrême violence. Face à cette incertitude, le *statu quo* est une option plus confortable – faire appel au passé, s'appuyer sur tout ce que l'on maîtrise déjà. À l'échelle de nos vies, cela pourrait être suffisant, au sens où notre espérance de vie fait que, même si ça se réchauffe beaucoup, pour des gens qui vivront 70 ou 80 ans, ce ne sera pas absolument invivable. Donc on peut faire le hérisson, se recroqueviller sous son béret et passer outre.

Mais être de bons ancêtres consiste à choisir d'accompagner, et de favoriser, la bifurcation du monde.

Comme au moment de l'effondrement de l'Empire esclavagiste romain où Rome se transforma/prolongea dans le christianisme, comme à la Renaissance où la Terre devint ronde et connue. Chaque fois, les contemporains pensèrent effondrement, et leurs descendants, résurrection et Renaissance. Aujourd'hui, si nous nous pensons « vus du XXIIIe siècle », on dira de nous que nous avons été la troisième grande rupture de l'histoire de l'humanité. Celle qui a amené un nouveau rapport à la planète, à la nature, à l'univers. À ce niveau historique là, nous sommes un moment positif où la Grande Guerre climatique balbutie, quand bien même les vivants d'aujourd'hui le vivent comme une tragédie.

Ne soyons pas dans la naïveté. L'idée que la mutation peut se passer de manière harmonieuse pour tout le monde me semble absolument impensable. Il y a, et il y aura, des catastrophes. Nous avons déchaîné la nature, et la remettre en état d'équilibre va être extrêmement difficile, mais il faut bâtir la conviction que c'est faisable. C'est l'acte premier de tout combat.

Naîtra alors une nouvelle civilisation, celle de l'individu écologique, parce que nous aurons à la fois valorisé l'autonomie, la liberté de chaque individu et, en même temps, rassemblé l'humanité dans ce combat gigantesque. Notre objectif n'étant plus le progrès, mais l'adaptation à une nature qui nous a échappé et à sa régénération. Cet objectif nous est imposé par nos actions passées, nous le subissons, et cela rend le virage à prendre très difficile car notre aventure humaine est depuis toujours celle de nouvelles conquêtes. Comment créer du désir et de l'inspiration pour s'organiser en défense ? Comment écrire un récit positif de cette épopée à venir pour qu'elle soit désirable par le plus grand nombre ? Pour que, tout en ayant conscience que c'est risqué, nous ne craignions pas de mener ce combat parce nous le savons nécessaire ? Les scientifiques tentent de nous permettre d'avoir « un coup d'avance » sur les furies naissantes d'une nature déstabilisée, mais c'est difficile de motiver des humains englués dans le quotidien et qui attendent qu'il y ait le feu chez eux pour se demander pourquoi, hier, on n'a « rien » fait !

C'est là où la victoire sur la Grande Pandémie de 2020 doit nous servir de repère et de leçon. Pensons ce combat-là comme une répétition générale d'une humanité assemblée pour sa survie, au-delà du brouillard noir du quotidien. On ne gagnera que si l'on croit que l'on va gagner, si on se le raconte ainsi. Certes, il ne suffit pas de répéter : « On va gagner, on va gagner », en sautant sur nos chaises comme des cabris. Il faut au contraire s'appuyer sur quelque chose de solide, sur la science, sur la pensée. L'une des grandes difficultés, c'est que comme on ne sait pas démontrer qu'on va y arriver, il y aura des gens et des marchands de domination qui nous diront que c'est même plus la peine d'essayer, que c'est déjà perdu, et qu'alors, autant profiter de la vie avant le déluge. Et puis il y aura ceux qui nous diront qu'on ne fait rien, et qu'il faut mettre le feu partout pour que ça aille plus vite.

À l'inverse, je fais partie de ceux qui pensent que c'est parce que ça change très vite qu'il faut savoir faire des compromis. Justement. Face à des changements d'une telle ampleur de radicalité, il faut savoir rassurer le plus grand nombre par des logiques de compromis. Il ne faut pas heurter trop vivement une partie de la population au risque de la perdre en chemin, mais au contraire, entendre, comprendre, rassembler et unir. La lutte planétaire que nous avons menée contre la pandémie de Covid-19 est une bonne source d'inspiration pour aborder ce combat, parce qu'avant celle-ci, jamais cinq milliards d'êtres humains n'avaient engagé la même bataille en même temps. Cette lutte inédite dans l'histoire humaine nous ouvre la porte du futur. On peut dire qu'elle a préparé l'humanité aux affrontements planétaires à mener, au-delà des guerres de proximité, au-delà des idéologies. Il est essentiel de réaliser que l'humanité coalisée est une force absolument incroyable. Et c'est cette à force incroyable qu'il nous faut faire confiance.

Aussi les *bons ancêtres de demain* seront-ils ceux qui auront su créer la confiance nécessaire à ce combat. Les mauvais ancêtres, *a contrario*, seront ceux qui disent qu'il n'y a plus rien à faire, ou qui disent qu'on ne fait rien et qui ainsi détruisent les efforts de ceux qui agissent. Ni les uns ni les autres ne voient ce qui se passe dans les mentalités, dans de multiples gestes quotidiens, dans les écoles, dans les entreprises. Ils ne voient pas les recherches, les innovations, les évolutions. Ils ne voient pas la transformation du modèle industriel et énergétique. Ils ne voient pas les investissements individuels et collectifs, privés et publics que nous faisons, par exemple en suivant en partie les recommandations du GIEC. C'est d'ailleurs particulièrement extraordinaire, le GIEC, ces milliers de scientifiques qui se sont réunis en réseau pour créer une parole publique légitime. C'est absolument fascinant. Une première dans l'histoire humaine.

Le rôle du politique est ensuite de faire partager par l'ensemble des populations les convictions des scientifiques et de négocier les projets nécessaires qui en découlent. Nous voyons bien qu'entre la vitesse des bouleversements, par exemple ceux du climat, et la vitesse des évolutions des convictions de certaines parties des populations, il y a une difficulté. Après la crise du covid, les élites politiques et culturelles ont voulu aller très vite, peut-être trop vite, en oubliant le travail de conviction démocratique et de compromis. Il a fallu savoir un peu reculer. Pensons à l'agriculture, domaine où, d'ailleurs, on a trop reculé. Ce serait facile de donner le pouvoir aux gens du GIEC et d'imposer des règles dictatoriales. Mais rien ne garantit la réussite d'un tel modèle, car pour réussir des changements aussi radicaux, il faut aussi les multiples petits savoirs des gens qui font, des gens de peu. Il faut le désir des gens simples, des travailleurs manuels, des artistes… Ce ne sera jamais la science qui dirigera les sociétés, c'est le désir – parfois aussi la peur. Les bons ancêtres seront ceux qui parviendront à construire le désir de vivre dans cette époque troublée. Et il vaut mieux aller un peu moins vite, mais tous ensemble. La prise du Palais d'hiver a mené à bien des catastrophes. Les avant-gardes peuvent vite devenir du terrorisme ou de l'anticulture quand elles attaquent des œuvres d'art pour « passer dans le poste ».

L'humanité est portée depuis des milliers d'années par le projet d'améliorer sa vie et son destin. D'affirmer aussi ses pouvoirs et ses valeurs, ses cultures. De garantir une vie positive à ses descendants. D'abord lentement, dans l'attente du retour du fils de Dieu. Puis de plus en plus rapidement depuis le XIXe siècle. Sans cesse, chacun marque d'un petit pas l'avancée de l'ensemble. Avec des ratés et des reculs. Mais le mouvement général continue, souvent, même, stimulé par les crises, les conflits et les tragédies. Et voilà que les wagons ont doublé la locomotive ! Tel pourrait être l'argument. La Grande Pandémie de 2020 jouant un rôle d'accélérateur extraordinaire de toutes les tendances à l'œuvre dans les couples, les territoires, la perception de l'effondrement climatique, la montée des régimes autoritaires, les révolutions industrielles, de l'IA et de l'industrie du vivant, des peurs et des angoisses... Les forces politiques sont partout dépassées, méprisées, impuissantes, tant les changements issus du bas des sociétés et du haut du climat sont brutaux et rapides.

Les mouvements propres de la nature, dont le dérèglement climatique induit par les actions humaines passées et présentes, bousculent et bouleversent les projets des humains vivants et des humains à naître. Et ce, dans une société d'individus où l'allongement de l'espérance de vie a favorisé des vies séquentielles de plus en plus autonomisées des cadres anthropologiques – famille, Église, parti politique, entreprise, métier, commune, nation –, dans une société qui vit face à un double numérique qu'elle maîtrise de moins en moins tout en étant traversée par les conséquences violentes de ses anciennes dominations patriarcales et coloniales. Nous nous en apercevons chaque jour un peu plus. Et la longue phase planétaire de méditation que la Grande Pandémie nous a fait vivre en a renforcé la perception : unissant cinq milliards d'humains dans un même combat, elle définit un nouveau commun dont il s'agit maintenant de penser les conséquences politiques.

Certes, ce sont toujours les humains qui font l'histoire humaine, par leurs pensées, leurs créations, leurs actions. Mais le mouvement général du monde, lui, nous a échappé, car la nature s'est emballée comme un cheval au galop qui s'affole et court à l'accident. L'humanité « maître et possesseur de la nature » est devenue son jouet et fonce droit à l'abîme. D'autant qu'à côté de cette nature qui nous déstabilise, d'autres conséquences de nos actions passées secouent les sociétés : l'emportement du numérique tout d'abord, mais aussi, et d'une autre manière, l'allongement de la vie, la réussite scolaire des jeunes filles, les migrations postcoloniales, une société des loisirs…

Plus la vie est longue, plus nous la vivons par séquences courtes, favorisant en permanence notre liberté de choisir. Mais cela accentue la fragmentation des sociétés, car à tout moment il nous reste assez de temps pour retenter une « expérience », amoureuse, professionnelle, résidentielle, militante, spirituelle, sportive, artistique. Naît alors une civilisation autour de l'individu, au-delà de son genre, de sa religion, de sa couleur de peau ou de son lieu de naissance. Avec comme première conséquence la liberté de chaque individu par rapport à son genre, la possibilité d'échapper à une désignation d'évidence morphologique, mais surtout la fin de la désignation de l'homme héroïque comme guerrier, travailleur modèle, chef de famille autoritaire et homme public – et pour la femme, devenue citoyenne et adulte (!), la liberté de mener une bataille scolaire brillante et, au-delà, une carrière professionnelle et une vie d'autonomie. Société, alors, où les femmes prennent le pouvoir par l'emploi et les postes publics quand les hommes découvrent les joies du temps libre et de la paternité – le tout entraînant un effondrement de la natalité. La société se réfugiant alors pour ainsi dire dans une grossesse nerveuse substitutive.

Notre époque, prise en tenaille entre ces vies individuelles autonomisées et un mouvement révolutionnaire planétaire portée par une nature « endiablée », qui nous secoue et nous tire en avant plus que nous ne le maîtrisons, s'est imposée en à peine plus d'un demi-siècle comme une nouvelle étape de l'aventure humaine. 1968, 1989, 2020 en sont les trois dates clés avec la révolte-monde de 1968, la fin de la guerre froide issue des affrontements capital/travail en 1989 et la grande crise de la nature ouverte par la pandémie en 2020. Cette immense rupture en trois temps a eu lieu sur une seule génération, pas sur le temps long du cosmos et de la dérive des continents, ce qui la rend difficile à penser et à vivre, en particulier dans les parties les moins éduquées des sociétés et chez les plus fragiles.

De tous côtés s'affrontent alors des tentatives de se protéger en réaffirmant les cadres politiques, religieux ou nationaux du passé face aux affirmations révoltées de droits hier maltraités par le patriarcat ou le colonialisme, ou face aux conséquences imprévues, voire imprévoyantes, de la révolution industrielle. Nous avons dépassé la période des projets et des révolutions politiques qui faisaient avancer le monde, nous avons besoin de boucliers, d'armes de défense et d'innovations culturelles, politiques, scientifiques et technologiques pour tenter de survivre dans le monde que nous avons nous-mêmes induit, mais sans l'avoir jamais ni pensé ni voulu. Ces évolutions émanent d'une période biséculaire de l'histoire humaine qui fut épique et créatrice d'innovations et de progrès gigantesques : place nouvelle des femmes, fin des empires coloniaux, égalité symbolique des cultures et des civilisations, allongement moyen de la durée de vie de plus de 25 %, croissance de la population mondiale, puissance des technologies et des sciences, progrès colossaux de la médecine, créativité des cultures et des artistes, invention du lien numérique entre humains, intelligence artificielle, maîtrise de nouvelles énergies.

Mais si les deux derniers siècles ont tant créé, ils ont aussi déchaîné des forces que nous ne maîtrisons plus, comme le dérèglement climatique – et, même, la puissance de la sphère numérique. Ils ont affirmé des principes d'égalité entre les cultures, et entre les genres, face auxquels il y a des gagnants et des perdants, ou en tout cas des sentiments de gain et de perte, des ressentiments et des tensions qui bousculent une certaine idée de l'universalité de l'humain. Nous traversons même une période de recherche de revanche des anciens colonisés sur l'Occident, voire des femmes sur les hommes, instrumentalisés par certains populismes politiques. Alors on demande aux humains vivants aujourd'hui de payer pour les humains ayant vécu hier.

Souverainisme, illibéralisme, décroissance, grand remplacement, complotisme, wokisme, sont des formes politiques qui tentent toutes d'intervenir sur la « tragédie du changement », soit en favorisant un repli sur soi, par la clôture de limites géographiques, historiques ou culturelles ; soit en voulant accélérer les mouvements au profit des descendants des anciens dominés. Ces discours contradictoires radicalisent et fragmentent les sociétés, achevant la destruction de la lecture en classes sociales héritée de la période de la révolution industrielle. Plus largement, ils affaiblissent les forces nécessaires au combat vital qui est engagé avec la nature, dont nous avons détruit les équilibres nécessaires à notre propre survie. La juste punition serait sans doute que nous disparaissions, mais nous sommes violemment décidés à vivre. L'espèce humaine est incorrigible !

Après la Grande Pandémie de 2020, beaucoup d'entre nous ont cru que l'urgence climatique, dont nous avions pris violemment une conscience tragique du fait de cette première escarmouche de la Grande Guerre climatique, permettait toutes les accélérations politiques et stratégiques. L'Europe, en particulier, prit des décisions rapides, par exemple sur la fin des moteurs thermiques en 2035. Partout des politiques nouvelles furent mises en place : vélos, espaces verts, isolation des bâtiments, politique énergétique… Mais cette bonne volonté se heurta aux urgences économiques des milieux populaires, accélérées par une inflation stimulée par l'attaque russe sur l'Ukraine. Ce décalage accéléra un rejet des élites, accusées de sacrifier les milieux populaires, les campagnes et les petites villes. Acceptons qu'une science, même juste, ne peut gouverner les sociétés, il y faut de l'égalité, de la justice, et un immense travail de conviction, de rassemblement. De la politique, donc. Les élections européennes de 2024 vinrent sanctionner ce décalage dans une grande partie de l'Europe, en particulier au cœur de l'Union, en Allemagne et en France, en renforçant les extrêmes et les spécialistes du « y a qu'à ». Ce n'était pas la conscience de l'effondrement climatique qui manquait, mais le travail de mobilisation et de reconstruction sociétale des forces politiques. Travail long et titanesque. D'où la force des partis anti-élites et anti-étrangers qui aspiraient à l'occultation de la Grande Guerre climatique et de ses conséquences. Car nous ne pouvons vivre sans désir et sans projets, sauf à faire rejaillir le besoin irréductible de formes politiques totalitaires qui apportent de la joie par l'aliénation volontaire. Chacun au chaud sous son béret.

Pour le dire simplement, le fait qu'on passe d'une société où on écrit l'histoire avec des programmes – socialistes, libéraux, nationalistes… – à une société où la question politique est dominée par le climat crée un vide grandissant de sens, où, dans un premier temps en tout cas, resurgissent des formes politiques plus anciennes, religieuses ou nationalistes, patriarcat, assignation par genre, qui mènent partout des combats de plus en plus violents – violence domestiques et quotidienne, attentats, guerres. Or la question n'est pas de revenir aux formes politiques du passé, qui nous ont quittés avec la clôture de l'aventure du progrès née quelque part en Angleterre au XIXe siècle, et même avant avec le triomphe des monothéismes depuis plus de trois mille ans. La question qui nous est imposée est d'éteindre ces incendies de violences et d'angoisses identitaires en les mobilisant en forces positives dans un nouveau commun forgé par un projet de lutte planétaire contre les dérives tragiques du climat et une nature endiablée. Car nous ne pouvons vivre sans désir et sans projets, sauf à faire jaillir à nouveau le besoin irréductible de formes politiques totalitaires qui apportent de la joie par l'aliénation volontaire.

Pensons plutôt chaque jour à devenir de bons ancêtres, projetons notre désir d'amour dans les siècles à venir. Nous devons valoriser la liberté extrême de la civilisation naissante, et nous rassembler pour le soin de la Terre qui est devenu le soin de nous-mêmes. Le progrès ne peut plus être un but, seulement un moyen. Une part des solutions viendra certainement des sciences et des techniques, du marché et des entreprises, des innovations culturelles. Mais ne pas oublier que l'Humanité, et chacun d'entre nous, avance par son désir de vivre, d'agir et de créer. C'est ce désir qu'il faut retrouver, stimuler. La civilisation des individus acteurs doit avoir un horizon, la vie de ses enfants dans une « nature endiablée » à maîtriser, mais avec un récit et des politiques qui restent à construire. Dans un temps de changements aussi gigantesques, brutaux, terrifiants, dans ce temps de ruptures radicales, la radicalité des positions peut être à nouveau mortelle. Aussi mortelle qu'en 1917 à Moscou ou en 1933 à Berlin. Nous sommes entrés dans le temps des compromis face à des dangers extrêmes[1]. C'est une leçon à retenir du siècle précédent et de ses guerres à outrance. On ne négocie jamais qu'avec ses ennemis. Le plus tôt étant le mieux. Mais le peuple doit y être prêt.

Ajoutons pour finir que quand je suis venu vivre à la campagne, quand j'ai loué une première ferme en 1969 dans le sillage de Mai 68, je ne savais évidemment pas que je me mettrais en position d'observateur participant de ce qui allait devenir la Grande Guerre climatique. Je ne savais pas que les populismes allaient capter et renforcer les colères populaires incomprises par des élites politiques et urbaines surdiplômées, ni que la révolution des libertés individuelles allait emporter les vieux cadres sociétaux de notre monde. Mais ce choix, qui relevait d'un retrait politique volontaire de la vie publique et d'une préférence privée, m'a mis dans une position de marginalité sécante qui, je crois, a porté mon travail et mes analyses. Comme le disait mon vieux maître Edgar Morin, une analyse soutenue par « la recherche auto-écologique de soi-même ». Merci à lui. Je vous en confie dans cet ouvrage l'essentiel.

Nous devons apprendre d'abord à être chacun soi-même, puis à relier nos bribes d'appartenances de genre, de lieu, de métier, de religion, de culture, de nation, de continent, de couleur de peau, pour nous rassembler dans un monde du double proche mené par un combat existentiel. Mais pour y parvenir, pour voir plus loin que les brumes noires de l'actualité hystérisées par des médias en continu et des réseaux numériques complotistes et manipulateurs, nous devons reprendre l'immense combat pour « faire humanité commune », comme dit le philosophe sénégalais Souleymane

1. Laurent Berger et Jean Viard, *Pour une société du compromis*, 2024, *op. cit.*

Bachir Diagne[1], et comme Nelson Mandela a su le faire pour construire un pays post-apartheid, comme Jean Jaurès le rêvait en créant le journal *L'Humanité* il y a un siècle, le 18 avril 1904. Sauver un état de la Terre qui la rende habitable à nos descendants est l'acte le plus humaniste qui soit. Mais pour y arriver, il nous faut retrouver le goût de l'audace et du combat. C'est le rôle historique de la génération covid. Attention : cela s'accélère. Six cents hectares ont brûlé en mai 2024 dans le Var, et les Chtis sont noyés sous la boue. Un million d'hectares sont en feu en Russie.

La Tour-d'Aigues, 31 août 2024

1. Souleymane Bachir Diagne, « Faire "humanité" ensemble et ensemble habiter la terre », *Présence africaine* 2016/1, n° 193, p. 11-19.

Table des matières

Introduction 11

Livre premier.
Le triomphe de l'individu

Texte premier.
La spirale de l'observateur observant
ou La dérive des territoires 25
Avant-propos à l'édition 2024 31
Préface 33
Introduction 37
1. Vers où diriger son regard? 39
2. Cheminement 47
3. La parole du sol 59
4. De la Provence, ou la singularité de mon espace quotidien 71
5. Du totem à la géographie: le corps spatial 83
6. D'homme à homme 99
7. L'héritage patriarcal 105
8. L'ouverture du rond et de la droite 117
9. Carrefours des territoires 123

Texte deux.
L'unique et sa société
ou La société d'archipel 139
Avant-propos 141
1. La nécessaire reconquête du monde 147
2. La naissance des archipels 153

3. L'effacement progressif des classes 163
4. L'avènement de l'individu 167
5. Le nouvel ordre des temps 171
6. Penser la mondialisation comme territoire de l'individu écologique 179

Texte 3. Dire le nouvel âge du politique 185
Avant-propos 187
1. D'abord apprendre du XXe siècle 191
2. L'impossible retour 199
3. Le vacillement d'un certain universel 205
4. Contre la croissance zéro 215
5. C'est la trame du politique qui a donc changé 221
6. La citoyenneté des trois époques 227
7. Le dépassement du modèle national-démocratique 233
8. Quand la France se ferme dans un monde qui s'ouvre 241
9. Penser le monde et le réorganiser 247
Conclusion 253

LIVRE DEUX. CHANGEMENT DE CIVILISATION
Avant-propos 269

Texte premier. La page blanche 273
Introduction 275
1. La revanche de l'événement 283
2. Un moment révolutionnaire 287
3. Une si longue attente 303
4. Le triomphe du numérique 317
5. Le grand réaménagement du temps et du territoire 325
6. Un besoin de radicalité 339
7. Que reste-t-il de la politique ? 351
8. Retour vers le futur 365

Texte deux. Des sociétés en révolution 369
Avant-propos 371
1. La fin de l'idéologie du progrès 373
2. Des temps nouveaux 379

3. Une rupture anthropologique fondatrice 387
4. Le triomphe des archipels individuels 393
5. Le triomphe culturel de la civilisation d'une vie à soi 403
6. La Grande Guerre climatique redéfinit le politique 419
Conclusion du livre deux.
La Troisième Guerre mondiale a commencé 427

Conclusion générale.
Serons-nous de bons ancêtres 433

Pour limiter l'empreinte environnementale de leurs livres,
les éditions de l'Aube font le choix de papiers
issus de forêts durablement gérées et de sources contrôlées.

Achevé d'imprimer en septembre 2024
sur les presses de l'imprimerie Firmin Didot
pour le compte des éditions de l'Aube
331, rue Amédée-Giniès, F-84240 La Tour-d'Aigues

Numéro d'édition: 5944
Dépôt légal: octobre 2024
Numéro d'impression: 181074

Imprimé en France